·孙鑫精品图书系列·
SunXin's Series

孙 鑫◎编著

详解 Spring Boot

从入门到企业级开发实战

電子工業出版社
Publishing House of Electronics Industry
北京·BEIJING

内 容 简 介

本书针对 Spring Boot 2.6.x 及以上版本，采用理论结合实际的讲解方式，每章均配有多个示例，在内容安排上由浅入深，在知识讲解上深入浅出，让读者轻松掌握多种技术、中间件、框架与 Spring Boot 的整合开发。最后通过两个实战项目，让读者在进入企业后可以快速从事基于 Spring Boot 的企业开发。

全书共分为五篇：基础篇、Web 篇、数据访问篇、企业应用开发篇、项目实战篇。本书内容全面，涵盖了常用的技术、中间件与框架；讲解深入浅出，让读者学有所得。

本书适合所有想要学习 Spring Boot，以及正在基于 Spring Boot 开发的读者。

图书在版编目（CIP）数据

详解 Spring Boot：从入门到企业级开发实战 / 孙鑫编著. —北京：电子工业出版社，2022.9
（孙鑫精品图书系列）
ISBN 978-7-121-43984-1
Ⅰ. ①详… Ⅱ. ①孙… Ⅲ. ①JAVA 语言－程序设计 Ⅳ. ①TP312.8
中国版本图书馆 CIP 数据核字（2022）第 129642 号

责任编辑：高洪霞　　　　　　文字编辑：黄爱萍
印　　刷：三河市良远印务有限公司
装　　订：三河市良远印务有限公司
出版发行：电子工业出版社
　　　　　北京市海淀区万寿路 173 信箱　　　　　邮编：100036
开　　本：787×1092　1/16　　印张：32.75　　字数：838.4　千字
版　　次：2022 年 9 月第 1 版
印　　次：2022 年 9 月第 1 次印刷
定　　价：129.00 元

凡所购买电子工业出版社图书有缺损问题，请向购买书店调换。若书店售缺，请与本社发行部联系，联系及邮购电话：（010）88254888，88258888。

质量投诉请发邮件至 zlts@phei.com.cn，盗版侵权举报请发邮件至 dbqq@phei.com.cn。

本书咨询联系方式：010-51260888-819，faq@phei.com.cn。

前　言

Spring Boot 采用“约定优先于配置”的理念，将开发人员从烦琐且易出错的大量配置中解放出来，从而可以大大简化 Java 企业级应用的发开，提高了项目的开发效率。但对于初学者而言，却很难从分析高度集成的 Spring Boot 的过程中熟练掌握各种技术的应用，总感觉缺点什么，实际上缺的是 Spring Boot 集成的技术和框架本身的知识。

笔者精通多种程序语言与技术架构，且长期给各大企业提供软件开发咨询服务，了解初学者的困惑。本书从基础知识入手，首先带领读者熟悉 Spring Boot 项目的常用开发工具、项目结构、Spring 的配置文件和自动配置原理，然后以 Spring Boot 的 Web 开发作为切入点，一步一步地进入企业开发应用。

很多初学者在学习 Web 层的开发时，往往会有很多疑惑。Spring Boot 的 Web 开发本质上就是 Spring MVC，因此本书“Web 篇”的内容以 Spring MVC 作为切入点，循序渐进，引导读者快速掌握 Spring Boot 的 Web 开发，让读者知其然且知其所以然。这种讲解思路贯穿了全书！

本书特色

- 合理的知识结构：本书分为 5 篇，包括基础篇、Web 篇、数据访问篇、企业应用开发篇、项目实战篇，涵盖了企业开发中常用的技术和框架。
- 快速入门：按照中国人的思维习惯和学习规律，循序渐进、手把手地教读者快速掌握 Spring Boot 开发。在内容安排上由浅入深，在知识讲解上深入浅出，让读者轻松掌握 Spring Boot 的企业应用开发。
- 实例丰富：理论若脱离实践则毫无意义，本书在进行理论讲解的同时给出了大量的示例。全书示例众多，以示例验证理论，跟着示例边学边做，读者的学习会更简单、更高效。
- 知其然且知其所以然：秉承作者一贯的写作风格，本书对知识的讲解让读者知其然且知其所以然，绝不会出现含糊不清、一遇到重点和难点就跳过的情形。
- 两个实战项目：让读者学以致用！

本书的内容组织

本书并不是对 Spring Boot 如何集成各种技术与框架的简单罗列，而是在尽可能讲清楚底层技术的同时，结合 Spring Boot 实现应用。

本书在内容编排上，按照企业级开发的分层架构，遵循知识的连贯性，对 Spring Boot 企业应用开发进行讲解，尽量用通俗易懂的语言，循序渐进地引导读者快速掌握这些内容。本书的内容详尽而丰富，建议读者仔细阅读目录来了解本书的内容结构。

本书面向的读者

所有具有 Java 语言基础，对 Spring Boot 感兴趣的读者，以及正在使用 Spring Boot 进行开发的读者均适合将本书作为参考用书。

目　　录

第 1 篇　基础篇

第 3 篇　数据访问篇

第 4 篇　企业应用开发篇

第1篇 基 础 篇

Spring Boot 初窥

为满足企业级应用开发的需要，SUN 公司在 2000 年年初推出了 J2EE（现在被称为 Java EE）体系结构。J2EE 是正统的 Java 企业级开发平台和体系结构，当时 Java 程序员学习 J2EE 开发可是一种时尚。然而 J2EE 的传统实现存在着诸多的问题，比如过于复杂、笨重等。这时，质疑者出现了，Java 世界的奇才 Rod Johnson 在其 2002 年的著作 *Expert One-on-One J2EE Design and Development* 中，对 J2EE 存在的臃肿、低效、脱离现实的种种问题提出了质疑，并积极寻求探索革新之道。Rod Johnson 以此书为指导思想，编写了 Interface 21 框架，这是一个力图冲破 J2EE 传统开发的困境，从实际需求出发，着眼于轻便、灵巧，易于开发、测试和部署的轻量级开发框架。2003 年，Rod Johnson 和同伴以 Interface 21 框架为基础，经过重新设计，并不断丰富该框架功能，开发了一个全新的框架 Spring，于 2004 年 3 月 24 日正式发布了 Spring 1.0 版本。

现如今，Spring 已经是 Java 开源领域的 Java EE 全功能栈的应用程序框架。随着 Spring 的应用越来越多，大量的配置文件导致开发人员不得不进行无趣而重复的工作，各个子项目的整合过程烦琐且容易出错，开发和部署效率降低，这时急需一种能快速解决这些问题的新开发框架，于是 Pivotal Software 在 2013 年开始了对 Spring Boot 的研发，并于 2014 年 4 月发布了 1.0 版本。在写作本书时，Spring Boot 的最新版本是 2.5.x。

> 提示：由于一系列的公司并购事件，早先由 Rod Johnson 和同伴创建的 Spring 现在也归属于 Pivotal Software 公司，并由该公司的团队负责开发和维护。

1.1 Spring Boot 简介

Spring Boot 简化配置的方式说起来很简单，就是针对不同应用中的常见配置给出默认处理，采用“约定优先于配置”的理念，给出已经集成好的方案，从而使开发人员不再需要定义样板化的配置。Spring Boot 为了保证灵活性，也支持自定义配置方案。

Spring Boot 的主要特性如下：

- 创建独立的 Spring 应用程序。可以在项目中直接执行包含 main 方法的主类来运行项目，也可以将 Spring Boot 项目打包成 JAR 包来运行。
- 内置 Tomcat、Jetty、Undertow 等 Web 容器，因而不需要部署 WAR 文件。
- 通过提供各种“starter（启动器）”依赖来简化构建配置，基本上可以做到自动化配置，高度封装，开箱即用。
- 可根据项目依赖自动配置 Spring 和第三方库。
- 提供了生产级别的特性，如度量、健康检查和外部化配置等。
- 绝无代码生成，也不需要 XML 配置，纯 Java 的配置方式，简单而方便。

我们知道 Java 企业级项目会用到很多第三方库，第三方库可能又会依赖于其他的库，为了便于管理 JAR 包的依赖关系，Spring Boot 提供了很多可以自动引入依赖包的 starter，每个 starter 都包含一系列可以集成到应用里面的依赖包，它们都以 spring-boot-starter-作为命名前缀。基于 Spring Boot 开发项目时，选择正确的 starter，就可以自动引入依赖包。

Spring Boot 2.6.4 需要 Java 8 并兼容 Java 17，还需要 Spring Framework 5.3.16 或以上版本的环境。Spring Boot 可以自动引入依赖包，这是通过构建工具来支持的，Spring Boot 支持的构建工具是 Maven 和 Gradle，本书主要讲解 Maven。

1.2 快速掌握 Maven

在安装 Maven 前需要先安装好 Java 8 或以上版本的 JDK，JDK 的安装和配置这里我们就不介绍了，如果读者对 Java 语言还不熟悉，则可以参看笔者的另一本著作《Java 无难事》。不过要提醒读者的是，在 Windows 平台下安装 JDK 之后，需要配置 JAVA_HOME 环境变量，其值为 JDK 安装后的主目录全路径名，或者在 PATH 环境变量中添加 JDK 安装主目录下的 bin 子目录，当然也是全路径名。

1.2.1 下载并安装 Maven

Maven 是一款跨平台的项目管理工具，也是 Apache 软件基金会一个成功的开源项目。Maven 主要服务于基于 Java 平台的项目构建、依赖管理和项目信息构建。Spring Boot 2.6.x 与 Apache Maven 3.5 或更高版本兼容。

读者可自行进入 Maven 官网下载页面，选择“apache-maven-3.8.5-bin.zip”进行下载，如图 1-1 所示。

Files

Maven is distributed in several formats for your convenience. Simply pick a ready-made binary distribution archive and follow the installation instructions. Use a source archive if you intend to build Maven yourself.

In order to guard against corrupted downloads/installations, it is highly recommended to verify the signature of the release bundles against the public KEYS used by the Apache Maven developers.

	Link	Checksums	Signature
Binary tar.gz archive	apache-maven-3.8.5-bin.tar.gz	apache-maven-3.8.5-bin.tar.gz.sha512	apache-maven-3.8.5-bin.tar.gz.asc
Binary zip archive	apache-maven-3.8.5-bin.zip	apache-maven-3.8.5-bin.zip.sha512	apache-maven-3.8.5-bin.zip.asc
Source tar.gz archive	apache-maven-3.8.5-src.tar.gz	apache-maven-3.8.5-src.tar.gz.sha512	apache-maven-3.8.5-src.tar.gz.asc
Source zip archive	apache-maven-3.8.5-src.zip	apache-maven-3.8.5-src.zip.sha512	apache-maven-3.8.5-src.zip.asc

图 1-1　下载 Maven 安装文件

在下载完成后，直接解压缩即可。为了便于使用 mvn 命令，可以在 PATH 环境变量中添加 Maven 主目录（笔者机器上 Maven 的目录为 D:\OpenSource\apache-maven-3.8.5）下的 bin 子目录，如图 1-2 所示。

图 1-2　将 Maven 安装目录下的 bin 子目录添加到 PATH 环境变量中

打开命令提示符窗口，执行 mvn -v，如果出现版本信息，则说明已经安装成功，如图 1-3 所示。

```
C:\Users\csunx>mvn -v
Apache Maven 3.8.5 (3599d3414f046de2324203b78ddcf9b5e4388aa0)
Maven home: D:\OpenSource\apache-maven-3.8.5
Java version: 11.0.12, vendor: Oracle Corporation, runtime: D:\Java\jdk-11.0.12
Default locale: zh_CN, platform encoding: GBK
OS name: "windows 10", version: "10.0", arch: "amd64", family: "windows"

C:\Users\csunx>_
```

图 1-3　执行 mvn -v

1.2.2 认识 pom.xml 文件

POM（Project Object Model，项目对象模型）是 Maven 项目的基本工作单元，也是 Maven 项目的核心，它是一个 XML 文件（即 pom.xml），包含项目的基本信息，用于描述项目如何构建、声明项目依赖等。

在执行任务或目标时，Maven 会在当前目录中查找 pom.xml，读取所需的配置信息，然后执行目标。

在 POM 中可以指定以下配置：

- 项目依赖
- 插件
- 执行目标
- 项目构建 profile
- 项目版本
- 项目开发者列表
- 相关邮件列表信息

pom.xml 的文档结构是通过 XML Schema 来定义的，对于熟悉 XML Schema 的读者来说，可以直接通过模式文档来了解 POM 的结构。我们看一个简单的 pom.xml 文件，如例 1-1 所示。

例 1-1　pom.xml

```
<?xml version="1.0" encoding="UTF-8"?>
<project xmlns="http://maven.apache.org/POM/4.0.0"
   xmlns:xsi="http://www.w3.org/2001/XMLSchema-instance"
   xsi:schemaLocation="http://maven.apache.org/POM/4.0.0
        http://maven.apache.org/xsd/maven-4.0.0.xsd">

   <modelVersion>4.0.0</modelVersion>
   <groupId>com.companyname.project-group</groupId>
   <artifactId>project</artifactId>
   <version>1.0-SNAPSHOT</version>
</project>
```

pom.xml 文件以<project>元素作为根元素，在该元素上声明了默认的名称空间和 XML Schema 实例名称空间，并将 xsi 前缀与 XML Schema 实例名称空间绑定。使用 xsi:schemaLocation 属性指定名称空间和模式位置相关。

<project>根元素下的第一个子元素<modelVersion>用于指定当前 POM 模型的版本，对于 Maven 2 和 Maven 3 来说，它只能是 4.0.0。

pom.xml 文件中最重要的是<groupId>、<artifactId>和<version>这三个元素，这三个元素定义了一个项目基本的坐标。在 Maven 世界中，任何的 jar、pom 或者 war 都是基于这些基本的坐标进行区分的。

<groupId>元素定义了项目属于哪个组，这个组通常和项目所在的公司或者组织存在关联。groupId 一般分为多个段，第一段为域，第二段为公司名称，这两段可以使用公司

或组织的域名，只是顶级域名在前面。如果有项目组，那么第三段可以是项目组标识。例如，一个公司的域名为 mycom.com，有一个项目组为 myapp，那么 groupId 就应该是 com.mycom.myapp。

<artifactId>元素定义了当前 Maven 项目在组中唯一的 ID，它通常是项目的名称。一个 groupId 下的多个项目就是通过 artifactId 进行区分的。例如，一个 OA 项目，可以直接指定 artifactId 为 oa。

<version>元素定义了项目的版本号。在 artifact 的仓库中，该元素用来区分不同的版本。例如，1.0-SNAPSHOT 版本，SNAPSHOT 意为快照，说明该项目还处于开发中，是不稳定的版本。随着项目的发展，version 被不断更新，如升级为 1.0、1.1-SNAPSHOT、1.1、2.0 版本等。

1. 超级（Super）POM

超级 POM 是 Maven 默认的 POM，任何一个 Maven 项目都隐式地继承自该 POM，类似于 Java 中任何一个类都隐式地从 java.lang.Object 类继承。超级 POM 包含了一些可以被继承的默认设置，当 Maven 发现需要下载 POM 中的依赖时，它会到 Super POM 配置的默认仓库中去下载。

对于 Maven 3，Super POM 位于 Maven 安装主目录下的 lib\maven-model-builder-3.x.x.jar 文件中，在该 JAR 包中的位置是：org\apache\maven\model\pom-4.0.0.xml。

Maven 使用 Effective POM（Super POM 加上项目自己的配置）来执行相关的目标，帮助开发者在 pom.xml 中做尽可能少的配置，当然这些配置也可以被重写。

在 pom.xml 文件所在的目录下，可以使用以下命令来查看 Super POM 的默认配置。

```
mvn help:effective-pom
```

例如，在例 1-1 的 pom.xml 文件所在目录下执行上述命令，Maven 将会开始处理并显示 effective-pom，如图 1-4 所示。

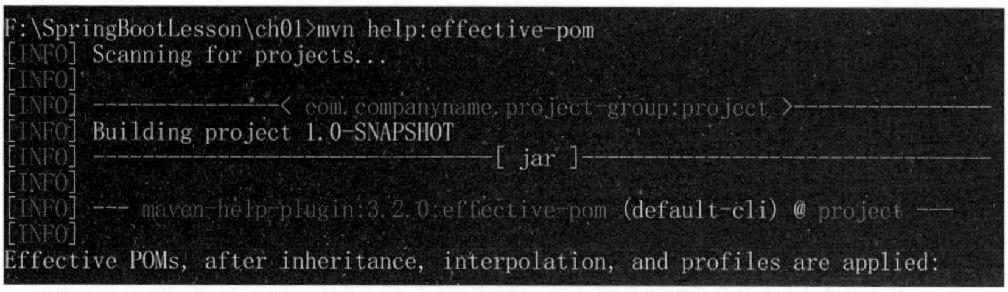

```
F:\SpringBootLesson\ch01>mvn help:effective-pom
[INFO] Scanning for projects...
[INFO]
[INFO] ---------------< com.companyname.project-group:project >---------------
[INFO] Building project 1.0-SNAPSHOT
[INFO] --------------------------------[ jar ]--------------------------------
[INFO]
[INFO] --- maven-help-plugin:3.2.0:effective-pom (default-cli) @ project ---
[INFO]
Effective POMs, after inheritance, interpolation, and profiles are applied:
```

图 1-4　查看 Super POM 默认配置

> **提示：**在第一次执行的时候会下载一些 JAR 包，请耐心等待。

在控制台窗口中会输出一个 XML 文档，该文档就是在应用继承、插值和配置文件后生成的 Effective POM，代码如下所示：

```
<?xml version="1.0" encoding="GBK"?>
<!-- ====================================================== -->
<!--                                                        -->
```

```
    <!-- Generated by Maven Help Plugin on 2022-03-21T17:41:42+08:00  -->
    <!-- See: http://maven.apache.org/plugins/maven-help-plugin/      -->
    <!--                                                              -->
    <!-- ============================================================= -->
    <!-- ============================================================= -->
    <!--                                                              -->
    <!-- Effective POM for project                                     -->
    <!-- 'com.companyname.project-group:project:jar:1.0-SNAPSHOT'      -->
    <!--                                                              -->
    <!-- ============================================================= -->
    <project  xmlns="http://maven.apache.org/POM/4.0.0"  xmlns:xsi="http://
www.w3.org/2001/XMLSchema-instance"
xsi:schemaLocation="http://maven.apache.org/POM/4.0.0
https://maven.apache.org/xsd/maven-4.0.0.xsd">
      <modelVersion>4.0.0</modelVersion>
      <groupId>com.companyname.project-group</groupId>
      <artifactId>project</artifactId>
      <version>1.0-SNAPSHOT</version>
      <repositories>
        <repository>
          <snapshots>
            <enabled>false</enabled>
          </snapshots>
          <id>central</id>
          <name>Central Repository</name>
          <url>https://repo.maven.apache.org/maven2</url>
        </repository>
      </repositories>
      <pluginRepositories>
        <pluginRepository>
          <releases>
            <updatePolicy>never</updatePolicy>
          </releases>
          <snapshots>
            <enabled>false</enabled>
          </snapshots>
          <id>central</id>
          <name>Central Repository</name>
          <url>https://repo.maven.apache.org/maven2</url>
        </pluginRepository>
      </pluginRepositories>
      <build>

<sourceDirectory>F:\SpringBootLesson\ch01\src\main\java</sourceDirectory>
        <scriptSourceDirectory>F:\SpringBootLesson\ch01\src\main\scripts
</scriptSourceDirectory>
        <testSourceDirectory>F:\SpringBootLesson\ch01\src\test\java
</testSourceDirectory>
        <outputDirectory>F:\SpringBootLesson\ch01\target\classes
```

```
</outputDirectory>
        <testOutputDirectory>F:\SpringBootLesson\ch01\target\test-classes
</testOutputDirectory>
        <resources>
          <resource>
            <directory>F:\SpringBootLesson\ch01\src\main\resources
</directory>
          </resource>
        </resources>
        <testResources>
          <testResource>
            <directory>F:\SpringBootLesson\ch01\src\test\resources
</directory>
          </testResource>
        </testResources>
        <directory>F:\SpringBootLesson\ch01\target</directory>
        <finalName>project-1.0-SNAPSHOT</finalName>
        <pluginManagement>
          <plugins>
            <plugin>
              <artifactId>maven-antrun-plugin</artifactId>
              <version>1.3</version>
            </plugin>
            <plugin>
              <artifactId>maven-assembly-plugin</artifactId>
              <version>2.2-beta-5</version>
            </plugin>
            <plugin>
              <artifactId>maven-dependency-plugin</artifactId>
              <version>2.8</version>
            </plugin>
            <plugin>
              <artifactId>maven-release-plugin</artifactId>
              <version>2.5.3</version>
            </plugin>
          </plugins>
        </pluginManagement>
        <plugins>
          <plugin>
            <artifactId>maven-clean-plugin</artifactId>
            <version>2.5</version>
            <executions>
              <execution>
                <id>default-clean</id>
                <phase>clean</phase>
                <goals>
                  <goal>clean</goal>
                </goals>
              </execution>
```

```
        </executions>
      </plugin>
      <plugin>
        <artifactId>maven-resources-plugin</artifactId>
        <version>2.6</version>
        <executions>
          <execution>
            <id>default-testResources</id>
            <phase>process-test-resources</phase>
            <goals>
              <goal>testResources</goal>
            </goals>
          </execution>
          <execution>
            <id>default-resources</id>
            <phase>process-resources</phase>
            <goals>
              <goal>resources</goal>
            </goals>
          </execution>
        </executions>
      </plugin>
      <plugin>
        <artifactId>maven-jar-plugin</artifactId>
        <version>2.4</version>
        <executions>
          <execution>
            <id>default-jar</id>
            <phase>package</phase>
            <goals>
              <goal>jar</goal>
            </goals>
          </execution>
        </executions>
      </plugin>
      <plugin>
        <artifactId>maven-compiler-plugin</artifactId>
        <version>3.1</version>
        <executions>
          <execution>
            <id>default-compile</id>
            <phase>compile</phase>
            <goals>
              <goal>compile</goal>
            </goals>
          </execution>
          <execution>
            <id>default-testCompile</id>
            <phase>test-compile</phase>
```

```
          <goals>
            <goal>testCompile</goal>
          </goals>
        </execution>
      </executions>
    </plugin>
    <plugin>
      <artifactId>maven-surefire-plugin</artifactId>
      <version>2.12.4</version>
      <executions>
        <execution>
          <id>default-test</id>
          <phase>test</phase>
          <goals>
            <goal>test</goal>
          </goals>
        </execution>
      </executions>
    </plugin>
    <plugin>
      <artifactId>maven-install-plugin</artifactId>
      <version>2.4</version>
      <executions>
        <execution>
          <id>default-install</id>
          <phase>install</phase>
          <goals>
            <goal>install</goal>
          </goals>
        </execution>
      </executions>
    </plugin>
    <plugin>
      <artifactId>maven-deploy-plugin</artifactId>
      <version>2.7</version>
      <executions>
        <execution>
          <id>default-deploy</id>
          <phase>deploy</phase>
          <goals>
            <goal>deploy</goal>
          </goals>
        </execution>
      </executions>
    </plugin>
    <plugin>
      <artifactId>maven-site-plugin</artifactId>
      <version>3.3</version>
      <executions>
```

```
            <execution>
              <id>default-site</id>
              <phase>site</phase>
              <goals>
                <goal>site</goal>
              </goals>
              <configuration>
                <outputDirectory>F:\SpringBootLesson\ch01\target\site
</outputDirectory>
                <reportPlugins>
                  <reportPlugin>
                    <groupId>org.apache.maven.plugins</groupId>
                    <artifactId>maven-project-info-reports-plugin
</artifactId>
                  </reportPlugin>
                </reportPlugins>
              </configuration>
            </execution>
            <execution>
              <id>default-deploy</id>
              <phase>site-deploy</phase>
              <goals>
                <goal>deploy</goal>
              </goals>
              <configuration>
                <outputDirectory>F:\SpringBootLesson\ch01\target\site
</outputDirectory>
                <reportPlugins>
                  <reportPlugin>
                    <groupId>org.apache.maven.plugins</groupId>
                    <artifactId>maven-project-info-reports-plugin
</artifactId>
                  </reportPlugin>
                </reportPlugins>
              </configuration>
            </execution>
          </executions>
          <configuration>
            <outputDirectory>F:\SpringBootLesson\ch01\target\site
</outputDirectory>
            <reportPlugins>
              <reportPlugin>
                <groupId>org.apache.maven.plugins</groupId>
                <artifactId>maven-project-info-reports-plugin</artifactId>
              </reportPlugin>
            </reportPlugins>
          </configuration>
        </plugin>
      </plugins>
```

```
    </build>
    <reporting>
      <outputDirectory>F:\SpringBootLesson\ch01\target\site
</outputDirectory>
    </reporting>
  </project>
```

2. 依赖的配置

在项目中会用到各种库，因而经常需要配置依赖，依赖是通过<dependencies>和它的子元素<dependency>来进行配置的，配置的依赖会自动从项目定义的仓库中下载。代码如下所示：

```
  <project>
    ...
    <dependencies>
      <dependency>
        <groupId>...</groupId>
        <artifactId>...</artifactId>
        <version>...</version>
        <type>...</type>
        <scope>...</scope>
        <optional>...</optional>
        <exclusions>
          <exclusion>...</exclusion>
          ...
        </exclusions>
      </dependency>
      ...
    </dependencies>
    ...
  </project>
```

<dependencies>元素可以有一个或多个<dependency>子元素，以声明一个或多个项目依赖。每个项目依赖可以包含的子元素如下。

- <groupId>、<artifactId>、<version>：依赖的基本坐标，对于任何一个依赖来说，基本坐标都是最重要的，Maven 根据坐标才能找到需要的依赖。
- <type>：依赖的类型，类型通常和使用的打包方式对应，默认值为 jar，通常表示依赖的文件的扩展名，如 jar、war 等。在大部分情况下，该元素不必声明。
- <scope>：依赖的范围。该元素用于计算编译、测试等的各种类路径，还帮助确定在一个项目的发行版中包含哪些构件。<scope>元素的值如表 1-1 所示。
- <optional>：标记依赖是不是可选的。
- <exclusions>：用于排除传递性依赖。

表 1-1　<scope>元素的值

值	描述
compile	编译依赖范围，默认值。表示项目的依赖需要参与当前项目的编译、测试和运行阶段，例如，一个使用 Spring 框架的项目，Spring 的核心包在编译、测试和运行阶段都需要
test	测试依赖范围。表示项目的依赖只在测试阶段使用，而不需要在运行阶段使用。例如，JUnit 测试框架的核心包只在编译测试代码及运行测试的时候才需要，在项目发布后就不需要了
provided	已提供依赖范围。表示项目的依赖可以在编译和测试阶段使用，但在运行时无效。例如，servlet-api，在编译和测试项目的时候需要该依赖，但在运行项目时，由于 Web 容器已经提供了该 JAR 包，因此就不需要重复引入了
runtime	运行时依赖范围。表示项目的依赖不作用于编译阶段，而是作用于测试和运行阶段。例如，在访问数据库时使用的 JDBC 驱动程序，在编译阶段并不需要 JDBC 驱动，有 Java 类库中的 JDBC 接口即可，只有在执行测试或者运行项目的时候才需要 JDBC 驱动程序
system	系统依赖范围，与 provided 依赖范围完全一致。但是在使用 system 范围的依赖时，必须通过<systemPath>元素显示指定依赖文件的路径，Maven 并不会在仓库中查找它

1.2.3　配置 Maven

Maven 会自动根据<dependencies>元素中配置的依赖项，从 Maven 仓库中下载依赖到本地的.m2 目录下，默认的路径为：C:\Users\[用户名]\.m2\repository（用户名为当前登录 Windows 系统的用户名）。

如果要修改默认的路径，则可以在 Maven 主目录下的 conf 子目录下找到 settings.xml 文件，打开该文件，找到下面的代码：

```
<!-- localRepository
   | The path to the local repository maven will use to store artifacts.
   |
   | Default: ${user.home}/.m2/repository
  <localRepository>/path/to/local/repo</localRepository>
  -->
```

使用<localRepository>元素指定本地仓库的位置，如下所示：

```
<localRepository>F:\MavenRepository</localRepository>
```

由于 Maven 的中心仓库位于国外的服务器上，所以在国内用户访问 Maven 仓库时会比较慢，为此，我们可以修改 Maven 的配置文件，使用<mirror>元素来设置一个阿里云仓库的镜像。继续编辑 settings.xml 文件，添加下面的代码：

```
<mirrors>
    ...
    <mirror>
      <id>aliyunmaven</id>
      <mirrorOf>*</mirrorOf>
      <name>阿里云公共仓库</name>
      <url>https://maven.aliyun.com/repository/public</url>
    </mirror>
</mirrors>
```

粗体显示的代码是新增的。

1.2.4　使用 Maven 和 JDK 开发 Spring Boot 应用

这一节我们采用比较原始的方式来开发一个 Spring Boot 应用，即使用 Maven 和 JDK 来开发一个 hello 应用。

1. 编写 pom.xml 文件

首先建立项目目录 hello，在该目录下新建一个 pom.xml 文件，文件内容如例 1-2 所示。

例 1-2　hello\pom.xml

```
<?xml version="1.0" encoding="UTF-8"?>
<project xmlns="http://maven.apache.org/POM/4.0.0"
    xmlns:xsi="http://www.w3.org/2001/XMLSchema-instance"
    xsi:schemaLocation="http://maven.apache.org/POM/4.0.0
    http://maven.apache.org/xsd/maven-4.0.0.xsd">

    <modelVersion>4.0.0</modelVersion>
    <groupId>com.sx</groupId>
    <artifactId>hello</artifactId>
    <version>1.0-SNAPSHOT</version>

    <!--
      父项目的坐标，如果项目中没有规定某个元素的值，那么父项目中的对应值即为项目的默认值。
    -->
    <parent>
      <groupId>org.springframework.boot</groupId>
      <artifactId>spring-boot-starter-parent</artifactId>
      <version>2.6.4</version>
    </parent>

    <dependencies>
      <dependency>
        <groupId>org.springframework.boot</groupId>
        <artifactId>spring-boot-starter-web</artifactId>
      </dependency>
    </dependencies>

    <!-- 构建项目需要的信息 -->
    <build>
      <!-- 项目使用的插件列表 -->
      <plugins>
        <plugin>
          <groupId>org.springframework.boot</groupId>
          <artifactId>spring-boot-maven-plugin</artifactId>
        </plugin>
```

```
    </plugins>
  </build>
</project>
```

Spring Boot 依赖项使用的 groupId 是 org.springframework.boot。<parent>元素用于声明父模块，对于 Spring Boot 项目来说，通常都是让 POM 文件继承自 spring-boot-starter-parent 项目。spring-boot-starter-parent 是 Spring Boot 的核心启动器，包含自动配置、日志和 YAML 等大量默认的配置，从该模块继承，可以获得默认配置，简化了我们的开发工作。子元素<version>指定了使用的 Spring Boot 版本，之后配置的 Spring Boot 模块会自动选择最合适的版本进行添加。

在<dependencies>元素中添加了需要使用的 starter 模块，本例添加了 spring-boot-starter-web 模块，该模块是开发 Web 应用时常用的模块，包含 Spring Boot 预定义的 Web 开发常用的一些依赖包，如 spring-webmvc、spring-web、validation、tomcat 等。

Spring Boot 项目的打包需要用到 spring-boot-maven-plugin 插件，如果是在开发阶段运行项目，则不需该插件。

2. 编写 Java 代码

接下来我们可以开始编写 Java 代码了，由于 Maven 默认的编译路径为 src/main/java 下面的源码，所以我们需要按照这个目录结构创建对应的文件夹。之后在 src/main/java 目录下新建 Hello.java 文件，文件内容如例 1-3 所示。

例 1-3　Hello.java

```
import org.springframework.boot.SpringApplication;
import org.springframework.boot.autoconfigure.EnableAutoConfiguration;
import org.springframework.web.bind.annotation.RestController;
import org.springframework.web.bind.annotation.RequestMapping;

@RestController
@EnableAutoConfiguration
public class Hello {
    @RequestMapping("/")
    String home() {
        return "Hello World!";
    }
    public static void main(String[] args) throws Exception {
        SpringApplication.run(Hello.class, args);
    }
}
```

@RestController 注解是一个组合注解，相当于将@Controller 和@ResponseBody 注解合在一起使用。该注解在类型上使用，表明该类型是一个 REST 风格的控制器，之后使用的@RequestMapping 注解默认采用@ResponseBody 语义，即将方法的返回值直接填入 HTTP 响应体中。

@EnableAutoConfiguration 注解用于启用 Spring 应用程序上下文的自动配置，该注解可以让 Spring Boot 根据当期项目添加的 JAR 依赖自动配置我们的 Spring 应用。例如，如果在 classpath 下存在 HSQLDB，并且没有手动配置任何数据库连接 bean，那么将自动配置一个内存型（in-memory）数据库。

@RequestMapping 注解用于将 Web 请求映射到请求处理类中的方法上。该注解可以用在类或方法上，如果用在类上，则表示类中所有响应请求的方法都是以该地址作为父路径的。

SpringApplication 类用于从 Java 的 main 方法引导和启动 Spring 应用程序。在大多数情况下，我们只需要在 main 方法中调用静态的 run(Class，String[])方法来引导应用程序即可。

3．运行项目

打开命令提示符窗口，进入项目目录 hello，执行命令 mvn spring-boot:run 来启动项目，spring-boot:run 表示运行 spring-boot 插件的 run 目标。在命令执行完成后，可以看到如图 1-5 所示的启动信息。

```
 :: Spring Boot ::                (v2.6.4)

2022-03-21 17:58:50.835  INFO 22820 --- [           main] Hello                                    : Sta
rting Hello using Java 11.0.12 on MSI with PID 22820 (F:\SpringBootLesson\ch01\hello\target\classes star
ted by csunx in F:\SpringBootLesson\ch01\hello)
2022-03-21 17:58:50.838  INFO 22820 --- [           main] Hello                                    : No
active profile set, falling back to 1 default profile: "default"
2022-03-21 17:58:51.448  INFO 22820 --- [           main] o.s.b.w.embedded.tomcat.TomcatWebServer  : Tom
cat initialized with port(s): 8080 (http)
2022-03-21 17:58:51.454  INFO 22820 --- [           main] o.apache.catalina.core.StandardService   : Sta
rting service [Tomcat]
2022-03-21 17:58:51.454  INFO 22820 --- [           main] org.apache.catalina.core.StandardEngine  : Sta
rting Servlet engine: [Apache Tomcat/9.0.58]
2022-03-21 17:58:51.502  INFO 22820 --- [           main] o.a.c.c.C.[Tomcat].[localhost].[/]       : Ini
tializing Spring embedded WebApplicationContext
2022-03-21 17:58:51.503  INFO 22820 --- [           main] w.s.c.ServletWebServerApplicationContext : Roo
t WebApplicationContext: initialization completed in 645 ms
2022-03-21 17:58:51.670  INFO 22820 --- [           main] o.s.b.w.embedded.tomcat.TomcatWebServer  : Tom
cat started on port(s): 8080 (http) with context path ''
2022-03-21 17:58:51.676  INFO 22820 --- [           main] Hello                                    : Sta
rted Hello in 1.063 seconds (JVM running for 1.283)
```

图 1-5　执行 mvn spring-boot:run 启动 Spring Boot 应用

要确保命令执行过程中没有出现任何错误。

这是一个简单的 Web 应用，打开浏览器，访问 http://localhost:8080/，可以看到服务器返回的"Hello World!"字符串信息。

要退出应用，按下键盘上的组合键"Ctrl + C"即可。

4．打包

可以将 Spring Boot 应用打包成可执行的 JAR 文件，其中包含所有编译后生成的.class 文件和依赖包，该文件可以直接在生产环境中运行。

Spring Boot 的这种打包方式需要用到 spring-boot-maven-plugin 插件，该插件我们在例 1-2 中已经配置了。

在项目的 hello 目录下，执行命令 mvn package 就可以开始打包了，如图 1-6 所示。

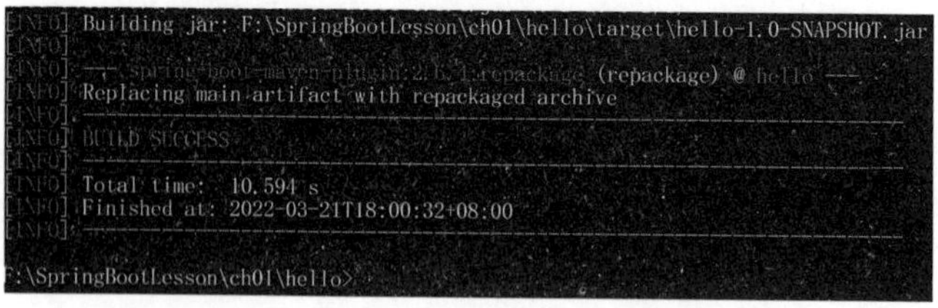

图 1-6　对 Spring Boot 应用进行打包

在打包完成后，在项目目录 hello 下，会看到一个 target 目录，在 target 目录下有一个 hello-1.0-SNAPSHOT.jar 文件，可以通过执行命令 jar tvf target/hello-1.0-SNAPSHOT.jar 来查看其中的内容。

在项目目录 hello 下，执行命令 java -jar target/hello-1.0-SNAPSHOT.jar，来启动打包后的 Spring Boot 应用，运行结果如图 1-7 所示。

图 1-7　以 JAR 包的方式运行 Spring Boot 应用的结果

打开浏览器，访问 http://localhost:8080/，查看服务器发回的响应信息。

要退出应用，按下键盘上的组合键“Ctrl + C”即可。

1.3　使用 Spring Tool Suite 开发 Spring Boot 应用

Spring Tool Suite 简称为 STS，是 Spring 团队专为开发基于 Spring 的企业级应用程序提供的定制版 Eclipse，当然，也可以在 Eclipse 中安装 STS 插件来获得对 Spring Boot 开发的支持。

1.3.1　下载并安装 STS

Spring Tool Suite 下载页面如图 1-8 所示。

在 Windows 平台下，选择下载页面中的“4.14.0 - WINDOWS X86_64”进行下载。下载的是一个 JAR 文件，如果已经安装了 JDK，并且文件的关联打开方式是“Java(TM) Platform SE binary”，那么可以直接执行该 JAR 文件来安装 STS；否则可以在命令提示符窗口下，执行 java -jar xxx.jar 命令来安装 STS。

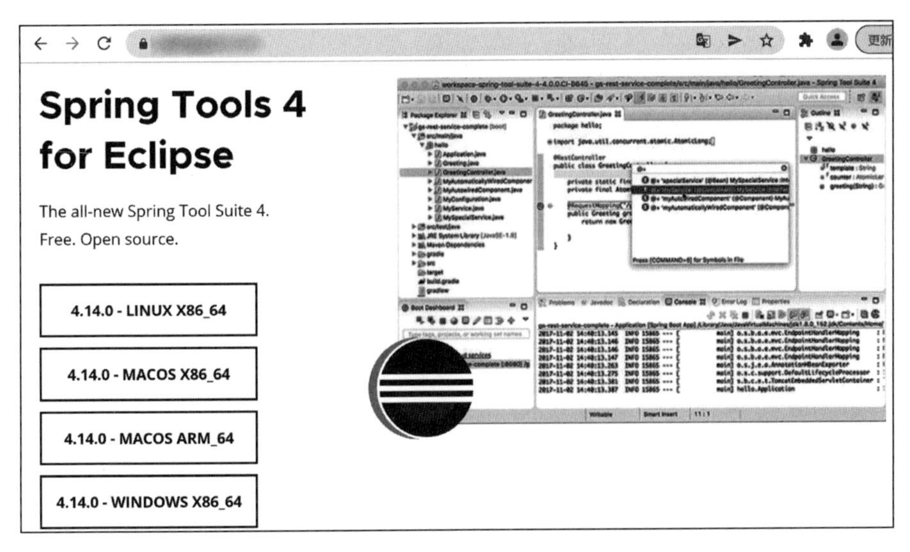

图 1-8　Spring Tool Suite 下载页面

在安装完成后，默认的目录名是 sts-4.14.0.RELEASE，在该目录下执行 SpringToolSuite4.exe，即可运行 STS。

STS 本身是基于 Eclipse 平台的，因此 Eclipse 的一些配置对于 STS 也是有效的，关于 Eclipse 的一些常用配置可以参看笔者的另一本著作《Java 无难事》。

1.3.2　配置 Maven 环境

STS 本身自带了 Maven 环境，如果想要使用较新版本的 Maven，或者想要使用国内的镜像 Maven 仓库，以提高依赖包的下载速度，那么可以在 STS 中配置一下 Maven 环境。具体步骤如下。

首先运行 STS，单击菜单【Window】→【Preferences】，在首选项对话框的左侧面板找到“Maven”节点并展开，选中“Installations”子节点，如图 1-9 所示。

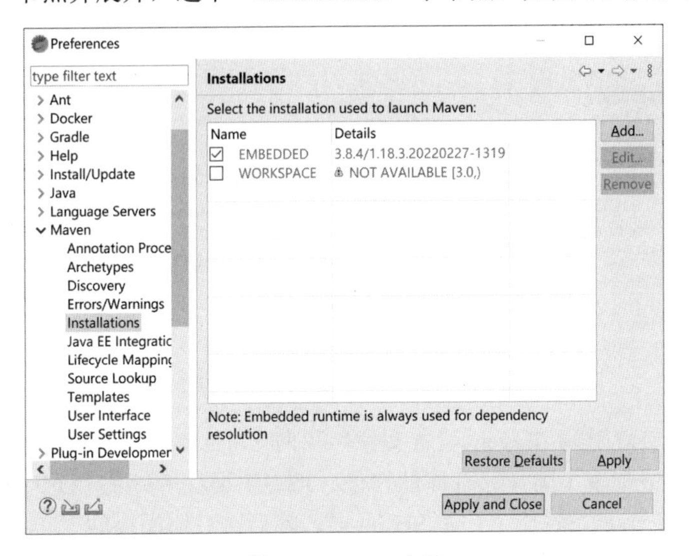

图 1-9　Maven 安装

可以看到，STS 本身自带了 Maven 的环境，如果要更改 Maven 的版本，则可以单击"Add"按钮，设置 Maven 安装的主目录，如图 1-10 所示。

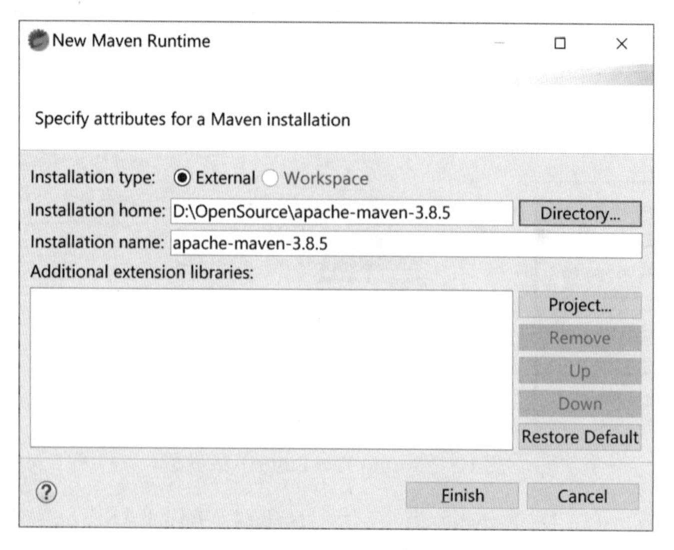

图 1-10　设置 Maven 安装的主目录

然后单击"Finish"按钮，完成设置，回到首选项对话框中，选中新配置的 Maven 版本，单击"Apply and Close"按钮，如图 1-11 所示。

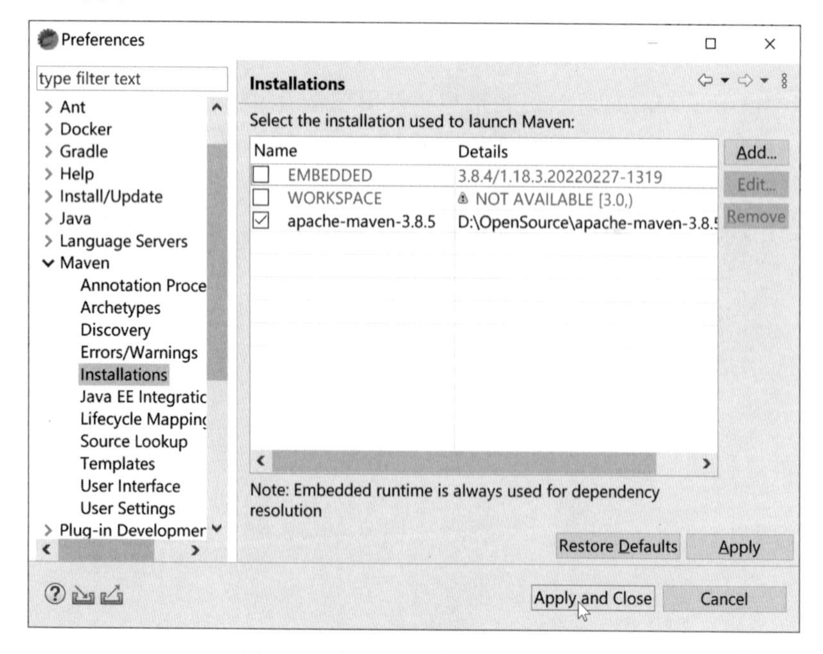

图 1-11　应用新配置的 Maven 版本

接下来配置要使用的 Maven 设置文件，我们在 1.2.3 节中已经在安装的 Maven 的 settings.xml 文件中配置了阿里云仓库的镜像，现在需要让 STS 使用这个设置文件。

在"Maven"节点下选中"User Settings"，然后在右侧面板的"User Settings"下单击"Browse"按钮，选中我们自己的 settings.xml 文件，如图 1-12 所示。

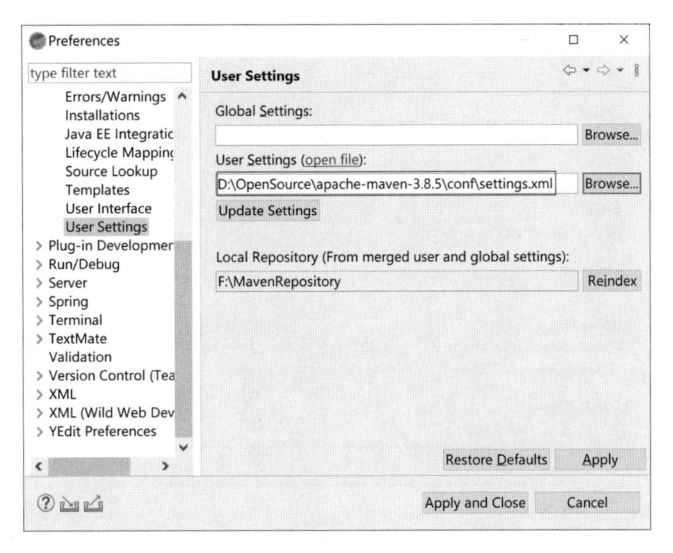

图 1-12　使用自定义的 Maven 设置

最后单击“Apply and Close”按钮，结束 Maven 环境的配置。

1.3.3　开发 Spring Boot 应用

单击菜单【File】→【New】→【Spring Starter Project】，出现如图 1-13 所示的对话框。

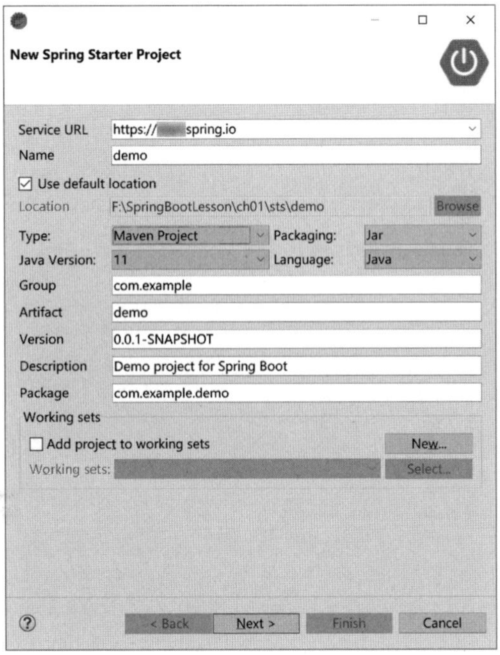

图 1-13　新建 Spring Boot 项目对话框

不要修改 Service URL，spring initializr 是 Spring 官方提供的在线创建 Spring Boot 应用的图形化工具，用来初始化 Spring Boot 项目。也可以通过浏览器直接访问 Spring Initializr 的网站，然后填写 Spring Boot 项目的相关信息，如图 1-14 所示。

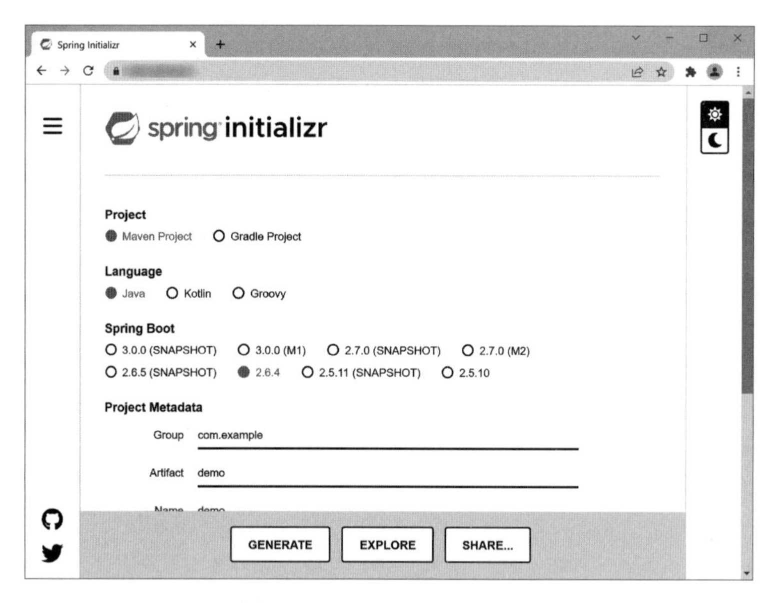

图 1-14　Spring Initializr 工具

填写完相关信息，添加项目所需依赖后，单击“GENERATE”按钮，网站会生成一个 zip 压缩文件，下载并解压缩后，就得到了一个 Spring Boot 项目的基本结构。当然，这里我们没必要去访问网站，直接在 STS 中创建 Spring Boot 应用即可。

按照下面的内容填写项目信息，如图 1-15 所示。

- Name：hello
- Group：com.sx
- Artifact：hello
- Package：com.sx.hello

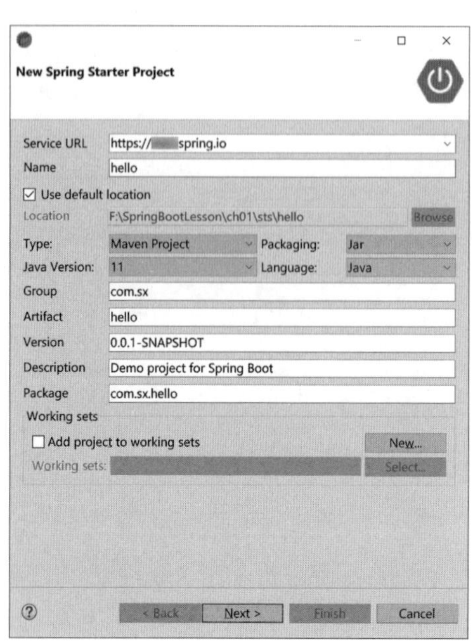

图 1-15　填写项目相关信息

单击“Next”按钮，选择要添加的项目依赖，本例选择“Web”节点下的“Spring Web”依赖，如图 1-16 所示。

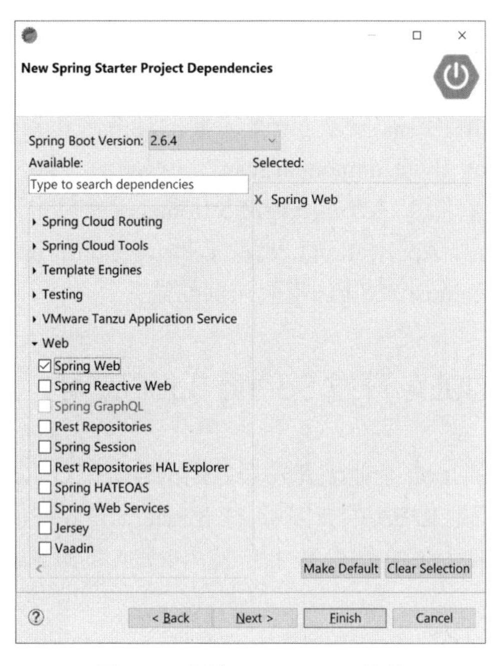

图 1-16　添加 Spring Web 依赖

单击“Finish”按钮，完成项目的创建。此时，STS 会根据项目的 POM 文件设置，从 Maven 仓库下载项目依赖的所有 JAR 包，这个过程可能会比较慢，请读者耐心等待。

在 src/main/java 目录下找到 com.sx.hello.HelloApplication 类，编辑源文件，参照例 1-3 编写代码，如例 1-4 所示。

例 1-4　HelloApplication.java

```
package com.sx.hello;

import org.springframework.boot.SpringApplication;
import org.springframework.boot.autoconfigure.SpringBootApplication;
import org.springframework.web.bind.annotation.RequestMapping;
import org.springframework.web.bind.annotation.RestController;

@SpringBootApplication
@RestController
public class HelloApplication {

    @RequestMapping("/")
    String home() {
       return "Hello World!";
    }

    public static void main(String[] args) {
        SpringApplication.run(HelloApplication.class, args);
```

```
    }
}
```

粗体显示的代码是新增的代码。

@SpringBootApplication 注解用于指示一个配置类，该类声明一个或多个@Bean 方法，并触发自动配置和组件扫描。这是一个方便的注解，相当于声明@Configuration、@EnableAutoConfiguration 和@ComponentScan。

接下来就可以运行项目了。在 HelloApplication.java 上单击鼠标右键，从弹出的菜单中选择【Run As】→【Java Application】或者【Spring Boot App】，在项目启动成功后，打开浏览器访问 http://localhost:8080/，查看访问结果。

1.4 使用 IntelliJ IDEA 开发 Spring Boot 应用

IDEA 可以说是目前 Java 企业级开发最好用的 IDE 了，功能非常强大，同时支持 Spring 全系列的开发，但是 IDEA 的旗舰版（Ultimate）是收费的，而功能较少的社区版（Community）则是免费的，为了便于学习，我们使用 IDEA 的旗舰版（有 30 天免费试用期）。

1.4.1 下载并安装 IDEA

IDEA 下载页面如图 1-17 所示。

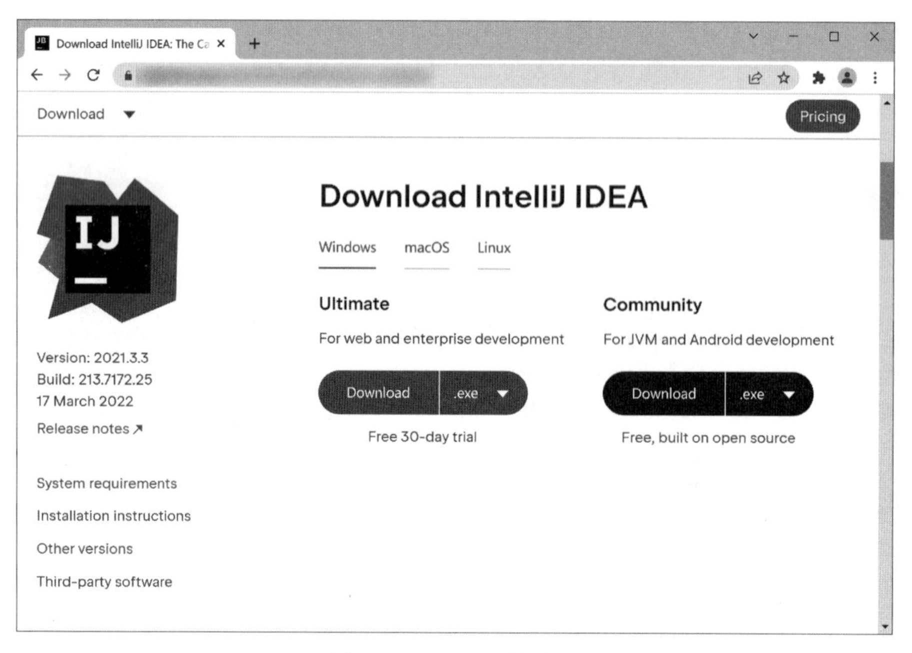

图 1-17　IDEA 下载页面

在该页面上列出了旗舰版和社区版的区别。

若使用旗舰版，则可以选择 Windows(.exe)或者 Windows(.zip)下载，前者需要安装，后者解压缩即可使用。

1.4.2　配置 IDEA

在安装完成后，执行 bin 目录下的 idea64.exe 即可启动 IDEA 集成开发环境，IDEA 的许可证界面如图 1-18 所示。

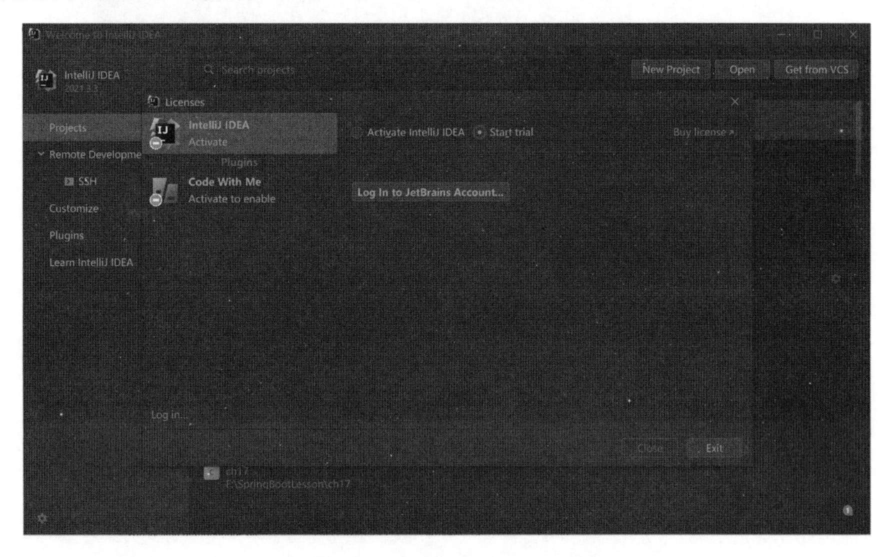

图 1-18　IDEA 的许可证界面

选中“Start trial”，单击“Log In to JetBrains Account...”按钮，会弹出一个网页，登录该网页需要注册账号，如果你已经有账号了，直接在网页中输入账号登录即可。

在注册完账号后，回到 IDEA 窗口，单击“Start trial”按钮开始试用。

1．配置 Maven 环境

在 IDEA 欢迎界面的左侧面板中选择“Customize”，在右侧面板中单击“All settings”链接，欢迎界面如图 1-19 所示，设置界面如图 1-20 所示。

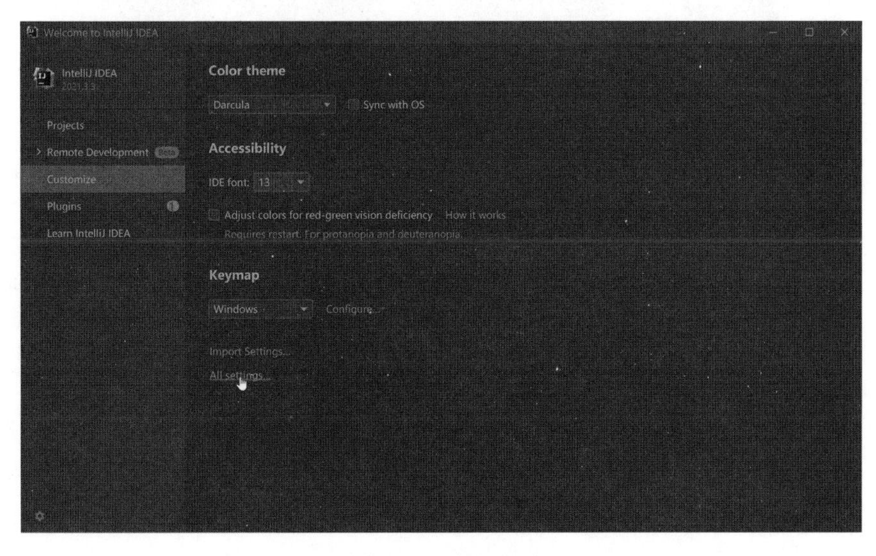

图 1-19　欢迎界面

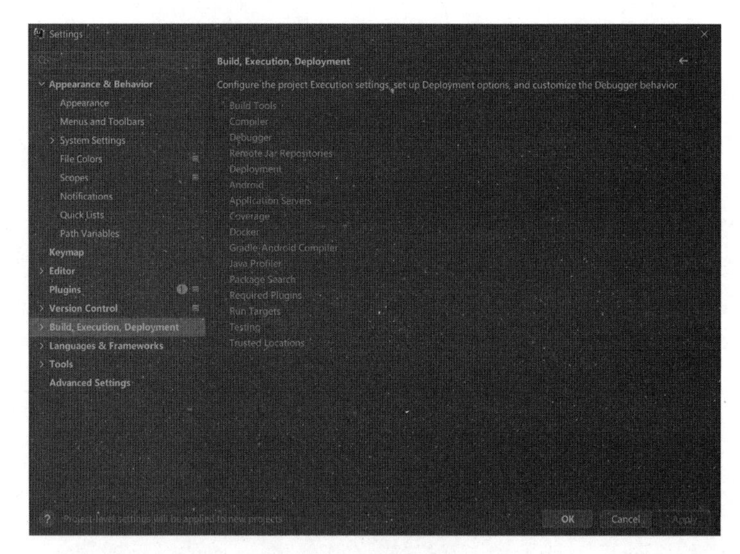

图 1-20　设置界面

也可以在新建或打开项目后，单击菜单【File】→【New Projects Setup】→【Settings for New Projects...】，进入创建新项目的设置界面。

> **提示**：菜单【File】下还有一个【Settings】菜单项，通过该菜单项也可以进入项目的设置界面，不过这个设置是针对当前项目的，在每次新建项目时都需要重新设置，显然不适合应用于所有项目的全局配置。

在左侧面板中展开“Build, Execution, Deployment”节点，选择“Build Tools”→“Maven”，配置 Maven 环境如图 1-21 所示。

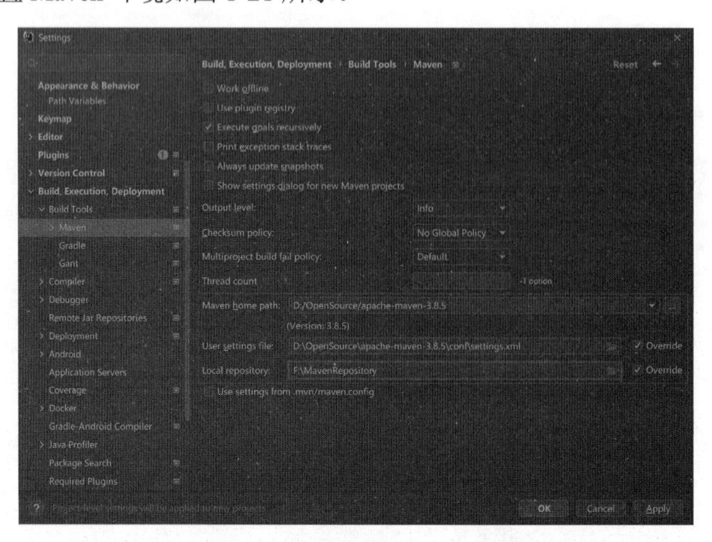

图 1-21　配置 Maven 环境

在“Maven home path:”一栏，单击后面的“...”按钮，指定 Maven 的安装目录。在“User settings file:”一栏，先复选“Override”，然后找到自定义的 Maven 设置文件。最后单击“OK”按钮，完成对 Maven 环境的配置。

2. 配置自动导入包

Java 以包来管理数目众多的类，在开发项目时，需要正确导入类所在的包，一些 IDE 可以自动检测未导入包的类，我们可以根据提示来导入包，也可以在 IDEA 中配置自动导入包。

在设置界面中，在左侧面板中，依次展开“Editor”→“General”节点，选中“Auto Import”子节点，配置自动导入包如图 1-22 所示。

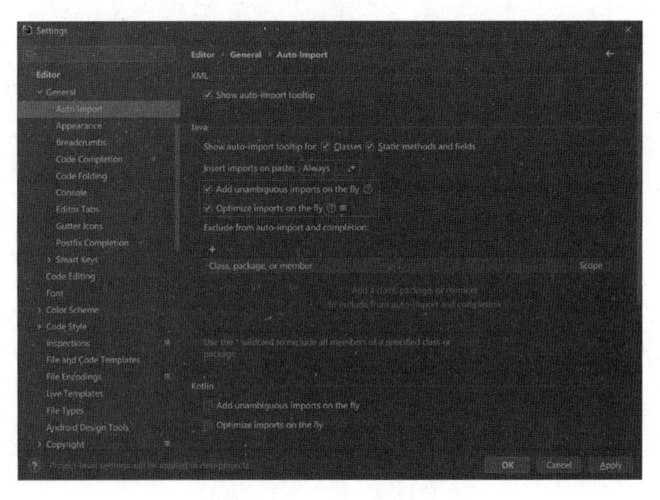

图 1-22 配置自动导入包

注意矩形框中的两个复选框，将这两个复选框都选中，单击“OK”按钮，结束配置。

1.4.3 开发 Spring Boot 应用

在启动 IDEA 后，在欢迎界面上单击“New Project”新建一个项目，出现如图 1-23 所示的新建项目对话框。

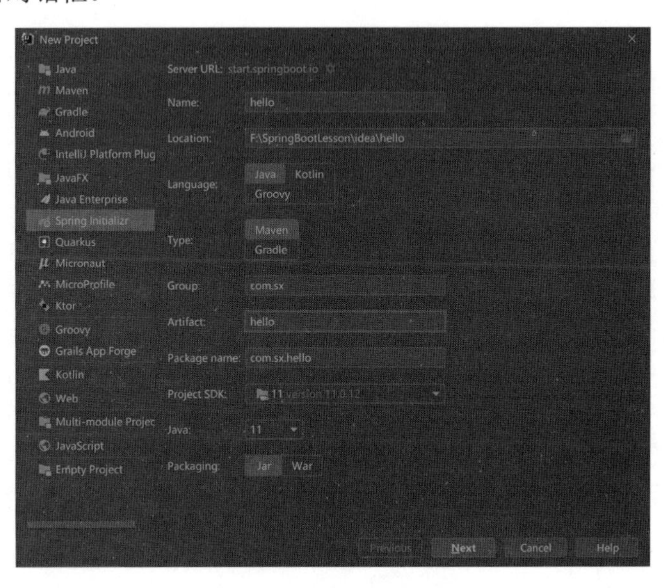

图 1-23 新建项目对话框

在左侧面板中选中“Spring Initializr”，在右侧面板中参照 1.3.3 节的项目信息填写，除了项目信息外，其他信息保持默认选择，然后单击“Next”按钮，出现如图 1-24 所示的对话框。

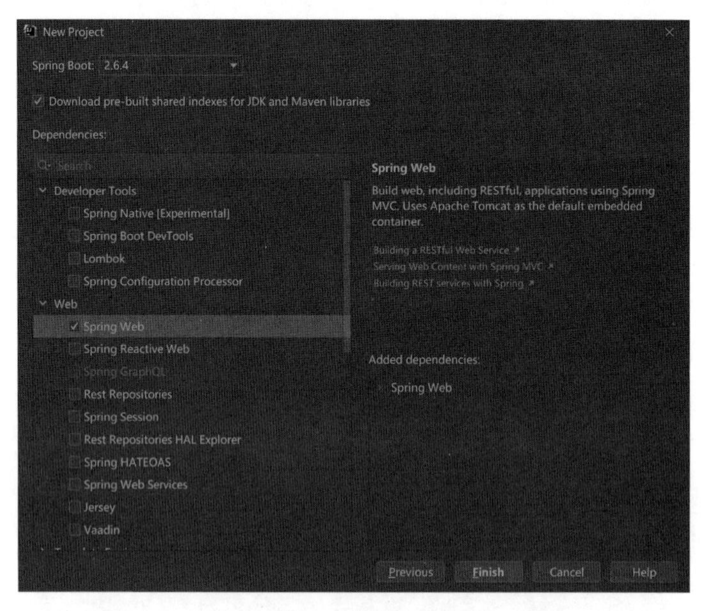

图 1-24　添加项目依赖

在“Web”模块中选中“Spring Web”依赖，单击“Finish”按钮，完成项目的创建。

接下来可以参照 1.3.3 节的例 1-4 编写代码，然后右键单击 HelloApplication 类，从弹出的菜单中选择“Run 'HelloApplication'”，运行项目。

提示：后面的实例项目都将以 IDEA 来开发，将不再另行说明。

1.5　小结

本章简要介绍了 Spring Boot、Maven，以及使用 Maven 和 JDK 开发 Spring Boot 应用，当然这种方式在实际开发中并不常用，毕竟开发效率较低。

在实际开发中需要选择一款好用且功能强大的 IDE 来辅助我们的开发，为此我们介绍了两个目前比较常用的开发 Spring Boot 应用的 IDE：STS 和 IDEA。STS 是免费的软件。IDEA 分为两个版本，旗舰版是收费的，但功能很全，社区版是免费的，但功能较少，且需要额外安装 Spring Assistant 插件（该插件在 IDEA 的最新版中已无法使用），才能进行 Spring Boot 项目的开发。

第2章 Spring Boot 基础

本章将通过剖析 Spring Boot 项目的整体结构来了解 Spring Boot 应用的开发。

2.1 Spring Boot 项目结构剖析

按照 1.4.3 节介绍的步骤新建一个 Spring Boot 项目，项目信息如下。

- Name：ch02
- Group：com.sx
- Artifact：demo
- Package name：com.sx.demo

添加 Spring Web 依赖，其他信息保持默认设置。

项目创建完成后的目录结构如图 2-1 所示。

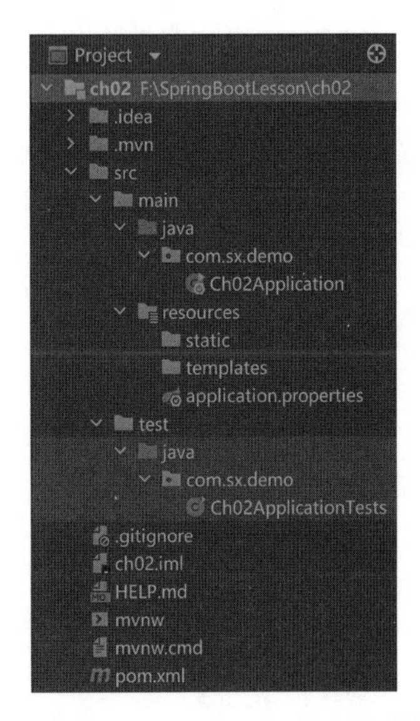

图 2-1　Spring Boot 项目的目录结构

这就是一个标准的 Spring Boot 项目的结构，各个目录和文件的作用如下。

- src/main/java：存放项目的源代码。
- src/main/java/.../Ch02Application：主程序的入口类，通过运行该类来启动 Spring Boot 应用。
- src/main/resources：存放项目的资源文件。
- src/main/resources/static：静态资源目录，用于存放 HTML、CSS、JavaScript 和图片等资源。在该目录下的资源可以被外部请求直接访问。
- src/main/resources/templates：视图模板目录，用于存放 JSP、Thymeleaf 等模板文件。外部请求无法直接访问在该目录下的模板文件。
- src/main/resources/application.properties：Spring

Boot 的全局配置文件。

- src/test/java：存放项目的测试代码。

项目根目录下的 pom.xml（图 2-1 的最后一行）文件的内容如下所示：

```
<?xml version="1.0" encoding="UTF-8"?>
<project xmlns="http://maven.apache.org/POM/4.0.0" xmlns:xsi="http:
//www.w3.org/2001/XMLSchema-instance"
         xsi:schemaLocation="http://maven.apache.org/POM/4.0.0
https://maven.apache.org/xsd/maven-4.0.0.xsd">
    <modelVersion>4.0.0</modelVersion>
    <parent>
        <groupId>org.springframework.boot</groupId>
        <artifactId>spring-boot-starter-parent</artifactId>
        <version>2.6.4</version>
        <relativePath/> <!-- lookup parent from repository -->
    </parent>
    <groupId>com.sx</groupId>
    <artifactId>demo</artifactId>
    <version>0.0.1-SNAPSHOT</version>
    <name>ch02</name>
    <description>ch02</description>
    <properties>
        <java.version>11</java.version>
    </properties>
    <dependencies>
        <dependency>
            <groupId>org.springframework.boot</groupId>
            <artifactId>spring-boot-starter-web</artifactId>
        </dependency>

        <dependency>
            <groupId>org.springframework.boot</groupId>
            <artifactId>spring-boot-starter-test</artifactId>
            <scope>test</scope>
        </dependency>
    </dependencies>

    <build>
        <plugins>
            <plugin>
                <groupId>org.springframework.boot</groupId>
                <artifactId>spring-boot-maven-plugin</artifactId>
            </plugin>
        </plugins>
    </build>

</project>
```

对比 1.2.4 节我们自己编写的 pom.xml 文件，会看到这两个文件内容是非常类似的。

spring-boot-starter-web 是我们在创建项目时添加的依赖，除此之外，还自动添加了 spring-boot-starter-test 依赖，依赖的范围为 test，该依赖主要是为了方便我们对项目进行单元测试。

在创建项目后，随着开发的推进，可能会需要添加其他依赖，这时候手动修改 pom.xml 文件即可。

2.2　编写控制器

控制器用于对 Web 请求进行处理，在前面的例子中，我们直接将 Spring Boot 的启动类配置成了控制器，但在实际开发中肯定不会这样。

在 com.sx.demo 包上单击鼠标右键，在弹出的菜单中选择【New】→【Package】，输入包名：com.sx.demo.controller，并按回车键。

在 controller 子包上单击鼠标右键，在弹出的菜单中选择【New】→【Java Class】，图 2-2 所示为新建 Java 类。

之后，在弹出的“New Java Class”窗口中，保持默认选中的“Class”项，输入类名：HelloController，并按回车键，完成对类的创建，如图 2-3 所示。

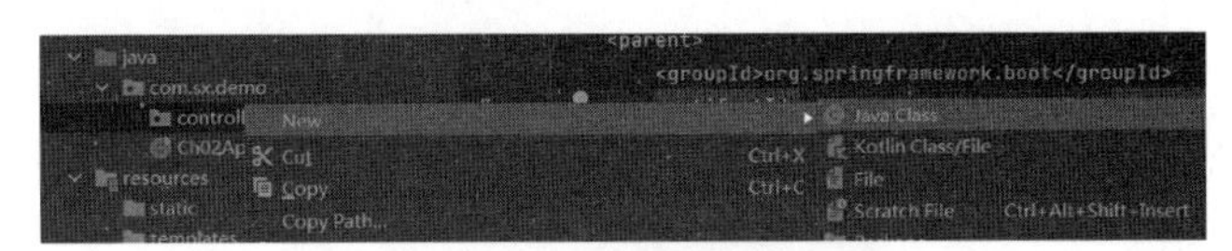

图 2-2　新建 Java 类

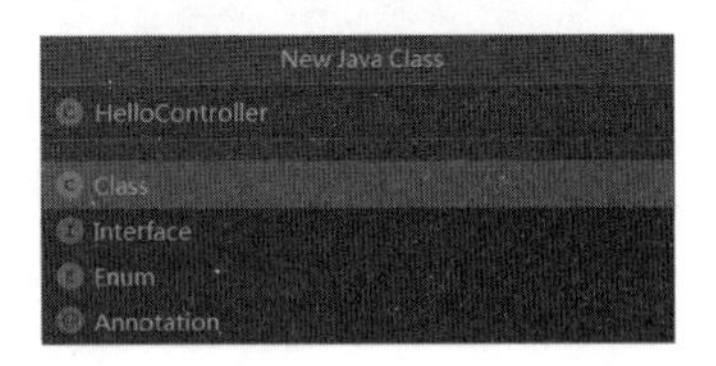

图 2-3　新建 HelloController 类

在 HelloController 类中编写代码，如例 2-1 所示。

例 2-1　HelloController.java

```
package com.sx.demo.controller;

import org.springframework.web.bind.annotation.RequestMapping;
import org.springframework.web.bind.annotation.RestController;

@RestController
public class HelloController {
    @RequestMapping("/")
    String home() {
        return "Hello World!";
    }
}
```

粗体显示的代码是新增的代码。

接下来可以运行项目，要注意的是，运行的是 Ch02Application 类，而不是 HelloController 类。打开浏览器访问 http://localhost:8080/，查看响应结果。

2.3 热部署

在项目开发阶段经常需要运行项目，通过观察结果来验证代码编写是否正确，但如果在每次修改代码后，都要停止并重新运行项目，那么损耗的时间也是很多的。如果在项目运行过程中修改了代码，自动重新加载修改后的代码，而不需要重新启动项目，就能节省大量的时间。

Spring Boot 有一个开发者模块 spring-boot-devtools，引入该依赖可以为应用提供额外的开发时特性，包括快速的应用程序重启和实时重新加载，以及合理的开发时配置（如模板缓存）。在生产环境下运行完全打包的应用程序时，开发者工具会自动被禁用。

要引入 spring-boot-devtools 依赖，可以在 pom.xml 文件中添加下面的代码：

```
<dependencies>
    ...
    <dependency>
        <groupId>org.springframework.boot</groupId>
        <artifactId>spring-boot-devtools</artifactId>
        <optional>true</optional>
    </dependency>
</dependencies>
```

当在 pom.xml 文件中添加依赖后，需要导入该依赖。之前的 IDEA 版本可以配置在 pom.xml 文件修改后，自动更新依赖，新版的 IDEA（从 IDEA 2020.x 版开始）为了防止在 POM 更新时，Maven 自动导入包会出现卡死的问题，取消了自动导入机制，但新增了导入按钮和快捷键。

在新增了 Maven 依赖后，当前 POM 文件的右上角会出现一个 Maven 的小图标，如图 2-4 所示，单击一下该图标就可以更新依赖了。

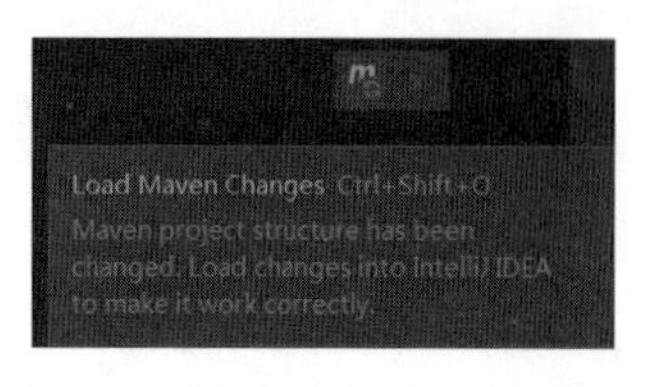

图 2-4 修改 pom.xml 文件后出现的 Maven 图标

也可以通过快捷键“Ctrl + Shift + O”来更新依赖。如果是在 Mac 系统下，则更新依赖的快捷键是“Shift + Command + O”。

在 Eclipse（STS 同理）中开发 Spring Boot 项目时，为了让开发者模块起作用，还需要引入 spring-boot-maven-plugin 插件，在 pom.xml 文件中添加下面的代码：

```
<plugins>
    ...
    <plugin>
        <groupId>org.springframework.boot</groupId>
        <artifactId>spring-boot-maven-plugin</artifactId>
```

```
            <configuration>
                <fork>true</fork>
            </configuration>
        </plugin>
    </plugins>
```

在 IDEA 中，当创建 Spring Boot 项目时会自动引入 spring-boot-maven-plugin 插件，因而无须再另行配置。但是 IDEA 还需要一些额外的配置。

在 IDEA 中，单击菜单【File】→【New Projects Setup】→【Settings for New Projects…】，在新项目设置界面中，在左侧面板中展开“Build, Execution, Deployment”节点，选中“Compiler”子节点，图 2-5 所示为配置自动构建项目。

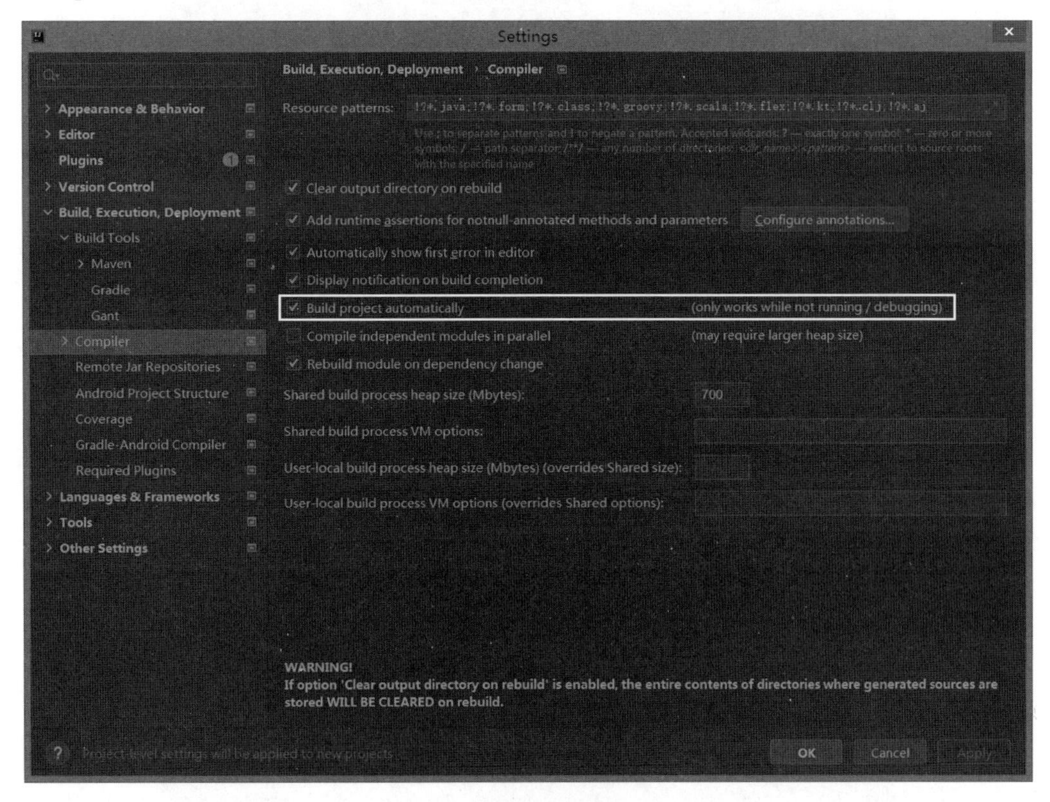

图 2-5　配置自动构建项目

选中“Build project automatically”复选框，单击“OK”按钮。

> 提示：在当前项目中要应用上述配置，可以单击菜单【File】→【Settings】，配置方式是一样的。

（1）对于 IEDA 2021 之前的版本，同时按下组合键“Shift + Ctrl + Alt + /”，选择“Registry…”，找到“compiler.automake.allow.when.app.running”并选中，如图 2-6 所示。

图 2-6　配置在程序运行时的自动构建（之前的版本）

单击“Close”按钮，结束配置。

（2）IDEA 2021 及之后的版本在 Registry 配置中取消了 compiler.automake.allow.when.app.running 选项，新的允许自动构建项目的配置方式为：单击菜单【File】→【Settings…】，在设置界面中，在左侧面板中选中“Advanced Settings”节点，在右侧面板中找到“Compiler”项，如图 2-7 所示。

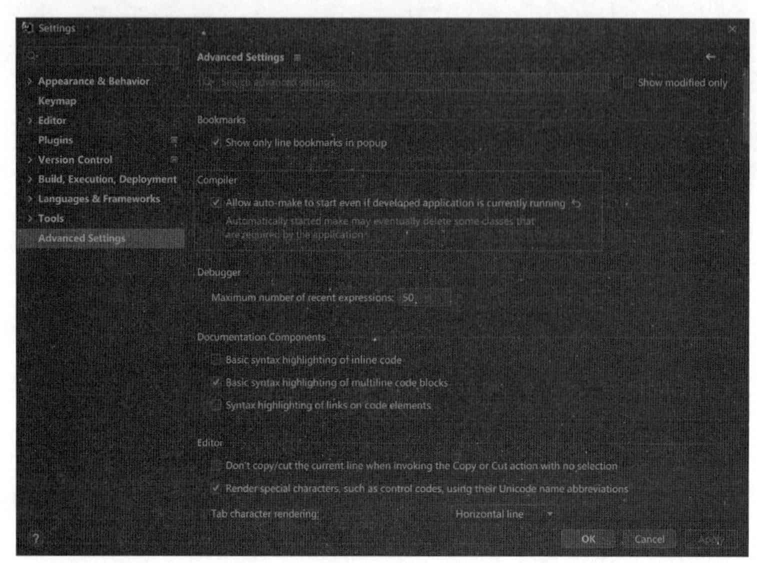

图 2-7　配置在程序运行时的自动构建（之后的版本）

选中“Allow auto-make to start even if developed application is currently running”。

接下来可以运行项目，体验一下热部署。先在浏览器中访问 http://localhost:8080/，看到“Hello World!”的响应结果。修改 HelloController 类，将 home()方法的返回值修改为“Hello”，注意观察 IDEA 的控制台窗口，可以看到项目重启的输出信息，之后在浏览器中刷新页面，可以看到“Hello”的响应结果。

2.4　Spring Boot 的配置文件

Spring Boot 支持两种格式的全局配置文件：属性文件格式和 YAML 格式，配置文件用于对 Spring Boot 项目的默认配置进行微调，配置文件放在 src/main/resources 目录下或者类路径的/config 目录下。

由图 2-1 可以看到，在 src/main/resources 目录下已经有了一个 application.properties 文件，如果需要使用 YAML 格式，则可以在该目录下新建一个 application.yml 文件（也可以使用后缀.yaml）。不建议同时使用两种格式的配置文件。

Spring Boot 使用 SnakeYAML 库来解析.yml 格式的文件，只要在类路径上有 SnakeYAML 库，SpringApplication 类就会自动支持以 YAML 格式替代属性文件格式。spring-boot-starter 会自动提供 SnakeYAML，所以无须我们配置该库。

在整个应用程序中，应该始终坚持使用同一种格式的配置文件，如果在相同的位置同时存在.properties 格式和.yml 格式的配置文件，那么优先选择.properties 格式的配置文件。

2.4.1　YAML 语法

YAML 是 JSON 的超集，其全称是 YAML Ain’t Markup Language（YAML 不是标记语言），在开发这种语言时，YAML 的意思其实是：Yet Another Markup Language（仍是一种标记语言），但为了强调这种语言是以数据为中心，而不是以标记语言为重点，所以用反向缩略语重命名。

YAML 是一种数据序列化语言，其通过最小化结构字符的数量，并允许数据以自然和有意义的方式显示自己，从而实现了独特的简洁性。例如，缩进可以用于结构，冒号可以分隔键值对，破折号用于创建“项目符号”列表。

数据结构有无数种风格，但它们都可以用三种基本原语来充分表示：映射（哈希/字典）、序列（数组/列表）和标量（字符串/数字）。YAML 利用了这些原语，并添加了一个简单的类型系统和别名机制，以形成用于序列化任何本机数据结构的完整语言。

1．基本语法

YAML 采用树状结构，其基本语法格式要求如下：

- 对英文大小写敏感。
- 使用缩进表示层级关系。
- 缩进不允许使用 Tab 键，只允许使用空格。
- 缩进的空格数目不重要，只要相同层级的元素左对齐即可。

- 注释以#开头，必须用空格字符与其他标记分隔。

2．数据类型

YAML 支持以下几种数据类型。

- 对象：键值对的集合，又称为映射（mapping）/ 哈希（hashes）/ 字典（dictionary）。
- 数组：一组按次序排列的值，又称为序列（sequence） / 列表（list）。
- 标量（scalar）：单个的、不可再分的值。

3．YAML 对象

对象键值对使用冒号来分隔键和值，要注意的是，冒号后面一定要跟一个空格，如 port: 9000。可以使用缩进来表示层级关系，例如：

```
key:
  child-key1: value1
  child-key2: value2
```

也可以使用 key: {key1: value1, key2: value2, ...}这种形式来表示层级关系。

对于较为复杂的对象格式，可以使用一个问号加一个空格表示一个复杂的 key，一个冒号加一个空格代表一个 value，例如：

```
?
    - complexkey1
    - complexkey2
:
    - complexvalue1
    - complexvalue2
```

意思是对象的属性是一个数组[complexkey1, complexkey2]，对应的值也是一个数组[complexvalue1, complexvalue2]。

4．YAML 数组

以短横线（-）开头的行，表示构成一个数组，例如：

```
- A
- B
- C
```

YAML 支持多维数组，可以使用行内表示，例如：

```
key: [value1, value2, ...]
```

若数据结构的子成员是一个数组，则可以在该项下面缩进一个空格，例如：

```
-
 - A
 - B
 - C
```

我们看一个相对复杂的例子，如下所示：

```
companies:
    -
        id: 1
        name: company1
        price: 200W
    -
        id: 2
        name: company2
        price: 500W
```

意思是 companies 属性是一个数组，每一个数组元素又都是由 id、name、price 三个属性组成的。

数组也可以使用流式（flow）的方式来表示：

```
companies: [{id: 1,name: company1,price: 200W},{id: 2,name: company2,price: 500W}]
```

5. 复合结构

数组和对象可以构成复合结构，例如：

```
languages:
  - Ruby
  - Perl
  - Python
websites:
  YAML: yaml.org
  Ruby: ruby-lang.org
  Python: python.org
  Perl: use.perl.org
```

转换为 JSON 格式为：

```
{
  languages: [ 'Ruby', 'Perl', 'Python'],
  websites: {
    YAML: 'yaml.org',
    Ruby: 'ruby-lang.org',
    Python: 'python.org',
    Perl: 'use.perl.org'
  }
}
```

6. 标量

标量是最基本的、不可再分的值，包括：

- 字符串
- 布尔值
- 整数

- 浮点数
- Null
- 时间
- 日期

我们看下面的示例：

```
boolean:
    - TRUE  #true、True 都可以
    - FALSE  #false、False 都可以
float:
    - 3.14
    - 6.8523015e+5  #可以使用科学计数法
int:
    - 123
    - 0b1010_0111_0100_1010_1110    #二进制表示
null:
    nodeName: 'node'
    parent: ~          #使用~表示 null
string:
    - 哈哈
    - 'Hello world' #可以使用双引号或者单引号包裹特殊字符
    - newline
      newline2        #字符串可以拆成多行，每一行都会被转化成一个空格
date:
    - 2018-02-17     #日期必须使用 ISO 8601 格式，即 yyyy-MM-dd
datetime:
    -  2018-02-17T15:02:31+08:00    #时间使用 ISO 8601 格式，时间和日期之间使用
T 连接，最后使用+代表时区
```

7. 引用

&锚点和*别名可以用来构建引用，例如：

```
defaults: &defaults
  adapter:  postgres
  host:     localhost

development:
  database: myapp_development
  <<: *defaults

test:
  database: myapp_test
  <<: *defaults
```

相当于：

```
defaults:
  adapter:  postgres
```

```
  host:     localhost

development:
  database: myapp_development
  adapter:  postgres
  host:     localhost

test:
  database: myapp_test
  adapter:  postgres
  host:     localhost
```

& 用来建立锚点（defaults），<< 表示合并到当前数据，* 用来引用锚点。

下面是另一个例子：

```
- &showell Steve
- Clark
- Brian
- Oren
- *showell
```

转换为 JSON 格式为：

```
[ 'Steve', 'Clark', 'Brian', 'Oren', 'Steve' ]
```

2.4.2　配置嵌入式服务器

Spring Boot 默认使用 Tomcat 作为嵌入式 Web 服务器，监听 8080 端口，以“/”作为上下文根，在个人开发时，一般不需要修改这个默认配置，但在团队协作开发时（如前后端分离的项目开发），或者需要同时运行多个 Web 应用程序时，又或者在产品环境下，就需要对默认的嵌入式 Web 服务器进行配置，修改监听的端口或者上下文路径，端口号是通过 server.port 属性来设置的，上下文路径是通过 server.servlet.context-path 属性来设置的。

在 application.properties 文件中的配置如下：

```
server.port=80
server.servlet.context-path=/api
```

在 application.yml 文件中的配置如下：

```
server:
  port: 80
  servlet:
    context-path: /api
```

运行项目，在控制台窗口中可以看到如下的输出信息：

```
Tomcat started on port(s): 80 (http) with context path '/api'
```

此时访问项目，端口号要使用 80（HTTP 协议默认端口号就是 80，因此可以不用显式给出），而不是使用 8080 了，即 http://localhost/api。

> **提示：**读者在学习的时候，在项目中可以同时建立 application.properties 文件和 application.yml 文件，但为了避免冲突，建议在使用其中一个配置文件时，将另一个配置文件的后缀名修改一下（如改为 application.yml2）以避免把自己都搞糊涂了。

1．配置 HTTPS 服务

我们除希望服务器提供端口号外，还希望服务器提供 HTTPS 服务。HTTPS 加密每个数据包并以安全的方式进行传输，保护敏感数据免受窃听或者黑客的攻击。Web 应用程序需要安装 SSL 证书来实现 HTTPS，互联网上受信任的证书通常是向 CA 申请的证书，在学习阶段，我们可以使用 JDK 自带的 keytool 工具生成自签名证书，步骤如下。

第一步：打开命令提示符窗口，执行下面的命令。

```
keytool -keystore server.keystore -genkey -alias tomcat -keyalg RSA
-storetype PKCS12
```

按下回车键后，会让你输入密钥库的口令（密码），此时应记住输入的口令，因为后面会用到，笔者输入的口令是：12345678。接下来会询问一些与名字、组织机构、所在地区等相关的信息。

第二步：将生成的 server.keystore 文件复制到项目的 src/main/resources 目录下。

第三步：在 application.properties 文件中配置嵌入式服务器的 HTTPS 服务，代码如下所示。

```
server.port=8443
server.ssl.key-store=src/main/resources/server.keystore
server.ssl.key-store-password=12345678
server.ssl.key-store-type=PKCS12
```

如果使用 application.yml，则配置如下所示：

```
server:
 port: 8443
 ssl:
   key-store: src/main/resources/server.keystore
   key-store-password: 12345678
   key-store-type: PKCS12
```

运行项目，在 Chrome 浏览器中访问 URL：https://localhost:8443/，出现如图 2-8 所示的提示。

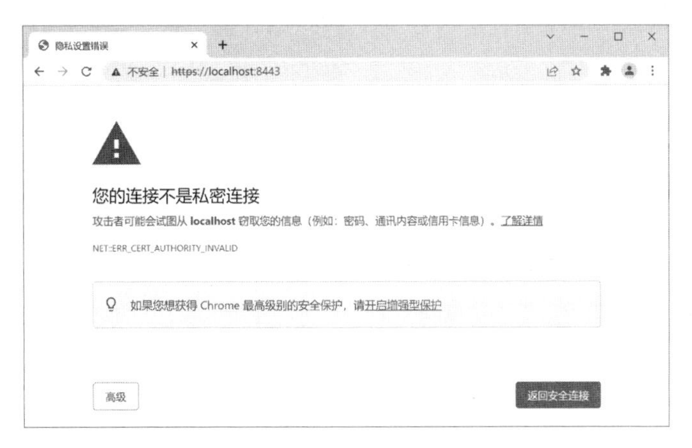

图 2-8　提示证书不安全

我们访问的是 localhost，无须担心证书的问题。单击“高级”按钮，出现如图 2-9 所示的高级页面。

图 2-9　高级页面

单击“继续前往 localhost（不安全）”链接，即可看到服务器发送的响应内容：Hello。

2. 更换默认的 Tomcat 服务器

更换默认的 Tomcat 服务器不是在 Spring Boot 的配置文件中进行的，而是在 POM 文件中引入其他的 Web 服务器依赖，同时从 spring-boot-starter-web 依赖中排除 spring-boot-starter-tomcat 依赖。

修改 POM 文件，将默认的 Tomcat 服务器替换为 Jetty 服务器，代码如下所示：

```
...
<dependency>
    <groupId>org.springframework.boot</groupId>
    <artifactId>spring-boot-starter-web</artifactId>
    <exclusions>
        <exclusion>
            <groupId>org.springframework.boot</groupId>
            <artifactId>spring-boot-starter-tomcat</artifactId>
```

```
            </exclusion>
        </exclusions>
    </dependency>
    <dependency>
        <groupId>org.springframework.boot</groupId>
        <artifactId>spring-boot-starter-jetty</artifactId>
    </dependency>
    ...
```

更新依赖后，运行项目，在控制台窗口中可以看到如下的输出信息：

```
Jetty started on port(s) 8443 (ssl, http/1.1) with context path '/'
```

2.4.3 关闭启动时的 Banner

在 Spring Boot 项目启动时，会有一个由字符组成的 Banner，如图 2-10 所示。

图 2-10 Spring Boot 项目启动时的 Banner

如果要关闭 Banner 的显示，则可以在 application.properties 文件中将 spring.main.banner-mode 的值设置为 off，如下所示：

```
spring.main.banner-mode=off
```

在 application.yml 文件中的设置如下：

```
spring:
  main:
    banner-mode: off
```

再次启动项目，可以发现 Banner 没有了。

2.4.4 配置日志

Spring Boot 默认使用的日志组件是 logback，该组件是由 log4j 的创始人设计的，其性能比 log4j 更为优异。Spring Boot 默认已经集成了 logback 组件，因此不需要为使用 logback 而额外添加 Maven 依赖。

Spring Boot 默认使用 INFO 级别将日志输出到控制台。之前我们在运行程序时，已经看到了 Spring Boot 的 INFO 级别的日志输出，如图 2-11 所示。

图 2-11 Spring Boot 应用程序启动时默认的日志输出

可以看到默认输出的日志记录每一条都包含了以下 7 个部分的内容。

（1）日期时间

日志记录的时间，精确到毫秒。

（2）日志级别

日志级别，由低到高依次为：TRACE、DEBUG、INFO、WARN、ERROR 和 FATAL。

（3）进程 ID

启动的应用程序的进程 ID。

（4）分隔符

即每条日志记录中的“---”，用于标识实际日志的开始。

（5）线程名

方括号括起来的部分，产生日志事件的线程的名字。

（6）Logger 名

通常使用源代码的完整类名。

（7）日志内容

冒号后的部分，详细的日志消息。

要修改日志的输出格式，只需要在 src/main/resources 目录下创建名为 logback-spring.xml 或者 logback.xml 的文件即可，Spring Boot 会自动读取该文件中的日志配置内容。如果要使用自定义文件名，则需要在 Spring Boot 的配置文件中通过 logging.config 属性给出自定义的文件名。

接下来在 src/main/resources 目录下新建 logback-spring.xml 文件，内容如例 2-2 所示。

例 2-2　logback-spring.xml

```
<?xml version="1.0" encoding="UTF-8"?>
<configuration>
    <!-- 输出到控制台 -->
    <appender name="STDOUT" class="ch.qos.logback.core.ConsoleAppender">
        <encoder>
            <!--
              日志输出格式：%d 表示日期时间；%thread 表示线程名；
              %-5level：级别从左显示 5 个字符宽度；
              %logger{50}：表示 logger 名字最长 50 个字符，否则按照句点分割；
              %msg：日志消息；%n 是换行符。
            -->
            <pattern>
                %d{yyyy-MM-dd HH:mm:ss.SSS} [%thread] %-5level %logger{50}
- %msg%n
            </pattern>
        </encoder>
    </appender>

    <!-- 必需的节点，用于指定最基础的日志输出级别，root 元素只有一个 level 属性-->
    <root level="INFO">
        <!-- 引用的 appender 会添加到这个 logger -->
        <appender-ref ref="STDOUT"/>
    </root>
</configuration>
```

启动应用程序，可以在控制台窗口中看到如图 2-12 所示的日志输出内容。

```
2022-03-22 13:21:54.374 [restartedMain] INFO  org.springframework.web.servlet.DispatcherServlet - Completed initialization in 0 ms
2022-03-22 13:21:54.560 [restartedMain] INFO  org.eclipse.jetty.util.ssl.SslContextFactory - x509=X509@69de68f0(tomcat,h=[xin sun],a=[],w=[]) for Server@17975f60[provid
2022-03-22 13:21:54.632 [restartedMain] INFO  org.eclipse.jetty.server.AbstractConnector - Started SslValidatingServerConnector@5233b827{SSL, (ssl, http/1.1)}{0.0.0.0:8
2022-03-22 13:21:54.633 [restartedMain] INFO  o.s.boot.web.embedded.jetty.JettyWebServer - Jetty started on port(s) 8443 (ssl, http/1.1) with context path '/'
2022-03-22 13:21:54.641 [restartedMain] INFO  com.sx.demo.Ch02Application - Started Ch02Application in 1.294 seconds (JVM running for 2.004)
```

图 2-12　自定义日志输出格式后的日志输出

读者可以将图 2-12 与图 2-11 的默认日志输出比较一下。

如果需要将日志信息输出到文件中，则可以按照例 2-3 所示的内容来配置日志输出。

例 2-3　logback-spring.xml

```
<?xml version="1.0" encoding="UTF-8"?>

<configuration>
    <appender name="FILE" class="ch.qos.logback.core.rolling.
RollingFileAppender">
        <!--
            当发生滚动时，决定 RollingFileAppender 的行为，涉及文件移动和重命名。
            SizeAndTimeBasedRollingPolicy: 滚动策略，它根据文件大小和时间来制
            定滚动策略，既负责滚动也负责触发滚动。
        -->
        <rollingPolicy
                class="ch.qos.logback.core.rolling.
SizeAndTimeBasedRollingPolicy">
            <!--
                滚动时产生的文件的存放位置及文件名称 %d{yyyy-MM-dd}: 按天进行日志
                滚动; %i: 当文件大小超过 maxFileSize 时，按照 i 进行文件滚动。
            -->
            <fileNamePattern>f:\\logs\\sys-%d{yyyy-MM-dd}-%i.log
</fileNamePattern>
            <!--
                可选节点，控制保留的归档文件的最大数量，超出数量就删除旧文件。假设设
                置每天滚动，且 maxHistory 是 180，则只保存最近 180 天的文件，删除之
                前的旧文件。注意，在删除旧文件时，那些为了归档而创建的目录也会被删除。
            -->
            <MaxHistory>180</MaxHistory>
            <maxFileSize>100MB</maxFileSize>
            <!--
                当日志文件超过 maxFileSize 指定的大小时，根据上面提到的%i 进行日志
                文件滚动。
            -->
            <timeBasedFileNamingAndTriggeringPolicy

class="ch.qos.logback.core.rolling.SizeAndTimeBasedFNATP">
                <maxFileSize>100MB</maxFileSize>
            </timeBasedFileNamingAndTriggeringPolicy>

        </rollingPolicy>
        <encoder>
            <pattern>
                %d{HH:mm:ss.SSS} [%thread] %-5level %logger{50} - %msg%n
```

```
            </pattern>
        </encoder>
    </appender>

    <root level="INFO">
        <appender-ref ref="FILE"/>
    </root>
</configuration>
```

启动应用程序，将会在 F 盘的 logs 目录下看到一个形如 sys-2022-03-22-0.log 的文件，文件内容就是输出的日志信息。

2.4.5　使用 Profile 进行配置

在实际项目研发过程中，在开发阶段和产品发布阶段所需要的配置信息往往是不同的，即当应用程序部署到不同的运行环境时，一些配置细节也会有所不同。例如，数据库连接的配置，在开发环境和生产环境下通常是不同的。

Spring Boot 支持基于 Profile 的配置，Profile 是一种条件化配置，基于运行时激活的 Profile，会使用或者忽略不同的 Bean 或配置类。

在生产环境中，只关注 WARN 或更高级别的日志，且把日志信息写到文件中即可。而在开发环境下，则输出 DEBUG 或更高级别的日志，且在控制台中输出即可。下面我们分别使用属性文件格式和 YAML 格式来进行多环境的配置。在此之前，先把 2.4.4 节编写的 logback-spring.xml 文件进行改名，以免影响到下面的配置。

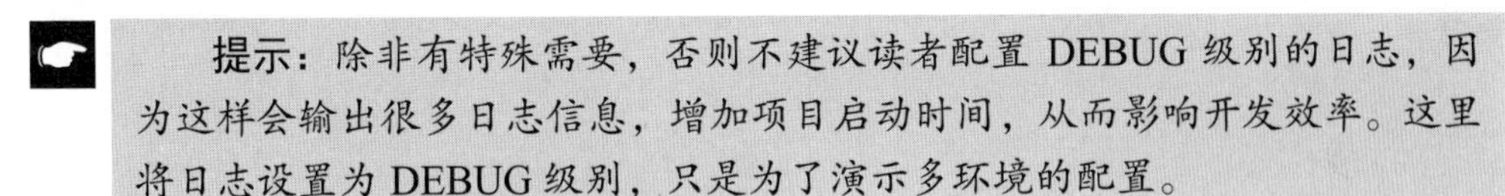
提示：除非有特殊需要，否则不建议读者配置 DEBUG 级别的日志，因为这样会输出很多日志信息，增加项目启动时间，从而影响开发效率。这里将日志设置为 DEBUG 级别，只是为了演示多环境的配置。

1. 使用属性文件格式配置多环境

在 src/main/resources 目录下新建两个属性文件，分别为 application-dev.properties 和 application-prod.properties，前者是用于开发环境的配置文件，后者是用于生成环境的配置文件。

在开发环境下，日志以 DEBUG 级别或更高级别输出到控制台中，application-dev.properties 文件的代码如例 2-4 所示。

例 2-4　application-dev.properties

```
logging.level.root=DEBUG
```

在生产环境下，将日志级别设置为 WRAN，并将日志写入到文件中。application-prod.properties 文件的代码如例 2-5 所示。

例 2-5　application-prod.properties

```
logging.file.name=f:\\logs\\demo.log
logging.level.root=WARN
```

logging.file.name 属性用于指定日志文件名，日志文件名可以是精确的位置，也可以是相对于当前目录的位置。与这个属性类似的是 logging.file.path 属性，该属性用于指定日志文件的位置，例如：/var/log。要注意的是，这两个属性不能同时使用，如果同时使用，则默认只有 logging.file.name 属性生效。如果只配置了 logging.file.path 属性，则会在该属性指定的目录下生成默认的 spring.log 文件。

另外要注意的是，之所以要将 2.4.4 节编写的 logback-spring.xml 文件进行改名，是因为如果提供了该文件，那么对于日志的配置将以该文件为准，这样就会影响到这一节的实例测试。

接下来在主配置文件 application.properties 中设置 spring.profiles.active 属性的值，在值为 dev 时将加载 application-dev.properties 中的配置项，在值为 prod 时将加载 application-prod.properties 中的配置项。

application.properties 的代码如例 2-6 所示。

例 2-6　application.properties

```
spring.profiles.active=dev
```

运行程序，将会在控制台窗口中看到很多 DEBUG 级别的日志信息。

将 spring.profiles.active 属性的值设置为 prod，再次运行程序，会在 F 盘下看到生成的 demo.log 日志文件，但是该文件内容是空的，因为在项目启动时，并未有 WRAN 级别的日志信息产生。如果想让 demo.log 文件中有内容，则可以在 application-prod.properties 中将 logging.level.root 属性的值设置为 INFO，这个就交由读者自行完成了。

提示：对于并不特定于某个 Profile 的属性或者需要为属性设置默认值，可以放在主配置文件 application.properties 中。

2．使用 YAML 文件格式配置多环境

使用 YAML 格式来配置多环境，与使用属性文件格式配置多环境是一样的，只需要在 src/main/resources 目录下创建 application-{profile}.yml 这样的 YAML 文件即可。

在 src/main/resources 目录下新建 application-dev.yml 和 application-prod.yml 两个文件，文件内容分别如例 2-7 和例 2-8 所示。

例 2-7　application-dev.yml

```
logging:
  level:
    root: DEBUG
```

例 2-8　application-prod.yml

```
logging:
  file:
    name: f:\logs\demo.log
  level:
    root: WARN
```

主配置文件 application.yml 的代码如例 2-9 所示。

例 2-9　application.yml

```
spring:
  profiles:
    active: dev
```

3. 多环境下的日志输出

对于日志而言，如果需要详细配置日志的输出格式与输出方式，那么需要在 logback 本身的配置文件中进行配置。下面我们结合 Profile，对 logback 的日志输出进行多环境配置。

修改 logback-spring.xml，将 2.4.4 节的控制台输出配置和文件输出配置结合在一个文件中，代码如例 2-10 所示。

例 2-10　logback-spring.xml

```
<?xml version="1.0" encoding="UTF-8"?>

<configuration>
    <!-- 输出到控制台 -->
    <appender name="STDOUT" class="ch.qos.logback.core.ConsoleAppender" >
        <encoder>
            <!--
             日志输出格式：%d 表示日期时间；%thread 表示线程名；
             %-5level：级别从左显示 5 个字符宽度；
             %logger{50}，表示 logger 名字最长 50 个字符，否则按照句点分割；
             %msg：日志消息；%n 是换行符。
            -->
            <pattern>
                %d{yyyy-MM-dd HH:mm:ss.SSS} [%thread] %-5level %logger{50}
- %msg%n
            </pattern>
        </encoder>
    </appender>

    <!-- 输出到文件 -->
    <appender name="FILE" class="ch.qos.logback.core.rolling.
RollingFileAppender">
        <!--
            当发生滚动时，决定 RollingFileAppender 的行为，涉及文件移动和重命名。
            SizeAndTimeBasedRollingPolicy： 滚动策略，它根据文件大小和时间来制
定滚动策略，既负责滚动也负责触发滚动。
        -->
        <rollingPolicy

class="ch.qos.logback.core.rolling.SizeAndTimeBasedRollingPolicy">
            <!--
```

```
                滚动时产生的文件的存放位置及文件名称 %d{yyyy-MM-dd}：按天进行日志
                滚动；%i：当文件大小超过 maxFileSize 时，按照 i 进行文件滚动。
            -->
            <fileNamePattern>f:\\logs\\sys-%d{yyyy-MM-dd}-%i.log
</fileNamePattern>
            <!--
                可选节点，控制保留的归档文件的最大数量，超出数量就删除旧文件。假设设
                置每天滚动，且 maxHistory 是 180，则只保存最近 180 天的文件，删除之
                前的旧文件。注意，在删除旧文件时，那些为了归档而创建的目录也会被删除。
            -->
            <MaxHistory>180</MaxHistory>
            <maxFileSize>100MB</maxFileSize>
            <!--
                当日志文件超过 maxFileSize 指定的大小时，根据上面提到的%i 进行日志
                文件滚动。
            -->
            <timeBasedFileNamingAndTriggeringPolicy
                    class="ch.qos.logback.core.rolling.
SizeAndTimeBasedFNATP">
                <maxFileSize>100MB</maxFileSize>
            </timeBasedFileNamingAndTriggeringPolicy>

        </rollingPolicy>
        <encoder>
            <pattern>
                %d{HH:mm:ss.SSS} [%thread] %-5level %logger{50} - %msg%n
            </pattern>
        </encoder>
    </appender>

    <springProfile name="dev">
        <root level="INFO">
            <appender-ref ref="STDOUT"/>
        </root>
    </springProfile>

    <springProfile name="prod">
        <root level="INFO">
            <appender-ref ref="FILE"/>
        </root>
    </springProfile>
</configuration>
```

之后就可以在主配置文件 application.yml 中通过 spring.profiles.active 属性指定使用哪一个 Profile 配置，如例 2-11 所示。

例 2-11　application.yml

```
spring:
 profiles:
  active: dev
```

若修改 active 属性的值为 prod，就可切换日志输出到文件中。

> **提示：**为避免影响测试结果，请读者将 application-dev.yml 和 application-prod.yml 两个文件改名或者删除。

2.5　外部配置

Spring Boot 允许将配置外部化，以便在不同的环境中使用相同的应用程序代码。可以使用各种外部配置源，包括 Java 属性文件、YAML 文件、环境变量和命令行参数。

属性值可以通过@Value 注解直接注入 Bean 中，通过 Spring 的 Environment 抽象访问，或者通过@ConfigurationProperties 绑定到结构化对象。

Spring Boot 使用了一个非常特殊的 PropertySource 顺序，旨在允许合理地覆盖值，属性按以下顺序覆盖值（靠后的项的值将覆盖靠前的项的值）。

（1）默认属性（通过设置 SpringApplication.setDefaultProperties 指定）。

（2）@Configuration 类上的@PropertySource 注解。要注意的是，在刷新应用程序上下文之前，不会将此类属性源添加到 Environment 中。

（3）配置数据（如 application.properties 文件）。

（4）RandomValuePropertySource，它只在 random.*中具有属性。

（5）操作系统环境变量。

（6）Java 系统属性（System.getProperties()）。

（7）来自 java:comp/env 的 JNDI 属性。

（8）ServletContext 初始化参数。

（9）ServletConfig 初始化参数。

（10）来自 SPRING_APPLICATION_JSON 的属性（嵌入在环境变量或系统属性中的内联 JSON）。

（11）命令行参数。

（12）在测试上的 properties 属性。该属性在@SpringBootTest 注解上可用，以及测试应用程序特定部分的测试注解上可用。

（13）测试上的@TestPropertySource 注解。

（14）在 devtools 处于活动状态时，$HOME/.config/spring-boot 目录中的 devtools 全局设置属性。

下面看一个示例。我们将 JDBC 连接数据库所需要的信息放到配置文件中，然后在连接组件中通过@Value 注解获取配置文件中的信息，之后在外部配置中修改 JDBC 连接信息。

（1）先在 application.yml 中添加一些配置信息，为了简单起见，只给出 JDBC 连接所需要的用户名和密码，代码如例 2-12 所示。

例 2-12　application.yml

```
jdbc:
  username: root
  password: 1234
```

（2）编写连接组件。在 com.sx.demo 包下新建 model 子包，在 model 子包下新建 ConnectionHelper 类，代码如例 2-13 所示。

例 2-13　ConnectionHelper.java

```
package com.sx.demo.model;

import org.springframework.beans.factory.annotation.Value;
import org.springframework.stereotype.Component;

@Component
public class ConnectionHelper {
    @Value("${jdbc.username}")
    private String username;
    @Value("${jdbc.password}")
    private String password;

    public String getUsername(){
        return username;
    }

    public String getPassword(){
        return password;
    }
}
```

也可以使用@ConfigurationProperties 注解将外部属性自动映射到类中的字段上，只要类的属性名称与外部属性的名称相同即可。使用@ConfigurationProperties 注解的 ConnectionHelper 类的代码如下所示：

```
package com.sx.demo.model;

import org.springframework.boot.context.properties.
ConfigurationProperties;
import org.springframework.stereotype.Component;

@Component
@ConfigurationProperties(prefix="jdbc")
```

```
public class ConnectionHelper {
    private String username;
    private String password;

    public String getUsername(){
        return username;
    }

    public String getPassword(){
        return password;
    }

    public void setUsername(String username){
        this.username = username;
    }

    public void setPassword(String password){
        this.password = password;
    }
}
```

@ConfigurationProperties 注解的参数 prefix 指定要绑定到对象的外部属性的前缀。此外要注意的是，若使用@ConfigurationProperties 注解，则类中的字段要提供 setter 方法。

（3）编写单元测试。在 ConnectionHelper 类的编辑器窗口中，将光标放到类名上，按下“Alt + Enter”组合键，从弹出的智能辅助列表中选择“Create Test”（如图 2-13 所示），或者在类名上单击鼠标右键，从弹出菜单中选择【Generate…】→【Test…】。也可以把光标放到类名上，单击菜单【Navigate】→【Test】，在弹出的上下文菜单中，单击【Create New Test…】，调出“Create Test”对话框。

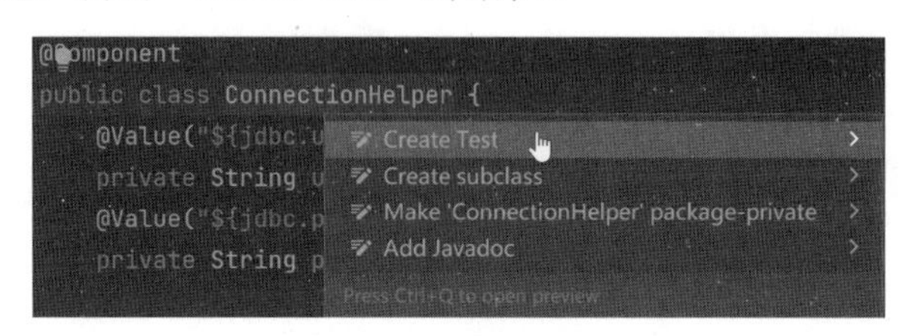

图 2-13　智能辅助列表

接下来在“Create Test”对话框中，选择要使用的测试库，定义要生成的测试类的名称和位置。我们保持默认选中的 JUnit5 测试库，测试类的名称和目标包字段的值都保持默认，Create Test 对话框如图 2-14 所示。

单击“OK”按钮，完成测试类的创建，创建的测试类位于 src/test/java 目录下的 com.sx.demo.model 包中。

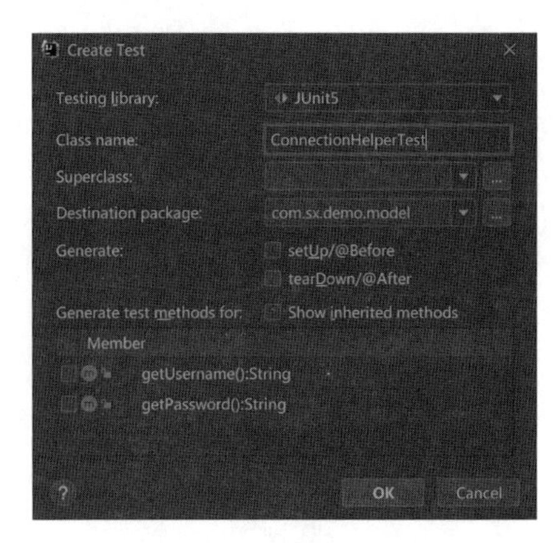

图 2-14 Create Test 对话框

（4）编写测试方法。打开 ConnectionHelperTest 类，将光标放到要生成新测试方法的位置上，按下“Alt + Insert”组合键，从弹出的“Generate”快捷菜单中，选择“Test Method”。

也可以在要生成新测试方法的位置上单击鼠标右键，从弹出菜单中选择【Generate】，调出“Generate”快捷菜单。

将生成的测试方法改为合适的名字，编写测试代码，并在 ConnectionHelperTest 类上使用@SpringBootTest 注解，该注解可以加载 Spring 的上下文，启动 Spring 容器，自动检索程序的配置文件。

ConnectionHelperTest 类的代码如例 2-14 所示。

例 2-14 ConnectionHelperTest.java

```
package com.sx.demo.model;

import org.junit.jupiter.api.Test;
import org.springframework.beans.factory.annotation.Autowired;
import org.springframework.boot.test.context.SpringBootTest;


@SpringBootTest
class ConnectionHelperTest {
    @Autowired
    private ConnectionHelper connHelper;
    @Test
    void test() {
        System.out.println(connHelper.getUsername());
        System.out.println(connHelper.getPassword());
    }
}
```

代码中使用了@Autowired 注解，自动注入 ConnectionHelper 类的实例。

（5）执行测试。将光标放到 test()方法上，单击鼠标右键，从弹出的菜单中选择【Run 'test()'】，程序输出结果为：

```
root
1234
```

（6）配置环境变量，覆盖 jdbc.username 和 jdbc.password 属性的值。将光标放到 test() 方法上，单击鼠标右键，从弹出的菜单中选择【More Run/Debug】→【Modify Run Configuration...】，然后在“Edit Run Configuration”对话框的环境变量一栏中输入 jdbc.username=lisi;jdbc.password=5678，如图 2-15 所示。

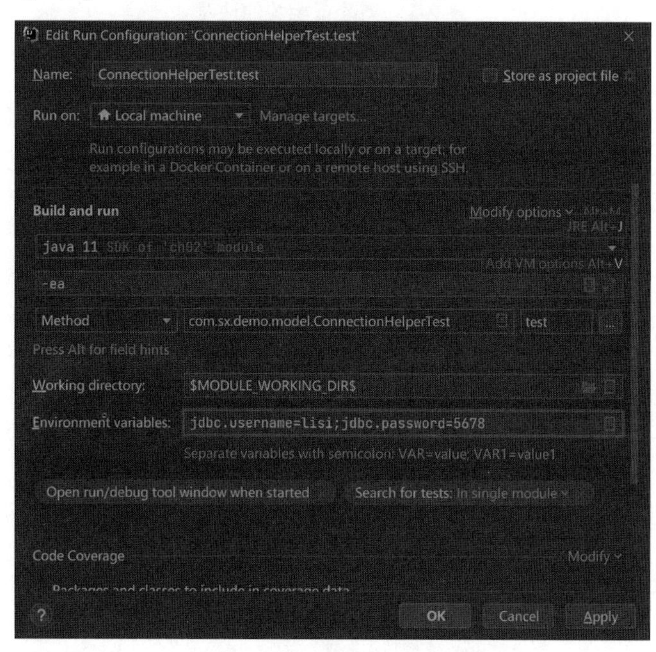

图 2-15　配置环境变量

在环境变量配置完毕后，再次运行 test()方法，结果如下所示：

```
lisi
5678
```

因为环境变量的优先级要高于配置文件，所以配置文件中同名属性的值会被覆盖。

2.6　Spring Boot 常用注解

注解（Annotation）是在 Java 5 中加入的一项重要特性，其也是一种元数据（Metadata），所谓元数据，就是对数据进行描述的数据，例如，在贵重包裹书上写的“易碎品，小心轻放”，就是一种元数据，运送包裹的人根据元数据给出的信息，会谨慎处理该包裹。

Java 开发人员通过使用注解，可以在不改变原有逻辑的情况下在程序中嵌入一些补充信息。代码分析工具、开发工具和部署工具可以通过这些补充信息进行验证或者部署。

注解在 Java 企业级开发中已经得到越来越多的应用，相对于传统的 XML 配置方式，注解更为简单，且配置信息与 Java 代码在一起，增强了程序的内聚性，提高了开发效率。

在 Spring Boot 应用开发中，需要用到很多注解，有些注解是由 Spring Boot 本身给出的，有些注解是由 Spring 框架给出的，还有一些注解是由 Java 规范给出的，本节将介绍一些常用的注解。

2.6.1 与配置相关的注解

与配置相关的注解如表 2-1 所示。

表 2-1 与配置相关的注解

注解	注解目标	来源	说明
@Configuration	类	Spring	声明该类是一个配置类，用于替换 XML 的配置方式
@SpringBootConfiguration	类	Spring Boot	作为 Spring 的@Configuration 注解的替代方案，以便自动找到配置
@ComponentScan	类	Spring	组件扫描，可以自动发现和装配 Bean
@EnableAutoConfiguration	类	Spring Boot	启动 Spring 应用程序上下文的自动配置，尝试猜测和配置需要的 Bean。自动配置类通常基于类路径和定义的 Bean 来应用
@SpringBootApplication	类	Spring Boot	用于声明一个配置类，该类声明一个或多个@Bean 方法，并触发自动配置和组件扫描。这是一个方便的注解，相当于声明@Configuration、@EnableAutoConfiguration 和@ComponentScan
@Bean	方法	Spring	声明一个方法返回的结果是一个由 Spring 容器管理的 Bean
@Import	类	Spring	用于导入其他配置类，通常是@Configuration 标注的类
@ImportResource	类	Spring	用于导入包含 Bean 定义的资源，支持 Groovy 和 XML 格式的配置文件

注：（1）表格中的注解目标指的是该注解可以应用在什么地方。要注意的是：在定义注解时，@Target 元注解的元素值，即 ElementType 枚举值并没有单独的类这一项，使用的是 ElementType.TYPE，该枚举值的含义是指注解可以应用于类、接口（包括注解类型）或枚举声明。表格中为了简单起见，我们只写了类。如果读者想要全面学习与注解相关的知识，可以参看笔者的另一本著作《Java 无难事》第 16 章。

（2）我们利用集成开发环境的 Spring Boot 支持功能生成的骨架程序，在启动类上会默认添加@SpringBootApplication 注解，通常我们不需要去修改该注解，但要注意的是，使用了该注解，相当于使用了@Configuration、@EnableAutoConfiguration 和@ComponentScan 这三个注解，会自动扫描启动类所在的包下所有组件，具有了自动发现和装配 Bean 的功能，而我们所需要做的，就是在启动类所在的包下建立子包，编写实现业务逻辑的类。

2.6.2 Spring MVC 相关的注解

Spring MVC 相关的注解如表 2-2 所示。

表 2-2 Spring MVC 相关的注解

注解	注解目标	来源	说明
@Controller	类	Spring	声明一个类是控制器。在 Spring 项目中由控制器负责将用户发来的 URL 请求转发到对应的服务接口。这个注解通常与@RequestMapping 注解结合使用
@RequestMapping	类和方法	Spring	用于将 Web 请求映射到控制器中的某个具体方法。如果用在类上，则表示所有响应请求的方法都以该地址作为父路径；如果用在方法上，则可以使用与 HTTP 方法对应的注解来代替使用@RequestMapping，这些注解包括@GetMapping、@PostMapping、@PutMapping、@DeleteMapping 和@PatchMapping
@RequestParam	方法参数	Spring	将 Web 请求参数映射到方法的参数上
@RequestBody	方法参数	Spring	将 Web 请求体的内容映射到方法的参数上
@ResponseBody	类和方法	Spring	用于将方法的返回结果直接写入 HTTP 响应体中，一般在异步获取数据时使用，用于构建 RESTful 的 API。在使用@RequestMapping 后，返回值通常解析为跳转路径，加上@ResponseBody 后返回结果不会被解析为跳转路径，而是直接写入 HTTP 响应体中。如果该注解用在类上，则类中的方法会继承该注解，而不需要在方法上重复添加

续表

注解	注解目标	来源	说明
@PathVariable	方法参数	Spring	用于接收路径参数。例如： @RequestMapping("/book/{id}") public BookDetail getBookById(@PathVariable int id){...} 方法参数 id 与花括号中的 id 要相同。该注解通常用于 RESTful 的接口实现方法
@RestController	类	Spring	@Controller 和@ResponseBody 的组合注解

2.6.3　组件声明相关的注解

组件声明相关的注解如表 2-3 所示。

表 2-3　组件声明相关的注解

注解	注解目标	来源	说明
@Repository	类	Spring	用于在数据访问层标注 DAO 类。使用该注解标注的 DAO 类会被@ComponetScan 自动发现并配置
@Service	类	Spring	用于在业务逻辑层（服务层）标注服务类。使用该注解标注的 DAO 类会被@ComponetScan 自动发现并配置
@Component	类	Spring	用于标注组件。当组件不好归类的时候，我们可以使用这个注解来进行标注。可以认为该注解是通用的组件标注注解

注：（1）Java 企业应用程序开发一般采用分层结构，从广义上来说，可以分为三层：表示层（Web 层）、业务逻辑层和数据访问层，可以认为@Repository、@Service 与@Component 只有语义上的区别，与它们类似的是@Controller 注解，用于标注表示层的控制器组件。对于无法根据语义划分的组件，可以采用通用的@Component 注解。

（2）采用注解标注组件，是为了让 Spring 能够自动发现和配置组件，并纳入 Spring 的容器进行管理。

2.6.4　依赖注入相关的注解

依赖注入相关的注解见表 2-4。

表 2-4　依赖注入相关的注解

注解	注解目标	来源	说明
@Autowired	构造方法、方法、方法参数、字段	Spring	默认按类型自动注入依赖的 Bean。该注解可以用于对类的成员变量、方法及构造方法进行标注，完成自动装配的工作
@Resource	类、字段、方法	Java	默认按名字自动注入依赖的 Bean。与@Autowired 注解作用类似，但是该注解不能用于构造方法
@Qualifier	类、字段、方法、方法参数	Spring	当有多个相同类型的 Bean 时，可以用@Qualifier("name")来指定。该注解常与@Autowired 注解一起使用，例如： @Autowired @Qualifier("demoService") private DemoService demoService

2.7　理解 starter

Java 企业级应用开发的一个比较令人头疼的地方是，项目依赖的众多 JAR 包的管理，

Spring Boot 为了简化对依赖包的配置与管理，提供了很多 starter。starter 是一组方便的依赖关系描述符，定义了一系列可以集成到应用中的依赖包。使用 starter，我们可以一站式地获得所需的所有 Spring 和相关技术，而无须搜索示例代码和复制粘贴大量依赖关系描述符。例如，我们想使用 JPA 进行数据库访问，只需要在项目中包含 spring-boot-starter-data-jpa 依赖项即可。

starter 包含很多依赖项，这些依赖项是快速启动和运行项目所需的，并且具有一组一致的、受支持的托管可传递依赖项。starter 可以继承也可以依赖于别的 starter，例如，spring-boot-starter-web 依赖项包含了以下依赖：

- org.springframework.boot:spring-boot-starter
- org.springframework.boot:spring-boot-starter-json
- org.springframework.boot:spring-boot-starter-tomcat
- org.springframework:spring-web
- org.springframework:spring-webmvc

starter 负责配置好与 Spring 整合相关的配置和相关依赖（JAR 和 JAR 版本），使用者无须关心框架整合带来的问题。

所有官方给出的 starter 都遵循类似的命名结构：spring-boot-starter-*，这种命名结构可以帮助我们快速找到 starter。对于第三方的 starter，其命名就不能以 spring-boot 开始，而要以项目名开始。例如 mybatis 的 starter，其命名就是 mybatis-spring-boot-starter。

2.7.1 安装 EditStarters 插件

为了便于在 IDEA 中快速配置依赖项，我们可以在 IDEA 中安装一个 EditStarters 插件。单击菜单【File】→【Settings】，在设置窗口的左边选中"Plugins"，在搜索框中输入"EditStarters"，如图 2-16 所示。

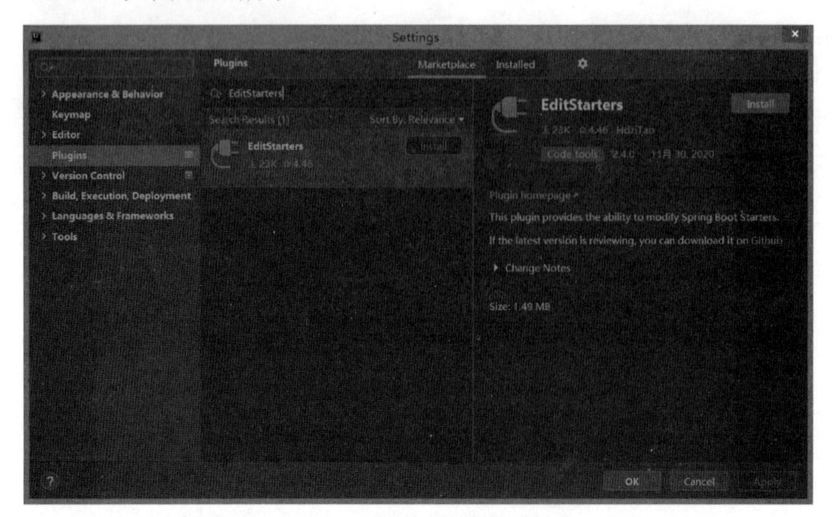

图 2-16 安装 EditStarters 插件

单击"Install"按钮进行安装。之后打开 POM 文件，在编辑窗口中单击鼠标右键，在弹出菜单中选择【Generate】→【Edit Starters】，如图 2-17 和 2-18 所示。

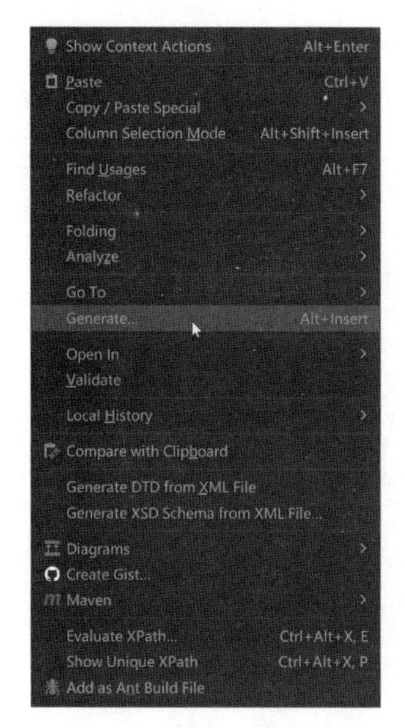

图 2-17 在弹出菜单中选择【Generate】

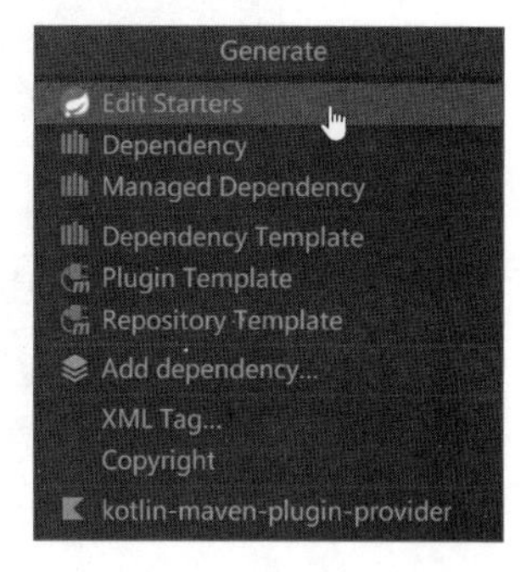

图 2-18 选择【Edit Starters】

在之后出现的“Spring Initializr Url”对话框中保持默认的 URL，单击“OK”按钮，如图 2-19 所示。

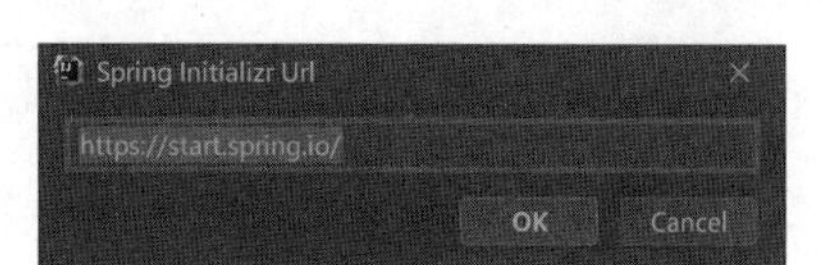

图 2-19 指定 Spring Initializr 的 URL

如果因为某些原因，无法访问 Spring Initializr 网站，那么可以使用国内的 Spring Initializr 镜像。之后就出现了与创建项目时添加项目依赖类似的选择 starter 的对话框，如图 2-20 所示。

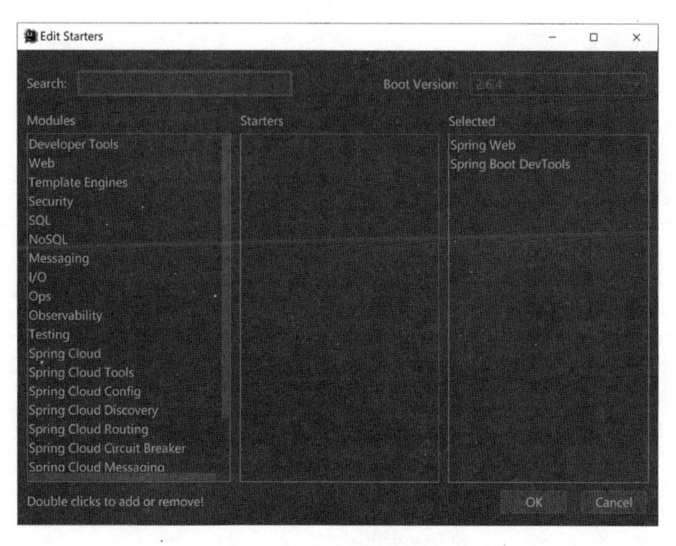

图 2-20 选择要添加的 starter

读者可以尝试选择一个 starter 进行添加，如 SQL 模块下的“Spring Data JDBC”，在该 starter 上双击鼠标左键，即可添加这个 starter，如图 2-21 所示。

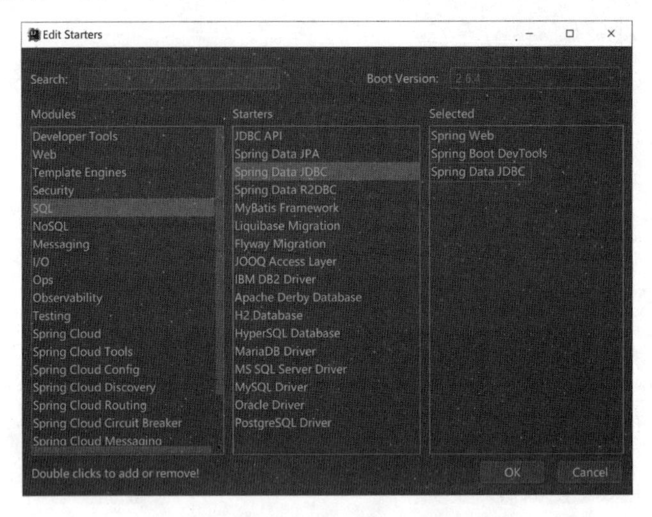

图 2-21　添加“Spring Data JDBC”

单击“OK”按钮关闭对话框，在 POM 文件中，会自动添加依赖项，如图 2-22 所示。

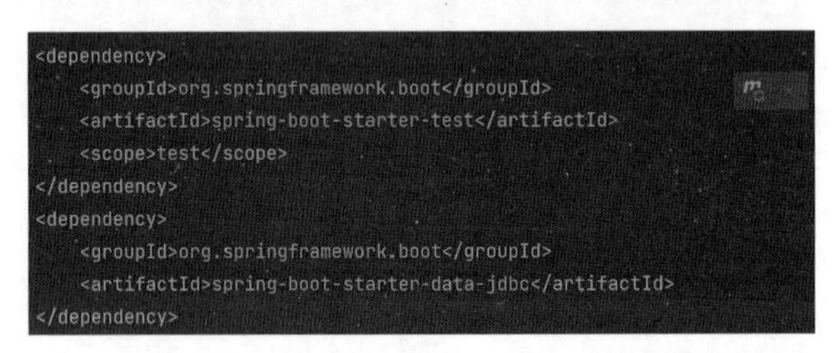

```
<dependency>
    <groupId>org.springframework.boot</groupId>
    <artifactId>spring-boot-starter-test</artifactId>
    <scope>test</scope>
</dependency>
<dependency>
    <groupId>org.springframework.boot</groupId>
    <artifactId>spring-boot-starter-data-jdbc</artifactId>
</dependency>
```

图 2-22　在 POM 文件中自动添加依赖项

注意，不要忘了单击 POM 文件右上角的 Maven 小图标，更新依赖。

本章实例并未用到 spring-boot-starter-data-jdbc，这里添加该依赖项，仅为实验目的，实验完毕后可以将其注释起来。

2.7.2　Spring Boot 提供的 starter

Spring Boot 在 org.springframework.boot 组下提供数量众多的 starter，下面我们给出一些常用的 starter，如表 2-5 所示。

表 2-5　Spring Boot 常用的 starter

starter	说明
spring-boot-starter	核心 starter，包括自动配置支持、日志记录和 YAML
spring-boot-starter-activemq	用于使用 Apache ActiveMQ 的 JMS 消息
spring-boot-starter-amqp	使用 Spring AMQP 和 Rabbit MQ
spring-boot-starter-aop	使用 Spring AOP 和 AspectJ 面向切面编程
spring-boot-starter-cache	使用 Spring 框架的缓存支持
spring-boot-starter-data-jdbc	使用 Spring Data JDBC

续表

starter	说明
spring-boot-starter-data-mongodb	结合 Hibernate 使用 Spring Data JPA
spring-boot-starter-data-redis	结合 Spring Data Redis 和 Lettuce 客户端使用 Redis 键值数据存储
spring-boot-starter-data-rest	使用 Spring Data REST 在 REST 上公开 Spring 数据存储库
spring-boot-starter-jdbc	结合 HikariCP 连接池使用 JDBC
spring-boot-starter-mail	使用 Java Mail 和 Spring 框架的电子邮件发送支持
spring-boot-starter-quartz	使用 Quartz 调度器
spring-boot-starter-security	使用 Spring Security
spring-boot-starter-test	使用 JUnit Jupiter、Hamcrest 和 Mockito 等库测试 Spring Boot 应用程序
spring-boot-starter-thymeleaf	使用 Thymeleaf 视图构建 MVC Web 应用程序
spring-boot-starter-validation	结合 Hibernate Validator 使用 Java Bean Validation
spring-boot-starter-web	使用 Spring MVC 构建 Web 服务，包括 RESTful 和 Web 应用程序。用 Tomcat 作为默认的嵌入式容器
spring-boot-starter-web-services	使用 Spring Web Services
spring-boot-starter-webflux	使用 Spring 框架的响应式 Web 支持构建 WebFlux 应用程序
spring-boot-starter-websocket	使用 Spring 框架的 WebSocket 支持构建 WebSocket 应用程序

2.8　Spring Boot 自动配置原理

我们通过 Spring Initializr 生成 Spring Boot 脚手架项目，在启动类上会自动添加 @SpringBootApplication 注解，该注解相当于同时声明了 @Configuration、@EnableAutoConfiguration 和@ComponentScan 这三个注解，其中@EnableAutoConfiguration 注解就是用于启动 Spring 应用程序上下文的自动配置。

@EnableAutoConfiguration 注解位于 org.springframework.boot.autoconfigure 包中，注解实现代码如例 2-15 所示。

例 2-15　EnableAutoConfiguration.java

```
...

package org.springframework.boot.autoconfigure;

...
import org.springframework.core.io.support.SpringFactoriesLoader;

@Target(ElementType.TYPE)
@Retention(RetentionPolicy.RUNTIME)
@Documented
@Inherited
@AutoConfigurationPackage
@Import(AutoConfigurationImportSelector.class)
public @interface EnableAutoConfiguration {

    /**
```

```
        * Environment property that can be used to override when auto-
configuration is
        * enabled.
        */
       String ENABLED_OVERRIDE_PROPERTY = "spring.boot.
enableautoconfiguration";

       /**
        * Exclude specific auto-configuration classes such that they will
never be applied.
        * @return the classes to exclude
        */
       Class<?>[] exclude() default {};

       /**
        * Exclude specific auto-configuration class names such that they will
never be
        * applied.
        * @return the class names to exclude
        * @since 1.3.0
        */
       String[] excludeName() default {};

   }
```

在 @EnableAutoConfiguration 注解上使用了@Import 注解，指示要导入 AutoConfigurationImportSelector 类。@Import 注解通常用于导入配置类，也可以导入 ImportSelector 和 ImportBeanDefinitionRegistrar 接口的实现类，然后由实现类具体负责导入配置类。

ImportSeletor 接口位于 org.springframework.context.annotation 包中，其代码如例 2-16 所示。

例 2-16 ImportSeletor.java

```
...

package org.springframework.context.annotation;

import java.util.function.Predicate;

import org.springframework.core.type.AnnotationMetadata;
import org.springframework.lang.Nullable;

public interface ImportSelector {
    String[] selectImports(AnnotationMetadata importingClassMetadata);

    @Nullable
    default Predicate<String> getExclusionFilter() {
        return null;
```

```
        }
    }
```

其中 selectImports()方法根据导入的@Configuration 类的 AnnotationMetadata 接口选择并返回应该导入的类的名称。AnnotationMetadata 接口以不需要加载该类的形式定义对特定类注解的抽象访问，selectImports()方法根据该参数动态地选择一个或多个@Configuration 类进行导入。简单来说，组件的自动配置逻辑是在 ImportSelector 接口的实现类的 selectImports()方法中给出的。

AutoConfigurationImportSelector 类实现了 ImportSelector 接口，其 selectImports()方法的实现代码如下所示：

```
    ...
    public class AutoConfigurationImportSelector implements
DeferredImportSelector, BeanClassLoaderAware, ResourceLoaderAware,
BeanFactoryAware, EnvironmentAware, Ordered {
        ...
        @Override
       public String[] selectImports(AnnotationMetadata annotationMetadata)
{
            if (!isEnabled(annotationMetadata)) {
                return NO_IMPORTS;
            }
            AutoConfigurationEntry autoConfigurationEntry =
                getAutoConfigurationEntry(annotationMetadata);
            return
StringUtils.toStringArray(autoConfigurationEntry.getConfigurations());
        }
        ...
    }
```

selectImports()方法的代码很简单，下面继续看一下 getAutoConfigurationEntry()方法，该方法代码如下所示：

```
    ...
    public class AutoConfigurationImportSelector implements
DeferredImportSelector, BeanClassLoaderAware, ResourceLoaderAware,
BeanFactoryAware, EnvironmentAware, Ordered {
        ...
        protected AutoConfigurationEntry getAutoConfigurationEntry
(AnnotationMetadata annotationMetadata) {
            if (!isEnabled(annotationMetadata)) {
                return EMPTY_ENTRY;
            }
            AnnotationAttributes attributes = getAttributes
(annotationMetadata);
            List<String> configurations = getCandidateConfigurations
(annotationMetadata, attributes);
            configurations = removeDuplicates(configurations);
```

```
            Set<String> exclusions = getExclusions(annotationMetadata,
attributes);
            checkExcludedClasses(configurations, exclusions);
            configurations.removeAll(exclusions);
            configurations = getConfigurationClassFilter().Filter
(configurations);
            fireAutoConfigurationImportEvents(configurations, exclusions);
            return new AutoConfigurationEntry(configurations, exclusions);
        }
        ...
    }
```

代码中调用 getCandidateConfigurations()方法得到自动装配的候选类名集合，然后用 configurations 列表作为参数构造 AutoConfigurationEntry 对象。而在 selectImports()方法的最后，则从 AutoConfigurationEntry 对象中取出 configurations 列表，并转换为字符串数组返回。

接下来看一下 getCandidateConfigurations()方法，该方法的代码如下所示：

```
    ...
    public class AutoConfigurationImportSelector implements
DeferredImportSelector, BeanClassLoaderAware, ResourceLoaderAware,
BeanFactoryAware, EnvironmentAware, Ordered {
        ...
        protected List<String> getCandidateConfigurations
(AnnotationMetadata metadata, AnnotationAttributes attributes) {
            List<String> configurations =
                SpringFactoriesLoader.loadFactoryNames(
    getSpringFactoriesLoaderFactoryClass(),
                   getBeanClassLoader());
            Assert.notEmpty(configurations, "No auto configuration classes
found in META-INF/spring.factories. If you "
                     + "are using a custom packaging, make sure that file is
correct.");
            return configurations;
        }

        protected Class<?> getSpringFactoriesLoaderFactoryClass() {
            return EnableAutoConfiguration.class;
        }

        protected ClassLoader getBeanClassLoader() {
            return this.beanClassLoader;
        }
        ...
    }
```

可以看到，getCandidateConfigurations()方法实际执行的是 SpringFactoriesLoader.loadFactoryNames()方法。看来，关键类还是 SpringFactoriesLoader 类，该类位于

org.springframework.core.io.support 包中，SpringFactoriesLoader 类关键部分的代码如下所示：

```
    ...
    public final class SpringFactoriesLoader {
        public static final String FACTORIES_RESOURCE_LOCATION =
    "META-INF/spring.factories";
        ...
        public static List<String> loadFactoryNames(Class<?> factoryType,
@Nullable ClassLoader classLoader) {
            ClassLoader classLoaderToUse = classLoader;
            if (classLoaderToUse == null) {
                classLoaderToUse = SpringFactoriesLoader.class. getClassLoader();
            }
            String factoryTypeName = factoryType.getName();
            return loadSpringFactories(classLoaderToUse). getOrDefault
(factoryTypeName, Collections.emptyList());
        }

        private static Map<String, List<String>> loadSpringFactories
(ClassLoader classLoader) {
            Map<String, List<String>> result = cache.get(classLoader);
            if (result != null) {
                return result;
            }

            result = new HashMap<>();
            try {
                Enumeration<URL> urls =
                    classLoader.getResources(FACTORIES_RESOURCE_LOCATION);
                while (urls.hasMoreElements()) {
                    URL url = urls.nextElement();
                    UrlResource resource = new UrlResource(url);
                    Properties properties = PropertiesLoaderUtils.
loadProperties(resource);
                    for (Map.Entry<?, ?> entry : properties.entrySet()) {
                        String factoryTypeName = ((String) entry.getKey()).
trim();
                        String[] factoryImplementationNames =
                    StringUtils.commaDelimitedListToStringArray((String)
entry.getValue());
                    for (String factoryImplementationName :
factoryImplementationNames) {
                        result.computeIfAbsent(factoryTypeName, key -> new
ArrayList<>())
                            .add(factoryImplementationName.trim());
                        }
                    }
                }
```

```
                // Replace all lists with unmodifiable lists containing unique
elements
                result.replaceAll(
    (factoryType, implementations) -> implementations.stream().distinct()

    .collect(Collectors.collectingAndThen(Collectors.toList(),
    Collections::unmodifiableList)));
                cache.put(classLoader, result);
            }
            catch (IOException ex) {
                throw new IllegalArgumentException("Unable to load factories
from location [" +
                        FACTORIES_RESOURCE_LOCATION + "]", ex);
            }
            return result;
        }
        ...
    }
```

SpringFactoriesLoader 类是 Spring 框架内部使用的通用工厂加载机制，其从 META-INF/spring.factories 文件中加载并实例化指定类型的工厂，这些文件可能存在于类路径中的多个 JAR 包中。

spring.factories 文件采用属性文件格式，其中键是接口或抽象类的完整限定名，值是以逗号分隔的实现类名的列表。

综上所述，Spring Boot 的自动配置原理可以概括为：通过在启动类上标注的@SpringBootApplication 注解，自动引入了@EnableAutoConfiguration 注解。在SpringApplication.run()方法内部，会解析该注解，从而执行 AutoConfigurationImportSelector 类的 selectImports()方法，该方法内部会调用 SpringFactoriesLoader 类的静态方法loadFactoryNames()，读取类路径下的 META-INF/spring.factories 文件，找到所有的自动配置类实例化并加载到 Spring 容器中。

注意：即使该部分内容没有掌握，也不会影响读者对后续内容的学习和未来的开发。

2.9 自定义 starter

如果 Spring Boot 提供的 starter 不能满足需求，那么还可以自定义 starter。在 2.7 节介绍过，所有 Spring Boot 提供的 starter 都是以 spring-boot-starter-*命名的，对于第三方和自定义的 starter，则建议以项目名开始，即采用*-spring-boot-starter 的命名方式。

实际上，自定义 starter 的开发分为两个模块：自动配置模块和 starter 模块。自动配置模块包含使用库所需的所有内容，还可以包含配置键定义（例如@ConfigurationProperties）和任何可用于进一步定制组件初始化方式的回调接口。starter

模块实际上只是一个空的 JAR 包，它的唯一目的是提供使用库所必需的依赖项。如果自动配置相对简单，并且没有可选功能，那么在一个 starter 中合并两个模块也是一个不错的选择。

下面我们以一个自定义 starter 实例来帮助读者更好地理解 Spring Boot 的自动配置原理。

2.9.1　自动配置模块

本小节我们先完成自动配置模块的开发，步骤如下。

1．新建空项目与 Maven 模块

Eclipse 中的工作区可以将多个项目组织在一起，但 IDEA 并没有工作区的概念，IDEA 的 Project 可以作为一个独立项目，也可以作为工作区。如果将 Project 作为工作区，那么可以以模块的方式来组织项目，每个模块都相当于一个项目。因为我们的实例需要两个项目，所以为了方便开发，在 IDEA 中创建一个空项目作为工作区，然后建立两个模块，分别完成自动配置模块和 starter 模块的开发。

启动 IDEA，新建一个空的项目，如图 2-23 所示。

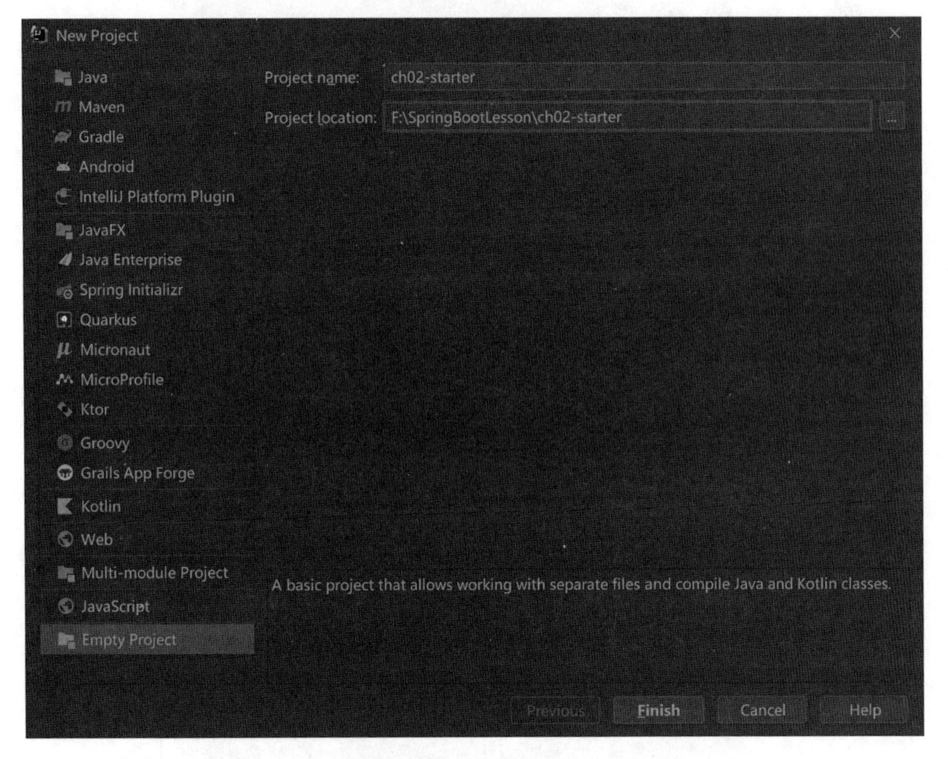

图 2-23　新建空项目

单击“Finish”按钮，完成空项目的创建。然后单击菜单【File】→【Project Structure...】，出现如图 2-24 所示的“Project Structure”对话框。

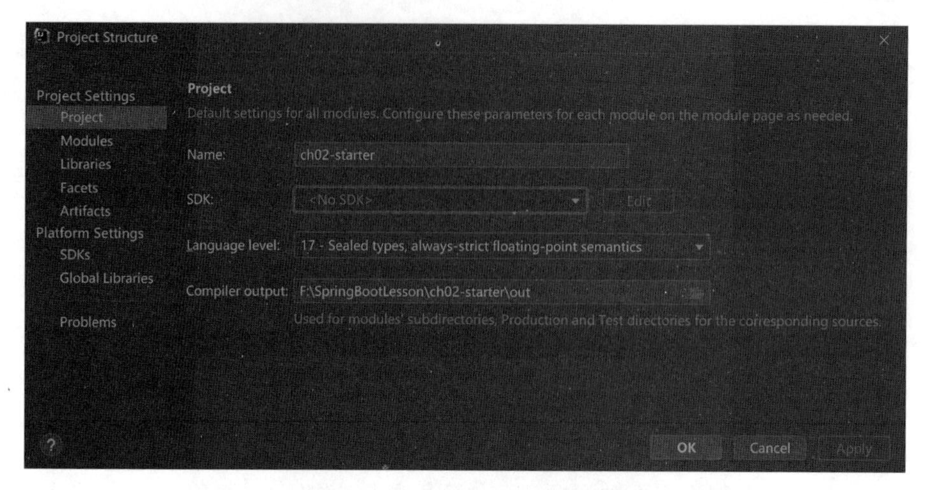

图 2-24 “Project Structure”对话框

首先选择正确的 JDK 版本，然后在左侧面板中选中“Modules”，如图 2-25 所示。

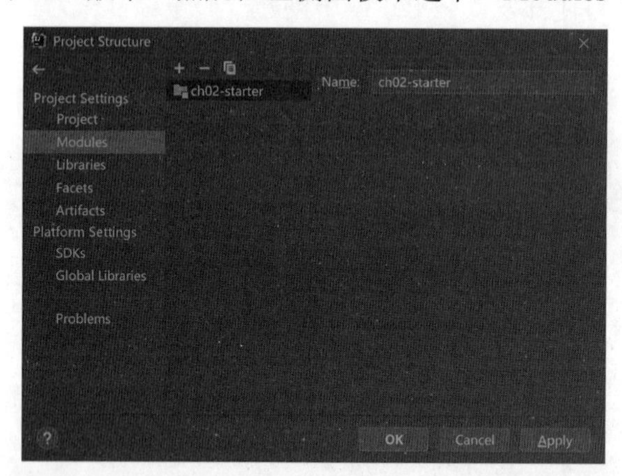

图 2-25 选中“Modules”

单击上方的“+”号按钮，在下拉菜单中选择“New Module”，如图 2-26 所示。

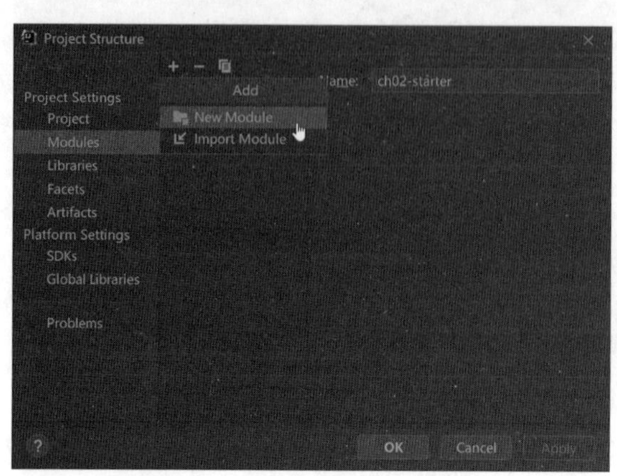

图 2-26 选择“New Module”

接下来选择 Maven，新建 Maven 模块如图 2-27 所示。

图 2-27　新建 Maven 模块

单击“Next”按钮，输入模块名称 demo-spring-boot-starter-autoconfigure，指定模块位置，如图 2-28 所示。

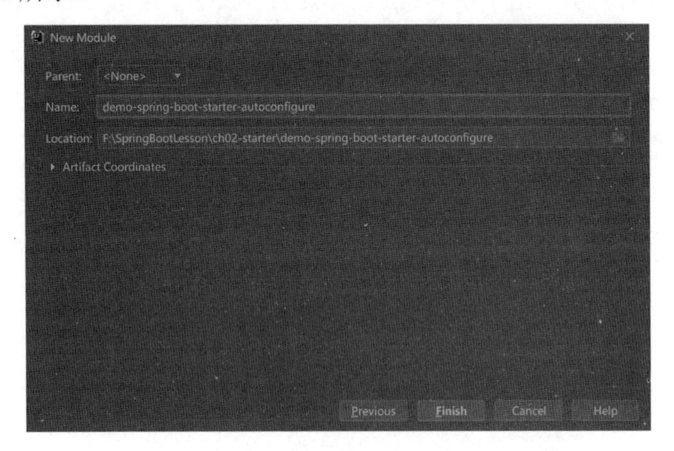

图 2-28　指定模块名称和位置

单击“Finish”按钮，回到“Project Structure”对话框，单击“OK”按钮，结束项目与模块的创建。

2. 编写 POM 文件

编辑 pom.xml 文件，指定项目的基本信息，声明项目依赖，代码如例 2-17 所示。

例 2-17　pom.xml

```
<?xml version="1.0" encoding="UTF-8"?>
<project xmlns="http://maven.apache.org/POM/4.0.0"
        xmlns:xsi="http://www.w3.org/2001/XMLSchema-instance"
        xsi:schemaLocation="http://maven.apache.org/POM/4.0.0
http://maven.apache.org/xsd/maven-4.0.0.xsd">
    <modelVersion>4.0.0</modelVersion>
```

```
    <parent>
        <groupId>org.springframework.boot</groupId>
        <artifactId>spring-boot-starter-parent</artifactId>
        <version>2.6.4</version>
    </parent>
    <groupId>com.sx</groupId>
    <artifactId>demo-spring-boot-autoconfigure</artifactId>
    <version>1.0-SNAPSHOT</version>
    <name>demo-spring-boot-autoconfigure</name>


    <dependencies>
        <dependency>
            <groupId>org.springframework.boot</groupId>
            <artifactId>spring-boot-autoconfigure</artifactId>
            <optional>true</optional>
        </dependency>

        <dependency>
            <groupId>org.springframework.boot</groupId>
            <artifactId>spring-boot-configuration-processor</artifactId>
            <optional>true</optional>
        </dependency>
    </dependencies>
</project>
```

粗体显示的内容是新增的内容。代码中配置的依赖项 spring-boot-configuration-processor 用于从带有@ConfigurationProperties 注解的项生成自己的配置元数据文件，该 JAR 包带有一个 Java 注解处理器，在项目编译时调用它。引入该依赖，是为了给我们自定义的配置类生成元数据信息。

记得单击 POM 文件右上角的 Maven 小图标，更新依赖。

3. 定义 Properties 类

前面介绍过，在 Spring Boot 项目中，可以有外部配置（包括配置文件）的诸多属性，在自定义 starter 时，可以根据需要提供 Properties 类，用于保存配置信息。

在 Java 目录下新建 com.sx.spring.boot.autoconfigure 包，然后在包下新建 DemoProperties 类，该类的代码如例 2-18 所示。

例 2-18　DemoProperties.xml

```
package com.sx.spring.boot.autoconfigure;

import
org.springframework.boot.context.properties.ConfigurationProperties;

//@Component
@ConfigurationProperties(prefix = "demo")
```

```
public class DemoProperties {
    // 用户名
    private String name;
    // 欢迎信息
    private String greeting;

    public String getName() {
        return name;
    }

    public String getGreeting() {
        return greeting;
    }

    public void setName(String name) {
        this.name = name;
    }

    public void setGreeting(String greeting) {
        this.greeting = greeting;
    }
}
```

写完这个类，IDEA 会在@ConfigurationProperties 注解上加一个红色的波浪线，但是可以不用理会，因为在后面使用@EnableConfigurationProperties 注解注册 DemoProperties 类后该错误就消失了，如果读者看着该错误不舒服，也可以在 DemoProperties 类上添加一个@Component 注解。

4. 定义服务类

服务类用于提供核心功能。在 com.sx.spring.boot.autoconfigure 包下新建 DemoService 类，代码如例 2-19 所示。

例 2-19　DemoService.java

```
package com.sx.spring.boot.autoconfigure;

public class DemoService {
    // 用户名
    private String name;
    // 欢迎信息
    private String greeting;

    public DemoService(String name, String greeting) {
        this.name = name;
        this.greeting = greeting;
    }

    public String sayHello(){
        return name + ", " + greeting;
```

```
        }
    }
```

5. 定义自动配置类

在 Spring Boot 中，自动配置是通过标准的@Configuration 类实现的。附加的@Conditional 注解用于约束何时应用自动配置。通常，自动配置类使用@ConditionalOnClass 和@ConditionalOnMissingBean 注解，这确保了只有在找到相关类并且没有声明自己的@Configuration 类时才应用自动配置。

在 com.sx.spring.boot.autoconfigure 包下新建 DemoServiceAutoConfiguration 类，代码如例 2-20 所示。

例 2-20　DemoServiceAutoConfiguration.java

```
    package com.sx.spring.boot.autoconfigure;

    import org.springframework.beans.factory.annotation.Autowired;
    import
org.springframework.boot.autoconfigure.condition.ConditionalOnMissingBean;
    import org.springframework.boot.context.properties.
EnableConfigurationProperties;
    import org.springframework.context.annotation.Bean;
    import org.springframework.context.annotation.Configuration;

    @Configuration
    @EnableConfigurationProperties(DemoProperties.class)
    public class DemoServiceAutoConfiguration {
        @Autowired
        private DemoProperties demoProperties;

        @Bean(name = "demo")
        @ConditionalOnMissingBean
        public DemoService demoService(){
            return new DemoService(demoProperties.getName(), demoProperties.
getGreeting());
        }
    }
```

@EnableConfigurationProperties 注解用于开启对@ConfigurationProperties 注解的 Bean 的支持（参看第 3 步）。

@ConditionalOnMissingBean 注解表示当 Spring 容器中不包含满足指定需求的 Bean 时才匹配，当与@Bean 注解一起使用时，Bean 类默认为工厂方法返回的类型。针对本例，如果 Spring 容器中没有 DemoService 类型的 Bean，那么条件将匹配。

在定义自动配置类时，几乎总会在自动配置类中包含一个或多个@Conditional 注解，如本例中的@ConditionalOnMissingBean 注解。Spring Boot 包含许多@Conditional 注解，可以通过注解@Configuration 类或单独的@Bean 方法在自己的代码中重用这些注解。这些注解包括如下内容。

（1）类条件

@ConditionalOnClass 和@ConditionalOnMissingClass 注解允许根据特定类的存在与否来确定是否包含@Configuration 类。

（2）Bean 条件

@ConditionalOnBean 和@ConditionalOnMissingBean 注解允许根据特定 Bean 的存在与否来确定是否包含 Bean。要注意的是，@ConditionalOnBean 和@ConditionalOnMissingBean 注解不会阻止@Configuration 类的创建，这两个注解在类级别上的使用和在@Bean 方法上的使用的唯一区别是：如果条件不匹配，前者会阻止@Configuration 类注册为 Bean。

（3）属性条件

@ConditionalOnProperty 注解允许基于 Spring 环境属性包含配置。使用注解的 prefix 和 name 参数指定应检查的属性。在默认情况下，可匹配任何存在且不等于 false 的属性。还可以使用 havingValue 和 matchIfMissing 参数创建更高级的检查。

（4）资源条件

@ConditionalOnResource 注解只允许在特定资源存在时才包含配置。可以使用通常的 Spring 约定来指定资源，例如：file:/home/user/test.dat。

（5）Web 应用程序条件

@ConditionalOnWebApplication 和@ConditionalOnNotWebApplication 注解允许根据应用程序是不是“Web 应用程序”来确定是否包含配置。基于 Servlet 的 Web 应用程序是任何使用 Spring WebApplicationContext、定义了会话范围或具有 ConfigurableWebEnvironment 的应用程序。响应式 Web 应用程序是任何使用了 ReactiveWebApplicationContext 或具有 ConfigurableReactiveWebEnvironment 的应用程序。@ConditionalOnWarDeployment 注解允许根据应用程序是不是部署到容器的传统 WAR 应用程序来确定是否包含配置。此条件不适用于与嵌入式服务器一起运行的应用程序。

（6）SpEL 表达式条件

@ConditionalOnExpression 注解允许根据 SpEL 表达式的结果包含配置。

关于这些条件注解更多的内容，请读者参看 Spring Boot 的官方文档。

6．编写 META-INF/spring.factories 文件

在 resource 目录下新建 META-INF 子目录，在该子目录下新建 spring.factories 文件。文件内容如例 2-21 所示。

例 2-21　META-INF/spring.factories

```
org.springframework.boot.autoconfigure.EnableAutoConfiguration=\
  com.sx.spring.boot.autoconfigure.DemoServiceAutoConfiguration
```

7．打包

在 IDEA 中，按下“Alt＋F12”组合键（或者单击菜单【View】→【Tool Windows】→【Terminal】），打开一个终端窗口，进入 demo-spring-boot-starter-autoconfigure 目录。在终端窗口中执行 mvn clean install，命令执行完后，在 target 子目录下，可以看到 demo-spring-boot-autoconfigure-1.0-SNAPSHOT.jar 文件，同时该 JAR 文件也会被复制到本地 Maven 仓库。

至此，自动配置模块已经开发完毕，接下来就轮到空壳的 starter 模块了。

2.9.2 starter 模块

starter 模块的开发步骤如下。

1. 新建 Maven 模块

单击菜单【File】→【New】→【Module...】，新建一个 Maven 模块，模块名称为 demo-spring-boot-starter，如图 2-29 所示。

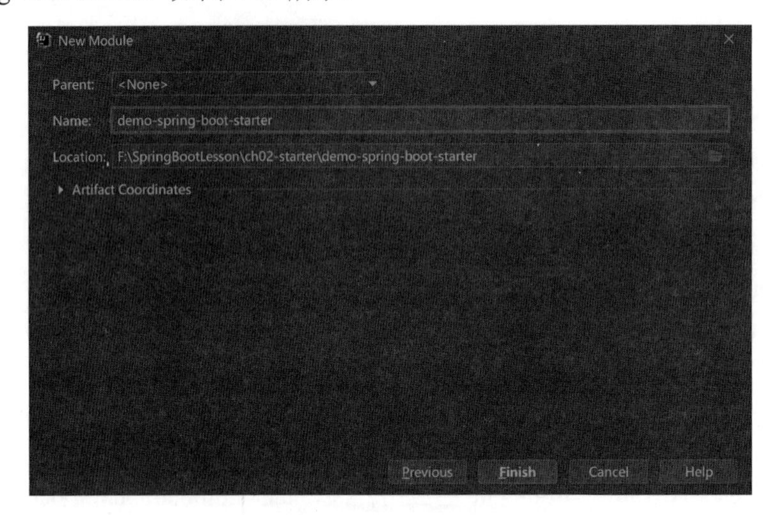

图 2-29 指定模块名称和位置

单击“Finish”按钮，完成 Maven 模块的创建。

2. 编写 POM 文件

编辑 pom.xml 文件，指定项目的基本信息，声明项目依赖。在 starter 中需要引入自动配置模块，还需要添加 spring-boot-starter 依赖，这是 Spring Boot 核心的 starter，包括自动配置支持、日志记录和 YAML。自定义的 starter 必须直接或间接引用 spring-boot-starter（如果我们的 starter 依赖于另外的 starter，则无须添加它），如果我们在自动配置模块中添加了 spring-boot-starter 依赖，那么这里就可以不用添加。

完整的 pom.xml 文件的代码如例 2-22 所示。

例 2-22 pom.xml

```
<?xml version="1.0" encoding="UTF-8"?>
<project xmlns="http://maven.apache.org/POM/4.0.0"
        xmlns:xsi="http://www.w3.org/2001/XMLSchema-instance"
        xsi:schemaLocation="http://maven.apache.org/POM/4.0.0
http://maven.apache.org/xsd/maven-4.0.0.xsd">
    <modelVersion>4.0.0</modelVersion>
    <parent>
        <groupId>org.springframework.boot</groupId>
```

```
        <artifactId>spring-boot-starter-parent</artifactId>
        <version>2.6.4</version>
    </parent>
    <groupId>com.sx</groupId>
    <artifactId>demo-spring-boot-starter</artifactId>
    <version>1.0-SNAPSHOT</version>
    <name>demo-spring-boot-starter</name>

    <dependencies>
        <dependency>
            <groupId>org.springframework.boot</groupId>
            <artifactId>spring-boot-starter</artifactId>
        </dependency>
        <dependency>
            <groupId>com.sx</groupId>
            <artifactId>demo-spring-boot-autoconfigure</artifactId>
            <version>1.0-SNAPSHOT</version>
        </dependency>
    </dependencies>
</project>
```

记得单击 POM 文件右上角的 Maven 小图标，更新依赖。

3. 打包

在 IDEA 中，按下“Alt + F12”组合键（或者单击菜单【View】→【Tool Windows】→【Terminal】），打开一个终端窗口。进入 demo-spring-boot-starter 目录，执行 mvn clean install，在命令执行完成后，在 target 子目录下可以看到 demo-spring-boot-starter-1.0-SNAPSHOT.jar 文件，同时该 JAR 文件也会被复制到本地 Maven 仓库。

至此，starter 模块也开发完毕，接下来就该测试一下我们自定义的 starter 了。

2.9.3 测试自定义的 starter

测试自定义 starter 的步骤如下。

1. 在项目中添加 starter 依赖

这里我们不再新建项目，而是直接使用本章前面所创建的 ch02 项目。在打开项目后，编辑 pom.xml 文件，添加 demo-spring-boot-starter，代码如下所示：

```
<dependency>
    <groupId>com.sx</groupId>
    <artifactId>demo-spring-boot-starter</artifactId>
    <version>1.0-SNAPSHOT</version>
</dependency>
```

2. 在配置文件中添加属性

编辑 application.yml 文件，添加如下属性：

```
demo:
  name: Jack
  greeting: 'welcome you'
```

3. 在控制类中注入 DemoService 进行测试

编辑 HelloController 类，注入 DemoService 实例，并调用 DemoService 对象的方法进行测试。代码如例 2-23 所示。

例 2-23 HelloController.java

```
package com.sx.demo.controller;

import com.sx.spring.boot.autoconfigure.DemoService;
import org.springframework.beans.factory.annotation.Autowired;
import org.springframework.web.bind.annotation.RequestMapping;
import org.springframework.web.bind.annotation.RestController;

@RestController
public class HelloController {
    @Autowired
    private DemoService demoService;

    @RequestMapping("/")
    String home() {
        return demoService.sayHello();
    }
}
```

启动项目，访问 http://localhost:8080/，可以看到页面显示内容为：Jack, welcome you。

2.10 小结

本章内容比较多，介绍了 Spring Boot 应用开发需要掌握的一些基础知识，包括 Spring Boot 项目结构的剖析，控制器的编写，使用热部署提高开发效率，配置文件的使用，YAML 语法简介，日志的配置，外部配置，Spring Boot 常用注解，理解 starter，以及 Spring Boot 自动配置原理，并通过自定义 starter 的开发来帮助读者更好地理解自动配置原理。

第 2 篇　Web 篇

第 3 章　快速掌握 Spring MVC

在 Web 开发早期有很多流行的 Web 框架，如老牌的 Struts，后期之秀 WebWork、Struts2、Tapestry 等，不过最终由 Spring MVC 一统江山，这也是好事，节省了我们的学习成本，只需要学习 Spring MVC 就可以了。本章将介绍基于 Spring MVC 开发所需要掌握的必备知识，让读者能够轻松胜任 Web 开发方面的工作。

3.1　MVC 架构模式

在 MVC 架构中，一个应用被分成三个部分，模型（Model）、视图（View）和控制器（Controller）。

模型代表应用程序的数据及用于访问控制和修改这些数据的业务规则。当模型发生改变时，它会通知视图，并为视图提供查询模型相关状态的能力，同时，也为控制器提供访问封装在模型内部的应用程序功能的能力。

视图用来组织模型的内容，从模型那里获得数据并指定这些数据如何表现。当模型变化时，视图负责维护数据表现的一致性，同时将用户的请求通知控制器。

控制器定义了应用程序的行为，负责对来自视图的用户请求进行解释，并把这些请求映射成相应的行为，这些行为由模型负责实现。在独立运行的 GUI 客户端，用户请求可能是鼠标单击或者菜单选择等操作。在一个 Web 应用程序中，用户请求可能是来自客户端的 GET 或 POST 的 HTTP 请求等。模型所实现的行为包括处理业务和修改模型的状态。根据用户请求和模型行为的结果，控制器选择一个视图作为对用户请求的响应。图 3-1 描述了在 MVC 应用程序中模型、视图、控制器三部分的关系。

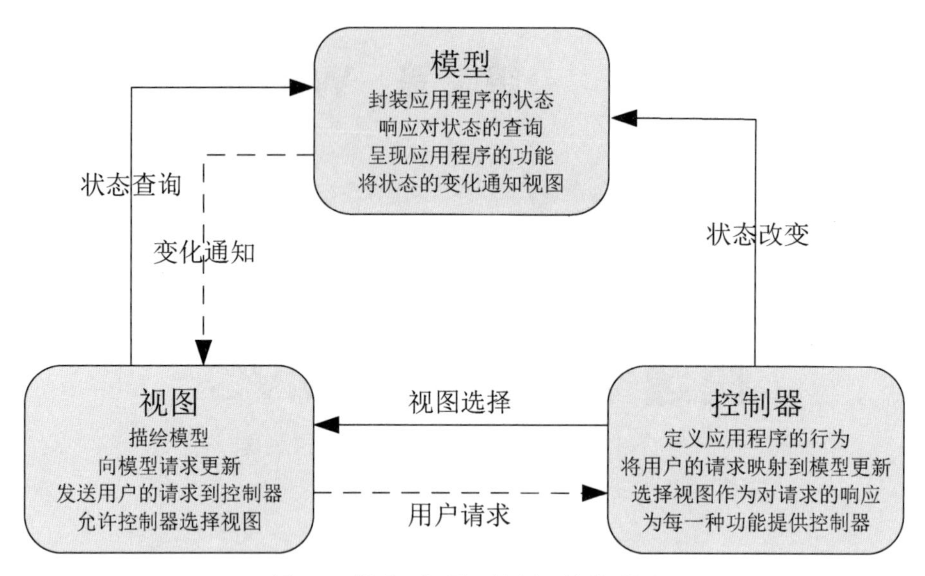

图 3-1　模型、视图、控制器的关系图

3.2　Spring MVC

Spring MVC 是基于 Servlet API 构建的 Web 框架，从一开始就包含在 Spring 框架中，正式名称“Spring Web MVC”来自于其源模块 spring-webmvc，但其通常被称为 Spring MVC。

Spring MVC 与其他许多 Web 框架一样，是围绕前端控制器模式设计的，有一个名为 DispatchServlet 的中央 Servlet 为请求处理提供分配算法，而实际工作则由可配置的委托组件执行。DispatcherServlet 与其他 Servlet 一样，需要使用 Java 配置或在 web.xml 中根据 Servlet 规范进行声明和映射。反过来，DispatcherServlet 使用 Spring 配置来发现请求映射、视图解析、异常处理等所需的委托组件。要了解 Servlet 规范和详细技术，读者可以参看笔者的另一本著作《Servet/JSP 深入详解》。

Spring Boot 使用了不同的初始化顺序。Spring Boot 使用 Spring 配置来引导自身和嵌入的 Servlet 容器，而不是挂载到 Servlet 容器的生命周期中。过滤器和 Servlet 声明在 Spring 配置中被检测到，并在 Servlet 容器中注册。

Spring MVC 将对象细分成不同的角色，它支持的概念有控制器、可选的命令对象（Commnad Object）或表单对象（Form Object），以及传递到视图的模型，负责向客户端发送响应的视图对象。模型不仅包含命令对象或表单对象，而且可以包含任何引用数据（通过 Map 来保存数据）。

Spring MVC 对请求的处理是让其在 DispatcherServlet、处理器映射、处理器适配器、处理器和视图解析器之间移动，如图 3-2 所示。

① 客户端（浏览器）发起一个请求。负责接收请求的组件是 Spring 的 DispatcherServlet。和大多数基于 Java 的 MVC 框架一样，Spring MVC 将所有请求都经过一个前端 Servlet

控制器，这个控制器是一个常用的 Web 应用模式，一个单实例 Servlet 委托应用系统的其他模块负责对请求进行真正的处理工作。在 Spring MVC 中，DispatcherServlet 就是这个前端的控制器。

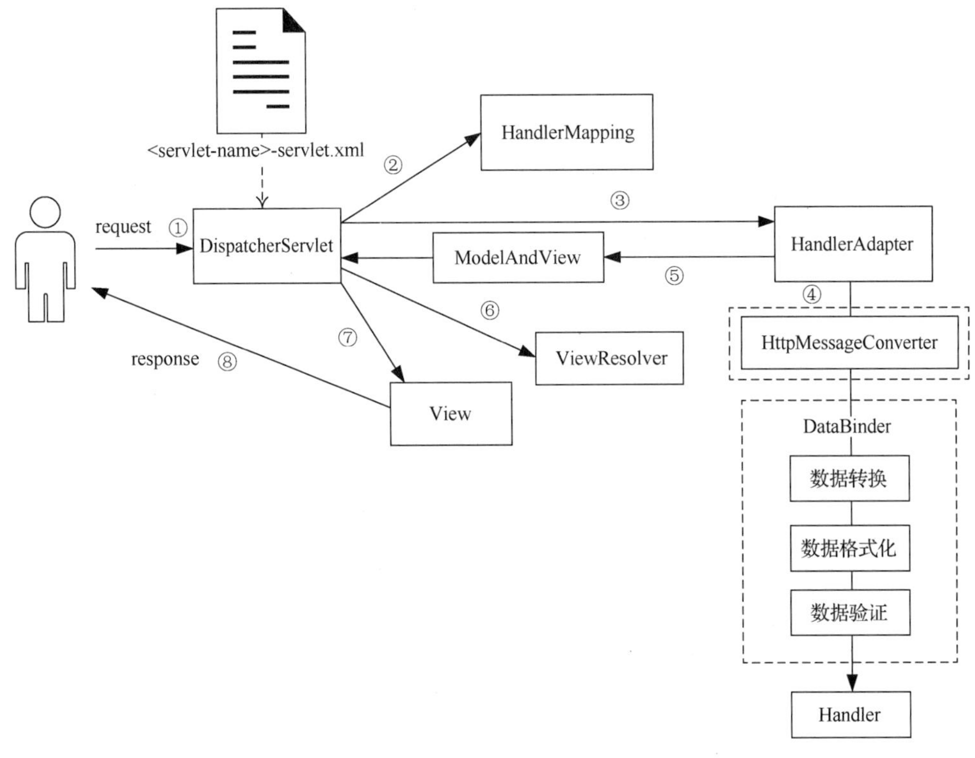

图 3-2　Spring MVC 对一个请求的处理流程

② Spring MVC 中负责处理请求的组件是处理器。为了找出哪一个处理器负责处理某个请求，DispatcherServlet 查询一个或多个 HandlerMapping。一个 HandlerMapping 的工作主要是将 URL 映射到一个处理器对象。

③ 一旦 DispatcherServlet 找到负责处理请求的处理器（通常为我们编写的 Controller 类），就会将处理器交由 HandlerAdapter 去执行。

④ 在将请求交给处理器的相应处理方法之前，Spring MVC 还会完成一些辅助工作，它会将请求信息以一定的方式转换并绑定到请求处理方法的入参中，对于入参的对象会进行数据转换、数据格式化以及数据校验等操作，在这些都做完之后，才真正地调用处理器的处理方法根据设计的业务逻辑处理这个请求。

⑤ 在完成业务逻辑后，处理器返回一个 ModelAndView 对象给 DispacherServlet，ModelAndView 不是携带一个视图对象，就是携带一个视图对象的逻辑名。在一般情况下，一个 ModelAndView 实例包含视图对象逻辑名和模型数据信息。

⑥ 如果 ModelAndView 对象携带的是一个视图对象的逻辑名，则 DispacherServlet 需要一个 ViewResolver 来查找用于发送响应的 View 对象。

⑦ 当得到真实的视图对象 View 后，DipacherServlet 会使用 ModelAndView 对象中的模型数据对 View 进行视图渲染。

⑧ 最后，View 对象负责向客户端发送响应。

图 3-2 只是简单地演示了 Spring MVC 对请求的处理流程，实际情况远比图中所示要复杂得多。但庆幸的是，在 Spring Boot 中，Web 开发得到了极大的简化，即使我们不了解 Spring MVC 对请求的处理流程，也能很好地完成 Web 应用的开发。对于前后端分离的项目来说，后端开发人员甚至只需要掌握@Controller 注解、@RestController 注解或者@RequestMapping 注解，就能很好地完成对 Web 请求的处理。

3.3 Spring MVC 自动配置

Spring Boot 为 Spring MVC 提供了自动配置，适用于大多数应用程序。

自动配置在 Spring 默认设置的基础上添加了以下功能：

- 包含 ContentNegotiatingViewResolver 和 BeanNameViewResolver Bean。
- 支持提供静态资源，包括对 Web Jar 的支持。
- 自动注册 Converter、GenericConverter 和 Formatter Bean。
- 支持 HttpMessageConverters。
- 自动注册 MessageCodesResolver。
- 静态 index.html 支持。
- 自动使用 ConfigurableWebBindingInitializer Bean。

3.4 Spring MVC 接收请求参数

在 Spring MVC 框架中，请求最终是交由控制器进行处理的。控制器可以针对不同的请求给出不同的方法来进行处理。控制器方法的编写非常灵活，可以带有不同的参数，如 HttpServletRequest、HttpServletResponse 或者 HttpSession 类型的参数等，参数之间还可以任意组合，如下所示：

```
public String handler(HttpServletRequest request){...}
public String handler(HttpServletResponse response){...}
public String handler(HttpSession session){...}
public String handler(HttpServletRequest request,
                      HttpServletResponse response,
                      HttpSession session){...}
```

对于熟悉 Java Web 开发的读者来说，即使不了解 Spring MVC 的请求/响应处理流程，也可以按照传统的开发方式编写 Web 程序。

当然，这一节并不是要详细讲解 Java Web 开发，而是要了解 Spring MVC 框架在 Web 开发方面所做的简化。对于 Web 开发而言，接收请求参数是第一步，下面就让我们来了解一下在 Spring MVC 中如何接收请求参数。

3.4.1　准备项目

为了便于学习，我们先创建一个新项目。

（1）启动 IDEA，新建一个 Spring Boot 项目，为项目指定 Group Id、Artifact Id 和包名等信息，如图 3-3 所示。

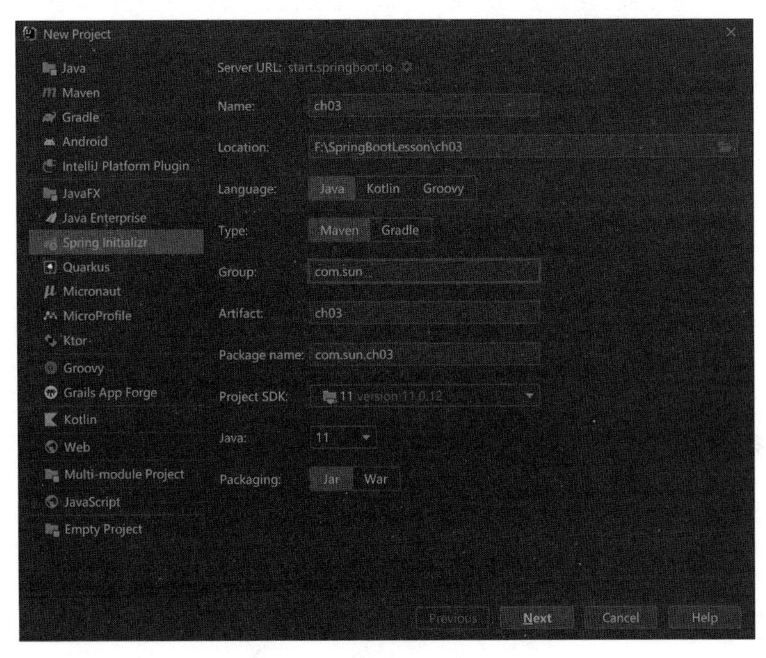

图 3-3　设置项目基本信息

单击“Next”按钮，选择 Web 模块，添加 Spring Web 依赖。项目创建完成后的 pom.xml 文件如例 3-1 所示。

例 3-1　pom.xml

```
<?xml version="1.0" encoding="UTF-8"?>
<project xmlns="http://maven.apache.org/POM/4.0.0"
xmlns:xsi="http://www.w3.org/2001/XMLSchema-instance"
    xsi:schemaLocation="http://maven.apache.org/POM/4.0.0
https://maven.apache.org/xsd/maven-4.0.0.xsd">
    <modelVersion>4.0.0</modelVersion>
    <parent>
        <groupId>org.springframework.boot</groupId>
        <artifactId>spring-boot-starter-parent</artifactId>
        <version>2.6.4</version>
        <relativePath/> <!-- lookup parent from repository -->
    </parent>
    <groupId>com.sun</groupId>
    <artifactId>ch03</artifactId>
    <version>0.0.1-SNAPSHOT</version>
    <name>ch03</name>
    <description>ch03</description>
```

```
    <properties>
        <java.version>11</java.version>
    </properties>
    <dependencies>
        <dependency>
            <groupId>org.springframework.boot</groupId>
            <artifactId>spring-boot-starter-web</artifactId>
        </dependency>

        <dependency>
            <groupId>org.springframework.boot</groupId>
            <artifactId>spring-boot-starter-test</artifactId>
            <scope>test</scope>
        </dependency>
    </dependencies>

    <build>
        <plugins>
            <plugin>
                <groupId>org.springframework.boot</groupId>
                <artifactId>spring-boot-maven-plugin</artifactId>
            </plugin>
        </plugins>
    </build>

</project>
```

（2）编写承载数据的模型类。在 com.sun.ch03 包上单击鼠标右键，在弹出的菜单中选择【New】→【Package】，输入包名：com.sun.ch03.model，并按回车键。

在 model 子包上单击鼠标右键，在弹出的菜单中选择【New】→【Java Class】，新建 User 类，编写代码，如例 3-2 所示。

例 3-2　User.java

```java
package com.sun.ch03.model;

import lombok.AllArgsConstructor;
import lombok.Data;

import java.time.LocalDate;
import java.util.List;

@AllArgsConstructor
@Data
public class User {
    private String username;                // 用户名
    private String password;                // 密码
    private Boolean gender;                 // 性别
    private Integer age;                    // 年龄
```

```
    private LocalDate birthday;          // 出生日期
    private List<String> interests;      // 兴趣爱好
}
```

对于模型类或者 POJO 类，我们经常需要为字段编写 getter/setter 方法，重写 toString、equals 和 hashCode 方法，有时候还需要给出对应部分字段或全部字段的构造方法。为了提高开发效率，就诞生了 Lombok 库。使用 Lombok 库，可以通过注解的方式来自动生成上述必要的代码。

例 3-2 中的@AllArgsConstructor 注解用于生成全部参数的构造方法，@Data 注解自动生成 getter/setter、toString、equals 和 hashCode 方法，以及包含 final 和@NonNull 注解的成员变量的构造方法，@Data 注解是@ToString、@EqualsAndHashCode、@Getter、@Setter 和@RequiredArgsConstructor 注解的集合。

IDEA 最新版本已经内置了 Lombok 插件，Spring Boot 从 2.1.x 版本之后也在 Starter 中内置了 Lombok 依赖，还记得我们在第 2.7.1 节安装过的 Edit Starters 插件吗？下面通过该插件来引入 Lombok 依赖。

打开 POM 文件，单击鼠标右键，从弹出的菜单中选择【Generate】→【Edit Starters】，在之后出现的“Spring Initializr Url”对话框保持默认的 URL，单击“OK”按钮，然后在“Edit Starters”对话框的左侧选中“Developer Toos”模块，在中间的“Starters”依赖中双击“Lombok”，添加该依赖，如图 3-4 所示。

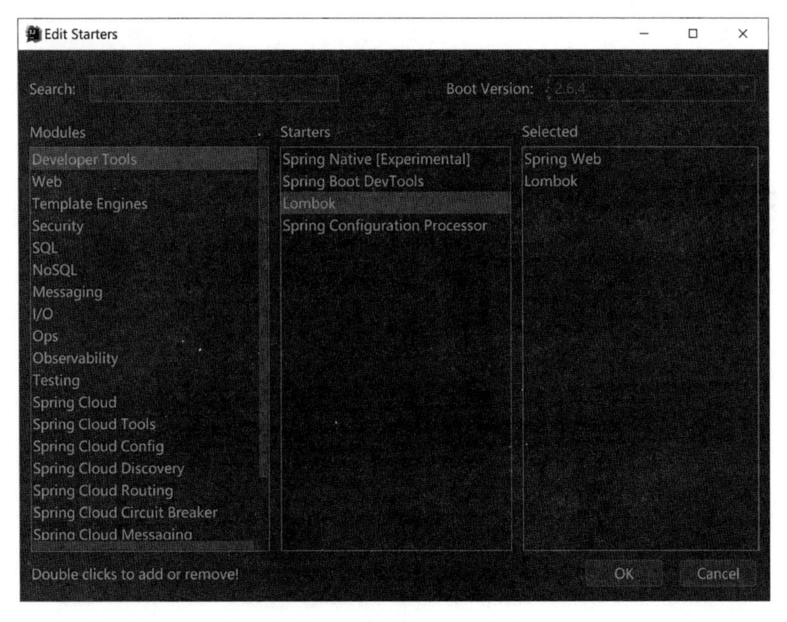

图 3-4　添加 Lombok 依赖

单击“OK”按钮完成对 Lombok 依赖的添加。不要忘了单击 POM 文件右上角的“Maven”小图标，更新依赖。

（3）在 src/main/resources/static 目录下新建 form.html，编写一个表单，文件内容如例 3-3 所示。

例 3-3 form.html

```
<!DOCTYPE html>
<html lang="en">
<head>
    <meta charset="UTF-8">
    <title>用户信息</title>
</head>
<body>
  <form action="handle" method="post">
    <table>
      <tr>
        <td>用户名：</td>
        <td><input type="text" name="username"></td>
      </tr>
      <tr>
        <td>密码：</td>
        <td><input type="password" name="password"></td>
      </tr>
      <tr>
        <td>性别：</td>
        <td>
          <input type="radio" name="gender">男
          <input type="radio" name="gender">女
        </td>
      </tr>
      <tr>
        <td>年龄：</td>
        <td><input type="text" name="age"></td>
      </tr>
      <tr>
        <td>兴趣爱好：</td>
        <td>
          <input type="checkbox" name="interests">足球
          <input type="checkbox" name="interests">排球
          <input type="checkbox" name="interests">篮球
          <input type="checkbox" name="interests">游泳
        </td>
      </tr>
      <tr>
        <td colspan="2"><input type="submit" value="提交"></td>
      </tr>
    </table>
  </form>
</body>
</html>
```

该页面在 Chrome 浏览器中的显示效果如图 3-5 所示。

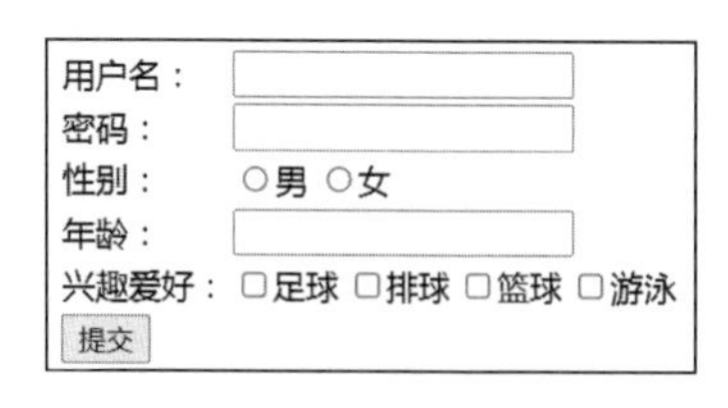

图 3-5　例 3-3 的表单显示效果

（4）接下来编写一个控制器。在 com.sun.ch03 包上单击鼠标右键，在弹出的菜单中选择【New】→【Package】，输入包名：com.sun.ch03.controller，并按回车键。

在 controller 子包上单击鼠标右键，在弹出的菜单中选择【New】→【Java Class】，新建 DemoController 类，在 DemoController 类上添加@RestController 和@RequestMapping 注解，其他代码暂时不用编写，如例 3-4 所示。

例 3-4　DemoController.java

```
package com.sun.ch03.controller;

import org.springframework.web.bind.annotation.RequestMapping;
import org.springframework.web.bind.annotation.RestController;

@RestController
@RequestMapping("/handle")
public class DemoController {
}
```

在类上使用@RequestMapping 注解时，所有方法级别的映射都将继承这个主映射，通俗点说，就是所有响应请求的方法都以该地址作为父路径。

3.4.2　接收表单参数

通过表单提交请求参数是传统 Web 应用程序中最常见的一种方式，这种方式提交的请求中的 Content-Type 报头的值是 application/x-www-form-urlencoded。在控制器方法中，要接收请求参数的值，可以使用@RequestParam 注解，将请求参数映射到方法的参数上。

1．接收单个表单参数

对于数据量很少的表单的提交，例如搜索、查询等表单的提交，可以使用单个或多个方法参数来接收请求参数。在 DemoController 类中编写处理器方法，代码如下所示：

```
@RequestMapping
public String handle(@RequestParam("username") String name,
                    @RequestParam String password){
    System.out.println(name);
    System.out.println(password);
    return "finish";
}
```

不带元素的@RequestMapping 注解将映射到空路径，等价于@RequestMapping("")。

如果请求参数名与方法参数名不一致，则可以在@RequestParam 注解的 value 元素中给出请求参数名（如代码中所示），或者通过 name 元素给出请求参数名，例如：

@RequestParam(name = "username")。

如果允许请求参数为空值，那么可以将@RequestParam 注解的 required 元素设置为 false，该元素默认值为 true。例如：@RequestParam(name = "username", required = false) String name。

如果请求参数未提供或者为空值，而你想为方法参数设置一个默认值，那么可以使用@RequestParam 注解的 defaultValue 元素来设置，例如：@RequestParam(name = "username", defaultValue = "anonymous") String name。

启动项目，访问 http://localhost:8080/form.html，在填写表单信息后单击“提交”按钮进行测试。

> **注意：** 如果方法的参数与 Spring MVC 支持的处理器方法参数类型不匹配，并且是一个简单类型（由 BeanUtils 的静态方法 isSimpleProperty 确定），那么它将解析为@RequestParam。换句话说，若请求参数名和方法参数名相同，那么即使不使用@RequestParam 注解，Spring MVC 也会传入值。

2．用对象接收所有表单参数

如果表单提交的数据很多，使用多个方法参数来接收，那么代码将会冗余，且维护也会变得困难。在这种情况下，可以用一个对象来接收所有的表单参数。要注意的是，对象的属性名和表单参数名要保持一致。

在 DemoController 类中添加处理器方法，代码如下所示：

```
@RequestMapping("/obj")
public String handleObj(User user){
    System.out.println(user);
    return "finish";
}
```

将 form.html 中表单提交的 action 修改为 handle/obj，然后访问 http://localhost:8080/form.html，进行测试。

3.4.3　接收 JSON 数据

在页面局部刷新或者前后端分离的项目中，前端页面都是通过 ajax 向服务器发送 JSON 数据的，使用这种方式发送的请求中 Content-Type 报头的值是 application/json。

在控制器方法中接收 JSON 数据很简单，使用@RequestBody 注解就可以了，Spring MVC 会自动对 JSON 数据进行转换。

在 DemoController 类中添加处理器方法，代码如下所示：

```
@RequestMapping("/json")
public String handleJson(@RequestBody User user){
    System.out.println(user);
    return "finish";
}
```

3.4.4 URL 参数

现在越来越多的 Web 应用通过 URL 路径参数区分不同的请求，例如 user/1 和 user/2 代表两个不同的请求，若要接收路径参数，则可以使用@PathVariable 注解。

在 DemoController 类中添加处理器方法，代码如下所示：

```
    @RequestMapping("/url/{name}/{id}")
    public String handleUrl(@PathVariable("name") String v_name,
@PathVariable Integer id){
        System.out.println(v_name);
        System.out.println(id);
        return "finish";
    }
```

使用@PathVariable 注解将方法参数 v_name 绑定到 URI 模板变量 name 上，将方法参数 id 绑定到 URI 模板变量 id 上，后者因名字相同，所以无须通过@PathVariable 注解的 value 元素来说明。

启动项目，访问 http://localhost:8080/handle/url/book/1，在控制台窗口中可以看到输出 book 和 1。

如果方法参数是 Map，那么该 Map 将使用所有路径变量名和值进行填充。修改 handleUrl 方法，如下所示：

```
    @RequestMapping("/url/{name}/{id}")
    public String handleUrl(@PathVariable Map pathMap){
        System.out.println(pathMap);
        return "finish";
    }
```

再次访问 http://localhost:8080/handle/url/book/1，在控制台窗口中将看到：{name=book, id=1}。

3.4.5 文件上传

文件上传请求中的 Content-Type 报头的值是 multipart/form- data。在 Spring MVC 中，定义了一个接口 MultipartFile（位于 org.springframework.web.multipart 包中），通过该接口的对象来表示多部分请求中接收的上传文件。

若要将上传的文件绑定到 MultipartFile 类型的参数上，则需要使用@RequestPart 注解。

修改 foml.html，添加一个 file 类型的输入控件，将表单提交的 URL 改为 handle/file，同时设置表单的 enctype 属性，值为 multipart/form-data。代码如下所示：

```
    <form action="handle/file" method="post" enctype="multipart/form-data">
      <table>
        ...
        <tr>
          <td><input type="file" name="file"></td>
        <tr>
```

```
        <td colspan="2"><input type="submit" value="提交"></td>
      </tr>
    </table>
  </form>
```

在 DemoController 类中添加处理器方法，代码如下所示：

```
    @PostMapping("/file")
    public String handleFile(@RequestPart(name = "file") MultipartFile
multipartFile) {
        System.out.println("上传文件的文件名：" + multipartFile.
getOriginalFilename());
        System.out.println("上传文件的大小：" + multipartFile.getSize());
        return "finish";
    }
```

如果要支持多个文件同时上传，那么可以把方法参数改为元素类型为 MultipartFile 的 List 对象。修改 handleFile 方法，如下所示：

```
    @PostMapping("/file")
    public String handleFile(@RequestPart(name = "file") List<MultipartFile>
multipartFiles) {
        for(MultipartFile multipartFile : multipartFiles) {
            System.out.println("上传文件的文件名：" + multipartFile.
getOriginalFilename());
            System.out.println("上传文件的大小：" + multipartFile.getSize());
        }
        return "finish";
    }
```

读者可以在 form.html 中为<input type="file" name="file">添加 multiple 属性后进行测试。

关于文件上传的更多实现细节，请读者参看第 8 章。

3.4.6 请求报头

有时候也需要获取请求报头的值，这是通过@RequestHeader 注解得到的。下面在 DemoController 类中添加两个处理器方法：一个用于获取指定报头的值，另一个用于获取所有的请求报头。代码如下所示；

```
    @RequestMapping("/header")
    public String handleHeader(@RequestHeader("User-Agent") String
userAgent){
        System.out.println(userAgent);
        return "finish";
    }

    @RequestMapping("/allHeaders")
    public String handleAllHeaders(@RequestHeader Map headersMap){
```

```
        System.out.println(headersMap);
        return "finish";
    }
```

分别访问 http://localhost:8080/handle/header 和 http://localhost:8080/handle/allHeaders 进行测试。

3.4.7 日期类型参数处理

细心的读者可能已经注意到在 User 类中还有出生日期字段 birthday 没有使用，接下来我们在 form.html 页面中添加一个日期输入控件，代码如下所示：

```
<form action="handle/obj" method="post">
  <table>
    ...
    <tr>
      <td>出生日期：</td>
      <td><input type="date" name="birthday"></td>
    </tr>
    ...
  </table>
</form>
```

运行项目，访问 http://localhost:8080/form.html，在选择好出生日期后提交表单，将看到一个错误提示信息，即不能将 String 的值转换为 java.time.LocalDate 类型。当表单没有设置 enctype 属性时（默认为 application/x-www-form-urlencoded），发送请求携带的数据都是字符串格式的，Spring MVC 框架在接收到数据后，会帮我们进行数据类型转换，因此我们才能以各种类型的方法参数去接收数据。但日期时间有些不同，因为日期时间格式有多种，所以我们需要告知 Spring 按照哪种格式去解析日期时间字符串，这可以通过@DateTimeFormat 注解来完成。

由于本例是通过 User 对象来接收请求参数的，因此我们需要在 User 类的 birthday 字段上使用@DateTimeFormat 注解指定日期格式。

```
public class User {
    ...
    @DateTimeFormat(pattern = "yyyy-MM-dd")
    private LocalDate birthday;          // 出生日期
}
```

再次运行项目，一切如常。

3.5 控制器方法的返回值

控制器方法的返回值也可以是多种类型的，下面我们介绍一些常用的返回类型。

3.5.1 String

返回的字符串代表了视图的逻辑名，通过 ViewResolver（该接口位于 org.springframework.web.servlet 包中）的实现来解析。例如：

```
@GetMapping("/login")
public String doLogin(){
    return "login";
}
```

在 Spring Boot 中，配置不同的模板引擎，解析后的页面文件名也不同。如果配置了 Thymeleaf 模板引擎，那么会向用户返回 src/main/resources/templates 目录下的 login.html 文件。

如果要重定向页面，则可以在返回的字符串中带上“redirect:”前缀，例如：

```
@PostMapping("/login")
public String login(User user){
    // 用户登录成功，重定向到主页面
    return "redirect:home";
}
```

如果需要为页面准备模型数据，则可以在处理器方法中添加 Map、Model 或者 ModelMap 类型的参数，这三种类型的参数是被当作模型来使用的，在同一个请求导向的页面中可以访问模型数据。

例如：

```
@GetMapping("/login")
public String doLogin(Model model){
    model.addAttribute("msg","请登录");
    return "login";
}
```

在 login.html 页面中，可以通过表达式取出 msg 属性的值。

但需要注意的是，如果在处理器方法上使用了@ResponseBody 注解，那么方法返回的字符串将直接作为 HTTP 响应正文向用户返回。正如上一节所有例子中展示的一样，方法返回的字符串“finish”并不会被作为视图名来解析，而是被直接返回给了浏览器。

提示：上一节我们在控制器类上使用的是@RestController 注解，该注解是 @Controller 和 @ResponseBody 的组合注解。在类级别上使用@ResponseBody 注解，将由所有的控制器方法继承。

3.5.2 ModelAndView

顾名思义，ModelAndView（该类位于 org.springframework.web.servlet 包中）对象不仅包含了要使用的视图和模型，还包含可选的响应状态。视图可以采用字符串视图名的形式，由 ViewResolver 对象负责解析或者直接指定 View 对象；模型是一个 Map 对象。

可以在构造 ModelAndView 对象时传入视图名和模型对象，构造方法的签名如下所示：

➢ public ModelAndView(String viewName, @Nullable Map<String,?> model)

如果模型数据只有一项，那么也可以调用如下的构造方法来构造 ModelAndView 对象：

➢ public ModelAndView(View view, String modelName, Object modelObject)

可以在构造 ModelAndView 对象后，调用 setViewName()方法指定设置视图的逻辑名，该方法的签名如下所示：

➢ public void setViewName(@Nullable String viewName)

可以调用 addObject()方法向模型添加属性，两个重载的方法的签名如下所示：

➢ public ModelAndView addObject(String attributeName, @Nullable Object attributeValue)

➢ public ModelAndView addObject(Object attributeValue)

第二个方法使用参数名作为模型中的属性名，参数值作为模型中的属性的值。

也可以调用 addAllObjects()方法传入一个 Map 对象，一次性设置所有模型属性，该方法的签名如下所示：

➢ public ModelAndView addAllObjects(@Nullable Map<String,?> modelMap)

我们看下面的例子：

```
@GetMapping("/login")
public ModelAndView doLogin(){
    return new ModelAndView(
            "login", "msg","请登录");
}
```

3.5.3　Map 和 Model

直接返回模型对象，视图名称通过 RequestToViewNameTranslator 来确定，最终会向用户返回附带模型数据的原页面。

我们看下面的例子：

```
@PostMapping("/login")
public Map<String, String> login(
        @RequestParam String username, @RequestParam String password) {
    Map<String, String> map = new HashMap<>();
    if(!"admin".equals(username) || !"1234".equals(password)){
        map.put("msg", "用户名和密码错误");
    }
    return map;
}
```

3.5.4　@ResponseBody 注解

在控制器方法上使用了@ResponseBody 注解后，方法的返回值将通过 HttpMessageConverter 实现转换并写入响应中。在做简单的测试时，可以在方法上加上

@ResponseBody 注解，或者在控制器类上使用该注解。

在页面需要局部刷新时，服务器端程序通常以 JSON 格式返回数据，此外在前后端分离项目中，因数据传送都使用 JSON 格式，因此@ResponseBody 注解基本成了标配，处理器方法返回一个对象，Spring Boot 默认使用 Jackson JSON 库将对象序列化为 JSON 数据向用户返回。

我们看下面的例子：

```
@PostMapping("/user/login")
@ResponseBody
public BaseResult<User> login(@RequestBody User user){
    User newUser = userDao.findByUsernameAndPassword(user);
    if(newUser == null)
        return new BaseResult<User>(400, null);
    else{
        return new BaseResult<User>(200, newUser);
    }
}
```

3.5.5 HttpEntity<B>和 ResponseEntity<B>

HttpEntity 对象表示 HTTP 请求或响应实体，由报头和正文组成。ResponseEntity 是 HttpEntity 类的子类，添加了 HTTP 响应的状态代码（通过 HttpStatus 枚举常量来表示）。

控制器方法返回的 HttpEntity 或者 ResponseEntity 对象将通过 HttpMessageConverter 实现转换并写入响应中。

我们看下面的例子：

```
@RequestMapping("/handle")
 public HttpEntity<String> handle() {
   HttpHeaders responseHeaders = new HttpHeaders();
   responseHeaders.set("MyResponseHeader", "MyValue");
   return new HttpEntity<String>("Hello World", responseHeaders);
 }
```

3.5.6 void

控制器方法的返回类型为 void 也是可以的，使用 void 返回类型的方法通常带有 HttpServletResponse 参数，然后在方法中手动写入响应内容。

我们看下面的例子：

```
@RequestMapping("/test")
public void test(HttpServletResponse response) throws IOException {
    response.addHeader("Content-Type","text/html;charset=UTF-8");
    PrintWriter out = response.getWriter();
    out.write("Hello World");
    out.close();
}
```

3.6　@ModelAttribute 注解

顾名思义，@ModelAttribute 注解是用来设置模型属性的，该注解可以用在方法或者方法的参数上，将方法的返回值或者方法的参数绑定为模型属性以公开给 Web 视图。

@ModelAttribute 注解可以用在使用了@RequestMapping 注解标注的方法（处理器方法）上，也可以用在控制器类中的普通方法上，由于处理器方法有多种方式设置模型数据，因此该注解常用在普通方法上。

我们看一个例子：

```
class User{
    private String name;
    private Integer age;
    public User(String name, Integer age){
        this.name = name;
        this.age = age;
    }
    public String toString(){
        return String.format("name=%s, age=%d", name, age);
    }
}

@ModelAttribute("user")
public User getUser(){
    return new User("张三", 20);
}
```

@ModelAttribute 注解的 value 元素指定模型属性的名称，所以方法返回的 User 对象就会以 user 作为属性名添加到模型对象中。带有@ModelAttribute 注解的方法允许具有@RequestMapping 注解标注的方法支持的任何参数，返回要公开的模型属性值。

使用@ModelAttribute 注解标注的方法总是在请求处理方法之前执行的。

如果在方法的参数上使用@ModelAttribute 注解，则可以访问现有模型中的属性，如果该属性不存在，则实例化一个属性。例如：

```
@RequestMapping("/test")
@ResponseBody
public String test(@ModelAttribute("user") User user) {
    System.out.println(user);
    return "finish";
}
```

当访问/test 时，会先执行 getUser()方法，将 User 对象添加到模型中，然后执行 test()方法，取出属性名为 user 的 User 对象赋值给 user 参数，在 test()方法内部，可以直接访问 User 对象。

> **注意**：如果方法的参数与 Spring MVC 支持的处理器方法参数类型不匹配，并且不是一个简单类型（由 BeanUtils 的静态方法 isSimpleProperty 确定），那么它将解析为@ModelAttribute。针对本例，在 test()方法中删除@ModelAttribute("user")，效果是一样的。

3.7 URL 模式匹配

@RequestMapping 方法可以使用 URL 模式进行映射，使得对请求的处理更为灵活。主要有以下几种匹配方式。

- ?：匹配一个字符。
- *：匹配路径段中的零个或多个字符。
- **：匹配零个或多个路径段，直到路径结束。**只允许在模式的末尾使用。
- {spring}：匹配一个路径段并将其捕获为名为“spring”的变量。
- { spring:[a-z]+}：匹配正则表达式[a-z]+作为名为“spring”的路径变量。
- {*spring}：匹配零个或多个路径段，直到路径结束，并将其捕获为名为“spring”的变量。

表 3-1 给出了一些 URL 模式匹配的例子。

表 3-1 URL 模式匹配示例

URL 模式字符串	访问 URL
/pages/t?st.html	/pages/test.html（匹配） /pages/tXst.html（匹配） /pages/toast.html（不匹配）
/resources/*.png	匹配资源目录中所有.png 文件
/resources/**	匹配/resources/路径下的所有文件，包括/resources/image.png 和/resources/css/spring.css 等
/resources/{*path}	匹配/resources/路径下的所有文件，并在名为“path”的变量中捕获它们的相对路径。/resources/image.png 将匹配 path→/image.png，而/resources/css/spring.css 将匹配 path→/css/spring.css。捕获的 path 变量可以通过@PathVariable 访问
/resources/{filename:\\w+}.dat	将匹配/resources/spring.dat，并将值“spring”赋值给 filename 变量。捕获的 filename 变量可以通过@PathVariable 访问

事实上，我们在 3.4.4 节介绍的 URL 参数也是模式匹配的一种。

3.8 设置上下文路径

在默认情况下，Spring Boot 应用程序的所有可访问内容都是以根路径（/）提供的。在某些场景下，如果希望附加一个上下文路径，那么可以在 Spring Boot 的配置文件中使用 spring.mvc.servlet.path 属性设置上下文路径。例如：

```
spring.mvc.servlet.path=/ch03
```

启动项目，当再次访问资源时，需要带上/ch03 上下文路径，例如：http://localhost:8080/ch03/form.html。

3.9 小结

本章主要介绍了 Spring MVC 中一些必须了解和掌握的内容，为 Spring Boot 的 Web 开发扫清障碍，也为后续内容的学习打下基础。

第4章 Thymeleaf 模板引擎

Spring MVC 支持各种模板技术，包括 Thymeleaf、FreeMarker 和 JSP。此外，许多其他的模板引擎也包括它们自己的 Spring MVC 集成。

Spring Boot 包括对以下模板引擎的自动配置支持：

- FreeMarker
- Groovy
- Thymeleaf
- Mustache

Spring Boot 不建议使用 JSP 作为页面模板，这是因为当 JSP 与嵌入式 Servlet 容器一起使用时有一些限制。通常我们会将 Spring Boot 应用打包成可执行的 JAR 文件来使用嵌入式 Servlet 容器，而在这种应用场景下，是不支持 JSP 的。

在使用 Spring Boot 开发 Web 应用时，通常首选 Thymeleaf 模板引擎，因为 Spring Boot 为 Thymeleaf 提供了默认配置，并为 Thymeleaf 设置了视图解析器，可以快速实现表单绑定、属性编辑器、国际化等功能。

Thymeleaf 是一个用于 Web 和独立环境的现代服务器端 Java 模板引擎，它通过引入自定义属性的方式来增强页面的动态功能，因而不会破坏原有的 HTML 文档的显示效果，使得页面设计人员与后端开发人员可以很好地协作，页面效果随时可以在浏览器中呈现，而无须启动整个 Web 应用程序。

Thymeleaf 的主要目标是提供一种优雅且高度可维护的模板创建方法。为了实现这一点，Thymeleaf 基于自然模板的概念，将其逻辑注入模板文件中，而不会影响模板作为设计原型的使用。这改善了设计的沟通效果，缩小了设计团队和开发团队之间的差距。

4.1 引入和配置 Thymeleaf

在 Spring Boot 中要使用 Thymeleaf 模板引擎，需要在 POM 文件中添加下面的依赖：

```
<dependency>
  <groupId>org.springframework.boot</groupId>
  <artifactId>spring-boot-starter-thymeleaf</artifactId>
</dependency>
```

在引入依赖后，在 HTML 页面中引入 Thymeleaf 名称空间，就可以使用 Thymeleaf 的自定义属性了，如下所示：

```
<!DOCTYPE html>
<html xmlns:th="http://www.thymeleaf.org">
  <head>
    <meta charset="UTF-8">
    <title>Index Page</title>
  </head>
  <body>
    <p th:text="${message}">Welcome to Site!</p>
  </body>
</html>
```

通过<html xmlns:th="http://www.thymeleaf.org">引入 Thymeleaf 名称空间。th:text 用于处理 p 标签体的文本内容。该模板文件在任何浏览器中都可以正确显示，浏览器会自动忽略它们不能理解的属性 th:text。但这个模板并不是一个真正有效的 HTML5 文档，因为 HTML5 规范是不允许使用 th:*这些非标准属性的。我们可以切换到 Thymeleaf 的 data-th-*语法，以此来替换 th:*语法，如下所示：

```
<!DOCTYPE html>
<html>
  <head>
    <meta charset="UTF-8">
    <title>Index Page</title>
  </head>
  <body>
    <p data-th-text="${message}">Welcome to Site!</p>
  </body>
</html>
```

HTML5 规范允许使用 data-*这样的自定义属性。th:*和 data-th-*这两种符号完全等价且可以互换，但为了代码示例的简单直观和紧凑性，本书采用 th:*的表示形式。

Spring Boot 为 Thymeleaf 提供了自动配置，查看 ThymeleafProperties 类可以清楚有哪些相关配置，该类位于 org.springframework.boot.autoconfigure.thymeleaf 包中，代码如下所示：

```
@ConfigurationProperties(prefix = "spring.thymeleaf")
public class ThymeleafProperties {

    private static final Charset DEFAULT_ENCODING =
StandardCharsets.UTF_8;
```

```
        public static final String DEFAULT_PREFIX = "classpath:/templates/";

        public static final String DEFAULT_SUFFIX = ".html";

        /**
         * Whether to check that the template exists before rendering it.
         */
        private boolean checkTemplate = true;

        /**
         * Whether to check that the templates location exists.
         */
        private boolean checkTemplateLocation = true;

        /**
         * Prefix that gets prepended to view names when building a URL.
         */
        private String prefix = DEFAULT_PREFIX;

        /**
         * Suffix that gets appended to view names when building a URL.
         */
        private String suffix = DEFAULT_SUFFIX;

        /**
         * Template mode to be applied to templates. See also Thymeleaf's
TemplateMode enum.
         */
        private String mode = "HTML";

        /**
         * Template files encoding.
         */
        private Charset encoding = DEFAULT_ENCODING;

        /**
         * Whether to enable template caching.
         */
        private boolean cache = true;
        ...
    }
```

从默认配置中可以看到，Thymeleaf 默认模板位置在 templates 文件夹下，所以我们把模板文件放到该文件夹下。此外，在开发阶段，为了随时看到页面加载数据的效果，我们应该关闭 Thymeleaf 模板缓冲，即在 application.properties 配置文件中加入配置项：spring.thymeleaf.cache=false。

4.2　准备项目

为了便于学习 Thymeleaf，我们按照下面的步骤创建一个新项目。

（1）启动 IDEA，首先【File】→【Project】，再选择 Spring Initializr，然后为项目指定 Group、Artifact 和包名等信息，如图 4-1 所示。

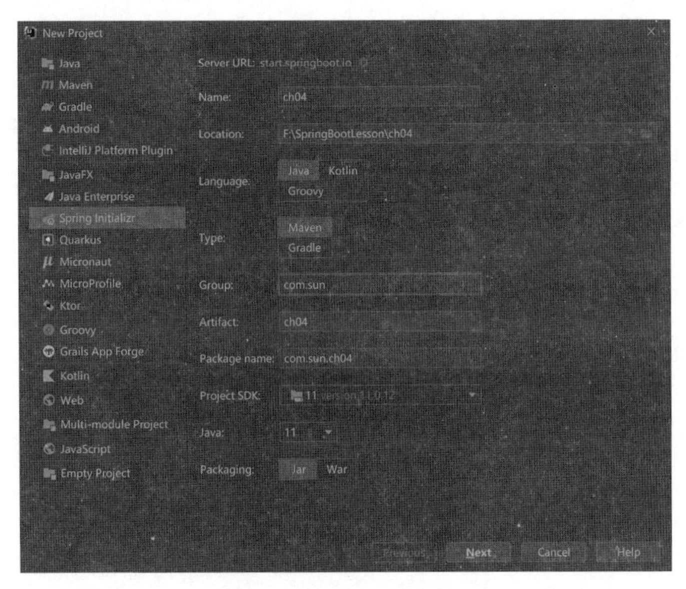

图 4-1　设置项目基本信息

单击“Next”按钮，从 Developer Tools 模块下添加 Lombok 依赖；从 Web 模块下添加 Spring Web 依赖；从 Template Engines 模块下添加 Thymeleaf 依赖。项目创建完成后的 pom.xml 文件如例 4-1 所示。

例 4-1　pom.xml

```
<?xml version="1.0" encoding="UTF-8"?>
<project xmlns="http://maven.apache.org/POM/4.0.0"
xmlns:xsi="http://www.w3.org/2001/XMLSchema-instance"
        xsi:schemaLocation="http://maven.apache.org/POM/4.0.0
https://maven.apache.org/xsd/maven-4.0.0.xsd">
    <modelVersion>4.0.0</modelVersion>
    <parent>
        <groupId>org.springframework.boot</groupId>
        <artifactId>spring-boot-starter-parent</artifactId>
        <version>2.6.4</version>
        <relativePath/> <!-- lookup parent from repository -->
    </parent>
    <groupId>com.sun</groupId>
    <artifactId>ch04</artifactId>
    <version>0.0.1-SNAPSHOT</version>
    <name>ch04</name>
```

```
    <description>ch04</description>
    <properties>
        <java.version>11</java.version>
    </properties>
    <dependencies>
        <dependency>
            <groupId>org.springframework.boot</groupId>
            <artifactId>spring-boot-starter-thymeleaf</artifactId>
        </dependency>
        <dependency>
            <groupId>org.springframework.boot</groupId>
            <artifactId>spring-boot-starter-web</artifactId>
        </dependency>

        <dependency>
            <groupId>org.projectlombok</groupId>
            <artifactId>lombok</artifactId>
            <optional>true</optional>
        </dependency>
        <dependency>
            <groupId>org.springframework.boot</groupId>
            <artifactId>spring-boot-starter-test</artifactId>
            <scope>test</scope>
        </dependency>
    </dependencies>

    <build>
        <plugins>
            <plugin>
                <groupId>org.springframework.boot</groupId>
                <artifactId>spring-boot-maven-plugin</artifactId>
                <configuration>
                    <excludes>
                        <exclude>
                            <groupId>org.projectlombok</groupId>
                            <artifactId>lombok</artifactId>
                        </exclude>
                    </excludes>
                </configuration>
            </plugin>
        </plugins>
    </build>

</project>
```

（2）在 application.properties 配置文件中添加配置项：spring.thymeleaf.cache=false。

（3）编写承载数据的模型类。在 com.sun.ch04 包上单击鼠标右键，在弹出的菜单中选择【New】→【Package】，输入包名：com.sun.ch04.model，并按回车键。

在 model 子包上单击鼠标右键，在弹出的菜单中选择【New】→【Java Class】，新建 Employee 类，编写代码，如例 4-2 所示。

例 4-2　Employee.java

```
package com.sun.ch04.model;

import lombok.AllArgsConstructor;
import lombok.Data;

import java.time.LocalDate;
import java.util.List;

@AllArgsConstructor
@Data
public class Employee {
    private Integer no;
    private String name;
    private Integer age;
    private Float salary;
    private LocalDate hireDate;
    private List<String> skills;
}
```

（4）接下来编写一个控制器。在 com.sun.ch04 包下新建子包 controller，在该子包下新建 DataController 类，代码如例 4-3 所示。

例 4-3　DataController.java

```
package com.sun.ch04.controller;

import com.sun.ch04.model.Employee;
import org.springframework.stereotype.Controller;
import org.springframework.ui.Model;
import org.springframework.web.bind.annotation.GetMapping;

import javax.servlet.http.HttpServletRequest;
import javax.servlet.http.HttpSession;
import java.time.LocalDate;
import java.util.ArrayList;
import java.util.Arrays;
import java.util.List;

@Controller
public class DataController {
    @GetMapping({"/", "/index"})
    public String home(Model model, HttpServletRequest request,
HttpSession session) {
        Employee emp1 = new Employee(1, "张三", 26, 5000.00f,
LocalDate.of(2021, 4, 20), Arrays.asList("Java", "C++"));
        Employee emp2 = new Employee(2, "李四", 23, 4000.00f,
```

```
LocalDate.of(2021, 5, 5), Arrays.asList("JavaScript", "Vue"));
            Employee emp3 = new Employee(3, "王五", 30, 8000.00f,
LocalDate.of(2021, 6, 1), Arrays.asList("架构设计", "Java"));
            List<Employee> emps = new ArrayList<>();
            emps.add(emp1);
            emps.add(emp2);
            emps.add(emp3);
            model.addAttribute("message", "Spring Boot 无难事");
            model.addAttribute("emps", emps);

            request.setAttribute("foo", "requestAttr");
            session.setAttribute("user", emp1);
            request.getServletContext().setAttribute("foo",
"applicationAttr");

            return "home";
        }
    }
```

使用@GetMapping 注解将根路径（/）和/index 路径映射到 home 方法进行处理。返回的字符串“home”代表视图的逻辑名，由于配置了 Thymeleaf，而模板文件位于 src/main/resources/templates 目录下，且模板文件的默认后缀名是.html，因此最终向用户呈现的就是 src/main/resources/templates 目录下的 home.html 页面的内容。

如果需要为页面准备模型数据，则可以在处理器方法中添加 Map、Model 或者 ModelMap 类型的参数，这三种类型的参数是被当作模型来使用的，在同一个请求导向的页面中可以访问模型数据。

（5）在 src/main/resources/templates 目录下新建 home.html 文件，文件内容如例 4-4 所示。

例 4-4 home.html

```
<!DOCTYPE html>
<html lang="zh" xmlns:th="http://www.thymeleaf.org">
    <head>
        <meta charset="UTF-8">
        <title>主页</title>
    </head>
    <body>
        <p th:text="${message}">要被替换的内容</p>
    </body>
</html>
```

th:text 属性在标签体中渲染表达式${message}计算的结果。当 home.html 作为静态文件直接在浏览器中打开时，浏览器将忽略 th:text 属性，而显示<p>标签的标签体内容，即“要被替换的内容”；当 home.html 作为模板文件运行在服务器端时，th:text 属性的值（${message}的计算结果）将会替换<p>标签体的文本内容。

（6）运行项目，测试模板文件。在 Ch04Application 类上单击鼠标右键，从弹出的菜单中选择“Run 'Ch04Application'”，运行项目。打开浏览器，访问 http://localhost:8080/，可以看到页面显示内容为：Spring Boot 无难事。

4.3 Thymeleaf 的语法

这一节我们介绍 Thymeleaf 的语法。

4.3.1 使用文本

有两个最基础的 th:*属性：th:text 和 th:utext（Unescaped Text），它们都用于处理文本消息内容。th:text 属性我们在例 4-4 中已经使用过了，它的作用就是计算表达式的值，并将结果作为标签的标签体内容。th:utext 属性与 th:text 属性的区别在于：th:text 默认会对含有 HTML 标签的内容进行字符转义，而 th:utext 则不会对含有 HTML 标签的内容进行字符转义。

假如 message 的内容为：<b>Spring Boot 无难事</b>，则使用 th:text 属性：

```
<p th:text="${message}"></p>
```

模板执行的结果为：

```
<p>&lt;b&gt; Spring Boot 无难事&lt;/b&gt;</p>
```

浏览器中显示为：<b> Spring Boot 无难事</b>。

如果使用 th:utext 属性：

```
<p th:utext="${message}"></p>
```

模板执行的结果为：

```
<p><b>Spring Boot 无难事</b></p>
```

浏览器中就会以粗体形式显示“Spring Boot 无难事”。

4.3.2 国际化

Thymeleaf 也支持国际化，可以访问属性资源文件中的消息文本。在访问本地化消息时，需要使用#{...}语法。依赖于 Spring 本身对国际化的支持，Spring Boot 对国际化消息进行了自动配置，我们只需要在 src/main/resources 目录下创建基名为 messages 的属性资源文件，就可以针对不同的语言环境应用本地化字符消息。

在 src/main/resources 目录下新建 messages.properties、messages_en.properties 和 messages_zh.properties 属性资源文件，第一个属性资源文件 messages.properties 作为默认属性资源文件，其中存放不针对任何特定语言环境的消息文本，第二个属性资源文件 messages_en.properties 中存放英文环境下的消息文本，第三个属性资源文件 messages_zh.properties 存放中文环境下的消息文本。实际上，对于国际化程序来说，默认属性资源文件不是一定要存在的，也就是说，messages.properties 可以是不需要的，不过由于 Spring Boot 内部的实现问题，如果找不到默认属性资源文件，则其他的属性资源文件也不会被加载，所以这里给出一个空的默认属性资源文件。

messages_en.properties 和 messages_zh.properties 属性资源文件的内容分别如例 4-5 和例 4-6 所示。

例 4-5　messages_en.properties

```
greeting=welcome
```

例 4-6　messages_zh.properties

```
greeting=欢迎
```

这里要注意的是，在属性资源文件中保存的字符串资源，通常是 7 位的 ASCII 码字符，**对于中文字符，需要将其转换为相应的 Unicode 编码，其格式为\uXXXX**。在 JDK 的开发工具包中，提供了一个实用工具 native2ascii，该工具用于将本地非 ASCII 字符转换为 Unicode 编码。JDK 9 及之后的版本删除了 native2ascii 工具，原因是从 JDK 9 开始支持基于 UTF-8 编码的属性资源文件。也就是说，属性资源文件只要采用 UTF-8 编码，不需要进行转换就可以直接使用。

在 IDEA 中无须这么麻烦，我们只需要修改一下 IDEA 的设置就可以了。单击菜单【File】→【Settings】，依次展开“Editor” →“File Encodings”，在右侧面板中找到“Default encoding for properties files”，设置默认的属性资源文件编码为 UTF-8，并复选中“Transparent native-to-ascii conversion”即可，如图 4-2 所示。

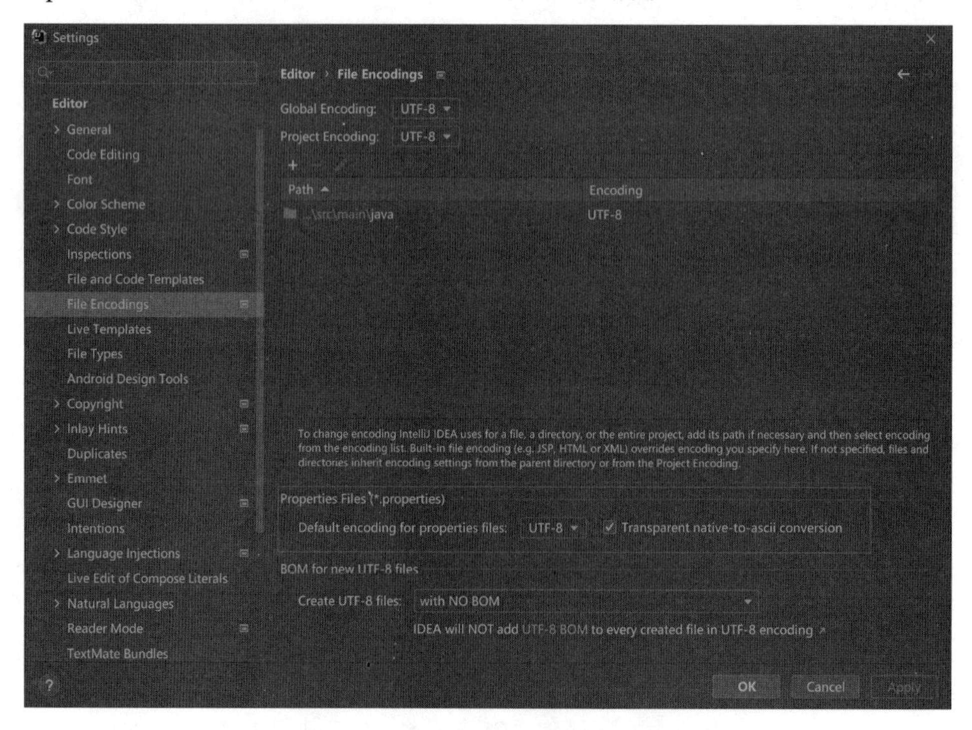

图 4-2　设置属性资源文件的默认编码

单击“OK”按钮，完成设置。接下来修改 home.html，使用 th:text 属性结合#{...}

语法来引用特定语言环境下的消息文本，代码如例 4-7 所示。

例 4-7　home.html

```
<!DOCTYPE html>
<html xmlns:th="http://www.thymeleaf.org">
    <head>
        <meta charset="UTF-8">
        <title>主页</title>
    </head>
    <body>
        <h1 th:text="#{greeting}"></h1>
        <p th:text="${message}">要被替换的内容</p>
    </body>
</html>
```

新增的代码以粗体显示。

运行项目，打开浏览器访问 http://localhost:8080/，结果如图 4-3 所示。

图 4-3　国际化程序示例

要查看英文环境下的消息文本，在 Chrome 浏览器中可以单击右上角的“自定义及控制 Google Chrome”图标⋮，从弹出的菜单中选择【设置】，“高级”→“语言”，添加“英语”，并设置“以这种语言显示 Google Chrome”，如图 4-4 所示。

图 4-4　设置 Chrome 浏览器的语言环境为英语

重启 Chrome 浏览器，再次访问 http://localhost:8080/，结果如图 4-5 所示。

图 4-5　在英文环境下显示消息文本

如果你不想使用默认的属性资源文件名，或者国际化消息文本比较多，需要分目录、分文件进行管理，那么可以通过 spring.messages.basename 属性来进行配置。在 application.properties 文件中添加 spring.messages.basename 配置项，如例 4-8 所示。

例 4-8　application.properties

```
spring.messages.basename=i18n/home
```

接下来，在 src/main/resources 目录下新建 i18n 目录，选中“Resource Bundle 'messages'”，单击鼠标右键，从弹出的菜单中选择【Refactor】→【Move Files】，如图 4-6 所示。

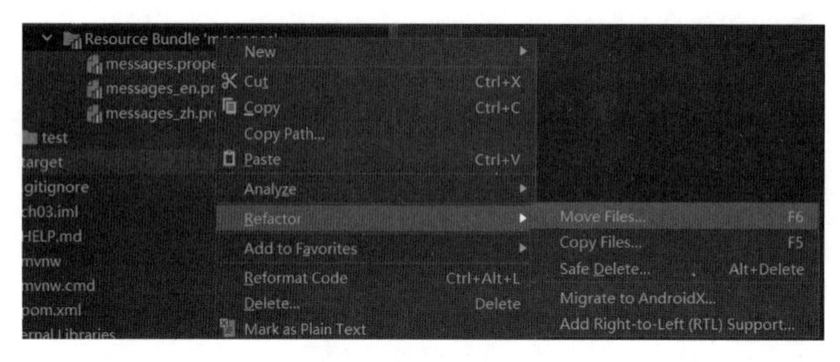

图 4-6　重构移动文件

将文件都移动到 i18n 子目录下，如图 4-7 所示。

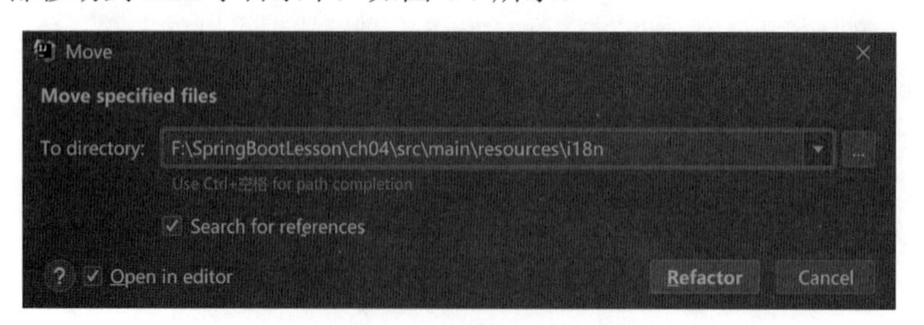

图 4-7　将文件移动到 i18n 目录下

之后将 messages.properties、messages_en.properties 和 messages-zh.properties 通过重构的方式分别改名为：home.properties、home_en.properties 和 home_zh.properties。

重新启动项目，再次进行测试，发现结果一切正常。

有时候国际化消息的部分内容需要动态填充，那么我们可以在资源文件的消息文本中带上参数，例如：

```
greeting={0}，欢迎来到某某网站。
```

花括号中的数字是一个占位符，可以被动态数据所替换。在消息文本中的占位符可以使用 0～9 的数字，也就是说，消息文本中的参数最多可以有 10 个。例如：

```
greeting={0}，欢迎来到某某网站。今天是{1}。
```

在模板页面中，可以按照如下的调用方式为消息文本传参：

```
<h1 th:text="#{greeting('张三', ${#dates.createNow()})}"></h1>
```

以方法的形式调用消息键，消息文本中的数字占位符将按照圆括号中参数的顺序被替换，在本例中，占位符{0}被“张三”替换，{1}被#dates.createNow()替换，#dates 是 Thymeleaf 给出的日期时间实用对象。

提示：greeting()方法参数的顺序是与占位符的数字序列对应的，而不是与占位符出现在消息文本中的顺序对应的。例如，将消息文本改为：

```
greeting=今天是{1}。{0}，欢迎来到某某网站。
```

greeting()方法的调用不变，如下：

```
<h1 th:text="#{greeting('张三', ${#dates.createNow()})}"></h1>
```

最后输出的结果如下：

```
今天是 2021/6/29 下午 5:47。张三，欢迎来到某某网站。
```

4.3.3　标准表达式语法

Thymeleaf 提供了非常丰富的标准表达式语法，我们已经见过了两种类型的表达式：消息表达式和变量表达式，如下所示：

```
<!-- 消息表达式 -->
<h1 th:text="#{greeting}"></h1>
<!--变量表达式 -->
<p th:text="${message}">要被替换的内容</p>
```

Thymeleaf 的标准表达式语法可以分为以下八类。

- 简单表达式
  - ✧ 变量表达式：${...}。
  - ✧ 选择变量表达式：*{...}。
  - ✧ 消息表达式：#{...}。
  - ✧ 链接 URL 表达式：@{...}。
  - ✧ 片段表达式：~{...}。
- 字面量
  - ✧ 文本字面量：'one text'、'Another one!'等。
  - ✧ 数字字面量：0、34、3.0、12.3 等。
  - ✧ 布尔字面量：true、false。
  - ✧ null 字面量：null。
  - ✧ 字面量标记（Literal Tokens）：one、sometext、main 等。

- 文本操作
  - 字符串拼接：+。
  - 字面量替换：|The name is ${name}|。
- 算术运算
  - 二元运算符：+、-、*、/、%。
  - 减号（一元运算符）：-。
- 布尔运算
  - 二元运算符：and、or。
  - 布尔求反（unary operator）：!、not。
- 比较和相等运算
  - 比较运算符：>、<、>=、<=（gt、lt、ge、le）。
  - 相等运算符：==、!=（eq、ne）。
- 条件运算
  - if-then：(if) ? (then)。
  - if-then-else：(if) ? (then) : (else)。
  - 默认表达式：(value) ?: (defaultvalue)。
- 无操作符
  - _。

所有这些功能都可以组合和嵌套，例如：

```
'User is of type ' + (${user.isAdmin()} ? 'Administrator' : (${user.type} ?:
'Unknown'))
```

1. 变量表达式

实际上，${...}表达式是在上下文中包含的变量映射上执行的 OGNL（Object Graph Navigation Language，对象图导航语言）表达式。

OGNL 表达式的计算都是围绕 OGNL 上下文来进行的，OGNL 上下文实际上就是一个 Map 对象，由 ognl.OgnlContext 类（实现了 java.util.Map 接口）来表示。OGNL 上下文可以包含一个或多个 JavaBean 对象，在这些对象中有一个是特殊的，即上下文的**根（root）对象**。如果在写表达式的时候，没有指定使用上下文中的哪一个对象，那么根对象将被假定为表达式所依据的对象。

OgnlContext 就是一个 Map，在 Map 中保存值，需要指定键（key），在写表达式的时候使用的是键名，而不是对象名，这一点需要注意。在 OGNL 上下文中，只能有一个根对象，如果访问根对象，那么在写表达式的时候，直接写对象的属性（property）就可以了；否则，需要使用“#key”前缀，例如，表达式：#manager.name。

在 Spring 中，启用 MVC 的应用程序 OGNL 将被 SpringEL 取代，但是 SpringEL 的语法与 OGNL 非常相似（实际上，在大多数情况下语法完全相同）。

表达式内部的工作原理不是我们要了解的重点，我们只需要知道，在控制器中准备的模型数据，在模板页面中可以通过表达式来访问到就可以了。

例如，在 DataController.java 中有这样一行代码：

```
model.addAttribute("message", "Spring Boot 无难事");
```

在模板页面 home.html 中，就可以通过${...}表达式来访问 message 属性，如下所示：

```
<p th:text="${message}">要被替换的内容</p>
```

又如，在 session 中保存了 User 对象，该对象有一个 name 属性，可以编写如下的表达式来访问 name 属性。

```
<span th:text="${session.user.name}"></span>
```

对于数组或者列表对象，可以通过索引的方式来访问数组或列表中的元素。例如，在 DataController.java 中有如下的代码：

```
List<Employee> emps = new ArrayList<>();
emps.add(emp1);
emps.add(emp2);
emps.add(emp3);
model.addAttribute("emps", emps);
```

要访问 emps 中的第一个元素的 name 属性，可以编写如下的表达式：

```
<span th:text="${emps[0].name}"></span>
```

2. 表达式基本对象

为了方便访问变量，Thymeleaf 提供了一些基本的对象，以增强表达式的能力，遵照 OGNL 标准，这些对象以#号来引用，具体如下。

- #ctx：上下文对象。
- #vars：上下文变量。
- #locale：上下文语言环境。
- #request：HttpServletRequest 对象（仅在 Web 上下文中）。
- #response：HttpServletResponse 对象（仅在 Web 上下文中）。
- #session：HttpSession 对象（仅在 Web 上下文中）。
- #servletContext：ServletContext 对象（仅在 Web 上下文中）。

下面我们分别看一下上述表达式基本对象的用法。

（1）#ctx 示例：

```
<!-- zh_CN -->
<p th:text="${#ctx.getLocale()}"></p>
<!-- Spring Boot 无难事 -->
<p th:text="${#ctx.getVariable('message')}"></p>
<!-- true -->
<p th:text="${#ctx.containsVariable('message')}"></p>
```

> 注意：#vars、#root 和#ctx 都指代同一个对象，但 Thymeleaf 建议使用#ctx。

（2）#locale 示例：

```
<!-- zh_CN -->
<p th:text="${#locale}"></p>
<!-- CN -->
<p th:text="${#locale.country}"></p>
<!-- 中国 -->
<p th:text="${#locale.displayCountry}"></p>
<!-- zh -->
<p th:text="${#locale.language}"></p>
<!-- 中文 -->
<p th:text="${#locale.displayLanguage}"></p>
<!-- 中文 (中国) -->
<p th:text="${#locale.displayName}"></p>
```

（3）#request 示例：

```
<!-- HTTP/1.1 -->
<p th:text="${#request.protocol}"></p>
<!-- http -->
<p th:text="${#request.scheme}"></p>
<!-- localhost -->
<p th:text="${#request.serverName}"></p>
<!-- 8080 -->
<p th:text="${#request.serverPort}"></p>
<!-- GET -->
<p th:text="${#request.method}"></p>
<!-- / -->
<p th:text="${#request.requestURI}"></p>
<!-- http://localhost:8080/ -->
<p th:text="${#request.requestURL}"></p>
<!-- / -->
<p th:text="${#request.servletPath}"></p>
<!-- username=lisi -->
<p th:text="${#request.queryString}"></p>
<!-- lisi -->
<p th:text="${#request.getParameter('username')}"></p>
<!-- requestAttr -->
<p th:text="${#request.getAttribute('foo')}"></p>
```

上述注释中的输出结果假定访问的 URL 是：http://localhost:8080/?username=lisi。

想获取请求参数 username 的值通过#request.username 是得不到的，需要使用表达式：#request.getParameter('username')，这稍显烦琐。

为了便于在 Web 环境中访问请求参数、会话属性和应用程序属性，Thymeleaf 在上下文中给出了三个变量：param、session 和 application，但要注意的是，它们并不是上下文对象，所以不要添加#前缀。

针对上面的例子，要更简便地获取请求参数 username 的值，可以使用下面的表达式：

```
<!-- lisi -->
<p th:text="${param.username}"></p>
```

（4）# response 示例：

```
<!-- 200 -->
<p th:text="${#response.status}"></p>
<!-- 8192 -->
<p th:text="${#response.bufferSize}"></p>
<!-- UTF-8 -->
<p th:text="${#response.characterEncoding}"></p>
<!-- text/html;charset=UTF-8 -->
<p th:text="${#response.contentType}"></p>
```

（5）#session 示例：

```
<!-- 张三 -->
<p th:text="${#session.getAttribute('user').name}"></p>
<!-- 60AF7AD5E7DBEBE16FF6054EDBF9DFC5 -->
<p th:text="${#session.id}"></p>
<!-- 1622287187052 -->
<p th:text="${#session.lastAccessedTime}"></p>
```

对于保存在 Session 对象中的属性，除使用#session.getAttribute()取出外，还可以使用 session.x 语法，如下所示：

```
<!-- 张三 -->
<p th:text="${session.user.name}"></p>
```

（6）#servletContext 示例：

```
<!-- applicationAttr -->
<p th:text="${#servletContext.getAttribute('foo')}"></p>
```

对于保存在 ServletContext 对象中的属性，除使用# servletContext.getAttribute()取出外，还可以使用 application.x 语法，如下所示：

```
<!-- applicationAttr -->
<p th:text="${application.foo}"></p>
```

3. 表达式实用对象

除这些基本对象以外，Thymeleaf 还提供了一组实用对象，以帮助我们在表达式中执行常见任务。

- #execInfo：表达式对象，提供在 Thymeleaf 标准表达式中处理的模板的有用信息。
- #messages：在变量表达式中获取外部化消息的实用对象，与使用#{...}语法获取外部化消息的方式相同。

- #uris：用于在 Thymeleaf 标准表达式中执行 URI/URL 操作（特别是转义和取消转义）的实用对象。
- #conversions：允许在模板的任意点执行转换服务的实用对象。
- #dates：提供操作 java.util.Date 对象的方法，比如格式化、日期组成部分提取等。
- #calendars：类似于#dates，但用于 java.util.Calendar 对象。
- #numbers：提供格式化数值对象的方法。
- #strings：提供操作字符串对象的方法，比如 contains、startsWith、prepending/appending 等。
- #objects：提供操作一般对象的方法。
- #bools：提供布尔求值的方法。
- #arrays：提供数组操作的实用方法。
- #lists：提供列表操作的实用方法。
- #sets：提供 Set 操作的实用方法。
- #maps：提供 Map 操作的实用方法。
- #aggregates：提供在数组或集合上创建聚合的实用方法。
- #ids：提供用于处理可能重复的 id 属性的实用方法。

关于这些对象的详细用法，我们就不一一展开叙述了，感兴趣的读者可以去 Thymeleaf 的官网上查看。

4．选择变量表达式（星号语法）

变量表达式不仅可以写成${...}，还可以写成*{...}。这两种变量表达式的一个重要区别是：星号语法计算选定对象上的表达式，而不是整个上下文上的表达式。也就是说，只要没有选定的对象（使用 th:object 属性的表达式计算的结果），${...}和*{...}语法就完全相同。

我们看下面的代码：

```
<div th:object="${session.user}">
    <p>姓名：<span th:text="*{name}"></span></p>
    <p>年龄：<span th:text="*{age}"></span></p>
    <p>薪水：<span th:text="*{salary}"></span></p>
</div>
```

上述代码相当于：

```
<div>
    <p>姓名：<span th:text="${session.user.name}"></span></p>
    <p>年龄：<span th:text="${session.user.age}"></span></p>
    <p>薪水：<span th:text="${session.user.salary}"></span></p>
</div>
```

${...}和*{...}语法也可以混合使用，例如：

```
<div th:object="${session.user}">
    <p>姓名：<span th:text="*{name}"></span></p>
    <p>年龄：<span th:text="${session.user.age}"></span></p>
```

```
    <p>薪水: <span th:text="*{salary}"></span></p>
</div>
```

当对象选择就位时，选中的对象也可以作为#object 表达式变量用于${...}表达式。例如：

```
<div th:object="${session.user}">
    <p>姓名: <span th:text="${#object.name}"></span></p>
    <p>年龄: <span th:text="${session.user.age}"></span></p>
    <p>薪水: <span th:text="*{salary}"></span></p>
</div>
```

如果没有执行对象选择，那么${...}和*{...}语法是等价的。例如：

```
<div>
    <p>姓名: <span th:text="${session.user.name}"></span></p>
    <p>年龄: <span th:text="*{session.user.age}"></span></p>
    <p>薪水: <span th:text="*{session.user.salary}"></span></p>
</div>
```

5. 链接 URL

在 Thymeleaf 中，URL 使用特殊的@语法：@{...}。如果要动态生成链接，则可以结合 th:href 属性一起使用。有两种不同类型的 URL：绝对 URL 和相对 URL，相对 URL 又可以细分为页面相对、上下文相对、服务器相对和协议相对 URL。下面我们分别给出示例。

（1）绝对 URL

```
<!-- https://www.thymeleaf.org -->
<p th:text="@{http://www.thymeleaf.org}"></p>
<a href="index.html"
    th:href="@{http://www.thymeleaf.org}">thymeleaf</a>
```

要说明的是：

① th:href 属性可以和静态的 href 属性一起使用，主要是为了方便使用模板进行原型设计，这样在模板引擎没有工作的时候，在浏览器中也可以看到导航链接。

② th:href 属性会计算要使用的链接 URL，并将计算结果设置为<a>标签的 href 属性值。

（2）相对 URL

① 页面相对 URL。

```
<!-- books/index.html -->
<p th:text="@{books/index.html}"></p>
<a href="index.html"
   th:href="@{books/index.html}">books</a>
```

② 上下文相对 URL。

```
<!-- /books/index.html -->
```

```
<p th:text="@{/books/index.html}"></p>
<a href="index.html"
  th:href="@{/books/index.html}">books</a>
```

上下文相对 URL 相比页面相对 URL 的区别是，路径以 / 开始，相当于当前的上下文路径，如果读者对于 Java Web 程序的 URL 路径有所了解的话，应该很容易理解。

③ 服务器相对 URL（允许在同一个服务器的另一个上下文应用程序中调用 URL）。

```
<!-- /books/index.html -->
<p th:text="@{~/books/index.html}"></p>
<a href="index.html"
  th:href="@{~/books/index.html}">books</a>
```

④ 协议相对 URL。

```
<!-- //thymeleaf.org -->
<p th:text="@{//thymeleaf.org}"></p>
<a th:href="@{//thymeleaf.org}">thymeleaf</a>
```

当单击链接时，浏览器会自动加上 http:，然后向 URL http:// thymeleaf.org 发起请求。

也可以对 URL 中的参数使用表达式，如果参数需要编码，则会自动执行；如果有多个参数，则参数之间以逗号分隔。我们看下面的示例：

```
<!-- /users/user?id=1 -->
<p th:text="@{/users/user(id=${session.user.no})}"></p>
<a href="users.html"
  th:href="@{/users/user(id=${session.user.no})}">用户中心</a>
```

6. 字面量

在不需要访问变量的情况下，可以直接指定值，这些值就被称为字面量，类似于 Java 中的字面常量。

（1）文本字面量

文本字面量是通过单引号括起来的字符序列，其中可以包含任何字符，但如果字符序列中有单引号，则需要通过反斜杠（\）来进行转义。我们看下面的示例：

```
<!-- Spring Boot 无难事 -->
<p th:text="'Spring Boot 无难事'"></p>
<!-- It's a good book -->
<p th:text="'It\'s a good book'"></p>
```

（2）数字字面量

直接书写的数字就是数字字面量。我们看下面的示例：

```
<p>The year is <span th:text="2021">2021</span>.</p>
<p>In two years, it will be <span th:text="2021 + 2">2021</span>.</p>
```

（3）布尔字面量

布尔字面量是直接书写的 true 和 false。我们看下面的示例：

```
<div th:if="${user.isAdmin()} == false"> ... </div>
```

在上面的例子中，“== false”写在花括号外，因此由 Thymeleaf 负责处理；如果写在花括号内，则由 OGNL/SpringEL 引擎负责处理。例如：

```
<div th:if="${user.isAdmin() == false}"> ... </div>
```

（4）null 字面量

null 字面量就是直接书写的 null。我们看下面的示例：

```
<!-- false -->
<p th:text="${session.user == null}"></p>
```

（5）字面量标记

字面量标记的内容只允许出现字母（A～Z 和 a～z）、数字（0～9）、中括号、点、连字符和下画线，不允许出现空白、逗号，以及特殊符号等。

实际上，数字、布尔和 null 字面量是字面量标记的一种特殊情况。字面量标记可以对标准表达式进行一些简化，即不需要包裹内容的单引号了，它的工作原理与文本字面量完全相同。

例如：

```
<p th:text="SpringBoot"></p>
```

相当于：

```
<p th:text="'SpringBoot'"></p>
```

7. 文本操作

有两种常用的文本操作：字符串拼接和字面量替换。

（1）字符串拼接

无论文本是字面量，还是对变量或消息表达式求值的结果，都可以使用“+”符号将它们连接起来，例如：

```
<span th:text="'The name of the user is ' + ${session.user.name}"></span>
```

（2）字面量替换

字面量替换可以很容易地对包含变量值的字符串进行格式化，而无须使用“+”符号来拼接字符串。若使用字面量替换，则需要使用竖线（|）对内容进行包裹，例如：

```
<span th:text="|欢迎访问我们的网站，${session.user.name}! |"></span>
```

相当于：

```
<span th:text="'欢迎访问我们的网站，' + ${session.user.name} + '! '"></span>
```

字面量替换可以与其他类型的表达式结合使用，例如：

```
<span th:text="${onevar} + ' ' + |${twovar}, ${threevar}|">
```

要注意的是：只有变量和消息表达式（${…}、*{…}、#{…}）被允许在字面量替换

(|...|) 中使用，不支持其他文本字面量、布尔字面量、数字字面量和条件表达式等。

8. 算术运算符

Thymeleaf 支持加（+）、减（-）、乘（*）、除（/）和取模（%）运算。例如：

```
<div th:with="isEven=(${prodStat.count} % 2 == 0)"></div>
```

注意，算术运算符也可以应用于 OGNL 变量表达式本身，在这种情况下，将由 OGNL 而不是 Thymeleaf 标准表达式引擎来执行，例如：

```
<div th:with="isEven=${prodStat.count % 2 == 0}"></div>
```

此外，对于除（/）和取模（%）运算符，还可以使用它们的文本别名：div 和 mod。

9. 比较和相等运算符

比较运算符：>、<、>=、<=（gt、lt、ge、le）；相等运算符：==、!=（eq、ne）。比较运算符和相等运算符分别用于对表达式中的值进行比较和相等性判断。例如：

```
<!-- true -->
<p th:text="${session.user.age > 18}"></p>
<!-- true -->
<p th:text="${session.user.age != 18}"></p>
```

10. 条件运算符

条件运算符类似于 Java 中的条件运算符（?:），但其有以下三种形式。

第一种形式：(condition) ? (then) : (else)，当 condition 表达式计算为 true 时，执行冒号（:）左边的 then 表达式，否则执行冒号右边的 else 表达式。例如：

```
<span th:text="${#bools.isTrue(session.user)} ? ${session.user.name} : '
请登录'"></span>
```

条件表达式的三个部分（condition、then 和 else）本身也都是表达式，这意味着它们可以是变量（${...}、*{...}）、消息（#{...}）、URL（@{...}）或者文本字面量（'...'）。

条件表达式也可以使用圆括号嵌套，例如：

```
<tr th:class="${row.even}? (${row.first}? 'first' : 'even') : 'odd'">
  ...
</tr>
```

第二种形式：(condition) ? (then)，即省略 else 表达式，在这种情况下，如果条件为 false，则返回 null。例如：

```
<tr th:class="${row.even}? 'alt'">
  ...
</tr>
```

第三种形式：(value) ?: (defaultvalue)，没有 then 部分，称之为默认表达式。如果第一个表达式的计算结果不为 null，则使用第一个表达式；如果为 null，则使用第二个表达式。例如：

```
<div th:object="${session.user}">
  ...
  <p>Age: <span th:text="*{age}?: '(no age specified)'">27</span>.</p>
</div>
```

与条件值一样，可以使用圆括号来嵌套表达式。例如：

```
<p>
  Name:
  <span th:text="*{firstName}?: (*{admin}? 'Admin' :
#{default.username})">
     Sebastian
  </span>
</p>
```

11. 无操作符

当模板运行在服务器端时，Thymeleaf 会解析 th:*属性的值，并用计算结果替换标签体的内容。无操作符（_）则允许使用标签体的原型文本作为默认值。例如：

```
<!-- 你还没有登录，请先登录 -->
<p th:text="${token} ?: _">你还没有登录，请先登录</p>
```

12. 数据转换/格式化

Thymeleaf 为变量表达式（${...}）和选择变量表达式（*{...}）定义了双花括号语法，允许我们通过配置的转换服务应用数据转换。

我们看下面的示例：

```
<td th:text="${{session.user.hireDate}}">...</td>
```

双花括号${{...}}指示 Thymeleaf 将 session.user.hireDate 表达式的结果传递给转换服务，并要求转换服务在写入结果之前执行格式化操作（转换为字符串）。

在 Spring Boot 项目中添加 Thymeleaf 依赖后，会自动将 Thymeleaf 的转换服务机制和 Spring 自己的转换服务基础设施集成在一起，因而在 Spring 配置中声明的转换服务和格式化器将自动应用于${{...}}和*{{...}}表达式。默认的转换服务已经能够满足大多数场景的需求，因此对于注册自定义转换服务的实现，我们就不讲述了。

4.3.4 设置属性值

在 Thymeleaf 模板文件中，可以使用 th:*（或者使用 th:attr 属性）来设置任意 HTML5 标签的属性的值。

1. th:attr

th:attr 属性接受一个表达式，该表达式为属性赋值。例如：

```
<a href="index.html"
  th:attr="href=@{http://www.thymeleaf.org}">thymeleaf</a>
```

也可以使用 th:attr 属性一次性设置多个属性值，多个属性值之间以逗号分隔即可，例如：

```
<img src="../../images/gtvglogo.png"
   th:attr="src=@{/images/gtvglogo.png},title=#{logo},alt=#{logo}" />
```

th:attr 是为标签设置属性值的通用方式，但并不推荐使用，我们了解它的用法就可以了。

2. th:*

使用 th:attr 属性需要在其属性值中为标签的属性进行赋值，但代码不够优雅，因此，Thymeleaf 给我们提供了 th:*属性，*可以是 HTML5 支持的任意属性名称，而且属性名称可以是自定义的。我们看下面的示例：

```
<form action="register.html" th:action="@{/register}">...</form>
<a href="index.html"
   th:href="@{http://www.thymeleaf.org}">thymeleaf</a>

<!--结果：<span whatever="张三">...</span>-->
<span th:whatever="${session.user.name}">...</span>
```

3. 一次设置多个值

Thymeleaf 中有两个非常特殊的属性：th:alt-title 和 th:lang-xmllang，可同时将两个属性设置为相同的值。th:alt-title 设置 alt 和 title 属性的值，th:lang-xmllang 设置 lang 和 xml:lang 属性的值。

例如：

```
<img src="../../images/gtvglogo.png"
     th:src="@{/images/gtvglogo.png}" th:alt-title="#{logo}" />
```

相当于：

```
<img src="../../images/gtvglogo.png"
     th:src="@{/images/gtvglogo.png}" th:title="#{logo}"
th:alt="#{logo}" />
```

4. th:attrappend 和 th:attrprepend

th:attrappend 和 th:attrprepend 可以将表达式的结果附加到现有的属性值之后或之前。例如，要为现有的 CSS 类添加一个样式类，代码如下：

```
<div class="static" th:attrappend="class=${isActive} ? ' active'"></div>
<div class="static" th:attrprepend="class=${isActive} ? 'active
'"></div>
```

这里要提醒读者一下，在附加属性值的时候，要考虑是否需要添加前置的空格（后缀添加）或者后置的空格（前置添加），以分隔两个属性值，对于本例添加样式类来说，添加空格是必要的。

假定 isActive 变量为 true，则模板引擎解析后的结果为：

```
<div class="static active"></div>
<div class="active static"></div>
```

Thymeleaf 中还有两个特定的附加属性：th:classappend 和 th:styleappend，这两个属性可向元素添加 CSS 类或样式片段，同时不会覆盖现有的 CSS 类或样式片段。我们看下面的示例：

```
<div class="static" th:classappend="${isActive} ? 'active'"></div>
<p style="color: red;" th:styleappend="'font-size: 30px'">Spring Boot
无难事</p>
```

使用这两个特定的附加属性无须考虑空格的因素。

5. 固定值布尔属性

在 HTML 中有布尔属性的概念，若没有值的属性或者只有一个值的属性，则意味着值为 true。在 XHTML 中，这些属性只取 1 个值，即它本身。例如：

```
<input type="checkbox" name="option2" checked /> <!-- HTML -->
<input type="checkbox" name="option1" checked="checked" /> <!-- XHTML -->
```

Thymeleaf 允许我们使用 th:*（这里的*表示任意的布尔属性）属性通过表达式计算的真与假来决定是否设置这些布尔属性。例如：

```
<input type="checkbox" name="active" th:checked="${user.active}" />
```

4.3.5　迭代

th:each 属性常用于对数组或集合对象进行循环迭代，语法为：iter : ${items }，items 可以是数组，也可以是满足以下条件的对象。

- 实现了 java.util.Iterable 接口的对象。
- 实现了 java.util.Enumeration 接口的对象。
- 任何实现了 java.util.Iterator 接口的对象，其值将在迭代器返回时使用，而不需要在内存中缓存所有值。
- 任何实现了 java.util.Map 接口的对象。在迭代 Map 对象时，iter 变量的类型是 java.util.Map.Entry 类。
- 任何其他对象都将被视为包含对象本身的单值列表。

下面我们以表格的形式显示所有雇员信息，代码如下所示：

```
<table>
    <caption>员工信息</caption>
    <thead>
        <tr>
            <th>编号</th>
            <th>姓名</th>
            <th>年龄</th>
```

```
            <th>雇佣日期</th>
        </tr>
    </thead>
    <tbody>
        <tr th:each="emp : ${emps}">
            <td th:text="${emp.no}"></td>
            <td th:text="${emp.name}"></td>
            <td th:text="${emp.age}"></td>
            <td th:text="${emp.hireDate}"></td>
        </tr>
    </tbody>
</table>
```

在使用 th:each 属性时，Thymeleaf 还提供了一个状态变量，用于跟踪迭代状态，该状态变量包含了如表 4-1 所示的属性。

表 4-1　状态变量的属性

属性	类型	描述
index	int	当前迭代的索引，从 0 开始
count	int	当前迭代的计数，从 1 开始
size	int	迭代变量中元素的总数
current	Object	当前迭代的元素对象
even	boolean	当前迭代的计数是不是偶数
odd	boolean	当前迭代的计数是不是奇数
first	boolean	当前迭代的元素是不是迭代变量中的第一个元素
last	boolean	当前迭代的元素是不是迭代变量中的最后一个元素

使用了状态变量的 th:each 属性的语法为：iter, status : ${items }。

当用表格来显示数据时，如果表格的行数比较多，用户不方便区分不同的行，那么为了让用户能够区分不同的行，通常会针对奇偶行应用不同的样式。下面我们就借助状态变量，对表格的偶数行改变一下背景颜色。代码如下所示。

```
<!DOCTYPE html>
<html xmlns:th="http://www.thymeleaf.org">
    <head>
        <meta charset="UTF-8">
        <title>主页</title>
        <style>
             body {
                 width: 600px;
             }
             table {
                border: 1px solid black;
             }
             table {
                width: 100%;
             }
```

```
            th {
                height: 50px;
            }
            th, td {
                border-bottom: 1px solid #ddd;
                text-align: center;
            }

            [v-cloak] {
                 display: none;
            }
            .even {
                 background-color: #cdcdcd;
            }
        </style>
    </head>
    <body>
        <table>
            <caption>员工信息</caption>
            <thead>
                <tr>
                    <th>编号</th>
                    <th>姓名</th>
                    <th>年龄</th>
                    <th>雇佣日期</th>
                </tr>
            </thead>
            <tbody>
                <tr th:each="emp, status : ${emps}" th:class=
"${status.even} ? 'even'">
                    <td th:text="${emp.no}"></td>
                    <td th:text="${emp.name}"></td>
                    <td th:text="${emp.age}"></td>
                    <td th:text="${emp.hireDate}"></td>
                </tr>
            </tbody>
        </table>
    </body>
</html>
```

如果没有显式设置状态变量，则 Thymeleaf 也会为每个 th:each 都创建一个状态变量，默认的状态变量名称是迭代的元素变量名字后面添加 Stat 后缀。上述代码中粗体显示部分的代码可以修改为：

```
<tr th:each="emp : ${emps}" th:class="${empStat.even} ? 'even'">
```

4.3.6 条件判断

有两种条件判断语句：简单条件语句（th:if/th:unless）和 switch 语句（th:switch/th:case）。

1. 简单条件语句

在使用 th:if 属性时，若表达式计算为 true，则显示内容，否则不显示内容。例如：

```
<a href="skills.html"
   th:href="@{/employee/skills(empNo=${session.user.no})}"
   th:if="${not #lists.isEmpty(session.user.skills)}">技能</a>
```

当雇员有技能时（即 session.user.skills 不为空），则创建一个到技能页面的链接。

要注意的是，th:if 属性不仅计算布尔条件，还将按照以下规则对指定的表达式进行真假计算。

- 如果表达式的值不为空。
  - ✧ 如果值是布尔值且为 true，那么 th:if 的值为 true，否则为 false。
  - ✧ 如果值是一个数字且不为 0，那么 th:if 的值为 true，否则为 false。
  - ✧ 如果值是字符且不为 0，那么 th:if 的值为 true，否则为 false。
  - ✧ 如果值是字符串且不是“false”、“off”或“no”，那么 th:if 的值为 true，否则为 false。
  - ✧ 如果值不是布尔值、数字、字符或字符串，那么 th:if 的值为 true，否则为 false。
- 如果表达式的值为 null，则 th:if 的值为 false。

上面的代码可以简写为：

```
<a href="skills.html"
   th:href="@{/employee/skills(empNo=${session.user.no})}"
   th:if="${session.user.skills}">技能</a>
```

与 th:if 相反的属性是 th:unless，可以在前面的示例中使用该属性，这样就不需要在 OGNL 表达式中使用 not 了。如下所示：

```
<a href="skills.html"
   th:href="@{/employee/skills(empNo=${session.user.no})}"
   th:unless="${#lists.isEmpty(session.user.skills)}">技能</a>
```

2. switch 语句

th:switch/th:case 类似于 Java 中的 switch 语句，我们看下面的示例：

```
<div th:switch="${user.role}">
  <p th:case="'admin'">User is an administrator</p>
  <p th:case="#{roles.manager}">User is a manager</p>
</div>
```

要注意，一旦一个 th:case 属性计算为 true，同一个 th:switch 上下文中的其他 th:case 属性就被赋值为 false。

与 Java 中 switch 语句的 default 子句类似，th:switch 也有一个默认的选项：th:case="*"，在条件都不满足的时候执行默认的操作。我们看下面的示例：

```
<div th:switch="${user.role}">
  <p th:case="'admin'">User is an administrator</p>
  <p th:case="#{roles.manager}">User is a manager</p>
  <p th:case="*">User is some other thing</p>
</div>
```

4.3.7　模板布局

在一个 Web 项目中，很多页面的头部、尾部和导航栏都是相同的，在不同的模板引擎中，有不同的方式来实现页面代码的重用。在 Thymeleaf 中，可以在一个页面中使用 th:fragment 属性定义要重用的代码片段，然后在其他页面中引入。

1．定义和引入片段

在 src/main/resources/templates 目录下新建 header.html 和 footer.html 页面，页面内容分别如例 4-9 和例 4-10 所示。

例 4-9　header.html

```
<!DOCTYPE html>
<html lang="zh" xmlns:th="http://www.thymeleaf.org">
<head>
    <meta charset="UTF-8">
</head>
<body>
    <div th:fragment="nav">
        <a href="#">首页</a>
        <a href="#">新书</a>
    </div>
</body>
</html>
```

上述代码定义了一个名为 nav 的片段。

例 4-10　footer.html

```
<!DOCTYPE html>
<html lang="zh" xmlns:th="http://www.thymeleaf.org">
<head>
    <meta charset="UTF-8">
</head>
<body>
    <footer th:fragment="footer">&copy; 2023 sunxin</footer>
</body>
</html>
```

上述代码定义了一个名为 footer 的片段。

接下来在主页面（home.html）中，使用 th:insert 或者 th:replace 属性来引入之前定义的片段。th:include 属性也可以引入片段，不过该属性从 Thymeleaf 3.0 开始不再被推荐使用，所以这里我们也就不再介绍它了。

修改 home.html，代码如例 4-11 所示。

例 4-11　home.html

```
<!DOCTYPE html>
<html xmlns:th="http://www.thymeleaf.org">
<head>
    <meta charset="UTF-8">
    <title>主页</title>
</head>
<body>
    <div th:insert="~{header :: nav}"></div>
    <p th:text="${message}">要被替换的内容</p>
    <div th:insert="~{footer :: footer}"></div>
</body>
</html>
```

th:insert 属性需要一个片段表达式，即~{...}，::前的名字是定义片段的模板页面的名字，::后的名字则是片段的名字。如果 header.html 和 footer.html 与 home.html 不在同一个目录下（如在 commons 子目录下），那么片段表达式就需要写为：~{commons/header :: nav}和~{commons/footer :: nav}。

最终模板页面解析后的代码如下所示：

```
<div><div>
    <a href="#">首页</a>
    <a href="#">新书</a>
</div></div>
<p>Spring Boot 无难事</p>
<div><footer>&copy; 2023 sunxin</footer></div>
```

这种处理片段方式的最大好处是：可以在完整的甚至有效的标记结构的页面中编写可以被浏览器正常显示的片段，同时仍然保留将片段包含到其他模板中的能力。

如果将例 4-11 中的 th:insert 属性换成 th:replace 属性，则模板解析后的代码为：

```
<div>
    <a href="#">首页</a>
    <a href="#">新书</a>
</div>
<p>Spring Boot 无难事</p>
<footer>&copy; 2023 sunxin</footer>
```

由此，可以看出 th:insert 属性和 th:replace 属性的区别，前者插入指定的片段作为宿主标签的标签体，而后者则用指定的片段替换它的宿主标签。

要注意的是，在 th:insert 和 th:replace 中，~{}是可选的，所以上面使用 th:insert 属性的代码也可以写为：

```
<div th:insert="header :: nav"></div>
<div th:insert="footer :: footer"></div>
```

此外，th:insert 和 th:replace 属性除了可以引用 th:fragment 标记的片段外，还可以直接引用 id 属性标记的片段。将 footer.html 中使用 th:fragment 属性的代码修改如下：

```
<footer id="footer">&copy; 2021 sunxin</footer>
```

然后修改 home.html，使用类似 CSS 的 ID 选择器语法来引用该片段，代码如下：

```
<div th:insert="~{footer :: #footer}"></div>
```

不过在实践中不建议采用这种方式，因为这种方式容易造成混乱。

2．片段表达式的语法

片段表达式的语法有以下三种不同的格式。

（1）~{templatename::selector}：引用名为 templatename 的模板文件中的代码片段，selector 可以是 th:fragment 指定的名称或者 id 属性指定的名称。实际上，selector 有完整的标记选择器语法，类似于 XPath 和 CSS 的选择器语法，为了简单起见，我们只给出了 ID 选择器示例。读者如果想要了解完整的选择器语法，可以参看 Thymeleaf 的官方文档。

（2）~{templatename}：引用整个模板文件的代码片段。

（3）~{::selector}或者~{this::selector}：引用当前模板中定义的代码片段。

片段表达式语法中的 templatename 和 selector 也可以是表达式，甚至是条件语句。例如：

```
    <div th:insert="footer :: (${user.isAdmin}? #{footer.admin} :
#{footer.normaluser})">
    </div>
```

3．带参数的片段

在使用 th:fragment 属性定义片段时，还可以指定一组参数。例如：

```
<div th:fragment="frag (onevar,twovar)">
    <p th:text="${onevar} + ' - ' + ${twovar}">...</p>
</div>
```

在引入片段时，可以按照下面两种语法之一来调用：

```
<div th:replace="::frag (${value1},${value2})">...</div>
<div th:replace="::frag (onevar=${value1},twovar=${value2})">...</div>
```

对于上面两种语法中的第二种语法，参数的顺序并不重要，也可以将 twovar 放前面，如下所示：

```
<div th:replace="::frag (twovar=${value2},onevar=${value1})">...</div>
```

片段会在不同的页面中被引用，而不同的页面可能需要给片段中的某个元素加额外的样式。比如菜单这个片段，若显示首页，就是希望给“首页”菜单加个样式；若显示新书页面，就是给“新书”菜单加样式。为此，我们在定义导航片段时，可以带上参数。

修改 header.html，使用带参数的片段，代码如例 4-12 所示。

例 4-12 header.html

```
<!DOCTYPE html>
<html xmlns:th="http://www.thymeleaf.org">
<head>
    <meta charset="UTF-8">
</head>
<body>
    <div th:fragment="nav(index)">
        <a href="#" th:classappend="${index == 0} ? 'active'">首页</a>
        <a href="#" th:classappend="${index == 1} ? 'active'">新书</a>
    </div>
</body>
</html>
```

接下来修改 home.html，在引入 nav 片段时，传入参数，代码如例 4-13 所示。

例 4-13 home.html

```
<!DOCTYPE html>
<html xmlns:th="http://www.thymeleaf.org">
<head>
    <meta charset="UTF-8">
    <title>主页</title>
    <style>
    .active {
        background: gray;
    }
    </style>

</head>
<body>
    <div th:insert="header :: nav(0)"></div>
    <p th:text="${message}">要被替换的内容</p>
    <div th:insert="~{footer :: #footer}"></div>
</body>
</html>
```

要注意的是，即使在定义片段时没有给出参数，也可以使用上面介绍的第二种语法格式来调用（即显式给出参数名称的调用形式）。

修改 header.html，在定义 nav 片段时，去掉 index 参数，如例 4-14 所示。

例 4-14 header.html

```
...
<div th:fragment="nav">
    <a href="#" th:classappend="${index == 0} ? 'active'">首页</a>
    <a href="#" th:classappend="${index == 1} ? 'active'">新书</a>
</div>
...
```

修改 home.html，在引入 nav 片段时，明确给出参数名，如例 4-15 所示。

例 4-15 home.html

```
...
<div th:insert="header :: nav(index=0)"></div>
<p th:text="${message}">要被替换的内容</p>
<div th:insert="~{footer :: #footer}"></div>
...
```

明确参数定义有助于我们更好地理解和组织代码。

在定义片段时，还可以使用 th:assert 属性来验证参数，该属性可以指定一个逗号分隔的表达式列表，这些表达式将被求值，并为每次求值生成 true，否则将引发异常。例如：

```
<header th:fragment="contentheader(title)"
th:assert="${!#strings.isEmpty(title)}">
...
</header>
```

4. 更灵活的布局

通常片段参数接受的值是文本、数字或者 Bean 对象等，但如果接受的值是另一个标记片段，就可以产生非常灵活的布局方案。

假设我们有一个包含片段定义的 base.html 页面，内容如例 4-16 所示。

例 4-16 base.html

```
<head th:fragment="common_header(title,links)">

  <title th:replace="${title}">The awesome application</title>

  <!-- Common styles and scripts -->
  <link rel="stylesheet" type="text/css" media="all" th:href= "@{/css/
awesomeapp.css}">
  <link rel="shortcut icon" th:href="@{/images/favicon.ico}">
  <script type="text/javascript" th:src="@{/sh/scripts/codebase.js}">
</script>

  <!--/* Per-page placeholder for additional links */-->
  <th:block th:replace="${links}" />

</head>
```

我们可以这样调用这个片段：

```
...
<head th:replace="base :: common_header(~{::title},~{::link})">

  <title>Awesome - Main</title>
```

```
    <link rel="stylesheet" th:href="@{/css/bootstrap.min.css}">
    <link rel="stylesheet" th:href="@{/themes/smoothness/jquery-ui.css}">

  </head>
  ...
```

结果将使用调用模板中实际的<title>和<link>标签作为 title 和 links 变量的值，从而在插入过程中自定义片段，最终结果如下：

```
  ...
  <head>

    <title>Awesome - Main</title>

    <!-- Common styles and scripts -->
    <link rel="stylesheet" type="text/css" media="all" href="/awe/css/
awesomeapp.css">
    <link rel="shortcut icon" href="/awe/images/favicon.ico">
    <script type="text/javascript" src="/awe/sh/scripts/codebase.js">
</script>

    <link rel="stylesheet" href="/awe/css/bootstrap.min.css">
    <link rel="stylesheet" href="/awe/themes/smoothness/jquery-ui.css">

  </head>
  ...
```

如果没有标记需要指定，那么在调用时可以使用一个特殊的片段表达式：空片段~{}，针对上面的例子，可以按以下方式调用：

```
  <head th:replace="base :: common_header(~{::title},~{})">

    <title>Awesome - Main</title>

  </head>
```

片段的第二个参数（links）被设置为空片段，因此没有为<th:block th:replace="${links}" />块写入任何内容，最终结果如下所示：

```
  ...
  <head>

    <title>Awesome - Main</title>

    <!-- Common styles and scripts -->
    <link rel="stylesheet" type="text/css" media="all" href="/awe/css/
awesomeapp.css">
    <link rel="shortcut icon" href="/awe/images/favicon.ico">
    <script type="text/javascript" src="/awe/sh/scripts/codebase.js">
</script>
```

```
</head>
...
```

如果想让片段使用它当前的标记作为默认值，那么可以使用无操作符作为片段的参数，我们看下面的例子：

```
...
<head th:replace="base :: common_header(_,~{::link})">

  <title>Awesome - Main</title>

  <link rel="stylesheet" th:href="@{/css/bootstrap.min.css}">
  <link rel="stylesheet" th:href="@{/themes/smoothness/jquery-ui.css}">

</head>
...
```

片段的第一个参数（title）被设置为无操作符，这将导致片段的这部分完全不被执行，最终的结果如下所示：

```
...
<head>

  <title>The awesome application</title>

  <!-- Common styles and scripts -->
  <link rel="stylesheet" type="text/css" media="all" href="/awe/css/
awesomeapp.css">
  <link rel="shortcut icon" href="/awe/images/favicon.ico">
  <script type="text/javascript" src="/awe/sh/scripts/codebase.js">
</script>

  <link rel="stylesheet" href="/awe/css/bootstrap.min.css">
  <link rel="stylesheet" href="/awe/themes/smoothness/jquery-ui.css">

</head>
...
```

<title>标签的内容仍然保留为片段中原有<titile>标签的内容。

空片段和无操作符的可用性允许我们以一种非常简单和优雅的方式执行片段的条件插入。例如，下面的代码只在用户是管理员时插入 common :: adminhead 片段，如果用户不是管理员，则不插入任何内容。

```
...
<div th:insert="${user.isAdmin()} ? ~{common :: adminhead} :
~{}">...</div>
...
```

此外，也可以使用无操作符，以便仅在满足指定条件时插入片段，但如果指定条件不满足，则不修改标记。我们看下面的例子：

```
...
<div th:insert="${user.isAdmin()} ? ~{common :: adminhead} : _">
    Welcome [[${user.name}]], click <a th:href="@{/support}">here</a> for
help-desk support.
</div>
...
```

5. 单独的布局文件

前面我们讲述的布局方式是在一个页面中引入公共的片段，而实际上，也可以给出一个单独的布局页面，然后其他页面去替换布局页面的特定内容就可以了。我们看下面的布局页面：

```
<!DOCTYPE html>
<html th:fragment="layout (title, content)" xmlns:th="http://
www.thymeleaf.org">
<head>
    <title th:replace="${title}">Layout Title</title>
</head>
<body>
    <h1>Layout H1</h1>
    <div th:replace="${content}">
        <p>Layout content</p>
    </div>
    <footer>
        Layout footer
    </footer>
</body>
</html>
```

布局页面声明了一个名为 layout 的片段，并以 title 和 content 作为参数。在下面的例子中，这两个参数都将被页面中给出的片段表达式所替换。

```
<!DOCTYPE html>
<html th:replace="~{layoutFile :: layout(~{::title}, ~{::section})}">
<head>
    <title>Page Title</title>
</head>
<body>
<section>
    <p>Page content</p>
    <div>Included on page</div>
</section>
</body>
</html>
```

在这个页面中，<html>标签将被布局页面的<html>标签所替换，但在布局页面中，标题和内容将被该页面中的<title>和<session>标签所替换。

6．删除模板片段

4.3.5 节有这样一段代码，如下所示：

```
<table>
    <caption>员工信息</caption>
    <thead>
    <tr>
        <th>编号</th>
        <th>姓名</th>
        <th>年龄</th>
        <th>雇佣日期</th>
    </tr>
    </thead>
    <tbody>
    <tr th:each="emp : ${emps}" th:class="${empStat.even} ? 'even'">
        <td th:text="${emp.no}"></td>
        <td th:text="${emp.name}"></td>
        <td th:text="${emp.age}"></td>
        <td th:text="${emp.hireDate}"></td>
    </tr>
    </tbody>
</table>
```

代码使用 Thymeleaf 的一个重要原因是，编写的模板页面可以作为原型，也就是说，页面的设计者可以直接在浏览器中查看静态页面的效果，而无须启动整个项目。对于上述代码，如果直接在浏览器中显示，就只会看到表格的表头信息，页面实际展示的效果并未看到。为了能够看到实际的展示效果，我们可以添加两行模拟数据，如下所示：

```
<table>
    <caption>员工信息</caption>
    <thead>
    <tr>
        <th>编号</th>
        <th>姓名</th>
        <th>年龄</th>
        <th>雇佣日期</th>
    </tr>
    </thead>
    <tbody>
    <tr th:each="emp : ${emps}" th:class="${empStat.even} ? 'even'">
        <td th:text="${emp.no}"></td>
        <td th:text="${emp.name}"></td>
        <td th:text="${emp.age}"></td>
        <td th:text="${emp.hireDate}"></td>
    </tr>
```

```
    <tr>
        <td>4</td>
        <td>王五</td>
        <td>30</td>
        <td>2021-3-4</td>
    </tr>
    <tr>
        <td>5</td>
        <td>赵六</td>
        <td>28</td>
        <td>2021-4-5</td>
    </tr>
    </tbody>
</table>
```

现在将上述代码作为静态页面在浏览器中打开，可以看到真实的页面效果。但随之而来的一个新问题是：当启动项目，用 Thymeleaf 处理该页面的时候，会多出来两行模拟数据。

为了解决这个问题，Thymeleaf 给出了一个 th:remove 属性，该属性可以让 Thymeleaf 在模板处理期间删除属性所在的标签。修改上述代码，为模拟行添加 th:remove 属性，如下所示：

```
<table>
    ...
    <tr th:remove="all">
        <td>4</td>
        <td>王五</td>
        <td>30</td>
        <td>2021-3-4</td>
    </tr>
    <tr th:remove="all">
        <td>5</td>
        <td>赵六</td>
        <td>28</td>
        <td>2021-4-5</td>
    </tr>
    </tbody>
</table>
```

一旦模板处理完毕后，这两个<tr>标签连带内容都会被删除，这样页面展现的数据就都是真实数据了，这就解决了静态页面模拟数据和动态页面展现真实数据之间的矛盾。

th:remove 属性有 5 种不同的行为方式，表 4-2 给出了 th:remove 属性的 5 个值及它们各自的含义。

表 4-2　th:remove 属性的值及其含义

值	含义
all	删除包含的标签及其所有子标签
body	不删除包含的标签，而是删除标签的所有子标签
tag	删除包含的标签，但不删除其子标签
all-but-first	删除包含标签的所有子标签，但第一个子标签除外
none	什么也不做。这个值对于动态计算很有用

在原型页面中，添加的模拟数据都要加上 th:remove="all"，而使用 all-but-first，则可以不写 th:remove="all"。我们看下面的示例：

```
<table>
    <caption>员工信息</caption>
    <thead>
    <tr>
        <th>编号</th>
        <th>姓名</th>
        <th>年龄</th>
        <th>雇佣日期</th>
    </tr>
    </thead>
    <tbody th:remove="all-but-first">
    <tr th:each="emp : ${emps}" th:class="${empStat.even} ? 'even'">
        <td th:text="${emp.no}"></td>
        <td th:text="${emp.name}"></td>
        <td th:text="${emp.age}"></td>
        <td th:text="${emp.hireDate}"></td>
    </tr>
    <tr>
        <td>4</td>
        <td>王五</td>
        <td>30</td>
        <td>2021-3-4</td>
    </tr>
    <tr>
        <td>5</td>
        <td>赵六</td>
        <td>28</td>
        <td>2021-4-5</td>
    </tr>
    </tbody>
</table>
```

注意，th:remove="all-but-first"的位置在<tbody>标签上，在进行模板处理时，将保留第一个<tr>子标签（迭代数据的<tr>标签），而删除其余的<tr>子标签（包含模拟数据的<tr>标签）。

th:remove 属性可以接受任何 Thymeleaf 标准表达式，只要该表达式返回一个 th:remove 属性可以接受的字符串值（all、tag、body、all-but-first 和 none）即可。因此，我们可以依据某个条件来决定是否删除片段，如下所示：

```
<a href="/something" th:remove="${condition}? tag : none">
  Link text not to be removed
</a>
```

th:remove 将 null 视为 none 的同义词，因此下面的代码与上面的示例相同。

```
<a href="/something" th:remove="${condition}? tag">
  Link text not to be removed
</a>
```

在这种情况下，如果${condition}为 false，则返回 null，因此不会执行删除操作。

4.3.8 定义局部变量

使用 th:with 属性可以定义局部变量，例如：

```
<div th:with="firstEmp=${emps[0]}">
    <p>姓名：<span th:text="${firstEmp.name}"></span></p>
    <p>年龄：<span th:text="${firstEmp.age}"></span></p>
</div>
```

当 th:with 被处理时，firstEmp 被创建为一个局部变量，并添加到来自上下文的变量映射中，这样它就可以和上下文中声明的其他任何变量一起进行计算，但只能在<div>标签包含的范围内。

可以使用多重赋值语法同时定义多个变量，变量之间以逗号分隔。例如：

```
<div th:with="firstEmp=${emps[0]}, secondEmp=${emps[1]}">
    <p>第一个雇员的姓名：<span th:text="${firstEmp.name}"></span></p>
    <p>第一个雇员的姓名：<span th:text="${secondEmp.name}"></span></p>
</div>
```

th:with 属性允许重用在同一个属性中定义的变量，例如：

```
<div th:with="company=${user.company + ' Co.'},account=${accounts
[company]}">...</div>
```

4.3.9 属性优先级

Thymeleaf 中所有的属性都定义了一个数字优先级，该优先级确立了它们在标签中被执行的顺序。表 4-3 给出了属性的优先级顺序。

表 4-3 属性优先级

顺序	功能	属性
1	片段包含	th:insert th:replace
2	片段迭代	th:each
3	条件判断	th:if th:unless th:switch th:case
4	本地变量定义	th:object th:with
5	通用属性修改	th:attr th:attrprepend th:attrappend
6	特定属性修改	th:value th:href th:src ...
7	文本（标签体修改）	th:text th:utext
8	片段定义	th:fragment
9	片段删除	th:remove

有了属性优先级的机制，下面两段代码的结果将是完全相同的。

```
<ul>
  <li th:each="item : ${items}" th:text="${item.description}">
    Item description here...
  </li>
</ul>

<ul>
  <li th:text="${item.description}" th:each="item : ${items}">
Item description here...
  </li>
</ul>
```

在上面这两段代码中，因为 th:each 属性的优先级比 th:text 高，因此这两个属性的位置谁先谁后并不影响迭代的结果。不过，第 2 段代码的可读性较差，不建议这么写。

4.3.10 注释

标准的 HTML/XHTML 注释可以在 Thymeleaf 模板的任何地方使用，不会被 Thymeleaf 处理，并且会原封不动地出现在结果中。

除标准注释外，Thymeleaf 在标准注释的基础上，也给出了自己的注释，有两种类型的注释，如下所示：

- <!--/* ... */-->
- <!--/*/ .../*/-->

1．<!--/* ... */-->

这种注释在 Thymeleaf 解析时，会删除注释的内容。我们知道，HTML 标准注释所注释的内容会保留在页面中，用户可以通过查看页面源代码的方式看到注释的内容。如果不希望在页面发布后用户看到注释的内容，则可以采用 Thymeleaf 这种注释。例如：

```
<!--/* This code will be removed at Thymeleaf parsing time! */-->
```

当模板以静态方式打开的时候，查看页面源代码是可以看到注释的。而当运行项目后，通过浏览器访问页面时，上述注释会被删除，查看页面源代码看不到任何注释内容。

Thymeleaf 的这种注释如果用于注释多行内容，则可以实现在模板静态打开时显示代码，而在运行时删除代码的功能。例如：

```
<!--/*-->
  <div>
    you can see me only before Thymeleaf processes me!
  </div>
<!--*/-->
```

当模板以静态方式打开的时候，<div>标签会被浏览器解析，显示标签的标签体内容。而在项目运行时，整个<div>元素连带注释的标记都会被删除。

2．<!--/*/ .../*/-->

使用这种注释标记的内容在模板静态打开时也作为注释，但在执行模板时，被 Thymeleaf 视为正常的标记。我们看下面的示例：

```
<span>hello!</span>
<!--/*/
  <div th:text="${'Hello, spring Boot'}">
    ...
  </div>
/*/-->
<span>goodbye!</span>
```

当模板以静态方式打开时，注释的内容仍然是注释的内容，只能通过查看页面源代码才能看到。但在模板解析时，Thymeleaf 的解析系统只删除<!--/*/和/*/-->标记，保留注释中的内容且解析注释中的内容。也就是说，在执行模板时，Thymeleaf 实际上会看到如下所示的内容：

```
<span>hello!</span>

  <div th:text="${'Hello, spring Boot'}">
    ...
  </div>

<span>goodbye!</span>
```

4.3.11　块级标签 th:block

Thymeleaf 为了不影响页面的正常显示，会通过自定义属性的方式来增强页面的动态功能，但 th:block 是被作为标签来使用的。

在 Thymeleaf 中，th:block 标签只是被作为属性的容器，允许模板开发人员指定他们想要的任何属性。Thymeleaf 将执行这些属性，然后简单地删除掉 th:block 标签自身，但标签内容会被保留。

比如要根据某个条件是否为真来显示多个相同的标签，就可以用 th:block 来包裹这些标签，并在 th:block 标签上进行条件判断，如下所示：

```
<th:block th:if="${#bools.isFalse(session.user)}">
    用户名：<input type="text">
    密码：<input type="password">
</th:block>
```

在用户没有登录的时候，显示用户名和密码输入框。

在迭代的时候，th:block 还有一种用法，比如，以表格显示数据，但在每次迭代时都需要多行数据，那么可以使用 th:block 标签来包裹<tr>元素，如下所示。

```
<table>
  <th:block th:each="user : ${users}">
    <tr>
        <td th:text="${user.login}">...</td>
        <td th:text="${user.name}">...</td>
    </tr>
    <tr>
        <td colspan="2" th:text="${user.address}">...</td>
    </tr>
  </th:block>
</table>
```

4.3.12　内联

1．表达式内联

内联表达式允许我们在 HTML 文本中直接书写表达式，而无须使用 th:*属性。在[[...]]和[(...)]之间的表达式就是 Thymeleaf 中的内联表达式，前者对应 th:text 属性，即结果会进行 HTML 转义，后者对应 th:utext 属性，即结果不执行 HTML 转义。

例如：

```
<th:block th:with="msg=${'<b>Spring Boot 无难事</b>'}">
    <p>The message is: [[${msg}]]</p>
    <p>The message is: [(${msg})]</p>
</th:block>
```

表达式计算的结果为：

```
<p>The message is: &lt;b&gt;Spring Boot 无难事&lt;/b&gt;</p>
<p>The message is: <b>Spring Boot 无难事</b></p>
```

与使用 Thymeleaf 的属性相比，使用内联表达式显得更为灵活，代码量更少，但后果是无法进行原型设计了，因为当以静态方式打开 HTML 文件时，这些内联表达式也会在页面中被原封不动地呈现出来。

在默认情况下，只要标签体内容中出现[[...]]或者[(...)]，就会被 Thymeleaf 引擎当作内联表达式进行计算。如果内容本身就是要输出[[...]]或者[(...)]这样的字符序列，而不是将内容作为表达式处理，那么可以使用 th:inline 属性，将该属性的值设置为 none 来禁用内联表达式。例如：

```
<p th:inline="none">A double array looks like this: [[1, 2, 3], [4, 5]]!</p>
```

结果为：

```
<p>A double array looks like this: [[1, 2, 3], [4, 5]]!</p>
```

2. 文本内联

文本内联通过 th:iinline="text"开启，其与表达式内联的功能非常相似，但包含更多的功能。

为了在文本模板中包含比内联表达式更复杂的逻辑，比如迭代，Thymeleaf 定义了一种新的类似于自定义元素的语法：[#element ...] ... [/element]，默认只支持解析[#th:block ...] ... [/th:block]。

我们看下面的示例：

```
<div th:inline="text">
    [#th:block th:each="emp : ${emps}"]
        - [#th:block th:text="${emp.name}" /]
    [/th:block]
</div>
```

结合内联表达式，上述代码可以简化为：

```
<div th:inline="text">
    [#th:block th:each="emp : ${emps}"]
        - [[${emp.name}]]
    [/th:block]
</div>
```

由于 th:block 元素（[#th:block ...] ... [/th:block]）允许缩写为空字符串（[# ...] ... [/]），所以上述代码可以进一步简化为：

```
<div th:inline="text">
    [# th:each="emp : ${emps}"]
        - [[${emp.name}]]
    [/]
</div>
```

3．JavaScript 内联

JavaScript 内联允许在 HTML 模板模式下处理的模板中更好地集成 JavaScript 的 <script>块。JavaScript 内联使用 th:inline="javascript"开启。

例如：

```
<script th:inline="javascript">
    var username = [[${session.user.name}]];
</script>
```

解析结果为：

```
<script>
    var username = "\u5F20\u4E09";
</script>
```

这里需要注意的是：JavaScript 内联不仅会输出所需的文本，还会用引号将其括起来，并对其内容进行 JavaScript 转义，这样表达式结果就会作为一个格式良好的 JavaScript 文本输出。

如果使用不转义的内联表达式[(...)]，例如：

```
<script th:inline="javascript">
    var username = [(${session.user.name})];
</script>
```

那么结果将变成：

```
<script>
    let username = 张三;
</script>
```

这是格式错误的 JavaScript 代码。所以在 JavaScript 内联中，除非确定需要输出未转义的内容，否则都应该使用转义的内联表达式：[[...]]。

在 JavaScript 内联中，除应用 JavaScript 特定的转义并将表达式的结果输出为有效的文本外，还可以将转义的内联表达式包装在 JavaScript 注释中，例如：

```
<<script th:inline="javascript">
    let username = /*[[${session.user.name}]]*/ "nonymous";
</script>
```

! 注意：在/*之后、*/之前都不要加空格。

Thymeleaf 会忽略我们在注释之后和分号之前所写的所有内容（在本例中为"nonymous"），因此执行这个操作的结果与不使用包装注释时的结果完全相同。这样写的好处是，代码是有效的 JavaScript 代码，当以静态方式打开模板文件时，JavaScript 代码可以正常执行。

对于 JavaScript 内联，我们还需要知道的是，表达式的计算是智能的，而不局限于字符串。Thymeleaf 会使用 JavaScript 语法正确地编写以下类型的对象：

- String
- Number
- Boolean
- Array
- Collection
- Map
- Bean（具有 getter 和 setter 方法的对象）

例如，对于下面的代码：

```
<script th:inline="javascript">
    let user = /*[[${session.user}]]*/ null;
</script>
```

表达式${session.user}将计算为 Employee 对象，并且 Thymeleaf 正确地将其转换为 JavaScript 语法，最终结果如下所示：

```
<script>
    let user = {"no":1,"name":"\u5F20\u4E09","age":26,"salary":5000.0,
"hireDate":"2021-04-20","skills":["Java","C++"]};
</script>
```

4．CSS 内联

CSS 内联在<style>标签上使用属性 th:inline="css"来开启。

假设我们将两个变量设置为两个不同的字符串值，如下所示：

```
classname = 'main elems'
align = 'center'
```

在 CSS 内联中可以通过内联表达式来使用这两个变量，如下所示：

```
<style th:inline="css">
    .[[${classname}]] {
      text-align: [[${align}]];
    }
</style>
```

最后解析的结果为：

```
<style>
     .main\ elems {
        text-align: center;
     }
</style>
```

与 JavaScript 内联一样，CSS 内联也具有一些智能功能。比如，通过[[${classname}]]这样的转义表达式输出的结果将被转义为 CSS 标识符，这就是为什么 classname = 'main elems'在上面的代码片段中变成了 main\ elems。

CSS 内联通过使用注释，可以让<style>标签在静态打开模板页面和动态访问模板页面时都能很好地工作。我们看下面的示例：

```
<style th:inline="css">
    .main\ elems {
      text-align: /*[[${align}]]*/ left;
    }
</style>
```

> **注意：在/*之后、*/之前都不要加空格。**

4.4　用户注册程序

这一节我们编写一个用户注册程序，使用 Thymeleaf 作为页面模板。

4.4.1　编写注册和注册成功页面

在 templates 目录下新建 register.html，代码如例 4-17 所示。

例 4-17　register.html

```
<!DOCTYPE html>
<html lang="zh" xmlns:th="http://www.thymeleaf.org">
<head>
    <meta charset="UTF-8">
    <title>用户注册</title>
</head>
<body>
<form th:action="@{/user/register}" method="post">
    <table border="0">
        <tr>
            <td>用户名:</td>
            <td><input type="text" name="username"/></td>
        </tr>
        <tr>
            <td>密码:</td>
            <td><input type="password" name="password" /></td>
        </tr>
        <tr>
            <td>性别：</td>
            <td>
                <input type="radio" name="sex" value="true" checked/>男
                <input type="radio" name="sex" value="false" />女
            </td>
        </tr>
        <tr>
            <td>邮件地址：</td>
            <td><input type="text" name="email"/></td>
        </tr>
```

```
            <tr>
                <td>密码问题：</td>
                <td><input type="text" name="pwdQuestion"/></td>
            </tr>
            <tr>
                <td>密码答案：</td>
                <td><input type="text" name="pwdAnswer"/></td>
            </tr>
            <tr>
                <td><input type="submit" value="注册"/></td>
                <td><input type="reset" value="重填"/></td>
            </tr>
        </table>
    </form>
    </body>
    </html>
```

在 templates 目录下新建 success.html，代码如例 4-18 所示。

例 4-18 success.html

```
<!DOCTYPE html>
<html lang="zh" xmlns:th="http://www.thymeleaf.org">
<head>
    <meta charset="UTF-8">
    <title>注册成功</title>
</head>
<body th:object="${user}">
    <h3>[[*{username}]]，恭喜你注册成功！</h3>
    <table border="0">
        <caption>你的注册信息为</caption>
        <tr>
            <td>用户名:</td>
            <td th:text="*{username}"></td>
        </tr>
        <tr>
            <td>密码:</td>
            <td th:text="*{password}"></td>
        </tr>
        <tr>
            <td>性别：</td>
            <td th:text="*{sex} ? '男' : '女'"></td>
        </tr>
        <tr>
            <td>邮件地址：</td>
            <td th:text="*{email}"></td>
        </tr>
        <tr>
            <td>密码问题：</td>
            <td th:text="*{pwdQuestion}"></td>
```

```
            </tr>
            <tr>
                <td>密码答案：</td>
                <td th:text="*{pwdAnswer}"></td>
            </tr>
            <tr>
                <td>注册日期：</td>
                <td th:text="*{#dates.format(regDate, 'yyyy-MM-dd
HH:mm:ss')}"></td>
            </tr>
        </table>
    </body>
    </html>
```

4.4.2　编写 User 类

User 类的对象用来接收用户注册时填写的各项注册信息。在 model 子包上单击鼠标右键，新建 User 类，代码如例 4-19 所示。

例 4-19　User.java

```
package com.sun.ch04.model;

import lombok.AllArgsConstructor;
import lombok.Data;

import java.util.Date;
@AllArgsConstructor
@Data
public class User {
    private Integer id;
    private String username;
    private String password;
    private Boolean sex;
    private String email;
    private String pwdQuestion;
    private String pwdAnswer;
    private Date regDate;
    private Date lastLoginDate;
    private String lastLoginIp;
}
```

4.4.3　编写 UserController 类

在 controller 子包单击鼠标右键，新建 UserController 类，代码如例 4-20 所示。

例 4-20　UserController.java

```
package com.sun.ch04.controller;

import com.sun.ch04.model.User;
import org.springframework.stereotype.Controller;
import org.springframework.web.bind.annotation.*;

import java.util.Date;

@Controller
@RequestMapping("/user")
public class UserController {
    @GetMapping("/register")
    public String doDefault(){
        return "register";
    }

    @PostMapping("/register")
    public String register(User user){
        Date now = new Date();
        user.setRegDate(now);
        return "success";
    }
}
```

当访问 http://localhost:8080/user/register 时，将显示注册页面。当以 POST 方式提交注册表单时，将由 register()方法对注册请求进行处理，在注册成功后，将转到成功页面。

4.4.4　测试用户注册程序

启动项目，访问 http://localhost:8080/user/register，出现注册页面，如图 4-8 所示。

图 4-8　用户注册页面

填写注册信息，单击“注册”按钮，可以看到如图 4-9 所示的注册成功页面。

图 4-9　注册成功页面

4.5　小结

本章详细介绍了 Thymeleaf 模板引擎及其语法，最后使用 Thymeleaf 作为页面模板，编写了用户注册程序。

第5章

过滤器、监听器与拦截器

过滤器和监听器并不是 Spring MVC 中的组件，而是 Servlet 中的组件，由 Servlet 容器来管理。拦截器是 Spring MVC 中的组件，由 Spring 容器来管理。

Servlet 过滤器与 Spring MVC 拦截器在 Web 应用中所处的层次如图 5-1 所示。

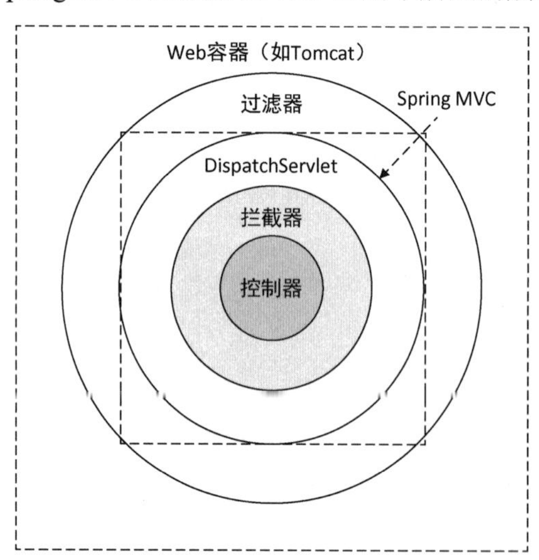

图 5-1　Servlet 过滤器与 Spring MVC 拦截器在 Web 应用中所处的层次

5.1　Servlet 过滤器

过滤器，顾名思义，就是在源数据和目的数据之间起过滤作用的中间组件。例如，污水净化设备可以看作现实中的一个过滤器，它负责将污水中的杂质过滤，从而使进入的污水变成净水。而对于 Web 应用程序来说，过滤器是一个驻留在服务器端的 Web 组件，可以截取客户端和资源之间的请求与响应信息，并对这些信息进行过滤，如图 5-2 所示。

当Web容器接收到一个对资源的请求时，它将判断是否有过滤器与这个资源相关联。如果有，则 Web 容器将把请求交给过滤器进行处理。在过滤器中，可以改变请求的内容或者重新设置请求的报头信息，然后将请求发送给目标资源。当目标资源对请求做出响应时，Web 容器同样会将响应先转发给过滤器，在过滤器中对响应的内容进行转换，再将响应发送到客户端。从上述过程可以看出，客户端和目标资源并不需要知道过滤器的存在，也就是说，在 Web 应用程序中部署的过滤器对客户端和目标资源来说是透明的。

在一个 Web 应用程序中，可以部署多个过滤器，这些过滤器组成了一个过滤器链。过滤器链中的每个过滤器都负责特定的操作和任务，客户端的请求在这些过滤器之间传递，直到到达目标资源，如图 5-3 所示。

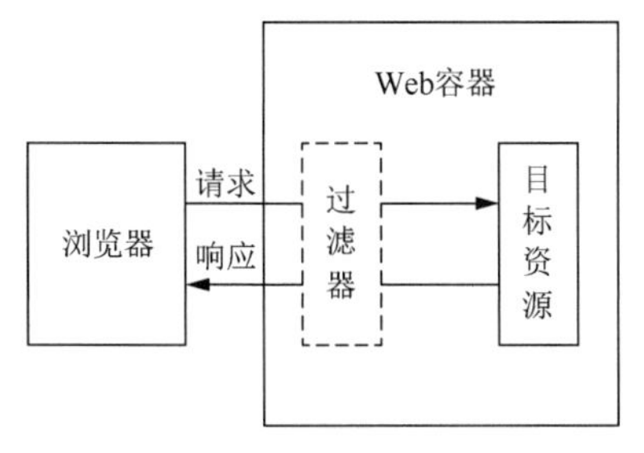

图 5-2　过滤器在 Web 应用程序中的位置

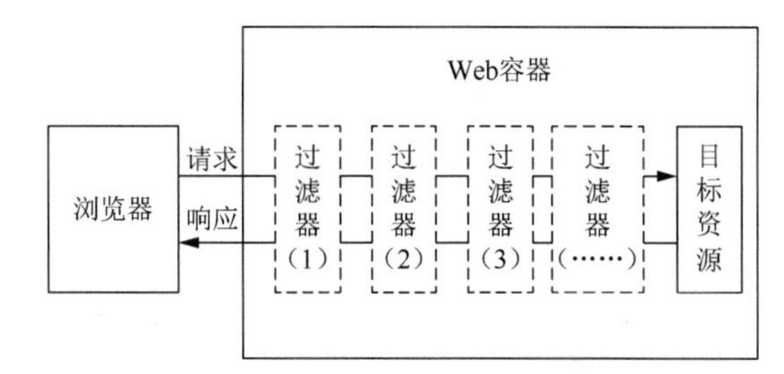

图 5-3　多个过滤器组成过滤器链

在请求资源时，过滤器链中的过滤器将依次对请求进行处理，并将请求传递给下一个过滤器，直到到达目标资源；在发送响应时，则按照相反的顺序对响应进行处理，直到到达客户端。

过滤器并不是必须要将请求传送到下一个过滤器（或目标资源），它也可以自行对请求进行处理，然后发送响应给客户端，或者将请求转发给另一个目标资源。

过滤器在 Web 开发中的一些主要应用如下所示：

- 对用户请求进行统一认证。
- 对用户的访问请求进行记录和审核。
- 对用户发送的数据进行过滤或替换。
- 转换图像格式。
- 对响应内容进行压缩，减少传输量。
- 对请求和响应进行加密和解密处理。
- 触发资源访问事件。

5.1.1　Filter 接口

要开发过滤器，需要实现 javax.servlet.Filter 接口，并提供一个公开的不带参数的构造方法。在 Filter 接口中，定义了下面的 3 个方法。

➢　void init(FilterConfig filterConfig) throws ServletException

Web 容器调用该方法来初始化过滤器。Web 容器在调用该方法时，向过滤器传递 FilterConfig 对象，FilterConfig 的用法和 ServletConfig 类似。利用 FilterConfig 对象可以得到 ServletContext 对象，以及在部署描述符中配置的过滤器的初始化参数。在这个方法中，可以抛出 ServletException 异常，以通知容器该过滤器不能正常工作。

➢ void doFilter(ServletRequest request, ServletResponse response, FilterChain chain) throws java.io.IOException, ServletException

doFilter()方法类似于 Servlet 接口的 service()方法。当客户端请求目标资源的时候，容器就会调用与这个目标资源相关联的过滤器的 doFilter()方法。在这个方法中，可以对请求和响应进行处理，实现过滤器的特定功能。在特定的操作完成后，可以调用 chain.doFilter(request, response)将请求传给下一个过滤器（或目标资源），也可以直接向客户端返回响应信息，或者利用 RequestDispatcher 的 forward()和 include()方法，以及 HttpServletResponse 的 sendRedirect()方法将请求转向其他资源。需要注意的是，这个方法的请求和响应参数的类型是 ServletRequest 和 ServletResponse，也就是说，过滤器的使用并不依赖于具体的协议。

➢ public void destroy()

Web 容器调用该方法指示过滤器的生命周期结束。在这个方法中，可以释放过滤器使用的资源。

5.1.2 对响应内容进行压缩的过滤器

一个网站的被访问速度由多种因素共同决定，这些因素包括服务器性能、网络带宽、Web 应用程序的响应速度、服务器端与客户端之间的网络传输速度等。从软件的角度来说，要提升网站的被访问速度，首先要尽可能地提高 Web 应用程序的执行速度，这可以通过提高代码的执行效率和使用缓存来实现。如果在此基础上，还想进一步提高网页的被浏览速度，那么可以对响应内容进行压缩，以节省网络的带宽。

目前主流的浏览器和 Web 服务器都支持网页的压缩功能，浏览器和 Web 服务器对于压缩网页的通信过程如下所示。

（1）如果浏览器能够接受压缩后的网页内容，那么它会在请求中发送 Accept-Encoding 请求报头，值为“gzip, deflate”，表明浏览器支持 gzip 和 deflate 这两种压缩方式。

（2）Web 服务器通过读取 Accept-Encoding 请求报头的值来判断浏览器是否接受压缩内容，如果接受，Web 服务器就将目标页面的响应内容采用 gzip 压缩方式压缩后再发送到客户端，同时设置 Content-Encoding 实体报头的值为 gzip，以告知浏览器实体正文采用了 gzip 压缩编码。

（3）在浏览器接收到响应内容后，根据 Content-Encoding 实体报头的值对响应内容进行解压缩，然后显示响应页面的内容。

我们可以通过过滤器来对目标页面的响应内容进行压缩，实现原理就是使用包装类对象替换原始的响应对象，并使用 java.util.zip.GZIPOutputStream 作为响应内容的输出流对象。GZIPOutputStream 是过滤流类，使用 GZIP 压缩格式写入压缩数据。

下面我们在 Spring Boot 项目中使用 Servlet 过滤器来对响应内容进行压缩处理。实例开发步骤如下。

1．准备项目

首先新建一个名为 ch05 的 Spring Boot 项目，添加 Spring Web 依赖和 Thymeleaf 依赖。

2．编写 GZIPServletOutputStream 类

GZIPServletOutputStream 类继承自 ServletOutputStream 类，该类的对象用于替换 HttpServletResponse.getOutputStream()方法返回的 ServletOuputStream 对象，其内部使用 GZIPOutputStream 的 write(int b)方法实现 ServletOuputStream 类的 write(int b)方法，以达到压缩数据的目的。

在 com.sun.ch05 包下新建 filter 子包，在 filter 子包下新建 GZIPServletOutputStream 类，该类从 ServletOutputStream 类继承，代码如例 5-1 所示。

例 5-1　GZIPServletOutputStream.java

```
package com.sun.ch05.filter;

import javax.servlet.ServletOutputStream;
import javax.servlet.WriteListener;
import java.io.IOException;
import java.util.zip.GZIPOutputStream;

public class GZIPServletOutputStream  extends ServletOutputStream {

    private GZIPOutputStream gzipos;
    public GZIPServletOutputStream(ServletOutputStream sos) throws 
IOException
    {
        //使用响应输出流对象构造 GZIPOutputStream 过滤流对象
        this.gzipos = new GZIPOutputStream(sos);
    }


    /**
     * Servlet 3.1 规范新增的方法，用于检查非阻塞写入是否成功，这里返回 true 即可
     * @return
     */
    @Override
    public boolean isReady() {
        return true;
    }

    /**
     * Servlet 3.1 规范新增的方法，为这个 ServletOutputStream 设置 WriteListener
     * 从而切换到非阻塞 I/O。只有从异步处理或 HTTP 升级处理切换到非阻塞 I/O 才有效
     * 这里无须给出实现
     * @param writeListener
     */
```

```
        @Override
        public void setWriteListener(WriteListener writeListener) { }

        @Override
        public void write(int data) throws IOException {
            //将写入操作委托给 GZIPOutputStream 对象的 write()方法，从而实现响应输出
流的压缩
            gzipos.write(data);
        }

        public GZIPOutputStream getGZIPOutputStream() {
            return gzipos;
        }
    }
```

3. 编写 CompressionResponseWrapper 类

CompressionResponseWrapper 类从 HttpServletResponseWrapper 类继承，并重写了 getWriter()和 getOutputStream()方法，用我们编写的 GZIPServletOutputStream 替换 ServletOuputStream 对象。

在 filter 子包下新建 CompressionResponseWrapper 类，该类从 HttpServletResponseWrapper 类继承，代码如例 5-2 所示。

例 5-2 CompressionResponseWrapper.java

```
    package com.sun.ch05.filter;

    import javax.servlet.ServletOutputStream;
    import javax.servlet.http.HttpServletResponse;
    import javax.servlet.http.HttpServletResponseWrapper;
    import java.io.IOException;
    import java.io.PrintWriter;
    import java.util.zip.GZIPOutputStream;

    public class CompressionResponseWrapper extends
HttpServletResponseWrapper {

        private final GZIPServletOutputStream gzipsos;
        private final PrintWriter pw;

        public CompressionResponseWrapper(HttpServletResponse response)
                throws IOException {
            super(response);
            //用响应输出流创建 GZIPServletOutputStream 对象
            gzipsos = new GZIPServletOutputStream (response.getOutputStream());
            ////用 GZIPServletOutputStream 对象作为参数，构造 PrintWriter 对象
            pw = new PrintWriter(gzipsos);
        }
```

```
    /**
     * 重写 setContentLength()方法，以避免 Content-Length 实体报头所指出的长度
     * 和压缩后的实体正文长度不匹配
     */
    @Override
    public void setContentLength(int len) {}

    @Override
    public ServletOutputStream getOutputStream() throws IOException {
        return gzipsos;
    }

    @Override
    public PrintWriter getWriter() throws IOException {
        return pw;
    }

    /**
     * 过滤器调用这个方法来得到 GZIPOutputStream 对象，以便完成将压缩数据写入输出
流的操作
     */
    public GZIPOutputStream getGZIPOutputStream() {
        return gzipsos.getGZIPOutputStream();
    }
}
```

4．编写 CompressionFilter 类

CompressionFilter 是过滤器类，它使用 CompressionResponseWrapper 对象来实现对响应内容的压缩。

在 filter 子包下新建 CompressionFilter 类，实现 Filter 接口，完整的代码如例 5-3 所示。

例 5-3　CompressionFilter.java

```
package com.sun.ch05.filter;

import javax.servlet.*;
import javax.servlet.annotation.WebFilter;
import javax.servlet.http.HttpServletRequest;
import javax.servlet.http.HttpServletResponse;
import java.io.IOException;
import java.util.zip.GZIPOutputStream;

@WebFilter(urlPatterns = "/*", filterName = "compressionFilter")
public class CompressionFilter implements Filter {
    @Override
    public void init(FilterConfig filterConfig) throws ServletException {
        Filter.super.init(filterConfig);
    }
```

```
    @Override
    public void doFilter(ServletRequest servletRequest,
                    ServletResponse servletResponse,
                    FilterChain filterChain)
            throws IOException, ServletException {
        HttpServletRequest httpReq = (HttpServletRequest) servletRequest;
        HttpServletResponse httpResp = (HttpServletResponse) servletResponse;

        String acceptEncodings = httpReq.getHeader("Accept-Encoding");
        if (acceptEncodings != null && acceptEncodings.indexOf("gzip") >
-1) {
            // 得到响应对象的封装类对象
            CompressionResponseWrapper respWrapper = new
CompressionResponseWrapper(
                    httpResp);

            // 设置 Content-Encoding 实体报头，告诉浏览器实体正文采用了 gzip 压缩编码
            respWrapper.setHeader("Content-Encoding", "gzip");
            filterChain.doFilter(httpReq, respWrapper);

            //得到 GZIPOutputStream 输出流对象
            GZIPOutputStream gzipos = respWrapper.getGZIPOutputStream();
            //调用 GZIPOutputStream 输出流对象的 finish()方法完成将压缩数据写入响
应输出流的操作
            // 无须关闭输出流
            gzipos.finish();
        } else {
            filterChain.doFilter(httpReq, httpResp);
        }
    }

    @Override
    public void destroy() {
        Filter.super.destroy();
    }
}
```

@WebFilter 是 Servlet 3.0 API 中新增的注解，用于声明一个 Servlet 过滤器，该注解的 urlPatterns 元素用于指定过滤器关联的 URL 样式。filterName 元素用于指定过滤器的名字，如果没有使用 filterName 元素，则使用类的完整限定名作为过滤器的名字。

5．编写测试页面

读者可以直接使用 4.4.1 节的注册页面，将 register.html 复制到 resources\templates 目录下。

6. 编写控制器

在 com.sun.ch05 包下新建 controller 子包，在 controller 子包下新建 RegisterController 类，代码如例 5-4 所示。

例 5-4　RegisterController

```
package com.sun.ch05.controller;

import org.springframework.stereotype.Controller;
import org.springframework.web.bind.annotation.GetMapping;

@Controller
public class RegisterController {
    @GetMapping("/register")
    public String doDefault(){
        return "register";
    }
}
```

7. 在启动类上添加@ServletComponentScan 注解

@ServletComponentScan 注解用于对 Servlet 组件（Servlet、过滤器和监听器）的扫描，扫描仅在使用嵌入式 Web 服务器时执行。

在 Ch05Application 启动类上添加@ServletComponentScan 组件，代码如例 5-5 所示。

例 5-5　Ch05Application.java

```
...
@SpringBootApplication
@ServletComponentScan
public class Ch05Application {
    public static void main(String[] args) {
        SpringApplication.run(Ch05Application.class, args);
    }
}
```

粗体显示的部分为新增的代码。

8. 运行项目，测试 CompressionFilter

运行项目，打开 Chrome 浏览器，访问 http://localhost:8080/register，可以正常看到页面的显示，打开浏览器的开发者工具，在响应报头中可以看到：Content-Encoding: gzip。

5.2　Servlet 监听器

在 Web 应用中，有时候你可能想要在 Web 应用程序启动和关闭时来执行一些任务（如数据库连接的建立和释放），或者想要监控 Session 的创建和销毁，甚至希望在 ServletContext、HttpSession 及 ServletRequest 对象中的属性发生改变时得到通知，那么可以通过 Servlet 监听器来实现你的目的。

Servlet API 定义了 8 个监听器接口，可以用于监听 ServletContext、HttpSession 和 ServletRequest 对象的生命周期事件，以及这些对象的属性改变事件。这 8 个监听器接口如表 5-1 所示。

表 5-1　Servlet API 中的 8 个监听器接口

监听器接口	方　法	说　明
javax.servlet.ServletContextListener	contextDestroyed contextInitialized	如果想要在 Servlet 上下文对象初始化时或者即将被销毁时得到通知，则可以实现这个接口
javax.servlet.ServletContextAttributeListener	attributeAdded attributeRemoved attributeReplaced	如果想要在 Servlet 上下文中的属性列表发生改变时得到通知，则可以实现这个接口
javax.servlet.http.HttpSessionListener	sessionCreated sessionDestroyed	如果想要在 Session 创建后或者在 Session 无效前得到通知，则可以实现这个接口
javax.servlet.http.HttpSessionActivationListener	sessionDidActivate sessionWillPassivate	实现这个接口的对象，如果绑定到 Session 中，当 Session 被钝化或激活时，则 Servlet 容器将通知该对象
javax.servlet.http.HttpSessionAttributeListener	attributeAdded attributeRemoved attributeReplaced	如果想要在 Session 中的属性列表发生改变时得到通知，则可以实现这个接口
javax.servlet.http.HttpSessionBindingListener	valueBound valueUnbound	如果想让一个对象在绑定到 Session 中或者从 Session 中被删除时得到通知，那么可以让这个对象实现该接口
javax.servlet.ServletRequestListener	requestDestroyed requestInitialized	如果想要在请求对象初始化时或者即将被销毁时得到通知，则可以实现这个接口
javax.servlet.ServletRequest AttributeListener	attributeAdded attributeRemoved attributeReplaced	如果想要在 Servlet 请求对象中的属性发生改变时得到通知，则可以实现这个接口

HttpSessionAttributeListener 和 HttpSessionBindingListener 接口的主要区别是：前者用于监听 Session 中何时添加、删除或者替换了某种类型的属性，而后者是由属性自身来实现的，以便属性知道它何时添加到一个 Session 中，或者何时从 Session 中被删除。

在 Spring Boot 项目中，Servlet 监听器用得不多，这里我们给出一个简单的示例，编写一个监听器类，实现 ServletRequestListener 接口，监听请求对象的创建与销毁。

在 com.sun.ch05 包下新建 listener 子包，在 listener 子包下新建 MyServletContextListener 类，代码如例 5-6 所示。

例 5-6　MyServletContextListener.java

```
package com.sun.ch05.listener;

import javax.servlet.ServletRequestEvent;
import javax.servlet.ServletRequestListener;
import javax.servlet.annotation.WebListener;

@WebListener
public class MyServletContextListener implements ServletRequestListener {
```

```
    @Override
    public void requestDestroyed(ServletRequestEvent sre) {
        System.out.println("请求即将超出 Web 应用程序的范围");
    }

    @Override
    public void requestInitialized(ServletRequestEvent sre) {
        System.out.println("请求即将进入 Web 应用程序的范围");
    }
}
```

@WebListener 注解用于声明监听器。

启动应用程序，打开浏览器，访问 http://localhost:8080/register，在控制台窗口中可以看到“请求即将进入 Web 应用程序的范围”和“请求即将超出 Web 应用程序的范围”的输出。

5.3 拦截器

在 Spring MVC 中，提供了类似于 Servlet 过滤器的拦截器机制，用于请求的预处理和后处理。拦截器与 Servlet 过滤器一样，多个拦截器可以组成拦截器链，在请求到来时按拦截器链中的顺序调用一次，请求到达目标资源发回响应时按反序再调用一次。

在 Spring MVC 中定义一个拦截器有两种方法：第一种是实现 HandlerInterceptor 接口（位于 org.springframework.web.servlet 包中），第二种是实现 WebRequestInterceptor 接口（位于 org.springframework.web.context.request 包中）。

HandlerInterceptor 接口定义了如下三个方法：

- default boolean preHandle(HttpServletRequest request,
    HttpServletResponse response,
    Object handler)
    throws Exception

接口中的 default()方法是 Java 8 新增的特性。对拦截处理器的执行，在 HandlerMapping 确定适当的处理器对象之后但在 HandlerAdapter 调用处理器之前调用该方法。在 default()方法中，可以通过发送 HTTP 错误或者自定义响应来终止执行链。该方法的默认实现返回 true。

- default void postHandle(HttpServletRequest request,
    HttpServletResponse response,
    Object handler,
    @Nullable ModelAndView modelAndView)
    throws Exception

对拦截处理器的执行，在 HandleAdapter 实际调用处理器之后但在 DispatcherServlet 呈现视图之前调用 default()方法。可以通过传入该方法的 ModelAndView 向视图公开其他的模型对象。该方法的默认实现是空实现。

➢ default void afterCompletion(HttpServletRequest request,
HttpServletResponse response,
Object handler,
@Nullable Exception ex)
throws Exception

default()方法在请求处理完成后（即呈现视图后）被调用，如果有某些资源需要清理，则可以放到该方法中。不过要注意的是，这个方法只有当拦截器的 preHandle()方法成功完成并返回 true 时才会被调用。该方法的默认实现是空实现。

接下来我们依然给出一个简单的示例。

在 com.sun.ch05 包下新建 interceptor 子包，在该子包下新建 MyInterceptor 类，实现 HandlerInterceptor 接口，并重写该接口中的三个方法，代码如例 5-7 所示。

例 5-7 MyInterceptor.java

```
package com.sun.ch05.interceptor;

import org.springframework.web.servlet.HandlerInterceptor;
import org.springframework.web.servlet.ModelAndView;

import javax.servlet.http.HttpServletRequest;
import javax.servlet.http.HttpServletResponse;

public class MyInterceptor implements HandlerInterceptor {
    @Override
    public boolean preHandle(HttpServletRequest request,
                             HttpServletResponse response,
                             Object handler) throws Exception {
        System.out.println("在控制器调用之前被调用");
        return HandlerInterceptor.super.preHandle(request, response, handler);
    }

    @Override
    public void postHandle(HttpServletRequest request,
                           HttpServletResponse response,
                           Object handler,
                           ModelAndView modelAndView) throws Exception {
        System.out.println("在控制器调用之后，但在 DispatcherServlet 呈现视图
之前调用");
        HandlerInterceptor.super.postHandle(request, response, handler,
modelAndView);
    }

    @Override
    public void afterCompletion(HttpServletRequest request,
                                HttpServletResponse response,
                                Object handler,
```

```
                                 Exception ex) throws Exception {
            System.out.println("在请求处理完成后，即呈现视图后被调用，通常用于资源清
理");
            HandlerInterceptor.super.afterCompletion(request, response,
handler, ex);
        }
    }
```

我们还需要编写一个实现了 WebMvcConfigurer 接口的配置类，将拦截器添加到 Spring 容器中，并配置拦截规则。

在 com.sun.ch05 包下新建 config 子包，在该子包下新建 MyWebMvcConfigure 类，实现 WebMvcConfigurer 接口，并重写 addInterceptors()方法，代码如例 5-8 所示。

例 5-8　MyWebMvcConfigure.java

```
package com.sun.ch05.config;

import com.sun.ch05.interceptor.MyInterceptor;
import org.springframework.context.annotation.Configuration;
import org.springframework.web.servlet.config.annotation.InterceptorRegistration;
import org.springframework.web.servlet.config.annotation.InterceptorRegistry;
import org.springframework.web.servlet.config.annotation.WebMvcConfigurer;

@Configuration
public class MyWebMvcConfigure implements WebMvcConfigurer {
    @Override
    public void addInterceptors(InterceptorRegistry registry) {
        InterceptorRegistration registration =
                registry.addInterceptor(new MyInterceptor());
        // 所有路径都被拦截
        registration.addPathPatterns("/**");
        WebMvcConfigurer.super.addInterceptors(registry);
    }
}
```

记得使用@Configuration 注解，声明该类是一个配置类。

接下来就可以启动应用程序，访问 http://localhost:8080/register，观察控制台窗口中输出的内容。

5.4　小结

本章介绍了 Servlet API 中的过滤器和监听器，以及 Spring MVC 中的拦截器。Servlet 过滤器是由 Web 容器来管理的，而拦截器则是由 Spring 容器来管理的。

第6章 输入验证与拦截器

在 Web 应用程序中，为了防止客户端传来的数据引发程序的异常，我们需要对用户输入的数据进行验证。试想一下，如果你的 Web 应用没有对用户输入的数据进行验证，当用户由于误操作而输入了一些无效的数据时，你的程序就会向用户显示一大堆的异常栈信息，这是一件多么糟糕的事情。一些恶意的用户甚至可以通过输入精心伪造的数据来攻击你的系统，破坏系统的运行，窃取系统的机密资料。而这一切，都是因为你的系统没有对用户输入的数据进行验证。

在 Web 应用程序中构建一个强有力的验证机制是保障系统稳定运行的前提条件。

对用户输入数据进行验证分为两个部分：一是验证输入数据的有效性，二是在用户输入了不正确的数据后向用户提示错误信息。

验证分为客户端验证和服务器端验证，客户端验证主要通过 JavaScript 脚本代码来实现验证，服务器端验证主要通过编写 Java 代码来对输入的数据进行验证。客户端验证可以承担数据格式是否正确的验证，一方面可以为服务器端过滤数据，另一方面可以减少网络流量，降低服务器端程序的运行负载。服务器端验证除了要重复客户端的验证外，还可以包括对数据逻辑的验证，例如，验证注册用户名是否重复、验证码是否匹配等。

有些读者可能不明白为什么客户端已经做了验证，服务器端还要做同样的验证。通常用户都是通过服务器端发送的表单来提交数据的，这样在页面中嵌入的 JavaScript 脚本代码就可以起作用，对用户输入的数据进行验证。但有经验的用户可以跳过 JavaScript 脚本代码，重新构建一个没有 JavaScript 脚本代码的页面来提交请求；更有甚者，可以直接通过 Socket 通信来向服务器端发送非法的数据，从而攻击系统，窃取信息。因此，为了保障系统的稳健和安全，我们应该确保在服务器端也对用户输入的数据进行充分而完全的验证。

下面我们以第 4 章的用户注册程序为例，讲述如何在 Spring MVC 中对用户输入的数据进行验证。读者可以直接在第 4 章项目的基础上完善代码，或者新建一个项目，将用户注册程序代码和页面都复制到新项目中。

6.1 JSR-303

JSR 是 Java Specification Requests 的缩写，意思是 Java 规范提案，是指向 JCP（Java Community Process）提出新增一个标准化技术规范的正式请求。任何人都可以提交 JSR，以向 Java 平台增添新的 API 和服务。JSR 已成为 Java 界的一个重要标准。

JSR-303 是 Java EE 6 中的一项子规范，叫作 Bean Validation，用于对 Java Bean 中的字段值进行验证。Hibernate Validator 是 Bean Validation 的参考实现。Hibernate Validator 提供了 JSR- 303 规范中所有内置验证注解的实现，除此之外还有一些附加的验证注解。

Bean Validation 中定义的验证注解如表 6-1 所示。

表 6-1　Bean Validation 中定义的验证注解

注解	说明
@Null	标注的元素必须为 null
@NotNull	标注的元素必须不为 null
@AssertTrue	标注的元素必须为 true
@AssertFalse	标注的元素必须为 false
@Min(value)	标注的元素必须是一个数字，其值必须大于或等于指定的最小值
@Max(value)	标注的元素必须是一个数字，其值必须小于或等于指定的最大值
@DecimalMin(value)	标注的元素必须是一个数字，其值必须大于或等于指定的最小值
@DecimalMax(value)	标注的元素必须是一个数字，其值必须小于或等于指定的最大值
@Size(max=, min=)	标注的元素的大小必须在指定的范围内
@Digits (integer, fraction)	标注的元素必须是一个数字，其值必须在可接受的范围内
@Past	标注的元素必须是一个过去的日期
@Future	标注的元素必须是一个将来的日期
@Pattern(regex=,flag=)	标注的元素必须符合指定的正则表达式

Hibernate Validator 提供的验证注解如表 6-2 所示。

表 6-2　Hibernate Validator 提供的验证注解

注解	说明
@NotBlank(message =)	验证字符串非 null，且 trim 后的长度必须大于 0
@Email	标注的元素必须是电子邮箱地址
@Length(min=,max=)	标注的字符串的大小必须在指定的范围内
@NotEmpty	标注的字符串必须非空
@Range(min=,max=,message=)	标注的元素必须在合适的范围内

6.2 添加验证依赖

早先版本的 Spring Boot 在 spring-boot-starter-web 依赖中集成了 hibernate-validator，因而项目中只需要添加 web 依赖就可以使用数据验证功能。但从 2.3.0 版本开始（本书使用的是 2.6.x 版本），Spring Boot 从 web 依赖中删除了 hibernate-validator，换句话说，如果要使用数据验证功能，则需要单独添加依赖，这个依赖是：spring-boot-starter-validation。

编辑 POM 文件，添加 spring-boot-starter-validation 依赖，如下所示：

```
<dependency>
    <groupId>org.springframework.boot</groupId>
    <artifactId>spring-boot-starter-validation</artifactId>
</dependency>
```

6.3 对 User 的字段添加验证

下面我们使用 6.1 节介绍的注解，给 User 类的字段添加验证，代码如例 6-1 所示。

例 6-1 User.java

```
package com.sun.ch06.model;

import lombok.AllArgsConstructor;
import lombok.Data;
import org.hibernate.validator.constraints.Length;

import javax.validation.constraints.Email;
import javax.validation.constraints.NotBlank;
import java.util.Date;
@AllArgsConstructor
@Data
public class User {
    private Integer id;
    @NotBlank(message="用户名不能为空")
    @Length(min=4, max=12, message="用户名长度必须在 4 到 12 字符之间")
    private String username;
    @NotBlank(message="密码不能为空")
    @Length(min=4, max=8, message="密码长度必须在 4 到 8 字符之间")
    private String password;
    private Boolean sex;
    @NotBlank(message="邮件地址不能为空")
    @Email(message="邮件地址必须是有效的邮件地址")
    private String email;
    private String pwdQuestion;
    private String pwdAnswer;
    private Date regDate;
    private Date lastLoginDate;
    private String lastLoginIp;
}
```

这里我们只对用户名、密码和邮件地址添加了验证。id 字段是与数据库表的主键进行映射的，并非由外部传入，所以无须验证。sex 有默认值，所以就不对其做验证了。

pwdQuestion 和 pwdAnswer 可以为空，也无须验证。regDate 并非由用户输入，而是由后台程序自动添加的注册日期。lastLoginDate 和 lastLoginIp 用于记录用户最后登录的时间和 IP，在注册的时候并没有这两个信息，因此也是可以为空的。

接下来还需要修改控制器 UserController，在 register()方法的 User 参数上使用@Valid 注解开启对参数的验证。修改后的 UserController 类的代码如例 6-2 所示。

例 6-2　UserController.java

```
package com.sun.ch06.controller;

...

import javax.validation.Valid;
import java.util.Date;

@Controller
@RequestMapping("/user")
public class UserController {
    @GetMapping("/register")
    public String doDefault(User user){
        return "register";
    }

    @PostMapping("/register")
    public String register(@Valid User user, BindingResult result){
        if(result.hasErrors()){
            return "register";
        }
        Date now = new Date();
        user.setRegDate(now);
        return "success";
    }
}
```

在 doDefault()方法中添加了一个 User 类型的 user 参数，这是因为在下一个步骤的注册页面中，我们要访问 User 对象。当在浏览器中访问 http://localhost:8080/user/register 时，显示注册表单，如果此时没有产生 User 对象，那么在解析注册页面时，就会因为“user”为“null”，导致出现异常。在添加了 user 参数后，Spring MVC 会自动为我们创建 User 对象，并添加到模型对象中。

在@Valid 注解后，需要声明 BindingResult 类型的参数，用于访问验证失败后的错误消息。

6.4　在注册页面中添加验证错误消息的显示

修改 register.html，添加验证失败后的错误消息显示，代码如例 6-3 所示。

例 6-3 register.html

```
<!DOCTYPE html>
<html lang="zh" xmlns:th="http://www.thymeleaf.org">
<head>
    <meta charset="UTF-8">
    <title>用户注册</title>
    <style>
        .error {color: red;}
    </style>
</head>
<body th:object="${user}">
<!-- ① -->
<ul class="error">
    <li th:each="error : ${#fields.errors}" th:text="${error}"></li>
</ul>

<!-- ② -->
<div class="error" th:if="${#fields.hasErrors('*')}" th:errors="*{*}">
</div>

<form th:action="@{/user/register}" method="post">
    <table border="0">
        <tr>
            <td>用户名:</td>
            <td>
                <input type="text" name="username" th:value="*{username}"/>
                <!-- ③ -->
                <span class="error" th:if="${#fields.hasErrors
('username')}" th:errors="*{username}">用户名错误</span>
            </td>
        </tr>
        <tr>
            <td>密码:</td>
            <td>
                <input type="password" name="password"/>
                <span class="error" th:if="${#fields.hasErrors
('password')}" th:errors="*{password}">密码错误</span>
            </td>
        </tr>
        <tr>
            <td>性别: </td>
            <td>
                <input type="radio" name="sex" value="true" checked/>男
                <input type="radio" name="sex" value="false" />女
            </td>
        </tr>
        <tr>
            <td>邮件地址: </td>
```

```
                <td>
                    <input type="text" name="email" th:value="*{email}"/>
                    <span class="error" th:if="${#fields.hasErrors('email')}"
th:errors="*{email}">邮件地址错误</span>
                </td>
            </tr>
            <tr>
                <td>密码问题：</td>
                <td><input type="text" name="pwdQuestion"/></td>
            </tr>
            <tr>
                <td>密码答案：</td>
                <td><input type="text" name="pwdAnswer"/></td>
            </tr>
            <tr>
                <td><input type="submit" value="注册"/></td>
                <td><input type="reset" value="重填"/></td>
            </tr>
        </table>
    </form>
    </body>
    </html>
```

代码中采用了三种方式来显示验证失败后的错误消息，即①、②、③处所示，①和②会在表单顶部将所有字段验证失败的消息都显示出来，③则是在输入表单控件后面显示对应的字段验证失败的消息。

6.5　测试输入数据的验证

启动项目，访问 http://localhost:8080/user/register，不填写任何信息，单击“注册”按钮，结果如图 6-1 所示。

读者可以自行按照验证规则逐步填写注册信息，并进行一一测试。

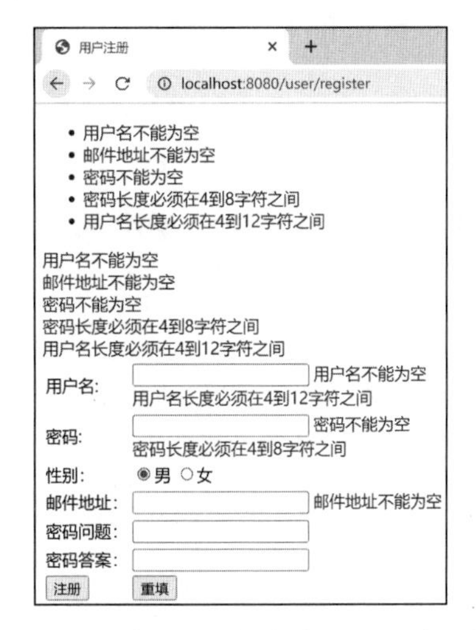

图 6-1　注册页面未填写任何信息，显示验证失败信息

6.6　自定义验证器

hibernate-validator 提供的验证功能可以满足大多数的验证需求，但仍然会有一些特定的验证需求，比如密码和确认密码两个字段的值是否相等的验证，或者用户输入的验证码与服务器端 Session 中保存的验证码是否相等的验证等。要解决特殊的验证需求，

我们可以自定义验证器，实现自己的验证规则。

要实现自定义的验证器，需要两个步骤：（1）自定义一个注解；（2）给出一个实现 ConstraintValidator 接口的类。

6.6.1 自定义注解

首先在 com.sun.ch06 包下新建一个子包 validators，然后在 validators 子包下新建 @FieldMatch 注解，代码如例 6-4 所示。

例 6-4 FieldMatch.java

```
package com.sun.ch06.validators;

import javax.validation.Constraint;
import javax.validation.Payload;
import java.lang.annotation.*;

// 该注解用在类上
@Target({ ElementType.TYPE })
@Retention(RetentionPolicy.RUNTIME)
@Documented
// @Constraint 注解的 validatedBy 元素指定实现验证逻辑的验证器类
@Constraint(validatedBy = FieldMatchValidator.class)
public @interface FieldMatch {
    String message() default "first 和 second 必须相等";
    Class<?>[] groups() default {};

    Class<? extends Payload>[] payload() default {};
    String first();
    String second();
}
```

6.6.2 编写实现 ConstraintValidator 接口的类

在 validators 子包下新建 FieldMatchValidator 类，实现 ConstraintValidator 接口，并重写该接口的 initialize()和 isValid 方法()，代码如例 6-5 所示。

例 6-5 FieldMatchValidator.java

```
package com.sun.ch06.validators;

import org.apache.commons.beanutils.BeanUtils;
import javax.validation.ConstraintValidator;
import javax.validation.ConstraintValidatorContext;

public class FieldMatchValidator implements ConstraintValidator
<FieldMatch, Object> {
    private String firstFieldName;
    private String secondFieldName;
```

```
    @Override
    public void initialize(FieldMatch constraintAnnotation) {
        firstFieldName = constraintAnnotation.first();
        secondFieldName = constraintAnnotation.second();
    }

    @Override
    public boolean isValid(Object value, ConstraintValidatorContext
context) {
        try {
            final Object firstObj = BeanUtils.getProperty(value,
firstFieldName);
            final Object secondObj = BeanUtils.getProperty(value,
secondFieldName);

            boolean isValid = (firstObj == null && secondObj == null)
                    || (firstObj != null && firstObj.equals(secondObj));

            if (!isValid) {
                context.disableDefaultConstraintViolation();
                context.buildConstraintViolationWithTemplate(
                        context.getDefaultConstraintMessageTemplate())
                            .addPropertyNode(secondFieldName).addConstrain
tViolation();
            }

            return isValid;
        }
        catch (Exception ignore) {
            // ignore
        }
        return true;
    }
}
```

initialize()方法在 ConstraintValidator 接口中是默认方法，所以并不是必须要重写该方法，如果需要完成一些初始化的工作，则可以重写该方法。

如果代码中两个字段的值不相等，则将验证错误分配给第二个字段。也就是说，对于本例而言，如果要在模板页面中显示错误消息，则应该使用确认密码字段取出消息。

此外，要提醒读者的是，虽然这里我们编写的自定义验证器是为了验证密码和确认密码的相等性，但实际上这个验证器是通用的，可以用于任意两个字段值的相等性验证。

代码中用到了 Apache Commons BeanUtils 库。BeanUtils 库主要用于对 Java 对象的属性进行动态访问。我们需要在 POM 文件中添加对 BeanUtils 库的依赖。依赖项的内容如下所示：

```
<dependency>
```

```
        <groupId>commons-beanutils</groupId>
        <artifactId>commons-beanutils</artifactId>
        <version>1.9.4</version>
    </dependency>
```

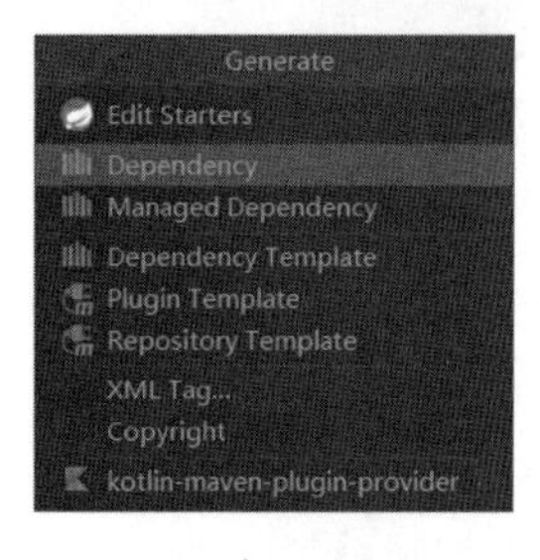

图 6-2　添加依赖

记得更新依赖。

也可以在打开 pom.xml 文件后，于空白处单击鼠标右键，从弹出的菜单中选择【Generate】→【Dependency】，图 6-2 所示为添加依赖的界面。

然后在出现的“Maven Artifact Search”对话框中搜索“beanutils”，找到“commons-beanutils...”，添加该依赖即可，如图 6-3 所示。

图 6-3　搜索依赖并添加

6.6.3　在 User 类上使用自定义验证注解

编辑 User.java，添加代表确认密码的字段 confirmPassword，并在 User 类上使用 @FieldMatch 注解，对密码和确认密码字段进行相等性验证。代码如例 6-6 所示。

例 6-6　User.java

```
package com.sun.ch06.model;

import com.sun.ch06.validators.FieldMatch;
...
@AllArgsConstructor
```

```
@Data
@FieldMatch(first = "password", second = "confirmPassword", message = "
密码和确认密码必须相等")
public class User {
    ...
    private String password;
    private String confirmPassword;
    ...
}
```

6.6.4　在注册页面中添加确认密码输入项

编辑 register.html 页面，在密码一行下面再添加一行，以增加确认密码输入框和验证失败消息的显示，代码如下所示：

```
...
<tr>
    <td>确认密码:</td>
    <td>
        <input type="password" name="confirmPassword"/>
        <span class="error"
             th:if="${#fields.hasErrors('confirmPassword')}"
             th:errors="*{confirmPassword}">
           确认密码错误
        </span>
    </td>
</tr>
...
```

6.6.5　测试自定义验证功能

启动项目，访问 http://localhost:8080/user/register，输入注册信息，但让密码和确认密码不同，然后单击“注册”按钮，结果如图 6-4 所示。

输入相同的密码和确认密码，单击“注册”按钮，可以看到注册成功。

图 6-4　验证密码与确认密码的相等性

6.7　登录验证拦截器

在 Web 系统中，很多资源都要求用户登录之后才能访问，如果在每个受保护资源中都添加用户是否登录的判断，那么将不胜其烦；如果后期更改了受保护资源的访问规则，比如添加了权限判定，那么修改操作将是一个繁重而又容易导致新问题出现的工作。在传统的 Java Web 程序中，我们可以使用 Servlet 过滤器（Filter）来解决这个问题，因为过滤器既可以截获用户的请求，也可以改变响应的内容，因此可以用过滤器来统一判定用户权限，如果修改了权限判定规则，就只需要修改过滤器的实现代码即可。

5.3 节我们介绍了 Spring 的拦截器机制，下面我们使用拦截器对用户请求进行验证。如果用户已经登录，则允许用户访问资源，否则直接向用户返回登录页面。

一般，对用户进行验证的处理方式为：当用户验证成功后，向用户发送成功登录信息，并给出一个首页链接，让用户可以进入首页；当用户验证失败后，向用户发送错误信息，并给出一个返回到登录页面的链接，让用户可以重新登录（或者直接向用户返回登录页面）。在实际应用中，有这样一种情况，当用户访问一个受保护的页面时，服务器端发送登录页面，用户在输入了正确的用户名和密码后，希望能够自动进入先前访问的页面，而不是进入首页。在论坛页面中经常会遇到这种情况：现在大多数的论坛都允许未登录的用户浏览帖子，而发布和回复帖子则需要登录，我们在未登录论坛的情况下浏览帖子，当看到一个帖子想回复时，而论坛程序要求我们登录，在成功登录后，论坛程序却给出了进入首页的链接，这种情况对用户来说是不方便的。

为了让用户在登录后直接进入先前的页面（用户直接访问登录页面除外），我们需要在将登录页面发送给客户端之前保存用户先前访问页面的 URL。下面的代码获取用户的请求 URI 和查询字符串，并保存到请求对象中，然后将请求转发给登录页面。

```
    String requestUri = request.getRequestURI();
    String strQuery = request.getQueryString();
    if (null != strQuery) {
        requestUri = requestUri + "?" + strQuery;
    }
    request.setAttribute("originUri", requestUri);

    request.getRequestDispatcher("/user/login").forward(request,
response);
```

在登录页面中，只需要包含一个隐藏输入域即可，它的值为用户先前的请求 URI，代码如下：

```
    <input type="hidden" name="originUri"
           th:value="${#request.getAttribute('originUri')}">
```

当用户提交登录表单时，我们就得到了用户先前的请求 URI，在验证通过后，可以将客户端重定向到先前访问的页面。

对用户进行统一验证的拦截器实例的开发有下列步骤。

（1）编写登录页面

在 templates 目录下新建 login.html，代码如例 6-7 所示。

例 6-7　login.html

```
<!DOCTYPE html>
<html lang="zh" xmlns:th="http://www.thymeleaf.org">
<head>
    <meta charset="UTF-8">
    <title>用户登录</title>
```

```
</head>
<body>
<p style="color: red;margin-top: 15px;font-size: 16px;"
   th:text="${error}" th:if="${not #strings.isEmpty(error)}"></p>
<form th:action="@{/user/login}" method="post">
    <table>
        <tr>
            <td>用户名：</td>
            <td><input type="text" name="username"></td>
        </tr>
        <tr>
            <td>密码：</td>
            <td><input type="password" name="password"</td>
        </tr>
        <tr>
            <td colspan="2">
                <input type="hidden" name="originUri"
                       th:value="${#request.getAttribute('originUri')}">
            </td>
        </tr>
        <tr>
            <td><input type="reset" value="重填"></td>
            <td><input type="submit" value="登录"></td>
        </tr>
    </table>
</form>
</body>
</html>
```

（2）在 UserControlller 中添加对用户登录请求进行处理的方法

编辑 UserController 类，添加显示登录页面和处理登录请求的方法，代码如例 6-8 所示。

例 6-8　UserController.java

```
...
@Controller
@RequestMapping("/user")
//@Validated
public class UserController {
    ...

    @GetMapping("/login")
    public String doLogin(){
        return "login";
    }

    @PostMapping("/login")
    public String login(HttpServletRequest request, HttpSession session,
```

```
Model model){
        String username = request.getParameter("username");
        String password = request.getParameter("password");
        if("admin".equals(username) && "1234".equals(password)){
            // 验证通过后，在 Session 对象中保存用户名
            session.setAttribute("user", username);
            // 从请求对象中取出用户先前访问的页面的 URI
            String originUri = request.getParameter("originUri");
            // 如果 origin_uri 不为空，则将客户端重定向到用户先前访问的页面
            // 否则将客户端重定向到首页
            if(null != originUri && !originUri.isEmpty()){
                return "redirect:" + originUri;
            } else {
                return "redirect:/index";
            }
        }else{
            // 如果验证失败，则从请求对象中获取用户先前访问页面的 URI
            // 如果该 URI 存在，则再次将它作为 originUri 属性的值保存到请求对象中
            String originUri = request.getParameter("originUri");
            if(null != originUri && !originUri.isEmpty()){
                request.setAttribute("originUri", originUri);
            }
            model.addAttribute("error","用户名或密码错误！");
            return "login";
        }
    }
}
```

（3）编写拦截器 LoginInterceptor

在 com.sun.ch06 包下新建 interceptor 子包，在该子包下新建 LoginInterceptor 类，实现 HandlerInterceptor 接口，并重写 preHandle()方法，代码如例 6-9 所示。

例 6-9　LoginInterceptor.java

```
package com.sun.ch06.interceptor;

import org.springframework.web.servlet.HandlerInterceptor;

import javax.servlet.http.HttpServletRequest;
import javax.servlet.http.HttpServletResponse;

public class LoginInterceptor implements HandlerInterceptor {
    @Override
    public boolean preHandle(HttpServletRequest request,
HttpServletResponse response, Object handler) throws Exception {
        // 如果访问的不是登录页面，则判断用户是否已经登录
        Object user = request.getSession().getAttribute("user");
        if (user == null) {
            // 如果用户没有登录，则将用户的请求 URI 作为 originUri 属性的值保存到请
```

```
求对象中
            String requestUri = request.getRequestURI();

            String strQuery = request.getQueryString();
            if (null != strQuery) {
                requestUri = requestUri + "?" + strQuery;
            }
            request.setAttribute("originUri", requestUri);

            request.setAttribute("error", "您没有访问权限，请先登录！");
            request.getRequestDispatcher("/user/login").forward(request,
response);
            return false;
        } else {
            // 已登录，返回 true，将请求交由执行链继续处理
            return true;
        }
    }
}
```

（4）配置拦截器

在 com.sun.ch06 包下新建 config 子包，在该子包下新建 LoginConfig 类，实现 WebMvcConfigurer 接口，并重写 addInterceptors()方法，代码如例 6-10 所示。

例 6-10　LoginConfig.java

```
package com.sun.ch06.config;

import com.sun.ch06.interceptor.LoginInterceptor;
import org.springframework.context.annotation.Configuration;
import
org.springframework.web.servlet.config.annotation.InterceptorRegistration;
import
org.springframework.web.servlet.config.annotation.InterceptorRegistry;
import
org.springframework.web.servlet.config.annotation.WebMvcConfigurer;

@Configuration
public class LoginConfig implements WebMvcConfigurer {
    @Override
    public void addInterceptors(InterceptorRegistry registry) {
        InterceptorRegistration registration =
                registry.addInterceptor(new LoginInterceptor());
        // 所有路径都被拦截
        registration.addPathPatterns("/**");
        // 添加不拦截路径
        registration.excludePathPatterns(
                "/user/login",
                "/**/*.js",
```

```
                "/**/*.css",
                "/static/**");
    }
}
```

实际上，用户注册页面也应该被排除在拦截之外，不过我们这个项目没有更多的资源页面要使用注册页面来测试拦截器，所以就没有将注册页面排除在外，读者可以自行将注册的路径/user/register 添加到 excludePathPatterns()方法中。

（5）测试拦截器

启动项目，访问 http://localhost:8080/user/register，出现如图 6-5 所示的页面。

图 6-5　用户未登录，转到登录页面

输入正确的用户名和密码，页面将跳转到先前访问的注册页面，而不是首页，如图 6-6 所示。

图 6-6　用户登录后，页面跳转到先前访问的注册页面

接下来在地址栏中输入 http://localhost:8080/user/login，直接访问登录页面，输入正确的用户名和密码后，页面将跳转到首页。

6.8　小结

本章的内容主要分为两部分：对输入数据进行验证，以及编写登录验证拦截器。对于特殊的验证需求，可以通过编写自定义验证器的方式来实现。

第7章 异常处理和错误处理

本章将介绍在 Spring Boot 应用程序中对异常的处理方式，以及如何自定义错误页面。

7.1 异常处理

一个软件程序不可避免地会发生错误，比如程序员的手误、代码逻辑不严谨、外部资源出现问题等，都会导致程序出现问题，有些错误可以在编译期间由编译器发现并报告从而得到修正，有些错误只有在运行期间才会被发现，Java 采用异常机制来处理错误。在 Web 系统中，一旦服务程序发生异常，而又没有对该异常进行捕获处理，那么在用户的浏览器一端就会看到大段的异常栈跟踪信息，使得用户体验很差，而且还具有一定的安全隐患。

通常的异常处理通过 try/catch 语句来进行监视与捕获，而在 Spring Boot 程序中，可以通过@ExceptionHandler 注解来处理异常。

7.1.1 @ExceptionHandler 注解

首先新建一个名为 ch07 的 Spring Boot 项目，添加 Spring Web 依赖和 Thymeleaf 依赖。在项目创建后，在 com.sun.ch07 包下新建 controller 子包，在 controller 子包下新建 ExceptionTestController 类，代码如例 7-1 所示。

例 7-1 ExceptionTestController.java

```
package com.sun.ch07.controller;

import org.springframework.stereotype.Controller;
import org.springframework.ui.Model;
import org.springframework.web.bind.annotation.ExceptionHandler;
import org.springframework.web.bind.annotation.GetMapping;
import org.springframework.web.bind.annotation.RequestMapping;
```

```
@Controller
@RequestMapping("/excep")
public class ExceptionTestController {
    @GetMapping("/ex1")
    public String excep1(){
        int result = 5 / 0;
        return "success";
    }

    @GetMapping("/ex2")
    public String excep2() throws Exception {
        throw new Exception("抛出一个异常");
    }


    @ExceptionHandler(value=Exception.class)
    public String excepHandler(Exception e, Model model){
        model.addAttribute("msg", e.getMessage());
        return "excep";
    }
}
```

当发生异常时，将调用@ExceptionHandler 注解标注的方法，注解元素 value 可以指定要处理的异常类型，如果没有指定异常类型，那么默认处理的是标注的方法参数列表给出的异常参数类型。

由@ExceptionHandler 标注的处理器方法可以按任意顺序带上以下的参数。

- 异常参数，声明为一般异常或更具体的异常。
- 请求和响应对象（通常来自于 Servlet API），选择任何特定的请求/响应类型，例如 ServletRequest / HttpServletRequest 和 ServletResponse/HttpServletResponse。
- Session 对象，通常是 HttpSession。
- WebRequest 或者 NativeWebRequest，允许通用的请求参数访问及请求/会话属性访问，而不需要绑定到本机 Servlet API。
- Locale，当前请求的语言环境。
- InputStream / Reader，用于访问请求内容的 InputStream / Reader。
- OutputStream / Writer，用于生成响应内容的 OutputStream / Writer。
- Model，作为从处理器方法返回模型映射的替代方法。

处理器方法支持以下的返回类型。

- ModelAndView 对象。
- Model 对象，视图名通过 RequestToViewNameTranslator 隐式确定。
- Map 对象，用于公开模型的 Map 对象，通过 RequestToViewNameTranslator 隐式地确定视图名称。
- View 对象。

- String，解释为视图名称。
- 如果方法上使用了@ResponseBody 注解（仅限于 Servlet），那么方法的返回值将使用消息转换器转换为响应流。
- HttpEntity<?>或者 ResponseEntity<?>对象（仅限于 Servlet），该对象用于设置响应头和内容。ResponseEntity 携带的 body 内容将使用消息转换器转换并写入响应流。
- void，如果方法处理响应本身（通过声明 ServletResponse/HttpServletResponse 类型的参数，直接写入响应内容），或者如果视图名称通过 RequestToViewNameTranslator 隐式确定（而不是在处理器方法签名中声明响应参数），就可以将方法的返回类型指定为 void。

接下来在 templates 目录下新建 excep.html 页面，内容如例 7-2 所示。

例 7-2　excep.html

```
<!DOCTYPE html>
<html lang="zh" xmlns:th="http://www.thymeleaf.org">
<head>
    <meta charset="UTF-8">
    <title>异常</title>
    </style>
</head>
<body>
<h3>服务器暂时不能为您服务，出现了错误：<span th:text="${msg}"></span></h3>
</body>
</html>
```

启动项目，访问 http://localhost:8080/excep/ex1 和 http://localhost:8080/excep/ex2，查看异常处理的结果。

7.1.2　全局异常处理

显而易见，如果在每个 Controller 类中都单独定义异常处理器方法，操作过程就会很烦琐，后期也不好维护，为此，我们可以考虑定义一个全局异常处理类，这可以通过@ControllerAdvice 或者@RestControllerAdvice 注解来实现。这两个注解标注的类中的方法将全局应用于所有控制器，结合@ExceptionHandler 注解，就可以实现全局异常处理。

首先将例 7-1 中的 excepHandler()方法连带注解一起注释起来，然后在 com.sun.ch07 包下新建一个子包 exception，在该子包下新建 GlobalExceptionHandler 类，代码如例 7-3 所示。

例 7-3　GlobalExceptionHandler.java

```
package com.sun.ch07.exception;

import org.springframework.web.bind.annotation.ControllerAdvice;
import org.springframework.web.bind.annotation.ExceptionHandler;
import org.springframework.web.servlet.ModelAndView;
```

```
@ControllerAdvice
public class GlobalExceptionHandler {
    @ExceptionHandler(Exception.class)
    public ModelAndView handleAllExceptions(Exception e){
        ModelAndView modelAndView = new ModelAndView();

        modelAndView.addObject("msg", e.getMessage());
        modelAndView.setViewName("excep");

        return modelAndView;
    }

   /* @ExceptionHandler(Exception.class)
    public String handleAllExceptions(Exception e, Model model){
        model.addAttribute("msg", e.getMessage());
        return "excep";
    }*/
}
```

在 GlobalExceptionHandler 类中，换了一种方式来编写异常处理器方法，其效果和注释的方法是一样的，这里只是为了让读者更好地了解处理器方法的编写。

@RestControllerAdvice 注解是@ControllerAdvice 和@ResponseBody 注解的结合，在使用该注解后，通过@ExceptionHandler 注解标注的方法将默认采用@ResponseBody 语义。

7.2 自定义错误页面

若你的程序出错了，或者访问了一个不存在的 URL，就会看到如图 7-1 所示的“Whitelabel”错误页面。

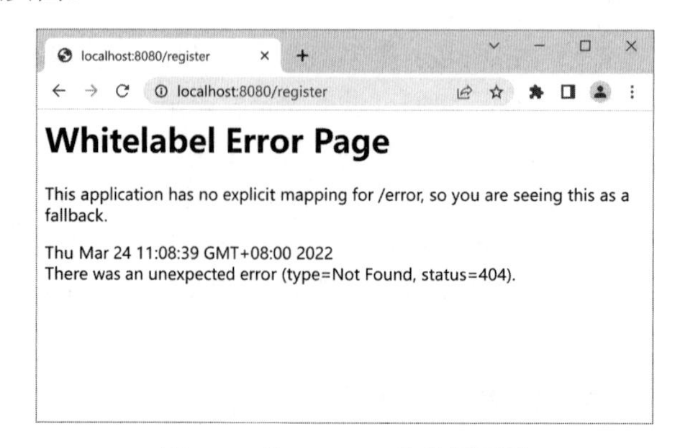

图 7-1 “Whitelabel”错误页面

这是 Spring Boot 默认提供的错误页面，也是自动配置的一部分。在默认情况下，Spring Boot 提供了一个/error 映射，以一种合理的方式处理所有错误，并在 Servlet 容器中注册为“全局”错误页面。对于计算机客户端，Spring Boot 默认处理方式会生成一个

JSON 响应，其中包含错误、HTTP 状态和异常消息的详细信息；对于浏览器客户端，则以 HTML 格式呈现如图 7-1 所示的“Whitelabel”错误页面。

要自定义错误页面，我们只需要提供一个名为 error.*的文件即可，如果使用 Thymeleaf 模板引擎，则文件名称为 error.html；如果使用 FreeMarker 模板引擎，则文件名称是 error.ftl；如果使用 JSP，则文件名称是 error.jsp。

由于我们使用的是 Thymeleaf，所以可以在 templates 目录下新建 error.html 文件，文件内容如例 7-4 所示。

例 7-4　error.html

```
<!DOCTYPE html>
<html lang="zh" xmlns:th="http://www.thymeleaf.org">
<head>
    <meta charset="UTF-8">
    <title>错误页面</title>
</head>
<body>
  <div>
    <img th:src="@{/error.jpg}" width="200" height="200">
    <table>
      <tr>
        <td>错误发生时请求的 URL 路径</td>
        <td th:text="${path}"></td>
      </tr>
      <tr>
        <td>错误发生的时间</td>
        <td th:text="${timestamp}"></td>
      </tr>
      <tr>
        <td>HTTP 状态码</td>
        <td th:text="${status}"></td>
      </tr>
      <tr>
        <td>错误原因</td>
        <td th:text="${error}"></td>
      </tr>
      <tr>
        <td>异常的类名</td>
        <td th:text="${exception}"></td>
      </tr>
      <tr>
        <td>异常消息（如果这个错误是由异常引起的）</td>
        <td th:text="${message}"></td>
      </tr>
      <tr>
        <td>BindingResult 异常里的各种错误（如果这个错误是由异常引起的）</td>
        <td th:text="${errors}"></td>
      </tr>
```

```
      <tr>
        <td>异常的栈跟踪信息（如果这个错误是由异常引起的）</td>
        <td th:text="${trace}"></td>
      </tr>
    </table>
  </div>
</body>
</html>
```

要提醒读者的是：

（1）页面中引用了一张图片（error.jpg），该图片必须放到 src/main/resources/static（在本例中图片是放到该目录中的）或者 src/main/resources/public 目录下才能被找到。

（2）在默认情况下，Spring Boot 会为错误视图提供如下的错误属性。

- path
- timestamp
- status
- error
- exception
- message
- errors
- trace

上述各个属性的含义，在代码中已经给出了，这里不再赘述。

启动项目，随意访问一个不存在 URL，如 http://localhost:8080/register，可以看到如图 7-2 所示的错误页面。

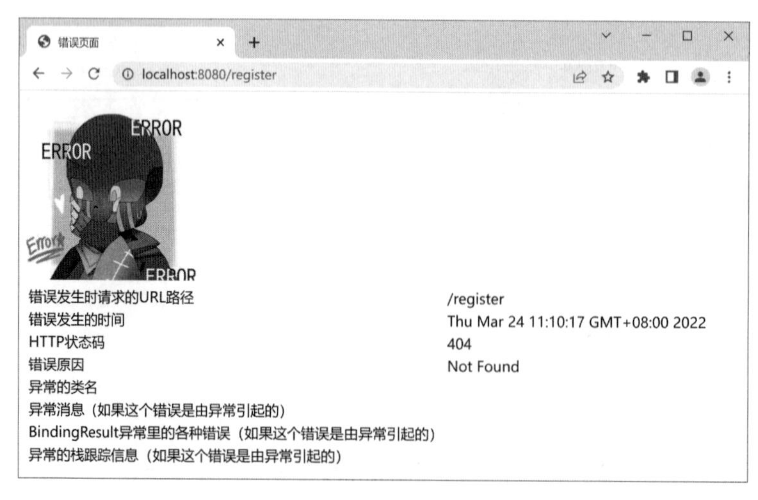

图 7-2　定制的错误页面

如果要针对特定的 HTTP 状态代码提供错误页面，则可以将文件添加到/error 目录。错误页面可以是静态 HTML（即添加到任何静态资源文件夹下），也可以使用模板构建。文件名应该是精确的状态代码。

例如，要将 404 映射到静态 HTML 文件，则目录结构如下：

```
src/
 +- main/
     +- java/
     |   + <source code>
     +- resources/
         +- public/
             +- error/
             |   +- 404.html
             +- <other public assets>
```

要使用 Thymeleaf 模板映射所有 5xx 错误，则目录结构如下：

```
src/
 +- main/
     +- java/
     |   + <source code>
     +- resources/
         +- templates/
             +- error/
             |   +- 5xx.html
             +- <other templates>
```

接下来在 templates 目录下新建 error 子目录，在 error 子目录下新建 404.html，文件内容如例 7-5 所示。

例 7-5　404.html

```
<!DOCTYPE html>
<html xmlns:th="http://www.thymeleaf.org">
<head>
    <meta charset="UTF-8">
    <title>404 错误</title>
</head>
<body>
  <div>
    <table>
      <tr>
        <td>错误发生时请求的 URL 路径</td>
        <td th:text="${path}"></td>
      </tr>
      <tr>
        <td>错误发生的时间</td>
        <td th:text="${timestamp}"></td>
      </tr>
      <tr>
        <td>HTTP 状态码</td>
        <td th:text="${status}"></td>
      </tr>
      <tr>
        <td>错误原因</td>
```

```
        <td th:text="${error}"></td>
      </tr>
    </table>
  </div>
</body>
</html>
```

当访问一个不存在的 URL 时，会看到如图 7-3 所示的 404 错误页面。

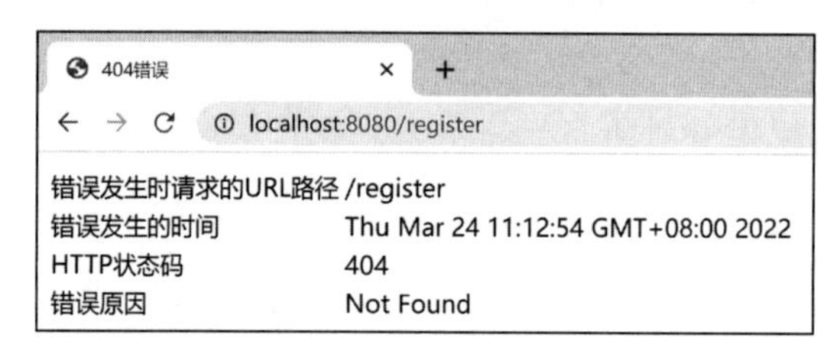

图 7-3　404 错误页面

7.3　小结

本章主要介绍了 Spring Boot 中的异常处理，以及如何自定义错误页面。

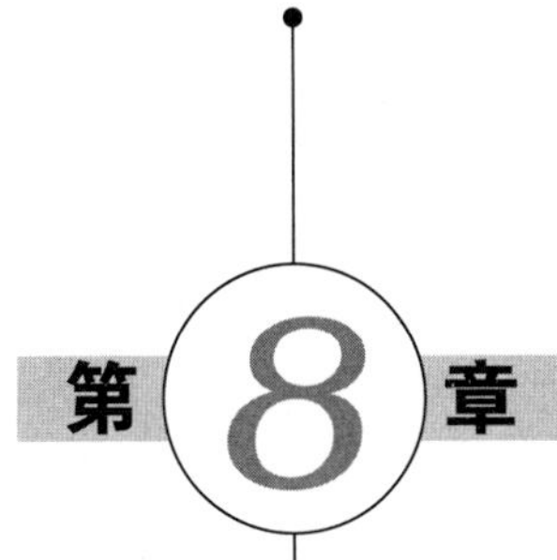

第8章 文件上传和下载

在 Web 应用中，文件的上传和下载是非常有用的功能。例如，在网上办公系统中，用户可以使用文件上传来提交文档；在项目测试中，可以利用文件上传来提交测试报告；在基于 Web 的邮件系统中，可以利用文件上传，将上传的文件作为邮件附件发送出去。

在一些网络系统中，需要隐藏下载文件的真实地址，或者将下载的数据存放在数据库中，那么可以通过编程来实现对文件的下载，这样还可以对下载的文件添加访问控制。

本章将介绍如何在 Spring Boot 中实现文件的上传和下载。

8.1 文件上传

首先新建一个名为 ch08 的 Spring Boot 项目，添加 Spring Web 依赖和 Thymeleaf 依赖。

在项目创建后，在 templates 目录下新建 upload.html 文件，代码如例 8-1 所示。

例 8-1 upload.html

```
<!DOCTYPE html>
<html lang="zh" xmlns:th="http://www.thymeleaf.org">
<head>
    <meta charset="UTF-8">
    <title>文件上传和下载</title>
<body>
<form th:action="@{/upload}" method="post" enctype="multipart/form-data">
    <p>
        <label for="file1" >请选择要上传的文件</label>
        <input type="file" id="file1" name="file" multiple/>
    </p>
    <p>
        <input type="submit" value="上传">
    </p>
```

```
</form>
</body>
</html>
```

注意，在建立表单时，不要忘了使用 enctype 属性，并将它的值指定为 multipart/form-data。表单 enctype 属性的默认值是 application/x-www-form-urlencoded，这种编码方案使用有限的字符集，当使用了非字母和数字的字符时，必须用“%HH”代替（这里的 H 表示十六进制数字），例如一个中文字符，将被表示为“%HH%HH”。如果采用这种编码方式上传文件，那么上传的数据量将会是原来的 2～3 倍，对于要传送的大容量的二进制数据或包含非 ASCII 字符的文本来说，application/x-www-form-urlencoded 编码类型远远不能满足要求，于是 RFC1867 定义了一种新的媒体类型：multipart/form-data，这是一种将填写好的表单内容从客户端传送到服务器端的高效方式。新的编码类型只是在传送数据的周围加上简单的头部来标识文件的内容。

在<input>元素中使用了 multiple 属性，该属性是 HTML5 新增的属性，让我们可以同时选择多个文件进行上传。

然后新建 controller 子包，在该子包下新建 FileController 类，代码如例 8-2 所示。

例 8-2　FileController.java

```
package com.sun.ch08.controller;

...

@Controller
public class FileController {
    @GetMapping("/upload")
    public String doUpload(){
        return "upload";
    }

    @PostMapping("/upload")
    @ResponseBody
    public String upload(HttpServletRequest request){
        // 得到所有文件的列表
        List<MultipartFile> files =
                ((MultipartHttpServletRequest) request).getFiles("file");
        String uploadPath = "F:" + File.separator + "SpringBootUpload";
        File dir = new File(uploadPath);
        // 如果保存上传文件的目录不存在，则创建它
        if (!dir.exists()) {
            dir.mkdirs();
        }
        for (MultipartFile f : files) {
            if (f.isEmpty()) {
                continue;
            }
            File target = new File(uploadPath + File.separator +
```

```
f.getOriginalFilename());
                try {
                    f.transferTo(target);
                } catch (IllegalStateException | IOException e) {
                    e.printStackTrace();
                }
            }
            return "文件上传成功！";
        }
    }
```

Spring Boot 默认接受的上传文件大小为 1MB，但在实际应用中这个文件大小往往是不够的，因此还需要在 Spring Boot 的配置文件中指定上传文件的最大大小。

编辑 application.properties，添加下面的两个配置项：

```
spring.servlet.multipart.max-file-size=10MB
spring.servlet.multipart.max-request-size=20MB
```

max-file-size 用于指定单个文件的最大大小，默认值是 1MB，如果将这个属性设置为-1，则表示上传文件的大小不受限制。max-request-size 用于指定单个请求中的文件数据的总大小，默认值是 10MB。

启动项目，访问 http://localhost:8080/upload，随便选择一些文件上传，然后可以在 F:\SpringBootUpload 目录下看到上传的文件。

8.2 文件下载

有的读者可能会想，只要设置一个超链接，不就可以下载文件了吗？确实如此，但是通过超链接下载文件，暴露了下载文件的真实地址，不利于对资源进行安全保护，而且，利用超链接下载文件，服务器端的文件只能存放在 Web 应用程序所在的目录下。

利用程序编码实现下载可以实现安全访问控制，对经过授权认证的用户提供下载；还可以从任意位置提供下载的数据，同时可以将文件放到 Web 应用程序以外的目录中，或者将文件保存到数据库中。

利用程序实现下载也非常简单，只需要按照如下的方式设置三个报头域就可以了：

```
Content-Type: application/x-msdownload
Content-Disposition: attachment; filename=downloadfile
Content-Length: filesize
```

浏览器在接收到上述的报头信息后，就会弹出“文件下载”对话框，然后可将文件保存到本地硬盘。

下面在 FileController 类中添加文件下载功能，并修改 doUpload()方法，为页面准备一些文件下载链接，代码如例 8-3 所示。

例 8-3 FileController.java

```
package com.sun.ch08.controller;

...

@Controller
public class FileController {
    @GetMapping("/upload")
    public String doUpload(Model model){
        // 将上传文件目录下的所有文件名列出来，保存到模型对象中
        String uploadPath = "F:" + File.separator + "SpringBootUpload";
        File dir = new File(uploadPath);
        model.addAttribute("files", dir.list());
        return "upload";
    }

    ...

    @GetMapping("/download")
    public void download(HttpServletResponse response, @RequestParam
String fileName) throws IOException{
        String dir = "F:" + File.separator + "SpringBootUpload";
        String fileFullPath = dir + File.separator + fileName;
        File file = new File(fileFullPath);
        try(
                FileInputStream fis = new FileInputStream(file);
                BufferedInputStream bis = new BufferedInputStream(fis);
        ){
            response.addHeader("Content-Type","application/octet- stream");
            response.addHeader("Content-Disposition", "attatchment; fileName="
                    + new String(fileName.getBytes("UTF-8"),"ISO-8859-1"));
            response.addHeader("Content-Length", Long.toString(file.length()));
            try(
                    OutputStream os = response.getOutputStream();
                    BufferedOutputStream bos = new BufferedOutputStream(os);
            ){
                byte[] buf = new byte[1024];
                int len = 0;
                while((len = bis.read(buf)) != -1){
                    bos.write(buf);
                }
            }
        }
    }
}
```

为了让浏览器能够识别文件名，对文件名做了编码转换。

接下来修改下 upload.html，添加下载文件的链接，代码如下所示：

```
<ul>
    <li  th:each="file : ${files}">
        <a th:href="@{/download(fileName=${file})}" th:text="${file}"> </a>
    </li>
</ul>
```

之后就可以启动项目，访问 http://localhost:8080/upload。如果当前没有可下载的文件，则可以先上传一些文件。

3.5.5 节介绍过，Spring MVC 的控制器方法可以返回一个 ResponseEntity 对象，该对象代表一个完整的响应，包含了 HTTP 报头和响应正文，返回的 ResponseEntity 对象将通过 HttpMessageConverter 实现转换并写入响应中。

下面我们用返回 ResponseEntity 对象的方式实现下载功能，将 FileController 类中的 download()方法注释起来，重新编写 download()方法，代码如下所示：

```
    @GetMapping("/download")
    public ResponseEntity<byte[]> download(@RequestParam String fileName)
throws IOException {
        String dir = "F:" + File.separator + "SpringBootUpload";
        String fileFullPath = dir + File.separator + fileName;
        File file = new File(fileFullPath);
        ResponseEntity.BodyBuilder builder = ResponseEntity.ok();
        builder.contentLength(file.length());
        builder.contentType(MediaType.APPLICATION_OCTET_STREAM);
        fileName = new String(fileName.getBytes(StandardCharsets.UTF_8),
                StandardCharsets.ISO_8859_1);
        builder.header("Content-Disposition", "attachment; filename=" +
fileName);
        return builder.body(FileUtils.readFileToByteArray(file));
    }
```

在文件名编码这里使用了 Java 7 新增的 StandardCharsets 类，使用该类与使用字符集名称的作用一样，但使用 StandardCharsets 类的好处是不容易出错。

代码中还使用了 Apache 的 commons-fileupload 组件，因此需要在 POM 文件中添加该依赖，如下所示：

```
<dependency>
    <groupId>commons-fileupload</groupId>
    <artifactId>commons-fileupload</artifactId>
    <version>1.4</version>
</dependency>
```

重新启动项目，进行文件下载测试，你会发现与之前的实现效果一样。

8.3　小结

本章内容不多，主要介绍了 Web 开发中常用的文件上传和下载功能的实现。

第 9 章

定义 RESTful 风格的接口

RESTful 是一种网络应用程序的设计风格和开发方式，其基于 HTTP，可以使用 XML 格式定义或 JSON 格式定义。在当下流行的前端与后端分离开发中，采用 RESTful 风格定义接口已经成为主流，因为 RESTful 架构结构清晰、符合标准、易于理解、扩展方便。

9.1 什么是 REST

REST 全称为 Representational State Transfer，翻译为表述性状态转移，或表征性状态转移。REST 指的是一组架构约束条件和原则，满足这些约束条件和原则的应用程序或设计就是 RESTful。

REST 本身并没有创造新的技术、组件或服务，而隐藏在 RESTful 背后的理念就是基于 Web 的现有特征和能力，更好地使用现有 Web 标准中的一些规则和约束。虽然 REST 本身受 Web 技术的影响很深，但是理论上 REST 架构风格并不是绑定在 HTTP 上的。

Web 应用程序最重要的 REST 原则是，客户端和服务器端之间的交互在请求之间是无状态的。从客户端到服务器端的每个请求都必须包含理解请求所必需的信息。如果服务器端在请求之间的任何时间点重启，那么客户端都不会得到通知。此外，无状态请求可以由任何可用服务器端应答，这十分适合云计算之类的环境。客户端可以缓存数据以改进性能。

在服务器端，应用程序状态和功能可以分为各种资源。资源是一个有趣的概念实体，其向客户端公开，包含应用程序对象、数据库记录、算法等。每个资源都使用 URI（Uniform Resource Identifier，统一资源标识符）得到一个唯一的地址。所有资源都共享统一的接口，以便在客户端和服务器端之间传输状态。

RESTful 架构的主要原则是：

- 网络上的所有事物都被抽象为资源
- 每个资源都有一个唯一的资源标识符

- 同一资源有多种表现形式（XML、JSON）
- 对资源的各种操作都不会改变资源标识符
- 所有的操作都是无状态的（Stateless）

9.2　HTTP 方法与 RESTful 接口

在 Web 应用程序中，资源是通过 URL 来访问的，而对资源的访问操作可以归纳为类似于数据库的 CRUD 操作，即创建资源、获取资源、修改资源、删除资源。以文章为例，传统的 Web 应用程序可能会用以下四种 URI 代表创建、获取、修改和删除操作。

- /article/create 或者/article?action=create
- /article?id=1 与/article/all
- /article/update 或者/article?action=update
- /article/delete?id=1 或者/article?action=delete&id=1

也可能采用下面四种形式定义访问 URI。

- /createArticle
- /getArticle?id=1 与/getAllArticles
- /updateArticle
- /deleteArticle?id=1

请求方法一般是 GET 或者 POST。

如果采用 RESTful 风格来设计访问接口，那么首先要定义资源，通过/articles 来标识文章资源，不要去考虑对文章的各种操作，简单来说，就是用名词去定义资源。然后要考虑如何界定对资源的访问操作，这是通过 HTTP 请求方法来界定的。常用的 HTTP 协议的请求方法如表 9-1 所示。

表 9-1　HTTP 协议的请求方法

方　法	作　用
GET	请求指定的资源
POST	发送数据给服务器，请求正文的类型由 Content-Type 报头指定
PUT	请求服务器更新一个资源
PATCH	请求对资源进行部分修改，而 PUT 方法用于表示对资源进行整体覆盖
DELETE	请求服务器删除指定的资源
HEAD	请求指定资源的响应消息报头
OPTIONS	请求查询服务器的性能，或者查询与资源相关的选项和需求

其中 GET、POST、PUT（或 PATCH）和 DELETE 这四个方法正好可以对应资源的获取、创建、修改和删除操作，由此符合 RESTful 风格的访问路径就出来了：

- POST /articles（创建文章）
- GET /articles/1（获取 ID 为 1 的文章）与 GET /articles（获取所有文章）
- PUT /articles（修改文章）
- DELETE /articles/1（删除 ID 为 1 的文章）

可以看到，采用 RESTful 风格设计的访问接口非常简洁，前端不再需要记忆五花八门的请求 URI，唯一需要做的就是针对同一资源的不同访问操作，以不同的 HTTP 请求方法提交请求。

那么在服务器端如何区分资源的不同操作呢？很简单，还记得@RequestMapping 注解吗？该注解有一个 method 元素，用于指定要映射的 HTTP 请求方法，于是针对文章的各种访问请求的处理器方法就很容易写出来了，如下所示：

```
    // 保存新的文章
    @RequestMapping(value="/articles", method= RequestMethod.POST)
    //@PostMapping("/articles")
    public ResponseEntity<Void> saveArticle(@RequestBody Article article){
        ...
        return ResponseEntity.status(HttpStatus.CREATED).build();
    }

    // 根据 ID 查找文章
    @RequestMapping(value="/articles/{id}", method= RequestMethod.GET)
    //@GetMapping("/articles/{id}")
    public ResponseEntity<Article> getArticleById(@PathVariable Integer id){
        try {
            ...
            return ResponseEntity.ok(article);
        } catch(...){
            return
ResponseEntity.status(HttpStatus.BAD_REQUEST).body(null);
        }
    }

    // 返回所有文章数据
    @RequestMapping(value="/articles", method= RequestMethod.GET)
    //@GetMapping("/articles")
    public ResponseEntity<List<Article>> getAllArticles(){
        ...
        return ResponseEntity.ok(articles);
    }

    // 修改文章
    @RequestMapping(value="/articles", method= RequestMethod.PUT)
    //@PutMapping("/articles")
    public ResponseEntity<Void> updateArticle(@RequestBody Article article){
        try {
            ...
            return ResponseEntity.status(HttpStatus.NO_CONTENT).build();
        } catch(...){
            return
ResponseEntity.status(HttpStatus.BAD_REQUEST).body(null);
        }
    }
```

```
// 根据 ID 删除文章
@RequestMapping(value="/articles/{id}", method= RequestMethod.DELETE)
//@DeleteMapping("/articles/{id}")
public ResponseEntity<Void> deleteArticle(@PathVariable Integer id){
    try{
        ...
        return ResponseEntity.status(HttpStatus.NO_CONTENT).build();
    } catch(...) {
        return ResponseEntity.status(HttpStatus.BAD_REQUEST).build();
    }
}
```

针对不同的 HTTP 请求方法，Spring 还提供了对应的注解：@GetMapping、@PostMapping、@PutMapping 和@DeleteMapping，可以进一步简化代码的编写。

9.3　HTTP 响应的状态代码

前面我们提到，Web 应用程序最重要的 REST 原则是，客户端和服务器端之间的交互在请求之间是无状态的，因此 RESTful 风格的接口非常适合前端与后端分离的项目。传统的 Web 应用程序页面与后台程序是在一起的，因此返回的响应多是页面数据，出错信息也在页面中渲染，HTTP 响应的状态代码主要是给浏览器看的，但在前端与后端分离的项目中，服务器端返回的数据就不能仅仅是数据了，还应该包含出错时的信息，以及 HTTP 响应的状态代码，这样才能适应多种前端，也方便前端对数据的处理。

在上一节的代码中，我们使用了 ResponseEntity 来构建响应实体，根据请求成功与否，合理地设置 HTTP 响应的状态代码，前端可以根据返回的状态代码进行对应的处理。如果成功获取数据，则取出数据进行渲染；如果请求成功但没有返回数据（如新增、修改和删除操作），则向用户提示操作成功；如果请求失败，则向用户提示错误消息。

HTTP 响应的状态代码由 3 位数字组成，表示请求是否被理解或被满足。状态代码的第一个数字定义了响应的类别，后面两位数字没有具体的分类。第一个数字有 5 种取值，如下所示。

- 1xx：指示信息——表示请求已接收，继续处理。
- 2xx：成功——表示请求已经被成功接收、理解、接受。
- 3xx：重定向——要完成请求必须进行更进一步的操作。
- 4xx：客户端错误——请求有语法错误或请求无法实现。
- 5xx：服务器端错误——服务器未能实现合法的请求。

为了便于读者更好地运用 HTTP 状态代码来向前端提示信息，表 9-2 给出了常用的状态代码。

表 9-2　常用的 HTTP 响应的状态代码

状态代码	状态描述	对应请求方法	说明
200	OK	GET、PUT	操作成功
201	Created	POST	资源创建成功
202	Accepted	POST、PUT、DELETE、PATCH	请求已经被接受，但处理尚未完成
204	No Content	DELETE、PUT、PATCH	操作已经执行成功，但没有返回数据
301	Moved Permanently	GET	资源的 URI 已经被更改
303	See Other	GET	重定向
304	Not Modified	GET	资源未更改，客户端缓存的资源还可以继续使用
400	Bad Request	GET、POST、PUT、DELETE、PATCH	请求出现语法错误，如参数错误
401	Unauthorized	GET、POST、PUT、DELETE、PATCH	请求未授权，表示用户没有权限，如缺失令牌，用户名或密码错误
403	Forbidden	GET、POST、PUT、DELETE、PATCH	访问受限，授权过期
404	Not Found	GET、POST、PUT、DELETE、PATCH	资源不存在
405	Method Not Allowed	GET、POST、PUT、DELETE、PATCH	请求方法对指定的资源不可用
409	Conflict	GET、POST、PUT、DELETE、PATCH	请求与当前的资源状态相冲突，因而请求不能成功
415	Unsupported Media Type	GET、POST、PUT、DELETE、PATCH	不支持的数据（媒体）类型
500	Internal Server Error	GET、POST、PUT、DELETE、PATCH	服务器内部错误
501	Not Implemented	GET、POST、PUT、DELETE、PATCH	服务器不支持实现请求所需要的功能
503	Service Unavailable	GET、POST、PUT、DELETE、PATCH	服务器由于维护或者负载过重，所以当前不能处理请求

9.4　状态代码的困惑与最佳实践

前端向服务器端的 RESTful API 接口发起请求，无非有两种结果，即成功与失败。对于成功，服务器端返回 200，前端就可以做进一步处理了；但在失败的情况下，服务器端应该如何返回错误代码来提示前端呢？如果严格按照 RESTful 风格来设计接口，那么需要针对各种错误情况，选择合适的错误响应代码。且不说后端开发人员能否记住多达几十个的 HTTP 状态代码，即使能记住，那么前端开发人员是否也能理解各种状态代码的含义，从而做出正确的错误处理呢？

因此，就诞生了一种 RESTful API 接口设计，即不管什么情况，服务器端都返回 200 状态代码，前端在得到响应后，从服务器端发回的响应正文中提取具体的错误消息。这对于前端来说处理起来就很容易，后端编程也相对简单了，无须再使用 ResponseEntity 来构建完整的响应实体。采用这种方式可以设计一个类，携带自定义的错误代码、错误消息与数据，然后所有请求处理方法均返回该类的对象。这个类的代码形式如下所示：

```
import lombok.AllArgsConstructor;
import lombok.Data;
```

```
@Data
@AllArgsConstructor
public class Result<T> {
    private Integer code;  // 响应状态代码
    private String msg;    // 成功或失败消息
    private T data;        // 承载的数据
}
```

控制器方法可以编写为下面的形式：

```
// 根据 ID 查找文章
@RequestMapping(value="/articles/{id}", method= RequestMethod.GET)
public Result<Article> getArticleById(@PathVariable Integer id){
    try {
        ...
        return new Result<>(200, "成功", article);
    } catch(...){
        return new Result<>(10001, "参数不合法", null);
    }
}
```

当请求成功时，前端接收到的 JSON 数据格式如下：

```
{
    "code": 200,
    "msg": "成功",
    "data": {
        "id": 2,
        "title": "《Java 无难事》"
    }
}
```

当请求失败时，前端接收到 JSON 数据格式形式如下：

```
{
    "code": 10001,
    "msg": "参数不合法",
    "data": null
}
```

采用这种设计方式也有一个问题，即对于某些服务器端监控服务不友好，因为所有的响应都是 200，无法针对某个接口频繁发生的 4xx/5xx 错误发送报警信息。

对于自定义错误代码也不用担心，因为我们会提供文档给前端。对于前端来说，很多时候都不用错误代码，而是直接取出错误消息向用户提示，因此，前端开发者最喜欢这种设计方式。

如果要权衡利弊，找出一个最佳方案，则采用部分常见的 HTTP 状态码，将错误与 HTTP 状态代码的含义保持一致，并提供细粒度的自定义错误代码与错误消息。

常见的 HTTP 状态码有：200、400、401、403、404、412、500，当然也可以根据业务需要增加或删除一些状态码。当响应状态代码为 200 时，不允许在响应正文中传递错误信息。

当出现 401 错误时，返回的数据格式如下所示：

```
{
    "status": 401,
    "code": "40001",
    "msg": "参数不合法",
}
```

status 与 HTTP 状态代码对应，code 是自定义错误代码，可以选择跟 HTTP 状态代码的首位数字保持一致，例如若状态代码为 4xx，则以 40000 作为起始编号；若状态代码为 5xx，则以 50000 作为起始编号。当然，这并不是强制规定，完全可以根据公司的业务要求或者自己的喜好来选择自定义错误代码的序号规则。

如果业务并不复杂，不需要细分错误代码，那么可以合并 status 和 code 字段，于是在出现 401 错误时，返回的响应正文就可以简化为：

```
{
    "code": 401,
    "msg": "参数不合法",
}
```

9.5 RESTful API 设计原则

在设计 RESTful API 时，可以遵循一些原则，这样既可以在设计接口时得心应手，也可以让接口看起来更符合“主流”，具体原则如下。

1. 资源以名词命名

每个资源都使用 URI 得到一个唯一的地址，不要出现/getArticles 或者/articles/get 这类的动宾短语或者动词，而要使用名词/articles，然后通过 HTTP 请求方法来操作资源。

至于名词采用复数还是单数形式并没有统一的规定，一般建议采用复数形式。

2. 避免多级 URL

初学者在刚开始接触 RESTful 时，会以为 RESTful 风格的 URL 不再使用查询字符串了，因此会写出多级 URL 来访问某个资源，例如访问某个作者的某篇文章，于是定义了如下的 URL：

```
GET /authors/1/articles/2
```

这种 URL 不利于扩展，语义也不明确，更好的做法是，除了第一级，其他级别都使用查询字符串来表达，如下所示：

```
GET /authors/1?articles=2
```

查询字符串也可以用来过滤资源，例如，查询已发布的文章，可设计成下面的 URL：

```
GET /articles/published
```

而使用查询字符串会更好一些，如下所示：

```
GET /articles?published=true
```

这种 URL 通常对应的是一些特定条件的查询结果或算法运算结果。

3. 使用 HTTPS 协议

RESTful API 与用户的通信协议总是使用 HTTPS 协议。

4. 域名

应该尽量将 API 部署在专用域名之下，例如：https://api.example.com，如果确定 API 很简单，不会有进一步的扩展，那么也可以考虑放在主域名下，例如：https://example.com/api。

5. 版本

随着业务需求的变更、功能的迭代，API 的更改是不可避免的。如果直接修改已有的 API 接口，则会引发很多问题，导致根据原先 API 编写的前端出现问题，因此在更改 API 的时候，会定义一个新的版本。进行版本控制的一种方式是将版本号作为二级目录放入 URL 中，如下所示：

```
https://api.example.com/v1/
https://api.example.com/v2/
```

另一种方式是将版本号放到 HTTP 报头中，通过自定义请求报头的方式来进行版本控制，例如：

```
Accept-Version: v1
```

服务器端提取请求报头 Accept-Version 的值，来确定使用哪一个版本的 API 为前端请求提供服务。通过@RequestMapping 注解的 headers 元素，可以很容易地实现根据请求报头的值来映射处理器方法。

6. 过滤信息

分页查询是很常见的功能，在这种场景下，需要在 URL 中提供额外的查询参数，以告知服务器端过滤信息。下面是常用的查询参数：

```
?limit=10：指定返回记录的数量
?offset=10：指定返回记录的开始位置
?page=2&page_size=100：指定第几页，以及每页的记录数
?sortby=name&order=asc：指定返回结果按照哪个属性排序，以及排序顺序
```

9.6 RESTful API 接口的实践

这一节我们遵照 RESTful 风格设计一套接口，并进行测试。

9.6.1 项目实例

本项目将采用最佳实践的简化方式来返回错误信息，即使用 ResponseEntity 设置状态代码，同时将响应正文中的错误代码与 HTTP 状态代码保持一致。

项目按照如下步骤建立。

1. 创建项目

按照前面创建项目的方式新建 ch09 项目，引入 Lombok 和 Spring Web 依赖。

2. 编写 Article 类

在 com.sun.ch09 包下新建 model 子包，编写 Article 类，代表文章数据，该类的代码如例 9-1 所示。

例 9-1 Article.java

```
package com.sun.ch09.model;

import lombok.AllArgsConstructor;
import lombok.Data;

@Data
@AllArgsConstructor
public class Article {
    private Integer id;
    private String title;
}
```

3. 定义包含响应正文的 Result 类

有必要为响应正文设置统一的数据格式，考虑到出错响应和成功响应的不同，我们先定义一个 BaseResult 基类，包含 code 和 msg 字段，

在 com.sun.ch09 包下新建 result 子包，编写 BaseResult 类，代码如例 9-2 所示。

例 9-2 BaseResult.java

```
package com.sun.ch09.result;

import lombok.AllArgsConstructor;
import lombok.Data;

@Data
@AllArgsConstructor
@NoArgsConstructor
public class BaseResult {
    private Integer code;
    private String msg;
}
```

当出现错误时，只需要将该类的对象设置为响应正文即可。在请求成功时，还需要一个 data 字段携带返回的数据。为此我们定义一个 DataResult，从 Result 继承，代码如例 9-3 所示。

例 9-3　DataResult.java

```
package com.sun.ch09.result;

import lombok.AllArgsConstructor;
import lombok.Data;
import lombok.NoArgsConstructor;

@Data
@AllArgsConstructor
@NoArgsConstructor
public class DataResult<T> extends BaseResult {
    private T data;
}
```

4. 编写 HTTP 状态码的映射类

由于 ResponseEntity 使用 HttpStatus 枚举常量来设置 HTTP 状态代码，而我们编写的 BaseResult 类是使用整型来设置 HTTP 状态代码的，所以为了避免因硬编码而导致的后期维护问题，我们专门编写一个映射类，将 HttpStatus 枚举常量映射到整型表示的 HTTP 状态代码。

在 com.sun.ch09 包下新建 util 子包，编写 HttpStatusMap 类，代码如例 9-4 所示。

例 9-4　HttpStatusMap.java

```
package com.sun.ch09.util;

import org.springframework.http.HttpStatus;

import java.util.HashMap;
import java.util.Map;

public class HttpStatusMap{
    private static Map<HttpStatus, Integer> map = new HashMap<>();
    static {
        map.put(HttpStatus.OK, 200);
        map.put(HttpStatus.BAD_REQUEST, 400);
        map.put(HttpStatus.UNAUTHORIZED, 401);
        map.put(HttpStatus.FORBIDDEN, 403);
        map.put(HttpStatus.NOT_FOUND, 404);
        map.put(HttpStatus.PRECONDITION_FAILED, 412);
        map.put(HttpStatus.INTERNAL_SERVER_ERROR, 500);
    }

    public static Integer get(HttpStatus status){
        return map.get(status);
```

```
    }
}
```

在第 21 章的项目中，我们并未采用这种映射方式，而是直接获取 HttpStatus 枚举常量的值，这个值就是一个整型值，例如：HttpStatus.OK.value()。

5. 编写控制器类

在 com.sun.ch09 包下新建 controller 子包，编写 ArticleController 类，编写针对文章的各种请求的处理器方法，为了简单起见，我们直接硬编码了文章数据。

ArticleController 类的代码如例 9-5 所示。

例 9-5 ArticleController.java

```
package com.sun.ch09.controller;

...

@RestController
@RequestMapping("/articles")
public class ArticleController {
    static List<Article> articles = new ArrayList<>();
    static {
        articles.add(new Article(1, "《Spring Boot 无难事》"));
        articles.add(new Article(2, "《Java 无难事》"));
        articles.add(new Article(3, "《Vue.js 3.0 从入门到实战》"));
    }


    // 保存新的文章
    @PostMapping
    public ResponseEntity<BaseResult> saveArticle(@RequestBody Article 
article){
        articles.add(article);
        System.out.println(articles);
        BaseResult result = new 
BaseResult(HttpStatusMap.get(HttpStatus.OK), "保存成功");
        return ResponseEntity.ok(result);
    }

    // 根据 ID 查找文章
    @GetMapping("/{id}")
    public ResponseEntity<BaseResult> getArticleById(@PathVariable 
Integer id){
        Optional<Article> opArticle =  articles.stream()
              .filter(art -> art.getId() == id).findFirst();

        try {
            Article article = opArticle.get();
            DataResult result = new DataResult();
```

```
            result.setCode(HttpStatusMap.get(HttpStatus.OK));
            result.setMsg("成功");
            result.setData(article);
            return ResponseEntity.ok(result);
        } catch(NoSuchElementException e){
            BaseResult result = new BaseResult(HttpStatusMap.get
(HttpStatus.BAD_REQUEST), "参数不合法");
            return ResponseEntity.status(HttpStatus.BAD_REQUEST).body(result);
        }
    }

    // 返回所有文章数据
    @GetMapping
    public ResponseEntity<DataResult<List<Article>>> getAllArticles(){
        DataResult result = new DataResult();
        result.setCode(HttpStatusMap.get(HttpStatus.OK));
        result.setMsg("成功");
        result.setData(articles);
        return ResponseEntity.ok(result);
    }

    // 修改文章
    @PutMapping
    public ResponseEntity<BaseResult> updateArticle(@RequestBody Article
article){
        Optional<Article> opArticle = articles.stream()
                .filter(art -> art.getId() == article.getId())
                .findFirst();

        try {
            Article updatedArticle = opArticle.get();
            BeanUtils.copyProperties(article, updatedArticle);
            System.out.println(articles);
            BaseResult result = new BaseResult(HttpStatusMap.
get(HttpStatus.OK), "修改成功");
            return ResponseEntity.ok(result);
        } catch(NoSuchElementException e){
            BaseResult result = new BaseResult(HttpStatusMap.
get(HttpStatus.BAD_REQUEST), "参数不合法");
            return
ResponseEntity.status(HttpStatus.BAD_REQUEST).body(result);
        }
    }

    // 根据 ID 删除文章
    @DeleteMapping("/{id}")
    public ResponseEntity<BaseResult> deleteArticle(@PathVariable
Integer id){
        Optional<Article> opArticle = articles.stream()
```

```
                .filter(art -> art.getId() == id).findFirst();
        try{
            Article article = opArticle.get();
            articles.remove(article);
            System.out.println(articles);
            BaseResult result = new
BaseResult(HttpStatusMap.get(HttpStatus.OK), "删除成功");
            return ResponseEntity.ok(result);
        } catch(NoSuchElementException e) {
            BaseResult result = new
BaseResult(HttpStatusMap.get(HttpStatus.BAD_REQUEST), "参数不合法");
            return
ResponseEntity.status(HttpStatus.BAD_REQUEST).body(result);
        }
    }
}
```

在类上应用@RequestMapping 注解指定父路径，可以避免路径的重复编码。

9.6.2 使用 Postman 测试接口

Postman 是一款功能强大的网页调试、HTTP 请求发送及接口测试的工具，它能够模拟各种 HTTP Request，如 GET、POST、HEAD、PUT、DELETE 请求等，请求中还可以发送文件（图片、文本文件等）、额外的报头等，实现特定的接口测试。Postman 能够高效地帮助后端开发人员独立进行接口测试。

Postman 最早是作为 Chrome 浏览器插件存在的，现在 Postman 提供了独立下载的安装包，支持 Windows、Linux 和 Mac 系统。读者可以去 Postman 的官网上下载并安装它。

使用 Postman 做接口测试是很简单的，启动 Postman 后的主界面如图 9-1 所示。

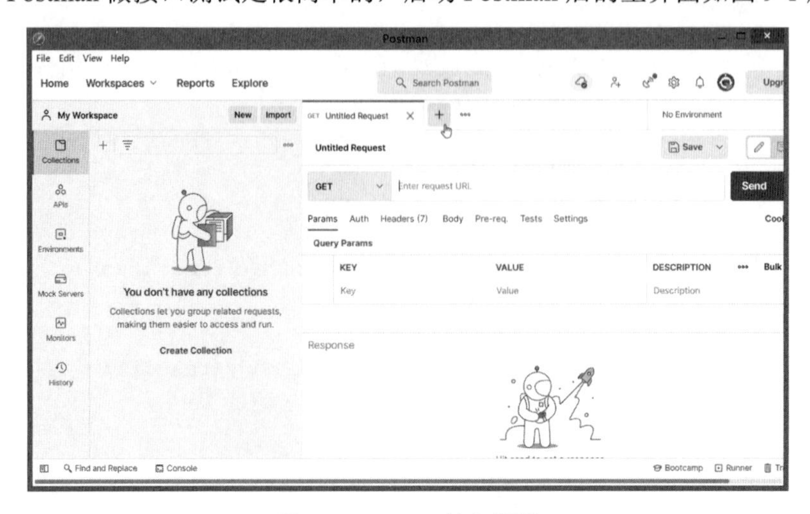

图 9-1 Postman 的主界面

单击图 9-1 中的“+”号，可以打开一个请求页面，然后选择请求方法，输入请求 URL，设置要提交的数据，单击“Send”按钮就可以开始测试了。

1．测试获取所有文章接口

请求方法选择 GET，URL 为 http://localhost:8080/articles，单击“Send”按钮，结果如图 9-2 所示。

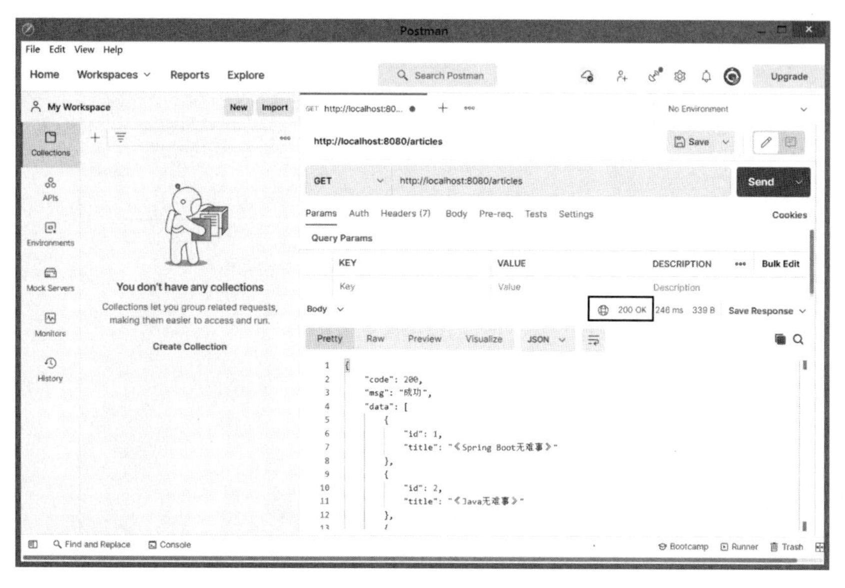

图 9-2　测试获取所有文章接口

2．测试根据 ID 获取单篇文章接口

请求方法选择 GET，URL 为 http://localhost:8080/articles/1，单击“Send”按钮，结果如图 9-3 所示。

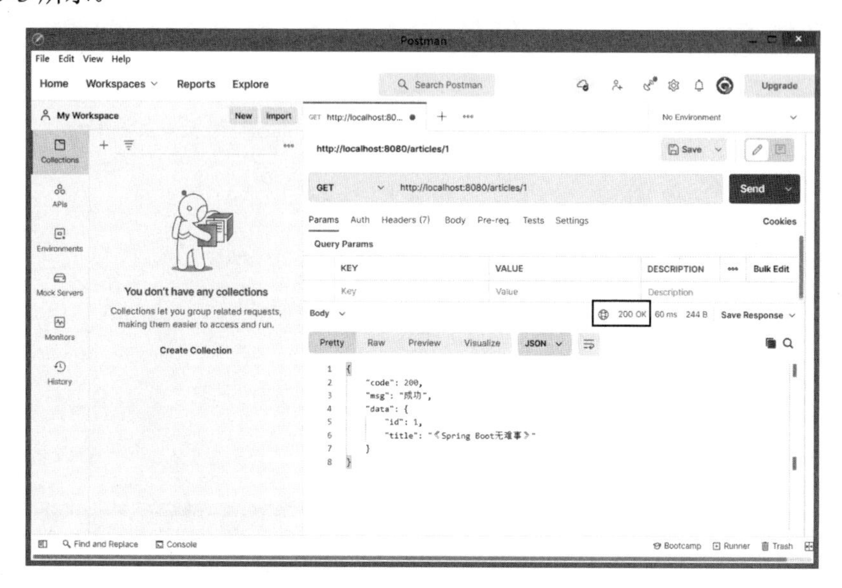

图 9-3　测试根据 ID 获取单篇文章接口

输入一个不存在的文章 ID，单击“Send”按钮，结果如图 9-4 所示。

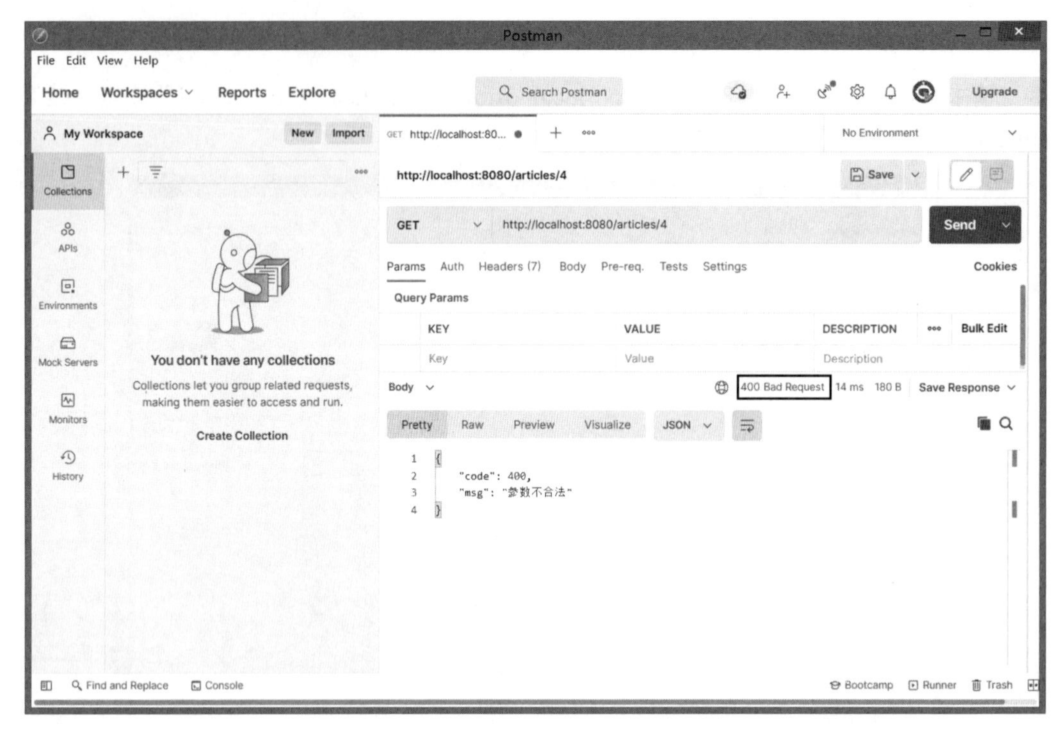

图 9-4　文章 ID 不存在，返回错误信息

3．测试新增文章接口

请求方法选择 POST，URL 为 http://localhost:8080/articles，在 URL 下方切换到 Body 标签页，然后选择“raw”和“JSON”，输入要新增的文章的 JSON 数据，如图 9-5 所示。

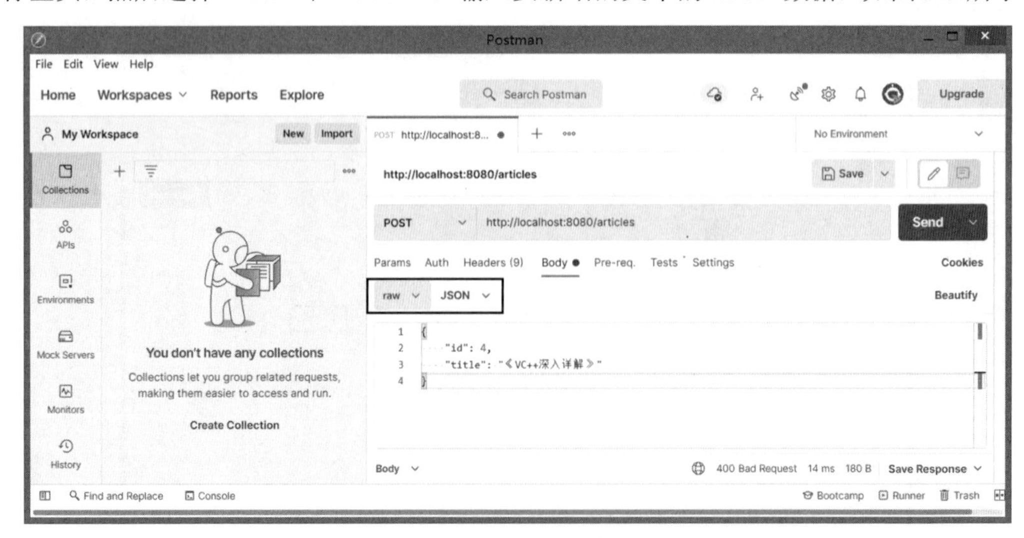

图 9-5　准备提交的数据

单击“Send”按钮，结果如图 9-6 所示。

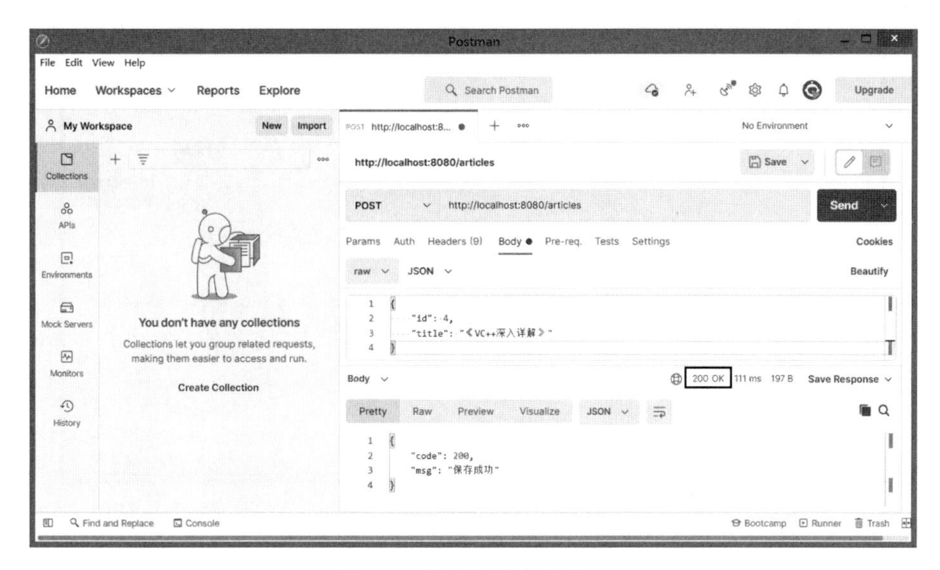

图 9-6　测试新增文章接口

若在 IDEA 的控制台窗口中可以看到 4 篇文章信息，则证明新增文章成功了。

4．测试修改文章接口

请求方法选择 PUT，URL 为 http://localhost:8080/articles，同样在 Body 标签页下选择“raw”和“JSON”，输入要修改的文章的完整 JSON 数据，单击“Send”按钮，结果如图 9-7 所示。

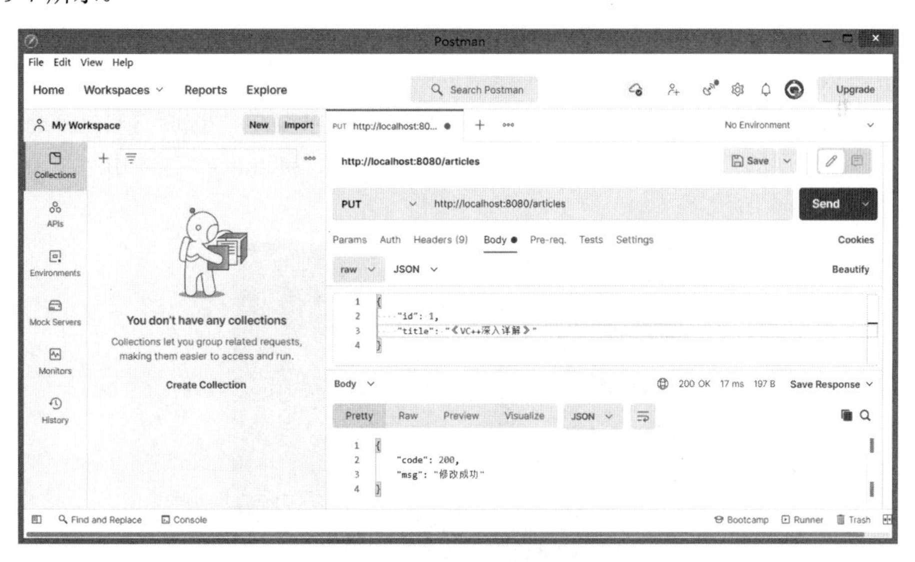

图 9-7　测试修改文章接口

若在 IDEA 的控制台窗口中可以看到修改后的文章信息，则证明修改文章成功了。

5．测试删除文章接口

请求方法选择 DELETE，URL 为 http://localhost:8080/articles/1，单击“Send”按钮，结果如图 9-8 所示。

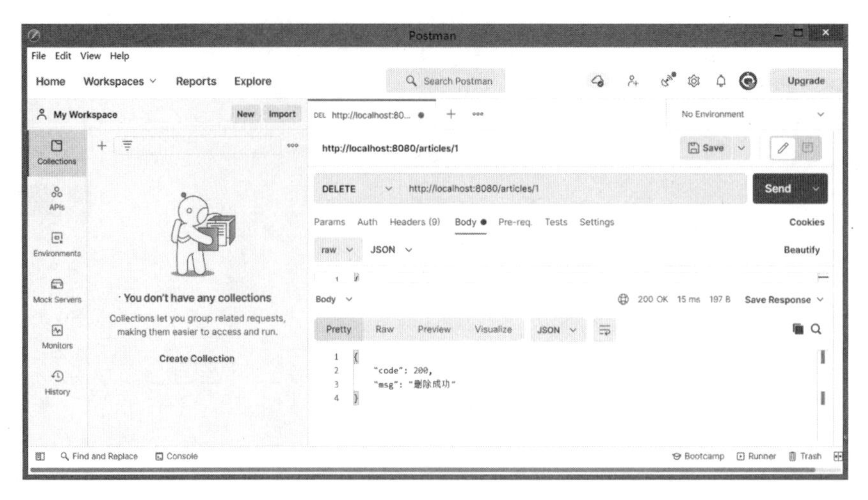

图 9-8　测试删除文章接口

若在 IDEA 的控制台窗口中可以看到文章列表中已经没有了 ID 为 1 的文章，则证明确实删除成功了。

9.6.3　使用 RestTemplate 测试接口

RestTemplate 位于 org.springframework.web.client 包中，它是一个执行 HTTP 请求的同步客户端，在诸如 JDK 的 HttpURLConnection、Apache 的 HttpComponents 等底层 HTTP 客户端库上公开一个简单的模板方法 API。

我们可以编写单元测试，使用 RestTemplate 模拟客户端发送 HTTP 请求，来测试 RESTful 接口。

在 ArticleController 类名上单击鼠标右键，从弹出菜单中选择【Generate...】→【Test...】，在出现的“Create Test”对话框中，在下方的“Member”列表中选中所有的成员方法，如图 9-9 所示。

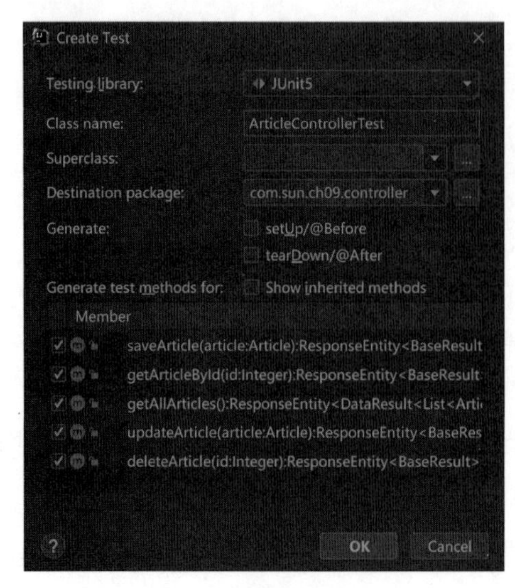

图 9-9　“Create Test”对话框

在单击“OK”按钮后，会在 test/java 目录下的 com.sun.ch09.controller 包中生成一个 ArticleControllerTest 类，在该类中同时生成 5 个测试方法。

在 5 个测试方法中，分别编写测试对应接口 API 的代码，如例 9-6 所示。

例 9-6 ArticleControllerTest.java

```
    package com.sun.ch09.controller;

    ...

    @SpringBootTest
    class ArticleControllerTest {

        @Autowired
        private RestTemplateBuilder restTemplateBuilder;
        @Test
        void saveArticle() {
            RestTemplate client = restTemplateBuilder.build();
            HttpHeaders headers = new HttpHeaders();
            headers.setContentType(MediaType.APPLICATION_JSON);

            Article article = new Article(4, "《VC++深入详解》");
            HttpEntity<Article> entity = new HttpEntity<Article>(article,
headers);
            // postForObject()方法返回响应正文
            // 如果需要返回整个响应实体，可以调用 postForEntity()方法
            String body = client.postForObject("http://localhost:8080/
articles", entity, String.class);
            System.out.println(body);
        }

        @Test
        void getArticleById() {
            RestTemplate client = restTemplateBuilder.build();
            // RESTful 接口以 JSON 格式来承载数据，返回的是 JSON 串，因此类型参数指定
String 类型
            ResponseEntity<String> entity =
                    client.getForEntity("http://localhost:8080/articles/
{id}",
                            String.class, 1);
            System.out.println(entity.getBody());
        }

        @Test
        void getAllArticles() {
            RestTemplate client = restTemplateBuilder.build();
            // 如果只需要响应正文，则可以调用 getForObject()方法
            String body =
client.getForObject("http://localhost:8080/articles",
```

```
                String.class);
        System.out.println(body);
    }

    @Test
    void updateArticle() {
        RestTemplate client = restTemplateBuilder.build();
        HttpHeaders headers = new HttpHeaders();
        headers.setContentType(MediaType.APPLICATION_JSON);

        Article article = new Article(1, "《VC++深入详解》");
        HttpEntity<Article> entity = new HttpEntity<Article>(article, 
headers);
        // put()方法没有返回值，如果需要接收响应消息，则可以调用 exchange()方法
        //client.put("http://localhost:8080/articles", entity);
        ResponseEntity<String> responseEntity = client.exchange(
                "http://localhost:8080/articles",
                HttpMethod.PUT,
                entity,
                String.class);
        System.out.println(responseEntity.getBody());
    }

    @Test
    void deleteArticle() {
        RestTemplate client = restTemplateBuilder.build();
        // delete()方法没有返回值，如果需要接收响应消息，则可以调用 exchange()方法
        //client.delete("http://localhost:8080/articles/{id}", 1);

        ResponseEntity<String> responseEntity = client.exchange(
                "http://localhost:8080/articles/{id}",
                HttpMethod.DELETE,
                null,
                String.class,
                1);
        System.out.println(responseEntity.getBody());
    }
}
```

读者可以先运行项目，然后运行各个测试方法以对接口进行测试。记得在 ArticleControllerTest 类上加上@SpringBootTest 注解。

9.7 编写全局错误处理器

当我们使用 Postman 以 DELETE 请求方法向 http://localhost:8080/articles 发起请求时，结果如图 9-10 所示。

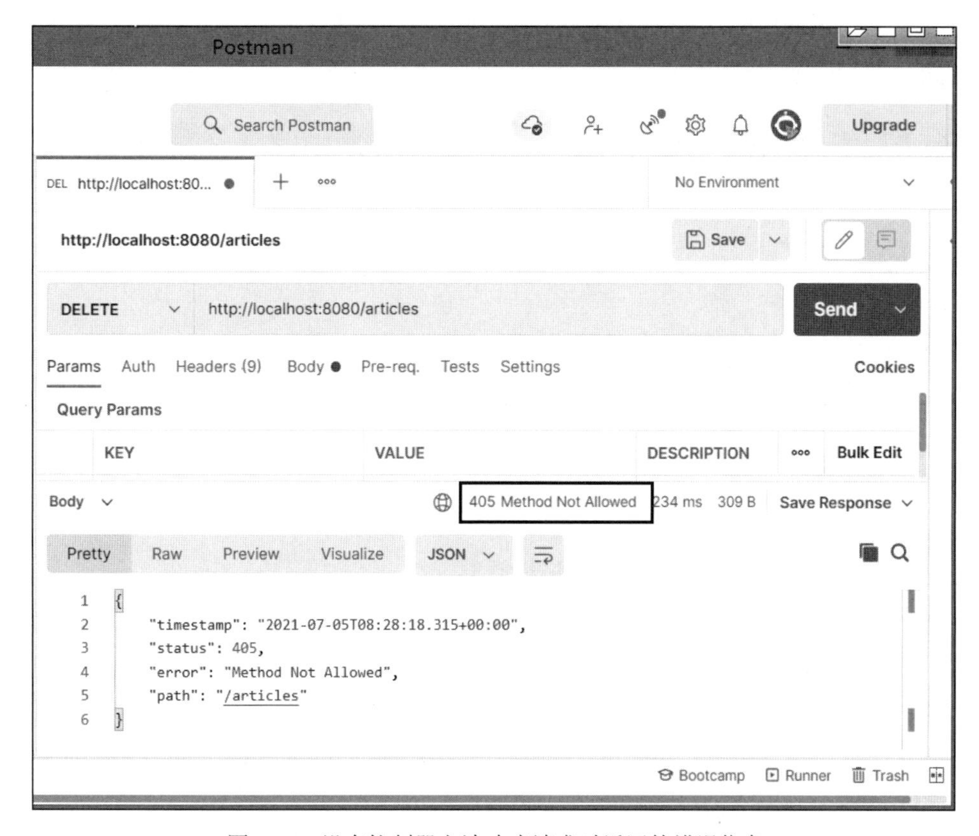

图 9-10　没有控制器方法响应请求时返回的错误信息

有的读者可能会迷惑，觉得这好像不是我们自己设置的响应数据返回格式，这确实不是。我们自定义的响应数据格式需要在控制器方法得到调用时才会返回，而现在以 DELETE 请求方法向 http://localhost:8080/articles 发起请求时，根本没有该请求映射的处理器方法，于是就由 Spring Boot 的错误控制器接手，返回了如图 9-10 所示的错误信息。与之类似的还有 404 错误，当访问一个不存在的 URL 时，就会返回 404 错误。

我们既然采用了 RESTful 风格来设计接口，就自然希望在所有情况下返回的数据格式都是统一的，这样也方便前端进行处理。为此，可以先编写一个基类控制器（其他控制器继承该基类控制器），然后将路径/**映射到一个处理器方法上，这样未精确匹配的路径就会由这个处理器方法来响应，最后在该方法中统一以我们自定义的响应数据格式返回 400 错误。

不过，这样处理的话，错误提示信息不是很明确。另一种更好的实现方式是编写一个全局错误控制器，专门处理没有请求对应的控制器方法而导致的 HTTP 错误。

在 7.2 节我们介绍过，在默认情况下，Spring Boot 提供了一个/error 映射，以一种合理的方式处理所有错误，即 Spring Boot 使用 ErrorController 接口（位于 org.springframework.boot.web.servlet.error 包中）的实现类对象来响应/error 映射，该接口没有定义任何方法，而只是一个标记接口，用于标识应该用于呈现错误的@Controller 注解。我们可以实现该接口，将路径/error 映射到错误控制器的方法上，然后根据不同的 HTTP 错误状态码来设置对应的错误提示信息，最后以统一的响应数据格式向前端返回。

在 controller 子包下新建 GlobalErrorController 类，实现 ErrorController 接口，代码如例 9-7 所示。

例 9-7　GlobalErrorController.java

```
    package com.sun.ch09.controller;


    ...

    @RestController
    public class GlobalErrorController implements ErrorController {
       private static final String ERROR_PATH = "/error";

       @RequestMapping(ERROR_PATH)
       public ResponseEntity<BaseResult> error(HttpServletResponse
response){
          int code = response.getStatus();
          BaseResult result = null;
          switch (code){
             case 401:
                result = new BaseResult(
                      401, "用户未登录");
                return ResponseEntity.status(HttpStatus.UNAUTHORIZED).
body(result);
             case 403:
                result = new BaseResult(
                      403, "没有访问权限");
                return ResponseEntity.status(HttpStatus.FORBIDDEN).
body(result);
             case 404:
                result = new BaseResult(
                      404, "请求的资源不存在");
                return ResponseEntity.status(HttpStatus.NOT_FOUND).
body(result);
             case 405:
                result = new BaseResult(
                      405, "请求方法对指定的资源不可用");
                return ResponseEntity.status(HttpStatus.METHOD_NOT_
ALLOWED).body(result);
             case 500:
                result = new BaseResult(
                      500, "服务器端错误");
             default:
                result = new BaseResult(
                      500, "未知错误");
                return ResponseEntity.status(
                      HttpStatus.INTERNAL_SERVER_ERROR).body(result);
          }
       }
    }
```

重新启动项目，在 Postman 中以 DELETE 请求方法向 http://localhost:8080/articles 发起请求，会看到如图 9-11 所示的响应结果。

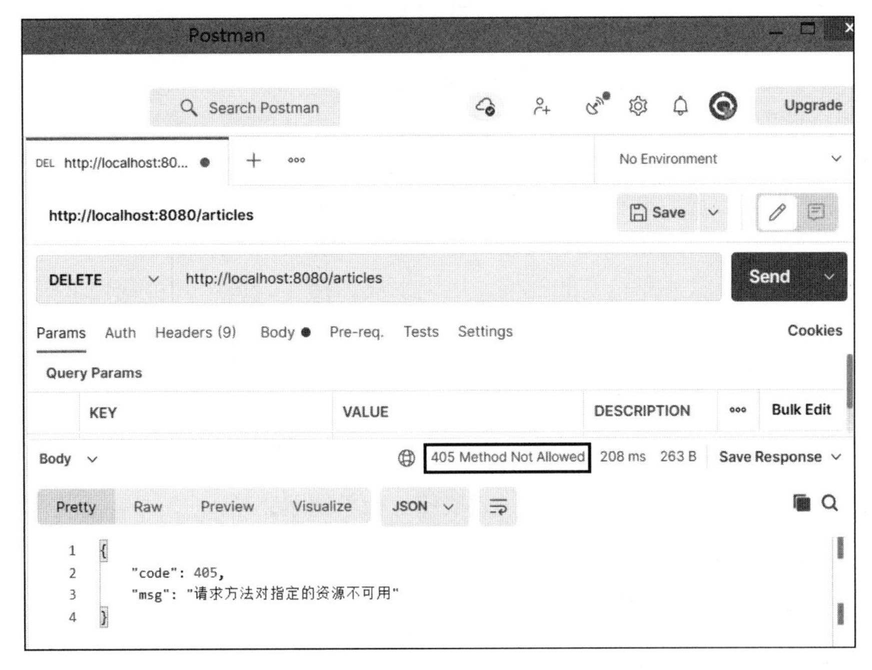

图 9-11 定义全局错误处理器后的返回结果

还可以将对 HTTP 错误状态码的处理与全局异常处理结合起来，只需要在 GlobalErrorController 类上添加@ControllerAdvice 注解，然后用@ExceptionHandler 注解标注异常处理器方法就可以了，如下所示：

```
package com.sun.ch09.controller;
...

@RestController
@ControllerAdvice
public class GlobalErrorController implements ErrorController {
    ...

    @ExceptionHandler(Exception.class)
    public ResponseEntity<BaseResult> exception(Exception e) {
        BaseResult result = new BaseResult(500, e.getMessage());
        return ResponseEntity.status(
                HttpStatus.INTERNAL_SERVER_ERROR).body(result);
    }
}
```

也可以根据项目情况对各种异常类型（包括自定义异常类型）分别进行处理，然后结合响应数据中的自定义错误代码，向前端提示更为准确的错误消息，这就是最佳实践了。

9.8 使用 Swagger 3.0 生成接口文档

在前端与后端分离的项目中，有的直接由后端开发人员根据前端需求提供接口，但更多的是，前端与后端开发人员一起协商着制定接口，不管使用那种方式，为接口给出说明文档都是有必要的。但在开发过程中，随着需求的细化和变更，可能会更改接口，如果忘了更新接口的说明文档，就会为前端开发造成不必要的麻烦。因此，有必要选择一个工具来帮助我们自动生成接口文档，这个工具就是 Swagger。

Swagger 是一个规范和完整的框架，用于生成、描述、调用和可视化 RESTful 风格的 Web 服务的接口文档。

接下来我们按照下面的步骤，在项目中引入 Swagger，以自动生成接口文档。

9.8.1 添加 Swagger 3.0.0 依赖

编辑 POM 文件，添加 Swagger 3.0.0 依赖，如下所示：

```
<dependency>
    <groupId>io.springfox</groupId>
    <artifactId>springfox-boot-starter</artifactId>
    <version>3.0.0</version>
</dependency>
```

一定要记得更新依赖。如果使用的是 Swagger 的 2.9.2 版本，则需要引入不同的依赖，对于老版本的 Swagger，请读者参看其他的资料进行配置。

9.8.2 创建 Swagger 的配置类

在 com.sun.ch09 包下新建 config 子包，在该子包下新建 Swagger3Configuration 类，代码如例 9-8 所示。

例 9-8 Swagger3Configuration.java

```
package com.sun.ch09.config;

...

/**
 * 如果没有在 Spring Boot 的配置文件中使用
 * springfox.documentation.enabled=false 关闭 Swagger 的功能，
 * 可以不用@EnableOpenApi 注解
 */
@Configuration
@EnableOpenApi
@EnableWebMvc
public class Swagger3Configuration {
    @Bean
    public Docket createRestApi(){
```

```
        return new Docket(DocumentationType.OAS_30)
                .apiInfo(apiInfo())
                .select()
                .apis(RequestHandlerSelectors.basePackage("com.sun.ch09.
controller"))
                .paths(PathSelectors.any())
                .build();
    }

    // 配置 API 的基本信息，这些信息会在 API 文档上显示
    private ApiInfo apiInfo(){
        return new ApiInfoBuilder()
                .title("文章系统 RESTful API 文档")  // 文档名称
                .description("文章系统 RESTful API 文档")  // 文档说明
                .contact(new Contact("sun.com", "www.sun.com",
"8888@sun.com")) // 联系人
                .termsOfServiceUrl("")  //服务条款
                .version("1.0")  // 版本
                .build();
    }
  }
```

这里要注意一个问题，当使用 Spring Boot 2.6.0 及以上版本时，启动项目会抛出如下的异常信息：

org.springframework.context.ApplicationContextException: Failed to start bean 'documentationPluginsBootstrapper'; nested exception is java.lang.NullPointerException

而使用 Spring Boot 2.6.0 以下版本就不会出现上述异常。在新版 Spring Boot 中要解决上述异常，需要在配置类上添加@EnableWebMvc 注解。

代码中的 apiInfo()方法用来配置 API 的基本信息，配置的信息会在 API 文档上显示，可以根据需要设置文档名称、联系人、项目版本号等。

createRestApi()方法创建一个 Docket 类型的 Bean，Docket 实例是一个构建器，作为 swagger-springmvc 框架的主要接口，提供合理的缺省值和方便的配置方法。

在方法链调用中，select()方法返回一个 ApiSelectorBuilder 实例，该实例用来控制哪些接口暴露给 Swagger 使用，该实例的构建需要调用 build()方法来完成；ApiSelectorBuilder 实例的 apis()方法指定使用何种方式来扫描接口，这里通过设置基包的路径来进行扫描；paths()方法扫描接口的路径，PathSelectors.any()表示任何路径都满足条件。

9.8.3　浏览自动生成的接口文档

启动项目，访问 http://localhost:8080/swagger-ui/index.html，可以看到如图 9-12 的页面。

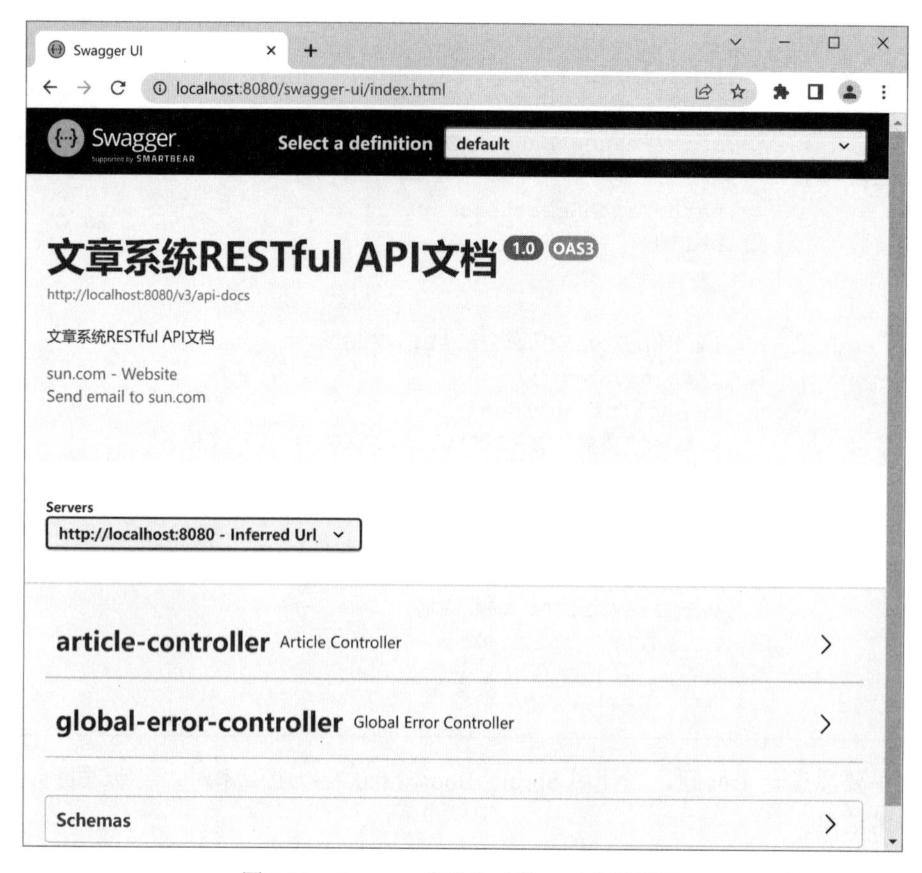

图 9-12　Swagger 自动生成的 API 文档页面

这里还有一个小问题，就是对于全局错误控制器我们并不想暴露为 API，这可以通过@ApiIgnore 注解来忽略全局错误控制器。

接下来展开 article-controller，可以看到如图 9-13 的内容。

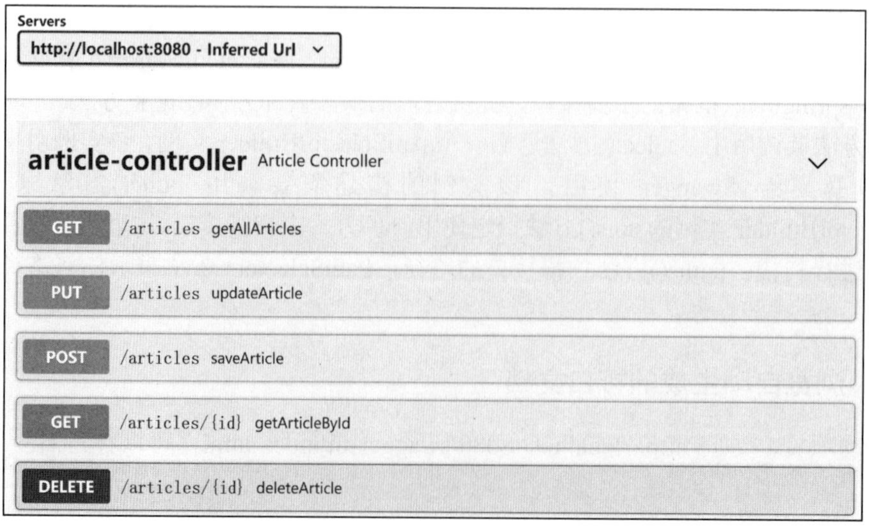

Servers
http://localhost:8080 - Inferred Url
article-controller Article Controller
GET /articles getAllArticles
PUT /articles updateArticle
POST /articles saveArticle
GET /articles/{id} getArticleById
DELETE /articles/{id} deleteArticle

图 9-13　ArticleController 控制器提供的接口

显然，ArticleController 控制器提供的接口描述有点太简单了，当然，如果项目本身不大，前端和后端开发人员可以随时沟通，那么这个文档也已经足够了。如果考虑到后期项目规模扩大，或者这个接口是开放平台的接口，就需要对接口进行尽可能详细的描述，这要用到下一节讲述的注解。

9.8.4 使用 Swagger 的注解明确描述接口

Swagger 给出了一些注解，可以用这些注解更明确地描述接口。下面是常用的一些注解。

- @Api(tags = "文章接口")：用在请求的控制器类上，表示对类的说明，tags 元素用于说明该类的作用。
- @ApiOperation("保存新的文章")：用在请求的方法上，value 元素指定方法的用途，notes 元素指定方法的备注。
- @ApiResponses：用在请求的方法上，表示一组响应。
- @ApiResponse：多用在@ApiResponses 注解中，用于表达响应信息，code 元素指定响应的状态代码，message 元素指定对应状态代码的提示信息。
- @ApiImplicitParams：用在请求的方法上，表示一组参数说明。
- @ApiImplicitParam：用在方法上，表示一个请求参数的描述；多用在@ApiImplicitParams 注解中。

首先在 GlobalErrorController 类上添加@ApiIgnore 注解，将该控制器排除在生成的文档内容之外。然后在 ArticleController 类和其中的方法上使用上述注解，更为明确地描述接口的作用和使用方式。代码如例 9-9 所示。

例 9-9 ArticleController.java

```
package com.sun.ch09.controller;

...
import io.swagger.annotations.*;
...

@RestController
@RequestMapping("/articles")
@Api(tags="文章接口，提供文章的新建、修改、查询和删除操作")
public class ArticleController {
    ...

    // 保存新的文章
    @PostMapping
    @ApiOperation("保存新的文章")
    @ApiResponse(code = 200, message = "保存成功")
    public ResponseEntity<BaseResult> saveArticle(@RequestBody Article
article){
        ...
    }
```

```
        // 根据 ID 查找文章
        @GetMapping("/{id}")
        @ApiOperation("根据文章 ID 获取单篇文章")
        @ApiImplicitParam(name = "id", value="文章 ID")
        @ApiResponses({@ApiResponse(code = 200, message = "成功"),
@ApiResponse(code = 400, message = "参数不合法")})
        public ResponseEntity<BaseResult> getArticleById(@PathVariable
Integer id){
            ...
        }

        // 返回所有文章数据
        @GetMapping
        @ApiOperation("获取所有文章")
        @ApiResponse(code = 200, message = "成功")
        public ResponseEntity<DataResult<List<Article>>> getAllArticles(){
            ...
        }

        // 修改文章
        @PutMapping
        @ApiOperation("修改文章")
        @ApiResponses({@ApiResponse(code = 200, message = "成功"),
@ApiResponse(code = 400, message = "参数不合法")})
        public ResponseEntity<BaseResult> updateArticle(@RequestBody Article
article){
            ...
        }

        // 根据 ID 删除文章
        @DeleteMapping("/{id}")
        @ApiOperation("根据文章 ID 删除单篇文章")
        @ApiImplicitParam(name = "id", value="文章 ID")
        @ApiResponses({@ApiResponse(code = 200, message = "成功"),
@ApiResponse(code = 400, message = "参数不合法")})
        public ResponseEntity<BaseResult> deleteArticle(@PathVariable
Integer id){
            ...
        }
    }
```

这里只是给出示例用法，读者还需要根据项目与接口情况，合理地使用注解辅助生成更加明确的接口描述文档。

重新启动项目，访问 http://localhost:8080/swagger-ui/index.html，可以看到如图 9-14 的页面。

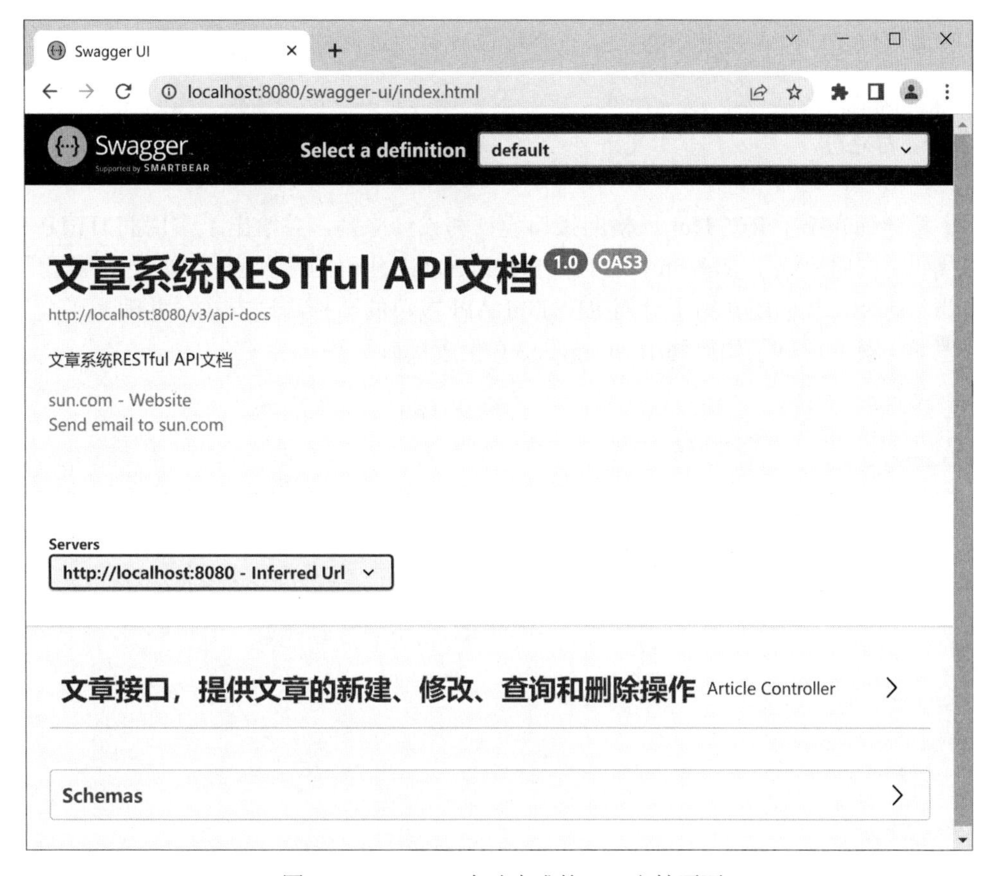

图 9-14　Swagger 自动生成的 API 文档页面

可以看到全局错误处理控制器已经不在文档中了。然后展开 Article Controller，可以看到如图 9-15 所示的页面。

图 9-15　ArticleController 控制器提供的接口

读者可以进一步单击某个接口，查看接口参数与返回的响应的描述。

9.9 小结

本章详细介绍了 RESTful 风格的接口设计和设计原则，并给出了常用的 HTTP 响应状态代码，同时介绍了 RESTful API 对于 HTTP 状态代码的两种应用方式，并给出了最佳实践。此外，我们还介绍了针对 RESTful API 接口的两种测试方式，并编写了全局错误处理器，最后讲解了如何利用 Swagger 3.0 生成接口文档。

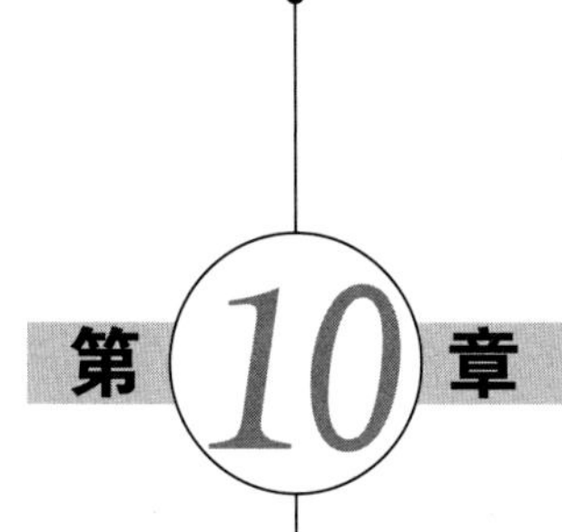

第10章 Spring WebFlux 框架

Spring WebFlux 是 Spring Framework 5.0 中引入的新的响应式 Web 框架，可运行在 Netty、Undertow 和 Servlet 3.1+容器等服务器上。Spring WebFlux 与 Spring MVC 不同，其不需要 Servlet API，是完全异步和非阻塞的，并通过 Reactor 项目实现了 Reactive Streams 规范。

10.1 响应式编程与 Reactive Streams

响应式编程是一种与数据流和变化传递（Propagation of Change）有关的声明式编程范式。

例如，在命令式编程中（即我们平常的编程模式），a := b + c 意味着在计算表达式时，a 被分配 b + c 的结果，即使之后 b 和 c 的值发生变化，也并不会影响 a 的值。而在响应式编程中，每当 b 或 c 的值改变时，a 的值就会自动更新，而不需要程序重新执行语句 a := b + c 来确定 a 的当前值。

读者如果了解 Java 的事件监听机制，那么对于响应式编程也能够理解了。事件监听机制是，一旦有事件发生，事件管理器就会通知事件监听器对事件做出响应，这其实也是一种响应式编程。

10.1.1 Reactive Streams 规范

前面说了，WebFlux 框架实现了 Reactive Streams 规范，Reactive Streams 为具有非阻塞背压（Back Pressure）的异步数据流处理提供了标准的方案。

所谓异步是相对于同步来说的，对于通常的 HTTP 请求处理来说，服务器端对请求的处理就是一个同步处理过程，在发送请求后，客户端需要等待，在服务器端对请求处理完毕并发回响应后才结束。如果采用异步处理，那么场景就变成了：在请求发送后，服务器端先给一个响应，以告知收到了请求，然后对请求进行异步处理，当处理完毕后，再将结果发送给客户端。

响应式流是基于生产者和消费者模式实现异步非阻塞的，这个模式很容易出现的一个问题是，生产者生产的数据过多，压垮了消费者。所谓背压就是消费者告诉生产者自己需要多少量的数据，即控制生产者生成数据的速率。

Reactive Streams 是面向流的 JVM 库的标准和规范，主要用于：

- 按顺序处理可能无限数量的元素。
- 在组件之间异步传递元素，具有强制非阻塞背压。

Reactive Streams 定义的 API 由 4 个接口组成，如图 10-1 所示，这些接口由响应式流的实现来提供。

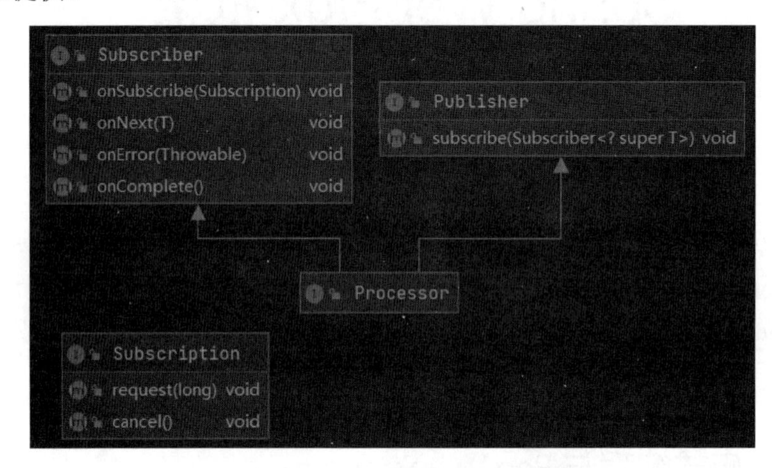

图 10-1　Reactive Streams 规范定义的接口

Publisher（发布者）负责提供数据，Subscriber（订阅者）负责消费数据，发布者根据从订阅者处接收到的请求来发布数据，而订阅者通过 Subscription 告诉发布者需要多少数据，从而实现背压。Processor（处理器）代表一个处理阶段，其既是订阅者又是发布者，遵守两者的契约，可以把处理器理解为发布者与订阅者之间的一个中介，处理器在接收到发布者提供的数据后可以先对数据进行预处理，然后提供给订阅者消费。

10.1.2　Java 9 的响应式流实现

Java 9 遵照 Reactive Streams 规范也提供了响应式流的实现，在 java.util.concurrent.Flow 类中以静态内部接口的形式，给出了与 Reactive Streams 规范中定义完全相同的接口，并给出了 Publisher 接口的一个实现 SubmissionPublisher。

下面我们使用 Java 9 的响应式流 API 编写一个简单的例子，来看一下 Publisher、Processor 和 Subscriber 之间的数据处理流程。

我们直接使用 Java 9 的 SubmissionPublisher 类编写订阅者类与处理器类。

订阅者类的代码如例 10-1 所示。

例 10-1　SimpleSubscriber.java

```
package com.sun.ch10.reactive;

import java.util.concurrent.Flow;
```

```
public class SimpleSubscriber<T> implements Flow.Subscriber<T> {
    private Flow.Subscription subscription;

    public void onSubscribe(Flow.Subscription subscription) {
        // 保存订阅，并向发布者请求一个数据
        (this.subscription = subscription).request(1);
    }
    public void onNext(T item) {
        System.out.println("订阅者接收到的数据：" + item);
        // 继续请求一个数据
        subscription.request(1);
    }
    public void onError(Throwable ex) { ex.printStackTrace(); }
    public void onComplete() {}
}
```

处理器类的代码如例 10-2 所示。

例 10-2　SimpleProcessor.java

```
package com.sun.ch10.reactive;

import java.util.concurrent.Flow;

public class SimpleProcessor<T> implements Flow.Processor<T, T>{
    private Flow.Subscriber<? super T> subscriber;
    @Override
    public void subscribe(Flow.Subscriber<? super T> subscriber) {
        // 保存订阅者
        this.subscriber = subscriber;
    }

    @Override
    public void onSubscribe(Flow.Subscription subscription) {
        // 向订阅者传递 Subscription 对象，订阅者可通过 Subscription 对象向发布者
请求数据
        subscriber.onSubscribe(subscription);
    }

    @Override
    public void onNext(T item) {
        System.out.println("处理器接收到的数据：" + item);
        // 在处理器中可以对数据进行转换，然后发布出去
        subscriber.onNext(item);
    }

    @Override
    public void onError(Throwable ex) {
        ex.printStackTrace();
```

```
    }

    @Override
    public void onComplete() {
    }
}
```

编写一个测试类，测试发布与订阅，代码如例 10-3 所示。

例 10-3　ReactiveTest.java

```
package com.sun.ch10.reactive;

import java.util.concurrent.SubmissionPublisher;

public class ReactiveTest {
    public static void main(String[] args) throws InterruptedException {
        SubmissionPublisher<String> publisher = new
SubmissionPublisher<String>();

        SimpleProcessor<String> processor = new SimpleProcessor<>();
        SimpleSubscriber<String> subscriber = new SimpleSubscriber<>();

        // 发布者与处理器建立订阅关系
        publisher.subscribe(processor);
        // 处理器与订阅者建立订阅关系
        processor.subscribe(subscriber);

        // submit()方法通过异步调用 onNex()方法，将数据发布给每一个订阅者
        publisher.submit("Hello");
        publisher.submit("World");
        publisher.close();

        // 由于 SubmissionPublisher 内部采用线程异步发布数据，为了避免因主线程退
出导致程序退出，所以让主线程睡眠一秒钟，让订阅者能够有时间处理数据
        Thread.sleep(1000);
    }
}
```

运行 ReactiveTest，结果如下所示：

```
处理器接收到的数据：Hello
订阅者接收到的数据：Hello
处理器接收到的数据：World
订阅者接收到的数据：World
```

数据发布与订阅的流程如图 10-2 所示。

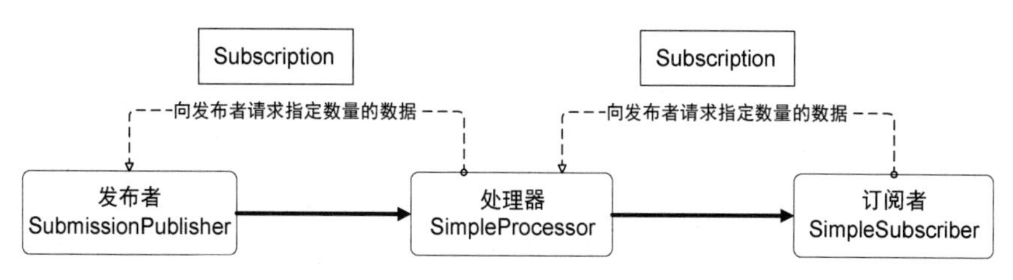

图 10-2　数据发布与订阅的流程

10.2　Spring MVC 与 Spring WebFlux

Spring MVC 是应用于通常的 Web 请求的服务器端 MVC 框架，采用同步阻塞的响应方式，而 WebFlux 是完全异步和非阻塞的。Spring 的官方文档中给出了两者之间的关系、共同点及各自特有的支持，如图 10-3 所示。

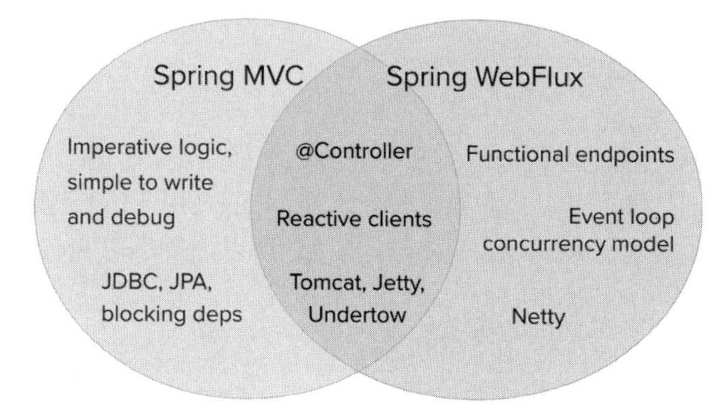

图 10-3　Spring MVC 与 Spring WebFlux 的关系

Spring Boot 官网中对 Spring WebFlux 与 Spring MVC 从响应式技术栈和 Servlet 技术栈的角度给出了区别，如图 10-4 所示。

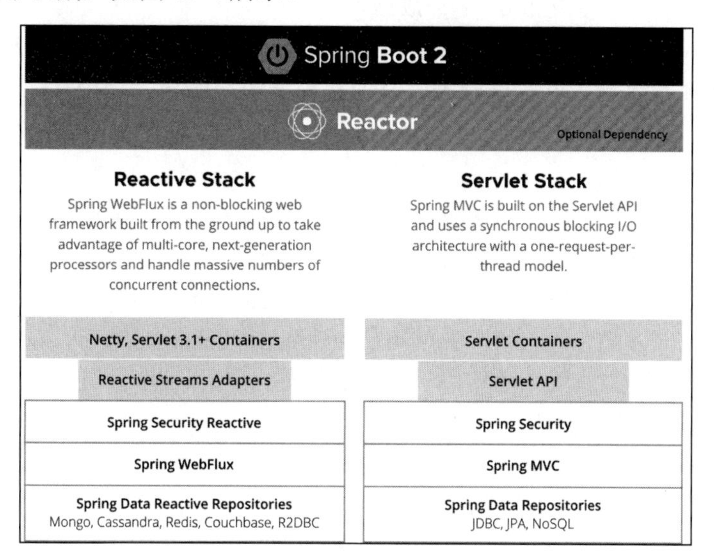

图 10-4　Spring WebFlux 与 Spring MVC 的区别

Spring 框架提供了两个并行的技术栈，一个是 Servlet 技术栈，包含 Servlet API、Spring MVC 和 Spring 数据存储；另一个是完全响应式的技术栈，包含 Spring WebFlux、Spring 数据响应式存储。对于这两种技术栈，Spring Security 都提供了支持。

由于响应式编程的特性，Spring WebFlux 底层需要支持异步的运行环境，比如 Netty 和 Undertow；也可以运行在支持异步 I/O 的 Servlet 3.1 的容器之上，比如 Tomcat（8.0.23 及以上版本）和 Jetty（9.0.4 及以上版本）。

这里我们主要注意一下在数据存储方面的差异，从图 10-4 中可以看到响应式技术栈并不支持传统的数据库访问，因为传统的数据库访问是阻塞式的，所以，判断在项目中是否选用 WebFlux 的一个简单的方式是，看程序中是否需要使用阻塞持久性 API（JPA、JDBC）或网络 API，如果需要，那么应该选择 Spring MVC，而不是 Spring WebFlux。

另外需要明确的是，Spring WebFlux 并不是让程序运行得更快（相对于 SpringMVC 来说），而是在有限的资源下提高系统的伸缩性和并发响应速度。

10.3 认识 Reactor

Spring WebFlux 使用的响应式流实现并非 Java 9 的实现，而是一个叫作 Reactor 的响应式流库。Reactor 提供了可组合的异步序列 API：Flux（用于[N]元素）和 Mono（用于[0|1]元素），并全面实现了 Reactive Streams 规范。所以，要学习 Spring WebFlux，首先要了解如何使用 Reactor 的 API。

在 Reactor 中，发布者用两个类来表示：

- Flux（0...N）
- Mono（0 | 1）

而订阅者则由 Spring 框架来完成。

Flux 是一个标准发布者，它表示由 0 到 *N* 个发布的数据项组成的异步序列。Mono 是一个专门的发布者，可发布 0～1 个数据项。

与 Spring MVC 控制器方法直接返回对象和 List 集合不同，Spring Flux 返回 Mono 或者 Flux 对象来包装对象与列表数据，从而实现非阻塞的异步调用。

Flux 类最常用的是一系列的 from()方法，可以从各种数据源构建 Flux 对象，这些方法如下所示：

- public static <T> Flux<T> from(Publisher<? extends T> source)
- public static <T> Flux<T> fromArray(T[] array)
- public static <T> Flux<T> fromIterable(Iterable<? extends T> it)
- public static <T> Flux<T> fromStream(Stream<? extends T> s)

这些方法从参数类型就知道作用了，我们就不再进行讲解了。

Mono 类最常用的方法如下所示：

- public static <T> Mono<T> just(T data)

创建一个新的 Mono 来发布指定的项。

- public static <T> Mono<T> justOrEmpty(@Nullable T data)

创建一个新的 Mono，如果 data 不为 null，则发出它，否则只发出 onComplete。

➢ public static <T> Mono<T> justOrEmpty(@Nullable Optional<? extends T> data)

创建一个新的 Mono，如果 Optional.isPresent()为 true，则发出指定的项，否则只发出 onComplete。

➢ public static <T> Mono<T> from(Publisher<? extends T> source)

使用 Mono API 公开指定的 Publisher，并确保它将发出 0 或 1 项。source 发射器将在第一个 onNext 时被取消。

➢ public static <T> Mono<T> fromCallable(Callable<? extends T> supplier)

创建一个 Mono，使用提供的 Callable 生成它的值。如果 Callable 解析为 null，则只发出 onComplete。

➢ public static <T> Mono<T> create(Consumer<MonoSink<T>> callback)

创建一个延迟发射器，该发射器可与基于回调的 API 一起使用，以发出最多一个值、完成或错误信号。

➢ public static <T> Mono<T> error(Throwable error)

创建一个在订阅后立即以指定错误终止的 Mono。

➢ public static <T> Mono<T> error(Supplier<? extends Throwable> errorSupplier)

创建一个 Mono，在订阅后立即以错误终止。Throwable 由 Supplier 函数生成，在每次有订阅时都会被调用，并允许延迟实例化。

➢ public final Mono<T> switchIfEmpty(Mono<? extends T> alternate)

如果此 Mono 在没有数据的情况下完成，则返回参数 alternate 指定的 Mono。

10.4 Spring WebFlux 的两种编程模型

spring-web 模块包含了 Spring WebFlux 的响应式基础，包括 HTTP 抽象、支持的服务器的响应式流适配器、编解码器和与 Servlet API 类似的核心 WebHandler API（具有非阻塞特性）。

在此基础上，Spring WebFlux 提供了以下两种编程模型。

（1）带注解的控制器开发方式，与 Spring MVC 一致，并基于来自 spring-web 模块的相同注解。Spring MVC 和 WebFlux 控制器都支持响应式（Reactor 和 RxJava）返回类型，因此，很难将它们区分开来。一个显著的区别是，WebFlux 还支持响应式 @RequestBody 参数。

（2）函数式开发方式，基于 Lambda 的、轻量级的函数式编程模型，可以将其视为应用程序可以用来路由和处理请求的一个小型库或一组实用工具，其与带注解的控制器开发方式的最大区别在于，应用程序从头到尾负责请求处理，而不是通过注解声明意图并被回调。

下面我们具体了解一下这两种开发方式。

首先新建一个 ch10 项目，引入 Lombok 依赖，同时在 Web 模块中选择 Spring Reactive Web 依赖引入。在项目创建完成后，在 POM 文件中会添加 spring-boot-starter-webflux 依赖，如下所示：

```
<dependency>
    <groupId>org.springframework.boot</groupId>
    <artifactId>spring-boot-starter-webflux</artifactId>
</dependency>
```

然后在 com.sun.ch10 包下新建 model 子包，编写 Article 类，代码如例 10-4 所示。

例 10-4　Article.java

```
package com.sun.ch10.model;

import lombok.AllArgsConstructor;
import lombok.Data;

@Data
@AllArgsConstructor
public class Article {
    private Integer id;
    private String title;
}
```

10.4.1　带注解的控制器方式

带注解的控制器方式与 Spring MVC 的控制器开发方式一样，也通过@RestController 注解标注控制器类，并通过@RequestMapping 注解将请求路径映射到处理器方法上。

在 com.sun.ch10 包下新建 controller 子包，编写 AnnotationController 类，代码如例 10-5 所示。

例 10-5　AnnotationController.java

```
package com.sun.ch10.controller;


import com.sun.ch10.model.Article;
import org.springframework.web.bind.annotation.*;
import reactor.core.publisher.Flux;
import reactor.core.publisher.Mono;

import java.util.Map;
import java.util.concurrent.ConcurrentHashMap;
import java.util.concurrent.atomic.AtomicInteger;

@RestController
@RequestMapping("/articles")
public class AnnotationController {
    static Map<Integer, Article> articlesMap = new ConcurrentHashMap<>();
    private static final AtomicInteger idGenerator = new AtomicInteger(3);
    static {
```

```
        articlesMap.put(1, new Article(1, "《Spring Boot 无难事》"));
        articlesMap.put(2, new Article(2, "《Java 无难事》"));
        articlesMap.put(3, new Article(3, "《Vue.js 3.0 从入门到实战》"));
    }

    // 保存新的文章
    @PostMapping
    public Mono<Integer> saveArticle(@RequestBody Article article){
        Integer id = idGenerator.incrementAndGet();
        article.setId(id);
        articlesMap.put(id, article);
        System.out.println(articlesMap);
        return Mono.create(monoSink -> monoSink.success(id));
    }

    // 根据 ID 查找文章
    @GetMapping("/{id}")
    public Mono<Article> getArticleById(@PathVariable Integer id){
        return Mono.justOrEmpty(articlesMap.get(id));
    }

    // 返回所有文章数据
    @GetMapping
    public Flux<Article> getAllArticles(){
        return Flux.fromIterable(articlesMap.values());
    }

    // 修改文章
    @PutMapping
    public Mono<Integer> updateArticle(@RequestBody Article article){
        if(articlesMap.containsKey(article.getId())){
            articlesMap.put(article.getId(), article);
            System.out.println(articlesMap);
            return Mono.just(article.getId());
        } else {
            return Mono.empty();
        }
    }

    // 根据 ID 删除文章
    @DeleteMapping("/{id}")
    public Mono<Void> deleteArticle(@PathVariable Integer id){
        articlesMap.remove(id);
        System.out.println(articlesMap);
        return Mono.empty();
    }
}
```

AnnotationController 实现的功能与第 9 章的 ArticleController 的功能是一样的，不同的是返回类型改成了 Mono 和 Flux。在代码中，也给出了创建 Mono 和 Flux 的多种调用形式。

启动项目，你会发现在启用 WebFlux 后，Spring Boot 默认使用 Netty 作为服务器，Netty 广泛地应用于异步、非阻塞应用场景，并允许客户端和服务器端共享资源，监听端口依然是 8080。读者可以按照第 9 章介绍的接口测试方式，使用 Postman 进行测试。

10.4.2 函数式开发方式

Spring WebFlux 包含了 WebFlux.fn，这是一种轻量级函数式编程模型，其中的函数用于路由和请求处理。在基于注解的控制器开发方式下，请求是由@RequestMapping 注解映射到的处理器方法来执行的，而在 WebFlux.fn 中，HTTP 请求由 HandlerFunction 来处理，请求的路由则由 RouterFunction 函数来处理，它负责将请求 URL 与某个 HandlerFunction 进行映射。RouterFunction 函数相当于@RequestMapping 注解，它们之间的主要区别在于路由器函数不仅提供数据，还提供行为。

1. HandlerFunction

HandlerFunction 相当于@RequestMapping 标注的方法的主体，它本身是一个函数式接口，接口中的方法如下所示：

- reactor.core.publisher.Mono<T> handle(ServerRequest request)

handle 函数接受一个 ServerRequest 参数，并返回一个延迟的 ServerResponse（即 Mono<ServerResponse>）。

ServerRequest 和 ServerResponse 是不可变的接口，提供了对 HTTP 请求和响应的访问。

（1）ServerRequest

ServerRequest 接口（位于 org.springframework.web.reactive.function.server 包中）给出了获取 HTTP 方法、URI、报头和查询参数的方法，而对请求体的访问则是通过 body()方法提供的。

下面给出了获取请求体的两个示例。

```
// 将请求体提取为 Mono<String>
Mono<String> string = request.bodyToMono(String.class);

// 将请求体提取为 Flux<Person>，其中 Person 对象是从某些序列化形式（如 JSON 或 XML）
解码得到的
Flux<Person> people = request.bodyToFlux(Person.class);
```

bodyToXxx()方法是更通用的 body()方法的快捷方式，body()方法接受 BodyExtractor 函数式接口作为参数，通常不需要直接给出该接口的实现，而是通过调用 BodyExtractors 工具类的方法来得到 BodyExtractor 的实例。

与上述代码等价的代码如下所示：

```
Mono<String> string = request.body(BodyExtractors.toMono(String.class));
```

```
    Flux<Person> people =
request.body(BodyExtractors.toFlux(Person.class));
```

要获取提交的表单数据，可以调用 formData()方法，如下所示：

```
    Mono<MultiValueMap<String, String>> map = request.formData();
```

要以 Map 方式访问多部分数据，可以调用 multipartData()方法，如下所示：

```
    Mono<MultiValueMap<String, Part>> map = request.multipartData();
```

要以流方式访问多部分数据，则可以按照如下方式调用：

```
    Flux<Part> parts = request.body(BodyExtractors.toParts());
```

（2）ServerResponse

ServerResponse 接口提供对 HTTP 响应的访问，由于它是不可变的，所以可以使用 build()方法来创建它，同时可以使用构建器来设置响应状态、添加响应报头或提供响应正文。

下面的示例使用 JSON 内容创建 200（OK）响应。

```
    Mono<Person> person = ...
    ServerResponse.ok().contentType(MediaType.APPLICATION_JSON).body(perso
n, Person.class);
```

下面的示例演示如何使用 Location 报头而不使用正文构建 201（CREATED）响应：

```
    URI location = ...
    ServerResponse.created(location).build();
```

（3）处理器类

由于 HandlerFunction 是一个函数式接口，所以可以使用 Lambda 表达式来编写，如下所示：

```
    HandlerFunction<ServerResponse> helloWorld =
      request -> ServerResponse.ok().bodyValue("Hello World");
```

这种方式很便利，但不实用，毕竟一个应用程序不会只有个别的处理器函数，如果都采用这种方式创建处理器函数，那么会导致混乱及维护上的不便。所以，**我们通常把对同一资源的各种请求处理方法放到一个单独的处理器类中，然后在配置路由时引用这些方法。**这个处理器类充当的角色类似于基于注解的应用程序中的控制器类。

我们看官方文档中给出的一个示例：

```
    import static org.springframework.http.MediaType.APPLICATION_JSON;
    import static
org.springframework.web.reactive.function.server.ServerResponse.ok;

    @Component
    public class PersonHandler {

       private final PersonRepository repository;
```

```
        public PersonHandler(PersonRepository repository) {
            this.repository = repository;
        }

        public Mono<ServerResponse> listPeople(ServerRequest request) {
            Flux<Person> people = repository.allPeople();
            return ok().contentType(APPLICATION_JSON).body(people,
Person.class);
        }

        public Mono<ServerResponse> createPerson(ServerRequest request) {
            Mono<Person> person = request.bodyToMono(Person.class);
            return ok().build(repository.savePerson(person));
        }

        public Mono<ServerResponse> getPerson(ServerRequest request) {
            int personId = Integer.valueOf(request.pathVariable("id"));
            return repository.getPerson(personId)
                .flatMap(person ->
ok().contentType(APPLICATION_JSON).bodyValue(person))
                .switchIfEmpty(ServerResponse.notFound().build());
        }
    }
```

为了将这个类纳入 Spring 的管理中，记得添加一个@Component 注解。

2．RouterFunction

用户请求由哪一个处理器函数来进行处理，是通过 RouterFunction 函数来配置的，该函数负责将请求 URL 路由映射到对应的 HandlerFunction。

RouterFunction 也是一个函数式接口，接口中的方法如下所示：

➢ reactor.core.publisher.Mono<HandlerFunction<T>> route(ServerRequest request)

route()方法接受一个 ServerRequest 参数，并返回一个延迟的 HandlerFunction（即 Mono<HandlerFunction>）。

路由器函数不需要自己编写，都是通过 RouterFunctions 工具类中的方法来创建路由器函数的。

RouterFunctions 类中有两个重载的 route()方法，可以用来创建路由器函数，这两个方法如下所示：

➢ public static RouterFunctions.Builder route()

通过返回的构建器来创建路由器函数。

➢ public static <T extends ServerResponse> RouterFunction<T> route(
RequestPredicate predicate, HandlerFunction<T> handlerFunction)

直接创建路由器函数。

官方推荐使用无参的 route()方法来创建路由器函数，因为返回的构建器为常用的映射场景提供了快捷方法，例如，构建器提供了 GET(String, HandlerFunction)方法为 GET

请求创建映射，POST(String, HandlerFunction)方法为 POST 请求创建映射。除基于 HTTP 方法的映射之外，路由构建器还针对每个 HTTP 方法都给出了一个带有 RequestPredicate 参数的重载方法，可以指定其他的约束。

（1）请求谓词

RequestPredicate 也是一个函数式接口，但不需要自己编写实现，而是通过 RequestPredicates 工具类提供的方法给出实现的，RequestPredicates 类中提供了基于请求路径、HTTP 方法、内容类型等进行判断的方法。

下面的示例使用请求谓词基于 Accept 报头创建约束。

```
    RouterFunction<ServerResponse> route = RouterFunctions.route()
        .GET("/hello-world",
RequestPredicates.accept(MediaType.TEXT_PLAIN),
            request -> ServerResponse.ok().bodyValue("Hello World")).build();
```

可以使用下面的方法将多个请求谓词组合在一起。

- RequestPredicate.and(RequestPredicate)

两者必须都匹配。

- RequestPredicate.or(RequestPredicate)

两者任一匹配即可。

RequestPredicates 工具类中的许多谓词都是组合而成的，例如，RequestPredicates.GET(String)由 RequestPredicates.method(HttpMethod)和 RequestPredicates.path(String)组成。上面的示例中也使用了两个请求谓词，构建器在内部使用 RequestPredicates.GET，并将其与 accept 谓词组合。

（2）路由

路由器函数按顺序进行计算：如果第一条路由不匹配，则计算第二条路由，依此类推。因此，我们应该在通用路由之前声明更具体的路由。要注意的是，路由器函数的匹配方式与基于注解的编程模型不同，后者自动选择“最特定的”控制器方法。

当使用路由器函数构建器时，所有已定义的路由都被组合成一个 RouterFunction，并由 build()方法返回。除此之外，还有其他的一些方式可以将多个路由器函数组合在一起，如下所示：

- RouterFunctions.Builder 的 add(RouterFunction)
- RouterFunction.and(RouterFunction)
- RouterFunction.andRoute(RequestPredicate, HandlerFunction)

下面的例子展示了四条路由的组合：

```
    import static org.springframework.http.MediaType.APPLICATION_JSON;
    import static
org.springframework.web.reactive.function.server.RequestPredicates.*;

    PersonRepository repository = ...
    PersonHandler handler = new PersonHandler(repository);

    RouterFunction<ServerResponse> otherRoute = ...
```

```
RouterFunction<ServerResponse> route = route()
    .GET("/person/{id}", accept(APPLICATION_JSON), handler::getPerson)
    .GET("/person", accept(APPLICATION_JSON), handler::listPeople)
    .POST("/person", handler::createPerson)
    .add(otherRoute)
    .build();
```

3. 开始函数式编程

该了解的基本知识我们已学习完毕了，接下来就通过函数式编程来实现与 10.4.1 节实例相同的功能。

（1）编写处理器类

在 com.sun.ch10 包下新建 handler 子包，在其下新建 ArticleHandler 类，代码如例 10-6 所示。

例 10-6 ArticleHandler.java

```
package com.sun.ch10.hanlder;

import com.sun.ch10.model.Article;
import org.springframework.stereotype.Component;
import org.springframework.web.reactive.function.server.ServerRequest;
import org.springframework.web.reactive.function.server.
ServerResponse;
import reactor.core.publisher.Flux;
import reactor.core.publisher.Mono;

import java.util.Map;
import java.util.concurrent.ConcurrentHashMap;
import java.util.concurrent.atomic.AtomicInteger;

import static org.springframework.http.MediaType.APPLICATION_JSON;

@Component
public class ArticleHandler {
    static Map<Integer, Article> articlesMap = new ConcurrentHashMap<>();
    private static final AtomicInteger idGenerator = new AtomicInteger(3);
    static {
        articlesMap.put(1, new Article(1, "《Spring Boot 无难事》"));
        articlesMap.put(2, new Article(2, "《Java 无难事》"));
        articlesMap.put(3, new Article(3, "《Vue.js 3.0 从入门到实战》"));
    }

    // 保存新的文章
    public Mono<ServerResponse> saveArticle(ServerRequest request) {
        Integer id = idGenerator.incrementAndGet();

        Mono<Article> articleMono = request.bodyToMono(Article.class);
```

```
        Mono<Integer> idMono = articleMono.flatMap(article -> {
            article.setId(id);
            articlesMap.put(id, article);
            return Mono.just(id);
        });

        return ServerResponse.ok()
                .contentType(APPLICATION_JSON)
                .body(idMono, Integer.class);
    }
    // 返回所有文章数据
    public  Mono<ServerResponse> getAllArticles(ServerRequest request){
        return ServerResponse.ok()
                .contentType(APPLICATION_JSON)
                .body(Flux.fromIterable(articlesMap.values()),
Article.class);
    }

    // 根据 ID 查找文章
    public  Mono<ServerResponse> getArticleById(ServerRequest request){
        Integer id = Integer.valueOf(request.pathVariable("id"));
        Mono<Article> articleMono = Mono.justOrEmpty(articlesMap.
get(id));

        return articleMono
                .flatMap(article ->
                        ServerResponse.ok()
                                .contentType(APPLICATION_JSON).bodyValue
(article))
                .switchIfEmpty(ServerResponse.badRequest().build());
    }


    // 修改文章
    public Mono<ServerResponse> updateArticle(ServerRequest request){
        Mono<Article> articleMono = request.bodyToMono(Article.class);
        return articleMono.flatMap(article -> {
            if(articlesMap.containsKey(article.getId())){
                articlesMap.put(article.getId(), article);
                return ServerResponse.ok().bodyValue(article.getId());
            } else {
                return ServerResponse.badRequest().build();
            }
        });
    }

    // 根据 ID 删除文章
    public Mono<ServerResponse> deleteArticle(ServerRequest request){
        Integer id = Integer.valueOf(request.pathVariable("id"));
```

```
        if(articlesMap.containsKey(id)){
            articlesMap.remove(id);
            return ServerResponse.ok().bodyValue(id);
        } else {
            return ServerResponse.badRequest().build();
        }
    }
}
```

（2）编写路由器类

在 com.sun.ch10 包下新建 router 子包，在其下新建 ArticleRouter 类，该类主要提供路由映射，代码如例 10-7 所示。

例 10-7　ArticleRouter.java

```
package com.sun.ch10.router;

import com.sun.ch10.hanlder.ArticleHandler;
import org.springframework.beans.factory.annotation.Autowired;
import org.springframework.context.annotation.Bean;
import org.springframework.context.annotation.Configuration;
import
org.springframework.web.reactive.function.server.RouterFunction;
import
org.springframework.web.reactive.function.server.RouterFunctions;
import
org.springframework.web.reactive.function.server.ServerResponse;

import static org.springframework.http.MediaType.APPLICATION_JSON;
import static org.springframework.web.reactive.function.server.
RequestPredicates.accept;


@Configuration
public class ArticleRouter {
    @Autowired
    private ArticleHandler articleHandler;

    @Bean
    public RouterFunction<ServerResponse> articleRoute(){
        return RouterFunctions.route()
            .path("/fun", builder -> builder
                .GET("/{id}", accept(APPLICATION_JSON), articleHandler::
getArticleById)
                .GET(accept(APPLICATION_JSON), articleHandler::
getAllArticles)
                .POST(accept(APPLICATION_JSON), articleHandler::
saveArticle)
                .PUT(accept(APPLICATION_JSON), articleHandler::
```

```
updateArticle)
                  .DELETE("/{id}", articleHandler::deleteArticle))
              .build();
      }
  }
```

启动项目，使用 Postman 进行测试。

10.5 体验异步非阻塞

读者如果已经测试过 10.4 节的实例，可能会发现该实例和 Spring MVC 的接口访问方式一样，没有感受到什么区别，那么这一节我们就来感受一下 WebFlux 的异步非阻塞的处理流程。

在 com.sun.ch10.controller 包下新建一个 TestController 类，在该类中分别给出 Spring MVC 的接口和 Spring WebFlux 的接口，并编写一个辅助方法，模拟耗时的操作，代码如例 10-8 所示。

例 10-8 TestController.java

```
package com.sun.ch10.controller;

import org.slf4j.Logger;
import org.slf4j.LoggerFactory;
import org.springframework.web.bind.annotation.GetMapping;
import org.springframework.web.bind.annotation.RequestMapping;
import org.springframework.web.bind.annotation.RestController;
import reactor.core.publisher.Mono;

import java.util.concurrent.TimeUnit;

@RestController
@RequestMapping("/test")
public class TestController {
    private Logger logger = LoggerFactory.getLogger(this.getClass());
    private String doWork() {
        try {
            TimeUnit.SECONDS.sleep(3);
        } catch (InterruptedException e) {
        }
        return "Work is finished";
    }

    // Spring MVC
    @GetMapping("/syn")
    public String syn(){
        logger.info("synchronous work start");
        String result = doWork();
```

```
        logger.info("synchronous work end");
        return result;
    }

    // Spring Flux
    @GetMapping("/asyn")
    public Mono<String> asyn(){
        logger.info("asynchronous work start");
        Mono<String> resultMono = Mono.fromSupplier(() -> doWork());
        logger.info("asynchronous work end");
        return resultMono;
    }
}
```

doWork()方法模拟耗时的操作，睡眠 3 秒钟后返回。syn()是通常的 Spring MVC 请求处理方法，asyn()是 Spring WebFlux 请求处理方法。

可以使用 Postman 进行测试，访问/test/syn，服务器控制台窗口中的输出如图 10-5 所示。

```
2022-03-24 17:46:51.665  INFO 16908 --- [ctor-http-nio-3] com.sun.ch10.controller.TestController   : synchronous work start
2022-03-24 17:46:54.672  INFO 16908 --- [ctor-http-nio-3] com.sun.ch10.controller.TestController   : synchronous work end
```

图 10-5　访问 Spring MVC 请求处理方法的日志输出

可以看到两条日志记录正好隔了 3 秒钟。

访问/test/asyn，服务器控制台窗口中的输出如图 10-6 所示。

```
2022-03-24 17:49:30.175  INFO 10276 --- [ctor-http-nio-3] com.sun.ch10.controller.TestController   : asynchronous work start
2022-03-24 17:49:30.176  INFO 10276 --- [ctor-http-nio-3] com.sun.ch10.controller.TestController   : asynchronous work end
```

图 10-6　访问 Spring WebFlux 请求处理方法的日志输出

可以看到两条日志记录是同一秒打印出来的，也就是说，Mono.fromSupplier()调用立即返回了，在使用 asyn()方法返回时，由 Spring 框架充当订阅者，异步执行 doWork()方法，在得到数据后发送给前端。

从前端来看，都是等待 3 秒钟后才得到数据，也就是说前端是感受不到差别的，WebFlux 主要用来提高服务器的伸缩性和并发响应速度。也正因为 WebFlux 具有异步非阻塞特性，所以在数据访问时，不能以阻塞方式来调用。

为了简单起见，10.4 节的数据我们是硬编码的数据，而在实际项目中，只需要记住用 Mono 或者 Flux 来包装数据就可以了，然后处理器方法返回这两个类型的对象即可。

10.6　服务器发送事件

服务器发送事件（Server-Sent Events，SSE）是基于 WebSocket 协议的一种服务器向客户端发送事件和数据的单向通讯。WebFlux 也支持服务器发送事件，当以流的方式（例如：text/event-stream、application/x-ndjson）发送 HTTP 响应时，就可以定期向客户端发送数据，发送的数据可以是注释、空的 SSE 或任何其他“无操作”数据，这些数据可以有效地充当心跳信号。

下面我们给出一个简单的示例，来看一下服务器如何定期向客户端发送数据，在 TestController 类中编写一个 echo()方法，每隔 1 秒向客户端推送服务器的当前时间。

```
    @GetMapping(value = "/echo", produces =
MediaType.TEXT_EVENT_STREAM_VALUE)
    public Flux<Date> echo(){
        Flux<Date> result = Flux.fromStream(
                Stream.generate(() -> {
                    try {
                        TimeUnit.SECONDS.sleep(1);
                    } catch (InterruptedException e) {
                    }
                    return new Date();
                }).limit(5));
        return result;
    }
```

@GetMapping 注解的 produces 元素指定响应的媒体类型。

运行项目，打开浏览器，访问 http://localhost:8080/test/echo，可以看到，每隔 1 秒浏览器接收到一个服务器发回的日期，如图 10-7 所示。

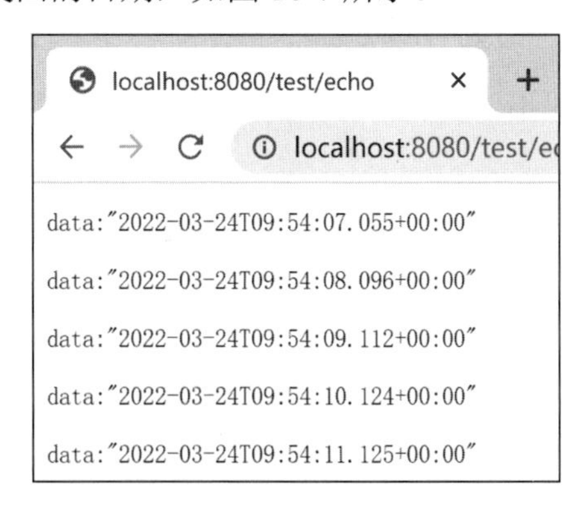

图 10-7　浏览器收到的服务器发回的日期

10.7　小结

本章详细介绍了响应式编程与 Spring WebFlux 框架，并讲解了 WebFlux 的两种编程模型，并通过一个实例让读者理解 WebFlux 主要提高服务器的伸缩性和并发响应速度，最后介绍了服务器推送事件（SSE）。

第 3 篇　数据访问篇

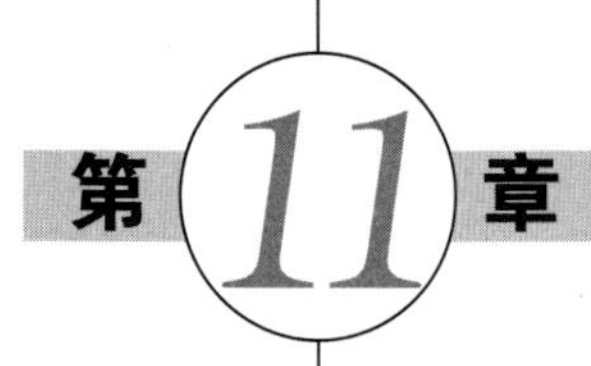

第 11 章　使用 Spring 的 JdbcTemplate 访问数据

使用传统的 JDBC API 访问数据库，有一个固定的流程，如下所示。

（1）定义数据库连接参数。

（2）获取数据库连接。

（3）编写 SQL 语句。

（4）预编译并执行 SQL 语句。

（5）遍历查询结果（如果需要的话），对每一条记录行进行处理。

（6）关闭数据库连接。

上述步骤中除（3）和（5）外，其他的步骤都是重复且无趣的，而且充斥着大量的异常处理代码，为了简化 JDBC 访问数据库的样板式代码，让我们专注于数据访问逻辑。Spring 对 JDBC API 进行了封装，给出了一个 JDBC 框架。

Spring 的 JDBC 框架承担了资源管理和错误处理的重担，使得 JDBC 代码非常干净，让我们从枯燥且繁重的 JDBC 读写数据库中解放出来。

提示：关于 JDBC 访问数据库的相关内容，不熟悉的读者可以参看笔者的另一本著作《Java 无难事》的第 24 章。

11.1　认识 Spring Data

Spring Data 是 Spring 的一个开源父项目，其任务是为数据访问提供一个熟悉且一致的基于 Spring 的编程模型，同时仍然保留底层数据存储的特殊特性。Spring Data 使得数据访问技术、关系数据库和非关系数据库、map-reduce 框架和基于云的数据服务变得简单易用。Spring Data 是一个伞形项目，包含许多特定于某个数据库的子项目。这些项目是与这些激动人心的技术背后的许多公司和开发人员合作开发的。

Spring Data 具有以下特征。

- 强大的存储库和自定义对象映射抽象。
- 从存储库方法名称动态派生查询。
- 为实现域基类提供基本属性。
- 支持透明审核（已创建、最后更改）。
- 可以集成自定义存储库代码。
- 通过 JavaConfig 和自定义 XML 名称空间轻松实现 Spring 集成。
- 与 Spring MVC 控制器高级集成。
- 支持跨存储、持久性的实验。

Spring Data 的主要模块如下。

- Spring Data Commons：支持每个 Spring Data 模块的核心 Spring 概念。
- Spring Data JDBC：支持 JDBC 的 Spring Data 存储库。
- Spring Data JDBC Ext：支持标准 JDBC 的数据库特定扩展，包括对 Oracle RAC 快速连接故障转移的支持、对 AQ JMS 的支持和对使用高级数据类型的支持。
- Spring Data JPA：支持 JPA 的 Spring Data 存储库。
- Spring Data KeyValue：基于 Map 的存储库和 SPI，可轻松构建用于键值存储的 Spring Data 模块。
- Spring Data LDAP：支持 Spring LDAP 的 Spring Data 存储库。
- Spring Data MongoDB：基于 Spring 的对象文档支持和 MongoDB 存储库。
- Spring Data Redis：从 Spring 应用程序轻松配置和访问 Redis。
- Spring Data REST：将 Spring Data 存储库导出为超媒体驱动的 RESTful 资源。
- Spring Data for Apache Cassandra：轻松配置和访问 Apache Cassandra，实现大规模、高可用性、面向数据的 Spring 应用程序。
- Spring Data for Apache Geode：轻松配置和访问 Apache Geode，实现高度一致、低延迟、面向数据的 Spring 应用程序。
- Spring Data for Pivotal GemFire：轻松配置和访问 Pivotal GemFire，实现高度一致、低延迟/高吞吐量、面向数据的 Spring 应用程序。

在 Spring Boot 项目中，若要使用 JDBC 框架，则需要引入 Spring Data JDBC 模块。

Spring Data 还包含一些社区模块，如下所示。

- Spring Data Aerospike：Aerospike 的 Spring Data 模块。
- Spring Data ArangoDB：ArangoDB 的 Spring Data 模块。
- Spring Data Couchbase：Couchbase 的 Spring Data 模块。
- Spring Data Azure Cosmos DB：Microsoft Azure Cosmos DB 的 Spring Data 模块。
- Spring Data Cloud Datastore：Google Datastore 的 Spring Data 模块。
- Spring Data Cloud Spanner：Google Spanner 的 Spring Data 模块。
- Spring Data DynamoDB：DynamoDB 的 Spring Data 模块。
- Spring Data Elasticsearch：Elasticsearch 的 Spring Data 模块。
- Spring Data Hazelcast：为 Hazelcast 提供 Spring Data 存储库支持。
- Spring Data Jest：基于 Jest REST 客户端的 Elasticsearch 的 Spring Data 模块。

- Spring Data Neo4j：Neo4j 的基于 Spring 的对象图支持和存储库。
- Oracle NoSQL Database SDK for Spring Data：用于 Oracle NoSQL 数据库和 Oracle NoSQL 云服务的 Spring Data 模块。
- Spring Data for Apache Solr：为面向搜索的 Spring 应用程序轻松配置和访问 Apache Solr。
- Spring Data Vault：在 Spring Data KeyValue 之上构建的 Vault 存储库。
- Spring Data YugabyteDB：YugabyteDB 分布式 SQL 数据库的 Spring Data 模块。

Spring Data 的相关模块如下所示。

- Spring Data JDBC Extensions：为 Spring Framework 中提供的 JDBC 支持提供扩展。
- Spring for Apache Hadoop：通过提供统一的配置模型和易于使用的 API 来简化 Apache Hadoop，以使用 HDFS、MapReduce、Pig 和 Hive。
- Spring Content：将内容与 Spring 数据实体相关联，并将其存储在多个不同的存储中，包括文件系统、S3、数据库或 Mongo 的 GridFS。

11.2 准备工作

本书使用 MySQL 8.0.x 数据库，读者可以从 MySQL 的官网上下载 MySQL 数据库管理系统。

本章使用的数据库脚本如例 11-1 所示。

例 11-1 ch11.sql

```
CREATE DATABASE  IF NOT EXISTS springboot;

USE springboot;

DROP TABLE IF EXISTS category;

CREATE TABLE category (
  id smallint(6) NOT NULL,
  name varchar(50) NOT NULL COMMENT '分类名称',
  root tinyint(1) DEFAULT NULL COMMENT '是否根分类',
  parent_id smallint(6) DEFAULT NULL COMMENT '父分类的 ID',
  PRIMARY KEY (id),
  KEY CATEGORY_PARENT_ID (parent_id),
  CONSTRAINT CATEGORY_PARENT_ID FOREIGN KEY (parent_id) REFERENCES
category (id)
) ENGINE=InnoDB;

DROP TABLE IF EXISTS books;

CREATE TABLE books (
  id int(11) NOT NULL AUTO_INCREMENT,
  title varchar(50) NOT NULL COMMENT '书名',
```

```
    author varchar(50) NOT NULL COMMENT '作者',
    book_concern varchar(100) NOT NULL COMMENT '出版社',
    publish_date date NOT NULL COMMENT '出版日期',
    price float(6,2) NOT NULL COMMENT '价格',
    category_id smallint(6) DEFAULT NULL COMMENT '图书分类，外键',
    PRIMARY KEY (id),
    KEY FK_CATEGORY_ID (category_id),
    KEY INDEX_TITLE (title),
    CONSTRAINT FK_CATEGORY_ID FOREIGN KEY (category_id) REFERENCES category
(id)
  ) ENGINE=InnoDB;
```

11.3 使用 JdbcTemplate

所有 Spring 的数据访问框架都结合了模板类，在 JDBC 框架中的模板类就是 JdbcTemplate，该类需要一个 DataSource 实例。JdbcTemplate 是采用模板方法设计模式实现的一个类，该类将具体的实现委托给一个回调接口，而这个接口的不同实现定义了数据访问逻辑的具体实现。

JdbcTemplate 类定义了很多重载的 execute()方法，如下所示：

- public <T> T execute(CallableStatementCreator csc, CallableStatementCallback<T> action) throws DataAccessException
- public <T> T execute(ConnectionCallback<T> action) throws DataAccessException
- public <T> T execute(PreparedStatementCreator psc, PreparedStatementCallback<T> action) throws DataAccessException
- public <T> T execute(StatementCallback <T> action) throws DataAccessException
- public void execute(String sql) throws DataAccessException
- public <T> T execute(String callString, CallableStatementCallback<T> action) throws DataAccessException
- public <T> T execute(String sql, PreparedStatementCallback<T> action) throws DataAccessException

可以看到 execute()方法将具体的数据访问逻辑委托给了接口，我们只需要给出接口的实现即可，不需要关心各种 JDBC 对象的关闭，也不需要关心如何处理事务，这一切都将由 Spring 的 JdbcTemplate 处理。当然，也可以调用 execute(String sql)方法来直接执行 SQL 语句，不过该方法通常用来执行 DDL 语句。

除 execute()方法外，JdbcTemplate 类还定义了很多重载的 update()和 query()方法，update()方法可用于执行 insert、update 和 delete 语句，query()方法用于执行 select 语句。关于这两种方法，读者可以参考 Spring 框架的 API 文档。

11.3.1 准备项目

新建一个 Spring Boot 项目，项目名称为 ch11，在 Developer Tools 模块下引入 Lombok 依赖，在 SQL 模块下引入 Spring Data JDBC 和 MySQL Driver 依赖，如图 11-1 所示。

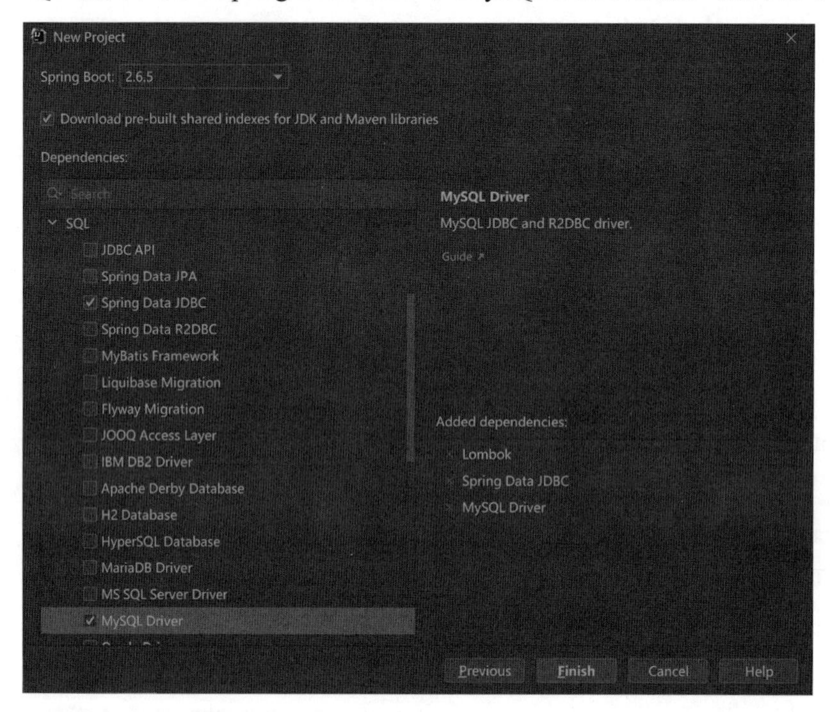

图 11-1 项目中引入 Lombok、Spring Data JDBC 和 MySQL Driver 依赖

单击“Finish”按钮，完成项目的创建。

在 pom.xml 文件中可以看到已经添加了相关依赖，代码如下所示：

```
<dependency>
    <groupId>org.springframework.boot</groupId>
    <artifactId>spring-boot-starter-data-jdbc</artifactId>
</dependency>

<dependency>
    <groupId>mysql</groupId>
    <artifactId>mysql-connector-java</artifactId>
    <scope>runtime</scope>
</dependency>
<dependency>
    <groupId>org.projectlombok</groupId>
    <artifactId>lombok</artifactId>
    <optional>true</optional>
</dependency>
```

编辑 application.properties，配置数据源，代码如例 11-2 所示。

例 11-2　application.properties

```
    # 配置 MySQL 的 JDBC 驱动类
    spring.datasource.driver-class-name=com.mysql.cj.jdbc.Driver
    # 配置 MySQL 的连接 URL
    spring.datasource.url=jdbc:mysql://localhost:3306/springboot?useSSL=
false&serverTimezone=UTC
    # 数据库用户名
    spring.datasource.username=root
    # 数据库用户密码
    spring.datasource.password=12345678
```

Spring Boot 默认使用的数据源实现是 HikariCP，HikariCP 是一个高性能的 JDBC 连接池实现，在产品环境下也可以直接使用该连接池，只要根据生产环境配置连接池的参数就可以了。

11.3.2 StatementCallback

在 StatementCallback 接口中只有一个方法，如下所示：

- T doInStatement(Statement stmt) throws SQLException, DataAccessException

在 doInStatement()方法中，完成数据库访问操作。

示例代码如下所示：

```
    @SpringBootTest
    class Ch11ApplicationTests {
        @Autowired
        private JdbcTemplate jdbcTemplate;

        @Test
        void testStatementCallback() {
            jdbcTemplate.execute((Statement stmt) -> {
                String sql = "insert into category(id, name, root, parent_id)
values (1, 'Java EE', 1, null)";
                return stmt.executeUpdate(sql);
            });
        }
    }
```

在测试类中使用@ Autowired 注解自动注入 JdbcTemplate 实例。后面的测试方法都将在 Ch11ApplicationTests 测试类中编写。

代码中使用了 Lambda 表达式来给出接口实现，后面的示例代码也将使用 Lambda 表达式，就不再另行说明了。

11.3.3 PreparedStatementCreator

要得到 PreparedStatement 对象，可以使用 PreparedStatementCreator 接口，Spring 框架向这个接口中的方法传递 Connection 对象，实现者需要返回一个 PreparedStatement 对象。

PreparedStatementCreator 接口的方法如下所示：

- PreparedStatement createPreparedStatement(Connection con) throws SQLException

11.3.4 PreparedStatementCallback

PreparedStatementCallback 接口可以单独使用，也可以和 PreparedStatementCreator 接口一起使用，利用 PreparedStatementCreator 接口返回的 PreparedStatement 对象进行数据库访问操作。

PreparedStatementCallback 接口的方法如下所示：

- T doInPreparedStatement(PreparedStatement ps) throws SQLException, DataAccessException

示例代码如下所示：

```
@Test
void testPreparedStatementCallback() {
    jdbcTemplate.execute((Connection conn) -> {
        String sql = "insert into category(id, name, root, parent_id) values
(?, ?, ?, ?)";
        return conn.prepareStatement(sql);
    }, (PreparedStatement ps) -> {
        ps.setInt(1, 2);
        ps.setString(2, "程序设计");
        ps.setBoolean(3, true);
        ps.setNull(4, Types.NULL);
        return ps.executeUpdate();
    });
}
```

使用 PreparedStatement 分为两个步骤，首先使用 SQL 语句，利用连接对象创建 PreparedStatement 对象，然后在 PreparedStatement 对象上设置参数的值，执行 SQL 语句。

可以将 PreparedStatementCreator 接口和 PreparedStatementCallback 接口组合使用，利用 PreparedStatementCreator 接口得到 PreparedStatement 对象，在 PreparedStatementCallback 接口中的 doInPreparedStatement()方法中设置 SQL 语句的参数，并实现数据库访问操作。

为了简化调用，JdbcTemplate 还提供了下面的方法：

- public <T> T execute(String sql, PreparedStatementCallback<T> action) throws DataAccessException

可以直接传入带参数的 SQL 语句，由 execute()方法内部构建 PreparedStatement 对象，并传入 action 对象的 doInPreparedStatement()方法中。

11.3.5 PreparedStatementSetter

PreparedStatementSetter 接口用于设置 SQL 语句中参数的值，该接口的方法如下所示：

- void setValues(PreparedStatement ps) throws SQLException

使用这个接口比使用 PreparedStatementCreator 接口更容易，JdbcTemplate 负责创建 PreparedStatement 对象，回调只负责设置参数值。

PreparedStatementSetter 接口可以用在 JdbcTemplate 类的下列方法中：

- public <T> T query(PreparedStatementCreator psc, **PreparedStatementSetter pss**, ResultSetExtractor<T> rse) throws DataAccessException
- public <T> T query(String sql, **PreparedStatementSetter pss**, ResultSetExtractor<T> rse) throws DataAccessException
- public void query(String sql, **PreparedStatementSetter pss**, RowCallbackHandler rch) throws DataAccessException
- public <T> List<T> query(String sql, **PreparedStatementSetter pss**, RowMapper<T> rowMapper) throws DataAccessException
- public int update(String sql, PreparedStatementSetter pss) throws DataAccessException

我们看一个使用 update()方法的示例，代码如下所示：

```
@Test
void testPreparedStatementSetter() {
    String sql = "insert into category(id, name, root, parent_id) values
(?, ?, ?, ?)";
    jdbcTemplate.update(sql, (PreparedStatement ps) -> {
        ps.setInt(1, 3);
        ps.setString(2, "Servlet/JSP");
        ps.setBoolean(3, false);
        ps.setInt(4, 1);
    });
}
```

11.3.6　读取数据

获取数据主要使用 JdbcTemplate 的 query()方法，我们先看下面的四个方法：

- public <T> T query(String sql, **ResultSetExtractor**<T> rse) throws DataAccessException
- public <T> T query(String sql, **ResultSetExtractor**<T> rse, Object... args) throws DataAccessException
- public void query(String sql, **RowCallbackHandler** rch) throws DataAccessException
- public void query(String sql, **RowCallbackHandler** rch, Object... args) throws DataAccessException

ResultSetExtractor 接口主要用于 JDBC 框架本身，该接口的实现执行从 ResultSet 提取结果的实际工作，方法如下所示：

- T extractData(ResultSet rs) throws SQLException, DataAccessException

JdbcTemplate 使用 RowCallbackHandler 接口按行处理 ResultSet 的行集，该接口的实现执行处理每一行的实际工作，方法如下所示：

➢ void processRow(ResultSet rs) throws SQLException

ResultSetExtractor 接口和 RowCallbackHandler 接口的区别是：ResultSetExtractor 对象通常是无状态的，可以重复使用，只要它不访问有状态的资源（例如，LOB 内容输出流）或者在对象中保持结果状态即可；RowCallbackHandler 对象通常是有状态的，它在对象中保持结果状态，以便以后检查。这两个接口都只用于取出单条记录。

下面的代码给出了使用 ResultSetExtractor 接口的示例。

```
@Test
void testResultSetExtractor() {
    String sql = "select * from category where id = ?";
    Category cat = jdbcTemplate.query(sql, (ResultSet rs) -> {
        rs.next();
        Category category  = new Category();
        category.setId(rs.getInt("id"));
        category.setName(rs.getString("name"));
        category.setRoot(rs.getBoolean("root"));
        Object parentId = rs.getObject("parent_id");
        if(parentId == null)
            category.setParentId(null);
        else
            category.setParentId((Integer)parentId);
        return category;
    }, 1);
    System.out.println(cat);
}
```

注意粗体显示的代码，使用 ResultSetExtractor 接口，要记得调用 rs.next()方法。至于 Category 类，可参照 11.3.9 节创建。

下面的代码给出了使用 RowCallbackHandler 接口的示例。

```
@Test
void testRowCallbackHandler() {
    String sql = "select * from category where id = ?";
    Category cat = new Category();
    jdbcTemplate.query(sql, (ResultSet rs) -> {
        cat.setId(rs.getInt("id"));
        cat.setName(rs.getString("name"));
        cat.setRoot(rs.getBoolean("root"));
        Object parentId = rs.getObject("parent_id");
        if(parentId == null)
            cat.setParentId(null);
        else
            cat.setParentId((Integer)parentId);
    }, 1);
    System.out.println(cat);
}
```

要注意的是，当使用 RowCallbackHandler 接口时，在 processRow()方法中不需要调用 rs.next()。

使用 RowMapper 接口

JdbcTempalte 使用 RowMapper 接口按行映射结果集的行，该接口的实现执行将每一行映射到结果对象的实际工作。RowMapper 对象通常是无状态的，因此可以重用。

RowMapper 接口的方法如下所示：

- T mapRow(ResultSet rs, int rowNum) throws SQLException

RowMapper 接口可以用在 JdbcTemplate 类的下列 query()方法中：

- public <T> List<T> query(PreparedStatementCreator psc, **RowMapper<T> rowMapper**) throws DataAccessException
- public <T> List<T> query(String sql, PreparedStatementSetter pss, **RowMapper<T> rowMapper**)
- public <T> List<T> query(String sql, **RowMapper<T> rowMapper**) throws DataAccessException
- public <T> List<T> query(String sql, RowMapper<T> rowMapper, Object... args)

下面我们看一个使用 RowMapper 接口的示例，代码如下所示：

```
@Test
void testRowMapper() {
    String sql = "select * from category";
    List<Category> categories = jdbcTemplate.query(sql, (rs, rowNum) ->
{
        Category category  = new Category();
        category.setId(rs.getInt("id"));
        category.setName(rs.getString("name"));
        category.setRoot(rs.getBoolean("root"));
        Object parentId = rs.getObject("parent_id");
        if(parentId == null)
            category.setParentId(null);
        else
            category.setParentId((Integer)parentId);
        return category;
    });
    System.out.println(categories);
}
```

11.3.7　执行存储过程

JdbcTemplate 使用 CallableStatementCallback 接口来执行存储过程的回调，该接口的方法如下所示：

- T doInCallableStatement(CallableStatement cs) throws SQLException, DataAccessException

可以调用 JdbcTemplate 类的下列两个方法来执行存储过程：

- public <T> T execute(CallableStatementCreator csc, CallableStatementCallback<T> action) throws DataAccessException
- public <T> T execute(String callString, CallableStatementCallback<T> action) throws DataAccessException

11.3.8 获取生成的主键

对于不是特别复杂的系统来说，使用整型值作为数据库的主键是很常见的需求。这些系统有的采用自动增长的主键，有的采用手动插入主键。对于前者，在插入数据后，我们如何才能方便地得到插入数据的主键呢？对于后者，我们应该如何计算要插入数据的主键呢？

1. 不采用自动增长主键

一种简便的方法是在每次插入数据前，在读取 max()函数值后都加 1，这种方法可以避免自动编号的问题，但存在一个严重的并发性问题：如果同时有两个事务读取到相同的 max 值，将 max()函数值加 1 后插入的主键值就会重复；但如果对表加锁，就会影响查询效率。

考虑 max()函数执行的效率与并发性问题，我们决定建立一张特殊的表 A，用于保存其他表和表 A 当前的序列值，表 A 的字段为：表名、当前序列值。当需要往某个表中插入一行数据时，先从表 A 中找到对应表的最大值，然后加 1 再进行插入。有的读者可能会觉得这也可能出现并发性问题，不过对于解决表 A 的并发性问题就很简单了，因为表 A 很小，存储的内容也很单一，只需要加一个行级锁，以避免两个事务同时读取到同一个表的相同序列值就可以了。只要得到了要插入数据的表的主键值，就不会影响插入操作的效率。

这种特殊的序列表可以按如下的 SQL 脚本创建。

```
CREATE TABLE id_sequence (
   table_name                    varchar(30),
   current_id                    int
) ENGINE = InnoDB;
```

category 表没有采用自动增长主键，我们可以首先在 id_sequence 表中插入一行记录，table_name 字段的值是 category，current_id 字段的值是 category 表中当前最大的 id 值。

之后可以编写如下的代码，首先从 id_sequence 表中获取 category 表当前的 id 值，然后将 id 值加 1，同步更新 id_sequence 表中的 current_id，最后用加 1 后的 id 值作为新插入的分类的主键值。

```
@Test
void testIncrementer() {
    // 注意，以下操作应该在同一个事务下进行
    String sql = "select current_id from id_sequence where table_name =
'category' for update";
    int id = jdbcTemplate.queryForObject(sql, Integer.class);
    id++;
```

```
        String sqlUpdate = "update id_sequence set current_id = ? where
table_name = 'category'";
        jdbcTemplate.update(sqlUpdate, id);
        String sqlInsert = "insert into category(id, name, root, parent_id)
values (?, ?, ?, ?)";
        int finalId = id;
        jdbcTemplate.update(sqlInsert, (PreparedStatement ps) -> {
           ps.setInt(1, finalId);
           ps.setString(2, "MVC 框架");
           ps.setBoolean(3, false);
           ps.setInt(4, 1);
        });
    }
```

2．DataFieldMaxValueIncrementer 接口

Spring 提供了 org.springframework.jdbc.support.incrementer.DataFieldMaxValueIncrementer 接口，定义了增长任何数据存储字段最大值的方式，其工作原理类似序列号生成器。典型的实现可以使用标准 SQL、本机 RDBMS 序列或者存储过程来完成。

DataFieldMaxValueIncrementer 接口中定义了 3 个不同的方法来获得主键的下一个值：nextIntValue()、nextLongValue()和 nextStringValue()。

Spring 提供了该接口的多种实现，包括挂接到 Oracle、PostgreSQL、MySQL 和 HyperSQL 等数据库的序列机制的实现。当然我们也可以编写自己的实现。

注意：使用 DataFieldMaxValueIncrementer 接口必须单独定义一张保存序列值的表，以指明序列字段的名字。因为调用 nextXxx()方法总是在同一行上更新最大值。

使用 DataFieldMaxValueIncrementer 接口与字段是否自动增长无关。

下面我们为 category 表定义一张序列表，SQL 脚本如下所示：

```
CREATE TABLE category_sequence (
   value INT NOT NULL
) ENGINE = InnoDB;

insert into category_sequence values(0);
```

最后的 insert 语句是为了让 DataFieldMaxValueIncrementer 接口的 nextXxx()方法从 1 开始。

MySQL 数据库可以使用 MySQLMaxValueIncrementer 实现类，该类需要配置 dataSource（使用的数据源）、incrementerName（序列表的名字）和 columnName 属性（序列表中保存序列值的字段名）。

编写一个配置类，并装配好 MySQLMaxValueIncrementer 实例。在 com.sun.ch11 包下新建 config 子包，在该子包下新建 MySQLMaxValueIncrementerConfigurer 类，代码如例 11-3 所示。

例 11-3　MySQLMaxValueIncrementerConfigurer

```
package com.sun.ch11.config;
```

```
    import org.springframework.beans.factory.annotation.Autowired;
    import org.springframework.beans.factory.annotation.Value;
    import org.springframework.context.annotation.Bean;
    import org.springframework.context.annotation.Configuration;
    import org.springframework.jdbc.support.incrementer.
DataFieldMaxValueIncrementer;
    import org.springframework.jdbc.support.incrementer.
MySQLMaxValueIncrementer;

    import javax.sql.DataSource;

    @Configuration
    public class MySQLMaxValueIncrementerConfigurer {
       @Bean
       public DataFieldMaxValueIncrementer dataFieldMaxValueIncrementer (
              @Autowired DataSource dataSource,
              @Value("${incrementer.incrementerName}") String
incrementerName,
              @Value("${incrementer.columnName}") String columnName) {

          MySQLMaxValueIncrementer mySQLMaxValueIncrementer
                = new MySQLMaxValueIncrementer();
          // 设置数据源
          mySQLMaxValueIncrementer.setDataSource(dataSource);
          // 序列表的名字
          mySQLMaxValueIncrementer.setIncrementerName(incrementerName);
          // 序列表中保存序列值的字段名
          mySQLMaxValueIncrementer.setColumnName(columnName);
          return mySQLMaxValueIncrementer;
       }
    }
```

在 application.properties 文件中配置@Value 注解注入的属性值，如下所示：

```
    incrementer.incrementerName=category_sequence
    incrementer.columnName=value
```

编写测试方法，来测试 DataFieldMaxValueIncrementer 接口，代码如下所示：

```
    @Autowired
    private DataFieldMaxValueIncrementer dataFieldMaxValueIncrementer;
    @Test
    void testDataFieldMaxValueIncrementer() {
       String sqlInsert = "insert into category(id, name, root, parent_id)
values (?, ?, ?, ?)";
       int id = dataFieldMaxValueIncrementer.nextIntValue();
       jdbcTemplate.update(sqlInsert, (PreparedStatement ps) -> {
          ps.setInt(1, id);
          ps.setString(2, "C/C++");
```

```
            ps.setBoolean(3, false);
            ps.setInt(4, 2);
        });
    }
```

使用 Spring 提供的 DataFieldMaxValueIncrementer 接口，要为每一个需要序列值的表都提供一张序列表，这相对比较麻烦。我们可以将序列值和表名保存在一张表中，这个表被命名为 id_sequence，SQL 脚本如下所示：

```
CREATE TABLE id_sequence (
  table_name                    varchar(30),
  current_id                    int
) ENGINE = InnoDB;
```

在 com.sun.ch11 包下新建 incrementer 子包，在该子包下新建 MaxValueIncrementer 类，代码如例 11-4 所示。

例 11-4　MaxValueIncrementer.java

```
package com.sun.ch11.incrementer;

import org.springframework.beans.factory.annotation.Autowired;
import org.springframework.beans.factory.annotation.Value;
import org.springframework.jdbc.core.JdbcTemplate;
import org.springframework.stereotype.Component;

@Component
public class MaxValueIncrementer {
    //数据源
    @Autowired
    private JdbcTemplate jdbcTemplate;
    //保存所有表序列值的表名
    @Value("${incrementer.tableName}")
    private String tableName;
    //保存表名的字段名
    @Value("${incrementer.tableColumnName}")
    private String tableColumnName;
    //保存序列值的字段名
    @Value("${incrementer.valueColumnName}")
    private String valueColumnName;

    /**
     * 得到参数 queryTableName 指定的表名的下一个序列值
     * @param queryTableName 查询哪一张表序列值的表名
     * @return 下一个序列值
     */
    public int getNextValue(String queryTableName) {
        String sqlQuery = "select " + valueColumnName + " from "
                + tableName + " where " + tableColumnName
                + " = '" + queryTableName + "' for update";
```

```
            Integer id = jdbcTemplate.queryForObject(sqlQuery, 
Integer.class);
            if(id == null)
                id = 0;
            id++;
            String sqlUpdate = "update " + tableName + " set " + valueColumnName
                    + " = " + id + " where " + tableColumnName + " = " + "'"
                    + queryTableName + "'";

            jdbcTemplate.update(sqlUpdate);
            return id;
        }
    }
```

在 application.properties 文件中配置@Value 注解注入的属性值，如下所示：

```
incrementer.tableName=id_sequence
incrementer.tableColumnName=table_name
incrementer.valueColumnName=current_id
```

编写测试方法，来测试我们自己编写的 MaxValueIncrementer，代码如下所示：

```
    @Autowired
    private MaxValueIncrementer maxValueIncrementer;
    @Test
    void testMaxValueIncrementer() {
        String sqlInsert = "insert into category(id, name, root, parent_id) 
values (?, ?, ?, ?)";
        int id = maxValueIncrementer.getNextValue("category");
        jdbcTemplate.update(sqlInsert, (PreparedStatement ps) -> {
            ps.setInt(1, id);
            ps.setString(2, "C#");
            ps.setBoolean(3, false);
            ps.setInt(4, 2);
        });
    }
```

3. 使用 KeyHolder（用于自动增长主键）

前面针对非自动增长主键，已经解决了在插入数据时计算下一个主键值的问题。对于自动增长主键，在插入数据后，通常需要获取插入数据的主键值，这通常是由业务需求决定的，比如新注册的用户无须再次登录即可访问资源，那么前端就需要用户的主键，如果用户表采用的是自动增长主键，那么在用户信息保存成功后，如何立即得到数据库生成的主键值就是需要解决的问题。

如果想在插入数据后，使用再执行一条“select max(主键) from '表名'”的方式来解决这个问题，就会影响执行效率。对于不同数据库的自动增长主键，在插入数据后，有不同的处理方式可以直接得到增长的主键值，但在程序中，我们自然是想避免绑定底层数据库的细节。在 JDBC 3.0 中（作为 J2SE 1.4 的一部分），规定了遵从 JDBC 3.0 的驱动必须实现 java.sql.Statement.getGeneratedKeys()方法，这个方法会从数据库中获取自动生成的主键。在通过连接对象创建 PreparedStatement 对象时，传入 Statement.RETURN_GENERATED_KEYS 参数即可通知 JDBC 驱动返回自动生成的主键值。

Spring 为了简化操作，给我们提供了 KeyHolder 接口，该接口可用于自动生成的主键，可以让我们在执行 insert 语句后得到自动增长的主键值。Spring 同时给出了 KeyHolder 接口的一个实现类 GeneratedKeyHolder。

JdbcTemplate 类中给出了如下的 update()方法，可以传入一个 KeyHolder 的实例：

- public int update(PreparedStatementCreator psc, KeyHolder generatedKeyHolder)
  throws DataAccessException

在调用完 update()方法后，可以调用 KeyHolder 实例的 getKey()方法来得到自动增长的主键值，该方法如下所示：

- Number getKey() throws InvalidDataAccessApiUsageException

books 表设置的是自动增长主键，下面我们编写测试方法，来查看如何应用 KeyHolder 获取自动增长的主键值，代码如下所示：

```
    @Test
    void testKeyHolder() {
        String sqlInsert = "insert into books(title, author, book_concern,
publish_date, price, category_id) values(?, ?, ?, ?, ?, ?)";
        KeyHolder keyHolder = new GeneratedKeyHolder();

        jdbcTemplate.update((Connection conn) -> {
            PreparedStatement ps =
                conn.prepareStatement(sqlInsert,
Statement.RETURN_GENERATED_KEYS);
            ps.setString(1, " VC++深入详解（第 3 版）");
            ps.setString(2, "孙鑫");
            ps.setString(3, "电子工业出版社");
            ps.setDate(4, Date.valueOf("2019-06-01"));
            ps.setFloat(5, 168.00f);
            ps.setInt(6, 6);
            return ps;
        }, keyHolder);

        System.out.println("新记录自动增长的主键值是：" + keyHolder.getKey());
    }
```

11.3.9　编写实体类

Java 企业应用程序开发一般采用分层结构，从广义上来说，结构可以分为三层：表示层（Web 层）、业务逻辑层（服务层）和数据访问层（持久层）。在持久层，实体类用于映射数据库中的表，实体类的一个对象对应表中的一行记录，DAO（Data Access Object，数据访问对象）类封装数据库访问操作，实体类所在的包名可以命名为 entity、model、bean 等，DAO 类所在的包一般命名为 dao，也可以根据使用的持久层的不同框架，命名为 mapper、repository 等。笔者的习惯是将实体类与 DAO 类都放到代表持久层的包下，例如 persistence。

在 com.sun.ch11 包下新建 persistence 子包，在该子包下新建 entity 子包。在 entity 子包下新建 Book 类与 Category 类，代码分别如例 11-5 和例 11-6 所示。

例 11-5　Book.java

```
package com.sun.ch11.persistence.entity;


import lombok.Data;
import lombok.ToString;

import java.sql.Date;

@Data
@ToString
public class Book {
    private Integer id;
    private String title;
    private String author;
    private String bookConcern;
    private Date publishDate;
    private Float price;
    private Integer categoryId;
}
```

例 11-6　Category.java

```
package com.sun.ch11.persistence.entity;

import lombok.Data;
import lombok.ToString;

@Data
@ToString
public class Category {
    private Integer id;
    private String name;
    private Boolean root;
    private Integer parentId;
}
```

11.3.10　编写 DAO 类

DAO 的全称是 Data Access Object，即数据访问对象，用于封装数据库访问逻辑。在 com.sun.ch11.persistence 包下新建 dao 子包，在该子包下新建 CategoryDao 类，利用前面讲述的知识，实现对 category 表的增、删、改、查操作。代码如例 11-7 所示。

例 11-7　CategoryDao.java

```
package com.sun.ch11.persistence.dao;

...

@Repository
public class CategoryDao {
    @Autowired
    private JdbcTemplate jdbcTemplate;
    @Autowired
    private MaxValueIncrementer maxValueIncrementer;

    // 新增一个分类
    public Category saveCategory(Category category) {
        String sql = "insert into category(id, name, root, parent_id) values
(?, ?, ?, ?)";
        int id = maxValueIncrementer.getNextValue("category");
        jdbcTemplate.update(sql, (PreparedStatement ps) -> {
            ps.setInt(1, id);
            ps.setString(2, category.getName());
            ps.setBoolean(3, category.getRoot());
            ps.setInt(4, category.getParentId());
        });
        return category;
    }

    // 更新一个分类
    public Category updateCategory(Category category) {
        String sql = "update category set name = ?, root = ?, parent_id = ?
where id = ?";
        jdbcTemplate.update(sql, category.getName(), category.getRoot(),
                category.getParentId(), category.getId());
        return category;
    }

    // 删除一个分类
    public void deleteCategory(int id) {
        String sql = "delete from category where id = ?";
        jdbcTemplate.update(sql, id);
    }

    /**
     * 内部类，将结果集的行映射为 Category 对象
     */
    private class CategoryRowMapper implements RowMapper<Category> {
        @Override
        public Category mapRow(ResultSet rs, int rowNum) throws
SQLException {
```

```
            Category category  = new Category();
            category.setId(rs.getInt("id"));
            category.setName(rs.getString("name"));
            category.setRoot(rs.getBoolean("root"));
            Object parentId = rs.getObject("parent_id");
            if(parentId == null)
               category.setParentId(null);
            else
               category.setParentId((Integer)parentId);
            return category;
         }
      }
      // 根据分类 ID 查询一个分类
      public Category getCategoryById(int id) {
         String sql = "select * from category where id = ?";
         Category cat = jdbcTemplate.queryForObject(sql, new
CategoryRowMapper(), id);
         return cat;
      }

      // 获取所有分类
      public List<Category> getAllCategories() {
         String sql = "select * from category";
         List<Category> categories = jdbcTemplate.query(sql, new
CategoryRowMapper());
         return categories;
      }
   }
```

注意粗体显示的代码。JdbcTemplate 是线程安全的，每一个 DAO 类都需要配置一个 JdbcTemplate 的实例，通过该实例来实现对数据库的访问操作。为了简化配置，可以编写一个基类 DAO 类，注入 JdbcTemplate 的实例（访问说明符使用 protected），其他的 DAO 类从基类继承。

接下来编写 BookDao 类，实现对 books 表的增、删、改、查。由于 books 表采用了自动增长主键，所示我们给出保存图书的方法实现，对于其他实现，读者可以参照 CategoryDao 类自行完成。代码如例 11-8 所示。

例 11-8　BookDao

```
package com.sun.ch11.persistence.dao;

...

@Repository
public class BookDao {
   @Autowired
   private JdbcTemplate jdbcTemplate;
   // 新增一本图书
```

```
    public Book saveBook(Book book) {
        String sql = "insert into books(title, author, book_concern,
publish_date, price, category_id) values(?, ?, ?, ?, ?, ?)";
        KeyHolder keyHolder = new GeneratedKeyHolder();
        jdbcTemplate.update((Connection conn) -> {
            PreparedStatement ps =
                conn.prepareStatement(sql,
Statement.RETURN_GENERATED_KEYS);
            ps.setString(1, book.getTitle());
            ps.setString(2, book.getAuthor());
            ps.setString(3, book.getBookConcern());
            ps.setDate(4, book.getPublishDate());
            ps.setFloat(5, book.getPrice());
            ps.setInt(6, book.getCategoryId());
            return ps;
        }, keyHolder);
        book.setId(keyHolder.getKey().intValue());
        return book;
    }
}
```

之后读者可以自行对 CategoryDao 和 BookDao 类的所有方法进行单元测试，本章项目代码中也给出了单元测试代码，为了节省篇幅，这里不再赘述。

11.4 小结

本章详细介绍了 Spring 的 JDBC 框架的使用，读者应重点掌握 JdbcTemplate 模板类的用法。同时，本章通过大量的示例与 DAO 类的编写，帮助读者更快、更好地掌握 JdbcTemplate 的用法。此外，本章还介绍了 Spring Data 项目，以及该项目下的一些子项目。

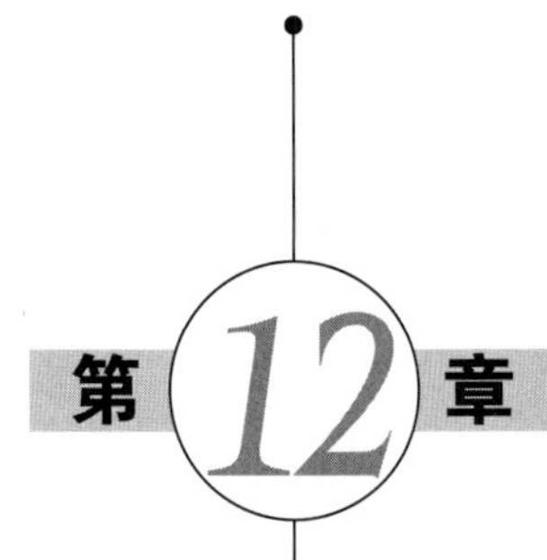

第12章 使用 JPA 访问数据

第 11 章介绍了 Spring 的 JDBC 框架，使用该框架可以让我们专注于编写 SQL 语句，实现数据访问逻辑，那么能不能更进一步，连 SQL 语句都不用编写就能实现数据库的访问呢？有一种 ORM（Object/Relational Mapping，对象/关系映射）技术可以实现这个需求。简单来说，ORM 就是利用描述对象和数据库之间映射的元数据，自动（且透明）地把 Java 对象持久化到数据库的表中。

12.1 感受 JPA

JPA（Java Persistence API，Java 持久层 API）是 Java EE 5.0 平台标准的 ORM 规范。JPA 通过 Java 5 注解或 XML 描述“对象－关系表”之间的映射关系，并将运行期中生成的实体对象持久化到数据库中。

JPA 包括以下 3 方面的技术。

- ORM 映射元数据：JPA 支持 JDK 5 注解和 XML 两种元数据的形式，元数据描述对象和表之间的映射关系，框架据此将实体对象持久化到数据库表中，如 @Entity、@Table、@Column、@Transient 等注解。
- JPA 的 API：用来操作实体对象，执行 CRUD 操作，框架在后台替开发者完成所有的事情，让开发者从烦琐的 JDBC 和 SQL 代码中解脱出来，如 entityManager.merge(T t);。
- JPQL 查询语言：这是持久化操作中很重要的一个方面，通过面向对象而非面向数据库的查询语言来查询数据，以避免程序代码和 SQL 语句紧密耦合，如“from Student s where s.name = ?”。

JPA 仅是一种规范，也就是说，JPA 仅定义了一些接口，而接口是需要实现才能工作的。所以底层需要某种实现，而 Hibernate ORM 就是实现了 JPA 接口的 ORM 框架。

Spring Data JPA 是 Spring 提供的一套简化 JPA 开发的框架，其按照约定好的方法命名规则编写 DAO 层接口，就可以在不编写接口实现的情况下，实现对数据库的访问和操作，同时提供了很多除 CRUD 之外的功能，如分页、排序、复杂查询等。

Spring Data JPA 可以理解为对 JPA 规范的再次封装抽象，底层使用了 Hibernate ORM 的 JPA 技术实现。

12.1.1　准备项目

新建一个 Spring Boot 项目，项目名称为 ch12，在 Developer Tools 模块下引入 Lombok 依赖，在 SQL 模块下引入 Spring Data JPA 和 MySQL Driver 依赖，如图 12-1 所示。

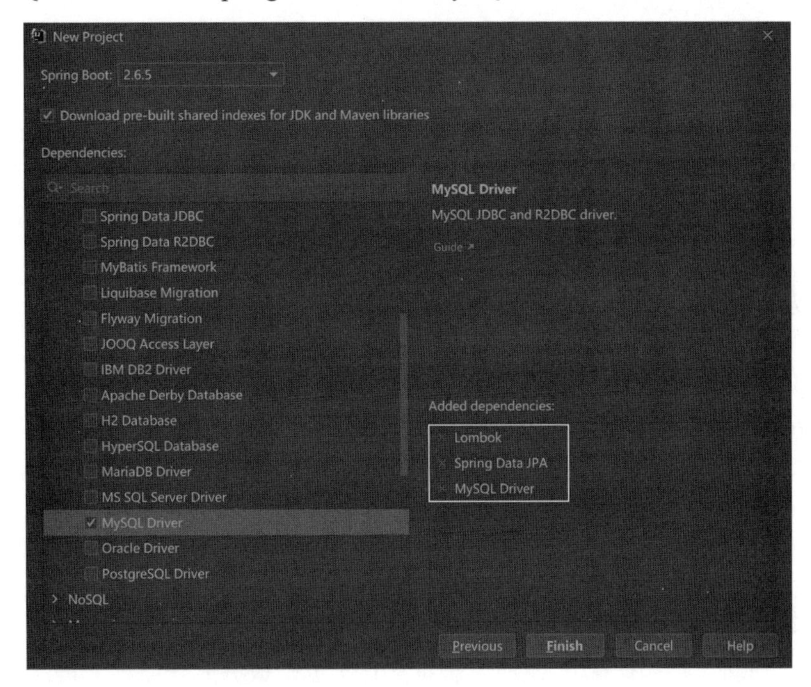

图 12-1　项目中引入 Lombok、Spring Data JPA 和 MySQL Driver 依赖

单击“Finish”按钮，完成项目的创建。

编辑 application.properties，配置数据源，代码如例 12-1 所示。

例 12-1　application.properties

```
# 配置 MySQL 的 JDBC 驱动类
spring.datasource.driver-class-name=com.mysql.cj.jdbc.Driver
# 配置 MySQL 的连接 URL
spring.datasource.url=jdbc:mysql://localhost:3306/springboot?useSSL=
false&serverTimezone=UTC
# 数据库用户名
spring.datasource.username=root
# 数据库用户密码
spring.datasource.password=12345678
```

12.1.2 配置 JPA 相关属性

在 application.properties 中继续添加如下配置信息，如例 12-2 所示。

例 12-2 application.properties

```
# 将运行期生成的 SQL 语句输出到日志以供调试
spring.jpa.show-sql=true
# hibernate 配置属性，设置自动根据实体类创建、更新和验证数据库表结构
spring.jpa.properties.hibernate.hbm2ddl.auto=update
# hibernate 配置属性，格式化 SQL 语句
spring.jpa.properties.hibernate.format_sql=true
# hibernate 配置属性，指出是什么操作生成了 SQL 语句
spring.jpa.properties.hibernate.use_sql_comments=true
```

在使用 JPA 访问数据库时，无须编写 SQL 语句，但一旦出现数据库访问错误，就很难找到错误原因，通过上述配置可以让开发者在开发阶段快速定位错误并解决问题。在产品环境下，可以关闭上述配置，以提高性能。

上述配置中的 hbm2ddl.auto 选项常用的取值如下所示。

- none

默认值，不执行任何操作。

- create

在每次启动应用程序时会根据实体类创建表，之前的表和数据将被删除。

- create-drop

与 create 类似，不同的是，在应用程序退出时（SessionFactory 关闭时）也会把表删除。

- update

最常用的取值。在第一次启动时会根据实体类创建数据库表结构，再次启动后会根据实体类的改变更新表结构，之前的数据仍然存在。

- validate

验证数据库表结构，只和数据库中的表进行比较，不会创建新表，但是会插入新值，运行程序会校验实体字段与数据库已有的表的字段类型是否相同，若不同则会报错。

12.1.3 编写实体类

在 com.sun.ch12 包下新建 persistence 子包，在该子包下新建 entity 子包。在 entity 子包下新建 Book 类，代码如例 12-3 所示。

例 12-3 Book.java

```
package com.sun.ch12.persistence.entity;

import lombok.Data;
import lombok.ToString;
```

```
import javax.persistence.*;
import java.time.LocalDate;

@Data
@ToString
// 指定该类是一个实体类（和数据库表映射的类）
@Entity
// 指定实体类映射的数据库表的名字，如果没有给出表名，那么默认表名是 book
// 实体类的名字单词的首字母小写，多个单词之间用下画线连接
@Table(name = "bookinfo")
public class Book {
    // 指定实体的主键，实体主键映射的表的字段假定为表的主键
    // 如果表的主键字段名不是实体的属性名 id，则使用@Column 注解以说明
    @Id
    // 指定主键的生成策略，此处指定标识生成器策略
    // 适用于 MySQL 的自动增长字段和 SQL Server 的标识字段
    @GeneratedValue(strategy = GenerationType.IDENTITY)
    private Integer id; // 主键

    // 指定实体的属性映射的表的字段，字段长度为 100，不可为空，默认字段名为实体属性名
    @Column(length=100, nullable = false)
    private String title; // 书名

    @Column(length=100, nullable = false)
    private String author; // 作者

    // name 元素指定映射的表的字段的名字
    @Column(name="bookconcern", length=100, nullable = false)
    private String bookConcern; // 出版社

    @Column(nullable = false)
    private LocalDate publishDate;  // 出版日期

    // columnDefinition 元素指定为字段生成 DDL 时使用的 SQL 片段，用于某些特殊字段
的情况
    @Column(columnDefinition = "decimal(6,2)")
    private Float price; // 价格
    // 未使用@Column 注解，将按照默认的映射规则将属性映射到数据库表的字段
    private Integer inventory; // 库存

    @Column(length=500)
    private String brief;  // 简介
}
```

12.1.4　编写 DAO 接口

JPA 定义了一些接口，给出了常用的数据库访问方法，在 Spring Boot 项目中，只需

要选择合适的接口进行继承（扩展）即可，Spring Data JPA 会自动生成接口的实现类，而无须编写任何代码。

在 persistence 包下新建 repository 子包，在该子包下新建 BookRepository 接口，该接口继承自 JpaRepository 接口，代码如例 12-4 所示。

例 12-4　BookRepository.java

```
package com.sun.ch12.persistence.repository;

import org.springframework.data.jpa.repository.JpaRepository;

public interface BookRepository extends JpaRepository<Book, Integer> {
}
```

BookRepository 接口在继承 JpaRepository 接口时，需要给出该接口的两个类型参数的实际类型，一个是要操作的实体类的类型，另一个是实体主键的类型。

初次接触 JPA 的读者不要惊讶，现在我们已经可以开始对数据库进行基本的访问了。

12.1.5　编写单元测试

针对 BookRepository 接口生成单元测试类，体验一下数据库访问的增、删、改、查，代码如例 12-5 所示。

例 12-5　BookRepositoryTest.java

```
package com.sun.ch12.persistence.repository;

...

@SpringBootTest
class BookRepositoryTest {

    @Autowired
    private BookRepository bookRepository;

    @Test
    void saveBook() {
        Book book = new Book();
        book.setTitle("Java 无难事");
        book.setAuthor("孙鑫");
        book.setBookConcern("电子工业出版社");
        book.setPublishDate(LocalDate.of(2020, 10, 1));
        book.setPrice(188.00f);
        book.setInventory(200);
        bookRepository.save(book);
    }

    @Test
    void getBookById() {
```

```
        Optional<Book> optionalBook = bookRepository.findById(1);
        if(optionalBook.isPresent()) {
            System.out.println(optionalBook.get());
        }
    }

    @Test
    void getAllBooks() {
        List<Book> books = bookRepository.findAll();
        System.out.println(books);
    }

    @Test
    void updateBook() {
        Optional<Book> optionalBook = bookRepository.findById(1);
        if(optionalBook.isPresent()) {
            Book book = optionalBook.get();
            book.setInventory(166);
            // save()方法也可用于更新记录，如果主键存在，则执行更新；否则，执行插入操作
            bookRepository.save(book);
        }
    }

    @Test
    void deleteBook() {
        Optional<Book> optionalBook = bookRepository.findById(1);
        if(optionalBook.isPresent()) {
            Book book = optionalBook.get();
            bookRepository.delete(book);
        }
    }
}
```

读者可以首先测试 saveBook()方法，在启动时，可以在控制台窗口中看到输出的创建 bookinfo 表的 SQL 语句，如下所示：

```
create table bookinfo (
   id integer not null auto_increment,
    author varchar(100) not null,
    bookconcern varchar(100) not null,
    brief varchar(500),
    inventory integer,
    price decimal(6,2),
    publish_date date not null,
    title varchar(100) not null,
    primary key (id)
) engine=InnoDB
```

在测试窗口中，可以看到是因为什么操作引发的 SQL 语句，如下所示：

```
    Hibernate:
        /* insert com.sun.ch12.persistence.entity.Book
            */ insert
            into
                bookinfo
                (author, bookconcern, brief, inventory, price, publish_date,
title)
            values
                (?, ?, ?, ?, ?, ?, ?)
```

查看数据库，可以发现已经成功插入了一条记录。

读者可以自行测试其他方法。

12.2 两种开发方式

有两种常见的开发方式，即自顶向下和自底向上。

在自顶向下的开发过程中，从一个现有的领域模型开始，使用 Java 完成领域模型的实现，通过映射元数据（Java 注解或者 XML 映射文件）来利用映射元数据解析工具自动生成数据库 Schema。这种开发方式不需要提前建立数据库 Schema，对于大部分 Java 开发人员来说是最舒适的开发风格。比如 12.1 节的示例代码，通过配置“hbm2ddl.auto=update”可以实现数据库表的自动创建与更新。

在自底向上的开发过程中，项目开始于一个现有的数据库 Schema 和数据模型。此时可以通过反向工程工具从数据库中抽取元数据，这个元数据可以被用来生成 XML 映射文件，同时也可以被用来生成 Java 持久类，甚至数据访问对象，或者不生成 XML 映射文件，由工具直接生成带注解的 Java 实体类。但是，并非所有的类关联细节和 Java 专有的元信息都可以用这种策略自动从 SQL 数据库 Schema 中生成，因此还需要一些手动的工作。

12.3 JPA 相关注解

我们在 12.1 节中的实体类中使用了一些注解，用来描述实体类与数据库表之间的映射关系，JPA 的实现根据这些注解将实体对象持久化到数据库表中，可以认为实体类对应数据库表，实体类的一个对象对应数据库表中的一行记录。

JPA 的注解如表 12-1 所示。

表 12-1　JPA 的注解

注解	说明
@Entity	声明类是一个实体
@Table	声明表名，如果实体类的名字和表名相同，则可以省略该注解
@Basic	到数据库字段的最简单映射类型。该注解可以应用于以下任何类型的持久属性或实例变量：Java 基本类型、基本类型的封装类型、字符串、java.math.BigInteger、java.math.BigDecimal、java.util.Date、java.util.Calendar、java.sql.Date、java.sql.Time、java.sql.Timestamp、byte[]、Byte[]、char[]、Character[]、枚举类型，以及实现 java.io.Serializable 的任何其他类型
@Embeded、@Embeddable	指定一个实体的持久字段或属性，其值是一个可嵌入类的实例。可嵌入类必须使用@Embeddable 注解进行标注。当一个实体类要在多个不同的实体类中作为某个属性的类型进行使用，而本身又不需要独立映射到一个数据库表的时候，就可以使用@Embeded 和@Embeddable 注解。例如，User 实体类中有一个 Address 类型的属性 address，User 类映射到 user 表，Address 类的属性映射到 user 表中的字段，那么可以在 Address 类上添加@Embeddable 注解，而在 User 类的 address 属性上添加@Embeded 注解
@Id	指定实体的主键。实体主键映射的表的字段假定为表的主键。如果表的主键字段名不是实体的主键属性名，则使用@Column 注解加以说明
@GeneratedValue	设置主键的生成策略。strategy 元素的值是 GenerationType 枚举类型的值，可以是 AUTO、IDENTITY、SEQUENCE 和 TABLE
@Transient	指定属性或字段不是持久的，即该注解标注的属性会被 ORM 框架所忽略，不会保存到数据库中。例如，商品的实际价格属性由原价和折扣相乘得到，该属性无须保存到数据库中，即可用@Transient 主键标注实际价格属性
@Column	指定持久属性或字段映射的表的字段。如果没有使用该注解，则应用默认值
@SequenceGenerator	定义主键生成器，当为@GeneratedValue 注解指定 generator 元素值时，可以通过名称引用该主键生成器。序列生成器可以在实体类、主键字段或属性上指定。例如： @SequenceGenerator(name="EMP_SEQ", allocationSize=25)
@TableGenerator	定义主键生成器，当为@GeneratedValue 注解指定 generator 元素值时，可以通过名称引用该主键生成器。表生成器可以在实体类、主键字段或属性上指定
@Access	用于指定要应用于实体类、映射超类、可嵌入类或此类的特定属性的访问类型
@JoinColumn	指定用于连接实体关联或元素集合的表字段。如果@JoinColumn 注解本身是默认的，则假定只有一个连接表字段，并应用默认值。该注解用在多对一关联中
@UniqueConstraint	指定为主表或辅助表生成的 DDL 中包含唯一约束
@ColumnResult	与@SqlResultSetMapping 注解或@ConstructorResult 注解一起使用，用于映射 SQL 查询的 SELECT 列表中的列。name 元素引用 SELECT 列表中某列的名称，即列别名
@ManyToMany	定义多对多关联关系
@ManyToOne	定义多对一关联关系
@OneToMany	定义一对多关联关系
@OneToOne	定义一对一关联关系
@NamedQueries	指定多个命名的 Java 持久性查询语言的查询
@NamedQuery	指定 Java 持久性查询语言中的静态命名的查询

12.4　Spring Data JPA 的核心接口

Spring Data JPA 提供的核心接口如图 12-2 所示。

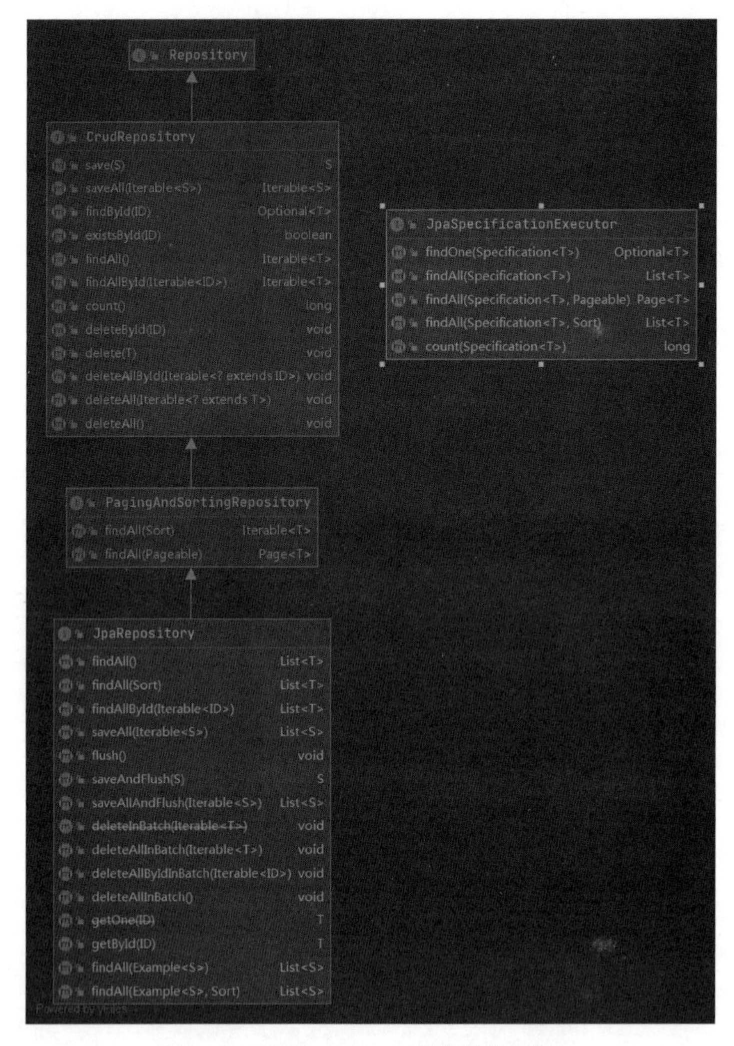

图 12-2　Spring Data JPA 提供的核心接口

12.4.1　Repository<T,ID>接口

Repository 是一个标记接口，带有两个类型参数：T 是实体的类型；ID 是实体的主键类型。该接口约定了根据方法名自动生成查询的方式，方法名称要遵循“findBy + 属性名（首字母大写） + 查询条件（首字母大写）”这种形式，例如：

- findByNameLike(String name)
- findByName(String name)
- findByNameAndAge(String name, Integer age)
- findByNameOrAddress(String name)

…

在 BookRepository 接口中可给出如下方法：

- List<Book> findByAuthor (String author)

编写如下测试用例：

```
@Test
void getBooksByAuthor() {
    List<Book> books = bookRepository.findByAuthor("孙鑫");
    System.out.println(books);
}
```

以上用例将根据图书的作者姓名查询出该作者所编写的所有图书，而 findByAuthor()方法并不需要给出实现。

12.4.2　CrudRepository<T,ID>接口

CrudRepository 接口是 Repository 接口的子接口，提供了通用的 CRUD 操作。从该接口继承，可以自动获得基本的 CRUD 操作方法。

12.4.3　PagingAndSortingRepository<T,ID>接口

PagingAndSortingRepository 接口是 CrudRepository 接口的子接口，PagingAndSortingRepository 接口提供了使用分页和排序查询实体的附加方法。不过 PagingAndSortingRepository 接口只给出了针对所有数据进行分页或者排序查询的两个方法。

Pageable 接口的方法如图 12-3 所示。

Sort 类的方法如图 12-4 所示。

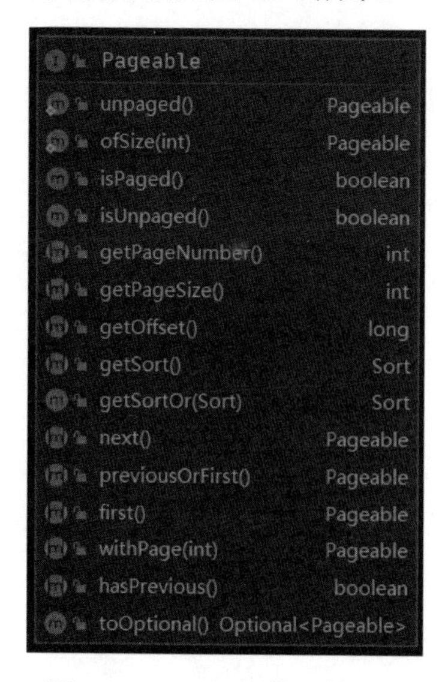

图 12-3　Pageable 接口的方法

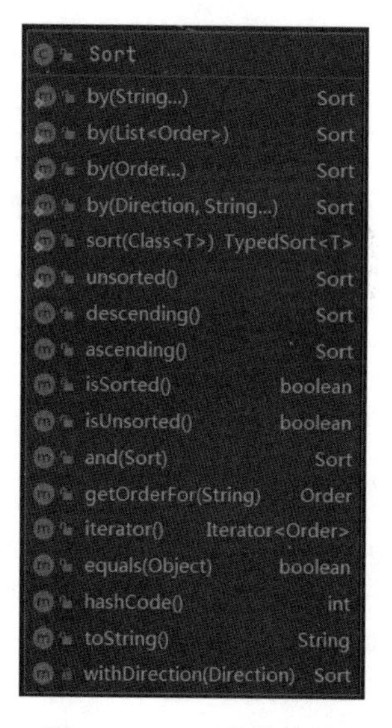

图 12-4　Sort 类的方法

12.4.4　JPARepository <T,ID>接口

JPARepository 接口特定于 JPA 的 Repository 扩展，继承自 PagingAndSortingRepository 接口。JPARepository 接口对继承自父接口中方法的返回值进行了适配，在父接口中返回多行数据的查询方法返回的都是 Iterable 对象，需要我们自己去迭代遍历，而在 JpaRepository 中，直接返回了 List 对象。

12.4.5 JpaSpecificationExecutor <T>接口

JpaSpecificationExecutor 是一个独立的接口，该接口主要是对 JPA 的 Criteria API 查询提供支持，其提供了多条件查询的支持，并且可以在查询中添加分页和排序，但需要配合上述接口一起使用。

JpaSpecificationExecutor 接口中的方法用到了 Specification 接口类型的参数，Specification 接口中的方法用来设置和组合查询条件，如图 12-5 所示。

```
Specification
not(Specification<T>)                                   Specification<T>
where(Specification<T>)                                 Specification<T>
and(Specification<T>)                                   Specification<T>
or(Specification<T>)                                    Specification<T>
toPredicate(Root<T>, CriteriaQuery<?>, CriteriaBuilder) Predicate
```

图 12-5 Specification 接口中的方法

Specification 接口中只有 toPredicate()方法是抽象方法，该方法中的参数 Root 表示 from 子句中的根类型，查询的根始终引用根实体；参数 CriteriaQuery 接口定义了特定于顶级查询的功能，包括查询的各个部分，如 select、from、where、group by、order by 等；CriteriaQuery 对象只对实体类型或嵌入式类型的 Criteria 查询起作用；参数 CriteriaBuilder 接口用于构造 Criteria 查询、复合选择、表达式、谓词和排序。

接下来我们使用 JpaSpecificationExecutor 接口实现一个功能，即查询在 2020 年 9 月 1 日后出版的所有 Java 图书，以分页方式查询。

首先让 BookRepository 接口也继承 JpaSpecificationExecutor 接口，如下所示：

```
public interface BookRepository extends JpaRepository<Book, Integer>,
        JpaSpecificationExecutor<Book> {
    ...
}
```

然后编写测试用例，代码如下所示：

```
@Test
void getAllBooksByDateAndKeyword() {
    Specification specification = (root, criteriaQuery, criteriaBuilder)
-> {
        List<Predicate> predicates = new ArrayList<>();
        // criteriaBuilder 的 like()方法返回一个谓词，相当于设置了一个 like 查询
条件
        predicates.add(criteriaBuilder.like(root.get("title"), "%" +
"Java" + "%"));
        // 对于可比较的对象，使用 greaterThanOrEqualTo()方法来进行大于或等于的比
较，该方法也返回一个谓词
        predicates.add(criteriaBuilder.greaterThanOrEqualTo(root.get
("publishDate"),
                LocalDate.of(2020, 9, 1)));
```

```
            return criteriaBuilder.and(
                    predicates.toArray(new Predicate[predicates.size()]));
        };

        // 开始分页查询
        // 通过 PageRequest 的静态方法构造 pageable 对象，查询第一页（页面索引从 0 开始），
每页 5 条数据
        Pageable pageable = PageRequest.of(0, 5);
        // 继承了 JpaSpecificationExecutor 接口才会有 findAll() 方法
        Page<Book> page = bookRepository.findAll(specification, pageable);
        System.out.printf("总记录数为：%d%n", page.getTotalElements());
        System.out.printf("当前页数：%d 页%n", page.getNumber() + 1);
        System.out.printf("总页数：%d 页%n", page.getTotalPages());
        System.out.printf("当前页面的记录数：%d%n",
page.getNumberOfElements());
        System.out.println("当前页面的内容为：");
        System.out.println(page.getContent());
    }
```

运行 getAllBooksByDateAndKeyword 测试方法，输出结果如下所示：

```
    总记录数为：1
    当前页数：1 页
    总页数：1 页
    当前页面的记录数：1
    当前页面的内容为：
    [Book(id=2, title=Java 无难事, author=孙鑫, bookConcern=电子工业出版社,
publishDate=2020-10-01, price=188.0, inventory=200, brief=null)]
```

读者可以在 bookinfo 表中多添加几条记录，再进行测试。

12.5　关联关系映射

数据库的表与表之间可以建立关联关系，这种关联关系是通过主外键来建立的，分为一对一关系（如居民表与身份证表）、一对多关系（如班级表与学生表）和多对多关系（如用户表与角色表）。

数据库表之间的关系总是双向的，但在将对象关系映射到数据库表关系时就会有方向性了，分为单向关系和双向关系。

- 单向关系

单向关系是指，一个对象知道与其关联的其他对象，但是其他对象不知道该对象。例如，对象 A 拥有对象 B 类型的成员，那么对象 A 是知道对象 B 的，反过来，对象 B 并未拥有对象 A 类型的成员，因此对象 B 是不知道对象 A 的，这就是一种单向关系。

- 双向关系

双向关系是指，关联两端的对象都彼此知道对方。例如，对象 A 拥有对象 B 类型的成员，而对象 B 也拥有对象 A 类型的成员，这就构成了双向关系。

12.5.1 基于主键的一对一关联映射

一对一关联有两种实现方式：基于主键的一对一关联和基于外键的一对一关联。

一对一的主键关联形式，即两张关联表通过主键形成一对一映射关系。例如，每位居民都有一个身份证，我们把 resident 表和 idcard 表设定为基于主键的一对一关联。

数据库脚本如例 12-6 所示。

例 12-6 基于主键的一对一关联

```
--基于主键的一对一关联
CREATE TABLE resident (
    id int AUTO_INCREMENT NOT NULL,
    name varchar (50) NOT NULL,
    telephone varchar (13) NOT NULL,
    primary key (id)
);

CREATE TABLE idcard (
    id int NOT NULL,
    number char(18) NOT NULL,
    birthday DATE NOT NULL,
    homeaddress varchar (50) NOT NULL,
    primary key (id)
);

ALTER TABLE idcard ADD
    CONSTRAINT FK_idcard_resident FOREIGN KEY (id) references
resident(id);
```

读者可自行在 springboot 数据库中执行上述脚本，创建关联表。

在 12.2 节，我们介绍了两种开发方式，即自顶向下和自底向上，之前采用的是自顶向下的开发方式，从这一节开始，我们采用自底向上的开发方式，即通过反向工程工具从数据库中抽取元数据，自动生成 Java 持久类。

在进行本章后续内容前，读者可以先将 application.properties 配置文件中的 spring.jpa.properties.hibernate.hbm2ddl.auto 配置项注释起来。

在 IDEA 中，首先单击菜单【View】→【Tool Windows】→【Database】，打开数据库窗口，如图 12-6 所示。

图 12-6 数据库窗口

单击数据库窗口左上角的加号按钮，从弹出的菜单中选择【Data Source】→【MySQL】，出现如图 12-7 所示的“Data Sources and Drivers”对话框。

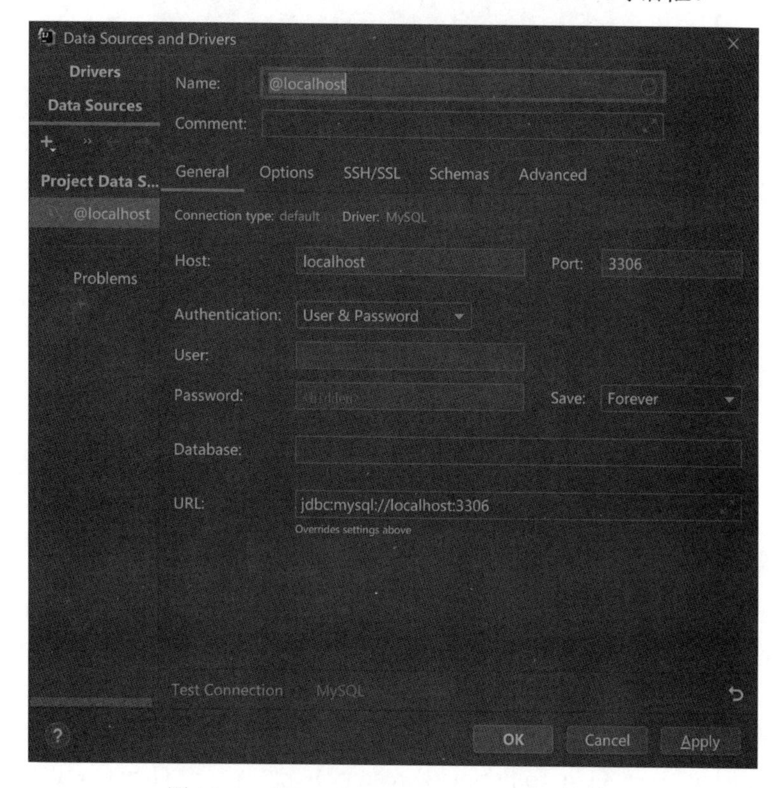

图 12-7　“Data Sources and Drivers”对话框

在“Name”处取一个名字，重点填写要连接的 MySQL 数据库的用户名和密码，填写好后可以单击对话框左下角的“Test Connection”，以测试一下连接是否成功，之后可以单击“OK”按钮退出配置。

如果数据库未出现在数据源配置中，则可以参照图 12-8 选择要使用的数据库。

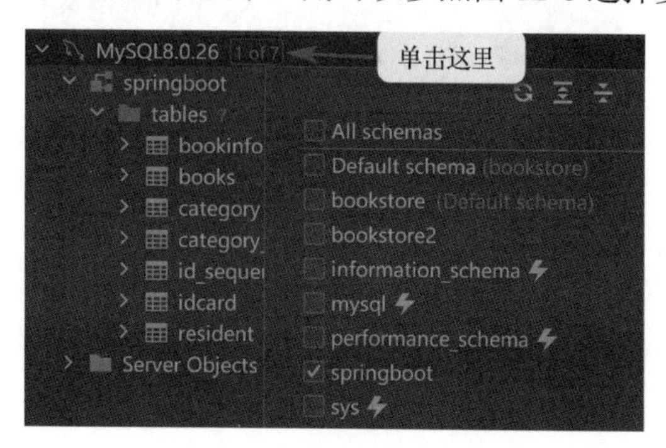

图 12-8　选择要使用的数据库

展开 springboot 数据库，同时选中 idcard 表和 resident 表，然后单击鼠标右键，在弹出菜单的最下方选择【Scripted Extensions】→【Generate POJOs.groovy】，图 12-9 所示为选择 POJO 类存放的目录。

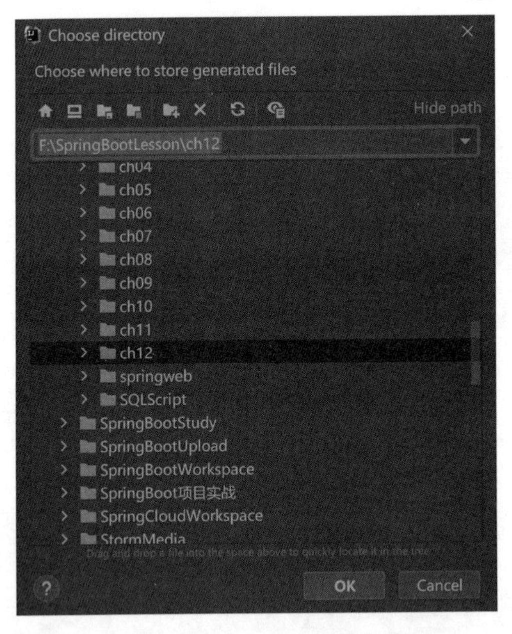

图 12-9　选择 POJO 类存放的目录

选择 persistence\entity 目录，单击“OK”按钮，在 entity 包下会生成 Idcard 和 Resident 两个实体类，但它们的包名是 com.sample，并且也没有 JPA 注解，这是由 IDEA 默认自带的 groovy 脚本不完善导致的。当然，如果读者对 groovy 语言比较熟悉，也可以自行修改脚本。在“Database”窗口中的任意区域单击鼠标右键，从弹出菜单的最下方选择【Scripted Extensions】→【Go To Scripts Directory】，然后编辑 Generate POJOs.groovy 文件即可，如图 12-10 所示。

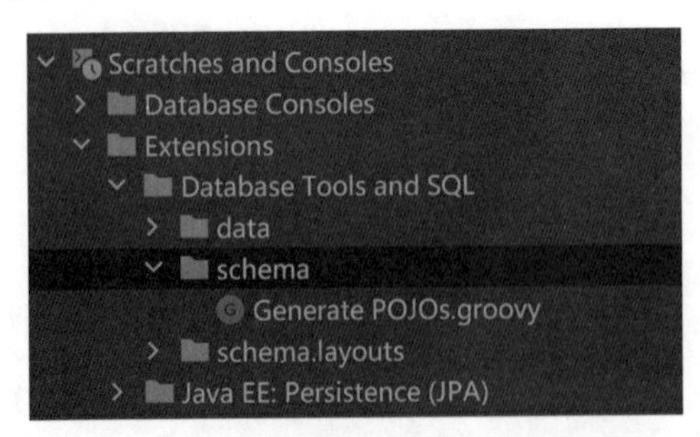

图 12-10　Generate POJOs.groovy 文件所在位置

这里我们手动修改一下包名，并添加 JPA 注解，Resident 类的代码如例 12-7 所示。

例 12-7　Resident.java

```
package com.sun.ch12.persistence.entity;
import lombok.Data;
import lombok.ToString;

import javax.persistence.*;

@Data
@Entity
```

```
public class Resident {
    @Id
    @GeneratedValue(strategy = GenerationType.IDENTITY)
    private Integer id;
    private String name;
    private String telephone;
    // 基于主键的一对一关联映射，mappedBy 元素指定拥有关系的字段，该字段是关联实体
中的某个属性
    // CascadeType.PERSIST 设置级联保存，即在保存一个实体时，级联保存关联的实体
    // CascadeType.REMOVE 设置级联删除，即在删除一个实体时，级联删除关联的实体
    @OneToOne(mappedBy = "resident",
            cascade = {CascadeType.PERSIST, CascadeType.REMOVE})
    private Idcard idcard;
}
```

Idcard 类的代码如例 12-8 所示。

例 12-8　Idcard.java

```
package com.sun.ch12.persistence.entity;

import lombok.Data;
import lombok.ToString;
import org.hibernate.annotations.GenericGenerator;
import org.hibernate.annotations.Parameter;

import javax.persistence.*;

@Data
@Entity
public class Idcard {
    @Id
    // 设置在 idcard 表的主键上的外键约束
    // Idcard 的主键生成策略参考属性 resident 的主键生成策略来生成
    @GeneratedValue(generator = "frGenerator")
    @GenericGenerator(name = "frGenerator", strategy = "foreign",
            parameters = @Parameter(name = "property", value = "resident"))
    private Integer id;
    private String number;
    private java.sql.Date birthday;
    private String homeaddress;

    // optional 元素指定关联是不是可选的，如果设置为 NULL，则必须始终存在非空的关系
    @OneToOne(optional = false)
    // 共享主键必须添加这个注解，如果不添加该注解，idcard 表就会自动添加一个外键
resident_id
    @PrimaryKeyJoinColumn
    private Resident resident;
}
```

本例配置的是双向一对一关联。

在 repository 子包下新建 ResidentRepository 接口，该接口继承自 JpaRepository 接口，代码如例 12-9 所示。

例 12-9　ResidentRepository.java

```
package com.sun.ch12.persistence.repository;

import com.sun.ch12.persistence.entity.Book;
import org.springframework.data.jpa.repository.JpaRepository;

public interface ResidentRepository extends JpaRepository<Resident, 
Integer>{
}
```

为 ResidentRepository 接口生成单元测试，编写测试方法，测试基于主键的一对一关联，代码如例 12-10 所示。

例 12-10　ResidentRepositoryTest.java

```
package com.sun.ch12.persistence.repository;

...

@SpringBootTest
class ResidentRepositoryTest {
    @Autowired
    private ResidentRepository residentRepository;

    @Test
    void saveResident() {
        Idcard idcard = new Idcard();
        idcard.setBirthday(Date.valueOf("1998-10-10"));
        idcard.setHomeaddress("北京海淀北四环");
        idcard.setNumber("11000319981010***");

        Resident resident = new Resident();
        resident.setName("张三");
        resident.setIdcard(idcard);
        resident.setTelephone("1390110***");

        idcard.setResident(resident);
        resident.setIdcard(idcard);
        residentRepository.save(resident);
    }

    @Test
    void getResidentById() {
        Optional<Resident> optionalResident = 
residentRepository.findById(1);
```

读者可自行将星号替换成数字

```
            if(optionalResident.isPresent()) {
                Resident resident = optionalResident.get();
                System.out.println("姓名: " + resident.getName());
                System.out.println("身份证号: " +
resident.getIdcard().getNumber());
            }
        }

        @Test
        void deleteResident() {
            Optional<Resident> optionalResident =
residentRepository.findById(1);
            if(optionalResident.isPresent()) {
                Resident resident = optionalResident.get();
                // 也可以直接调用 CrudRepository 接口中的 deleteById()方法，通过传入
一个 id 值来删除实体
                residentRepository.delete(resident);
            }
        }
    }
```

读者可以对以上三个测试方法分别进行测试。

12.5.2　基于外键的一对一关联映射

仍然使用 resident 表和 idcard 表，不过为了和上面的示例有所区分，我们将表名改为 resident2 和 idcard2。数据库脚本如例 12-11 所示。

例 12-11　基于外键的一对一关联

```
--基于外键的一对一关联
CREATE TABLE resident2 (
    id int AUTO_INCREMENT NOT NULL,
    name varchar (50) NOT NULL,
    telephone varchar (13) NOT NULL,
    primary key (id)
);

CREATE TABLE idcard2 (
    id int AUTO_INCREMENT NOT NULL,
    number char(18) NOT NULL,
    birthday DATE NOT NULL,
    homeaddress varchar (50) NOT NULL,
    resident_id int NOT NULL unique,
    primary key (id)
);
```

读者可自行在 springboot 数据库中执行上述脚本，创建关联表。

将 Resident 类和 Idcard 类各复制一份，分别取名为 Resident2 和 Idcard2，并配置基

于外键的关联关系映射。Resident2 类的代码如例 12-12 所示。

例 12-12　Resident2.java

```
package com.sun.ch12.persistence.entity;

import lombok.Data;

import javax.persistence.*;

@Data
@Entity
public class Resident2 {
    @Id
    @GeneratedValue(strategy = GenerationType.IDENTITY)
    private Integer id;
    private String name;
    private String telephone;
    // 基于外键的一对一关联映射
    @OneToOne(mappedBy = "resident", cascade = {CascadeType.PERSIST,
CascadeType.REMOVE})
    private Idcard2 idcard;
}
```

Idcard2 类的代码如例 12-13 所示。

例 12-13　Idcard2.java

```
package com.sun.ch12.persistence.entity;

import lombok.Data;

import javax.persistence.*;

@Data
@Entity
public class Idcard2 {
    @Id
    @GeneratedValue(strategy = GenerationType.IDENTITY)
    private Integer id;
    private String number;
    private java.sql.Date birthday;
    private String homeaddress;

    @OneToOne
    // @JoinColumn 注解指定用于连接实体关联或元素集合的列
    @JoinColumn(name="resident_id")
    private Resident2 resident;
}
```

本例配置的也是双向一对一关联。

在 repository 子包下新建 Resident2Repository 接口，该接口继承自 JpaRepository 接口，代码如例 12-14 所示。

例 12-14　Resident2Repository.java

```
    package com.sun.ch12.persistence.repository;

    import com.sun.ch12.persistence.entity.Resident2;
    import org.springframework.data.jpa.repository.JpaRepository;

    public interface Resident2Repository extends JpaRepository<Resident2,
Integer> {
    }
```

为该接口生成单元测试类，然后编写测试方法，测试基于外键的一对一关联，代码如例 12-15 所示。

例 12-15　Resident2RepositoryTest.java

```
    package com.sun.ch12.persistence.repository;

    ...

    @SpringBootTest
    class Resident2RepositoryTest {
        @Autowired
        private Resident2Repository resident2Repository;

        @Test
        void saveResident() {
            Idcard2 idcard = new Idcard2();
            idcard.setBirthday(Date.valueOf("1998-10-10"));
            idcard.setHomeaddress("北京海淀北四环");
            idcard.setNumber("11000319981010****");

            Resident2 resident = new Resident2();
            resident.setName("张三");
            resident.setIdcard(idcard);
            resident.setTelephone("1390110****");

            idcard.setResident(resident);
            resident.setIdcard(idcard);
            resident2Repository.save(resident);
        }

        @Test
        void getResidentById() {
            Optional<Resident2> optionalResident2 = resident2Repository.
findById(1);
            if(optionalResident2.isPresent()) {
                Resident2 resident = optionalResident2.get();
```

读者可自行将星号替换成数字

```
                System.out.println("姓名: " + resident.getName());
                System.out.println("身份证号: " + resident.getIdcard().
getNumber());
            }
        }

        @Test
        void deleteResident() {
            Optional<Resident2> optionalResident2 = resident2Repository.
findById(1);
            if(optionalResident2.isPresent()) {
                Resident2 resident = optionalResident2.get();
                resident2Repository.delete(resident);
            }
        }
    }
```

读者可自行测试。

12.5.3 一对多关联映射

一对多关联在系统实现中非常常见，如一个部门可以有多名员工、在文件分类下可以有多篇文章等。

一对多关系分为单向一对多关系和双向一对多关系。单向一对多关系只需在“一”方进行配置即可，双向一对多关系需要在关联双方均加以配置。

本节使用的数据库脚本如例 12-16 所示。

例 12-16 一对多关联

```
--一对多关联
create table dept (
   id      int AUTO_INCREMENT not null,
   name    varchar(50) not null,
   loc     varchar(100) not null,
   primary key(id)
);

create table emp (
   id      int AUTO_INCREMENT not null,
   name    varchar(20) not null,
   salary  FLOAT(6,2) not null,
   deptid  int not null,
   primary key(id),
   constraint FK_emp_dept foreign key(deptid) references dept(id)
);
```

读者可自行在 springboot 数据库中执行上述脚本，创建关联表。

在 entity 子包中，新建 Dept 类和 Emp 类，并配置一对多关联映射。Dept 类的代码如例 12-17 所示。

例 12-17　Dept.java

```
package com.sun.ch12.persistence.entity;

...

@Data
@Entity
public class Dept {
  @Id
  @GeneratedValue(strategy = GenerationType.IDENTITY)
  private Integer id;
  private String name;
  private String loc;

  // 一对多映射
  @OneToMany(cascade = {CascadeType.PERSIST,CascadeType.REMOVE},
        mappedBy = "dept")
  private List<Emp> emps;

  // 便捷方法，方便向部门中添加员工
  public void addEmp(Emp emp) {
    if(emps == null) {
      emps = new ArrayList<>();
    }
    emps.add(emp);
  }
}
```

Emp 类的代码如例 12-18 所示。

例 12-18　Emp.java

```
package com.sun.ch12.persistence.entity;

...

@Data
@Entity
public class Emp {
  @Id
  @GeneratedValue(strategy = GenerationType.IDENTITY)
  private Integer id;
  private String name;
  private double salary;

  // 多对一映射
  @ManyToOne
  @JoinColumn(name="deptid")
```

```
    private Dept dept;
}
```

在 repository 子包下新建 DeptRepository 接口和 EmpRepository 接口，这两个接口都继承自 JpaRepository 接口，这里就不给出代码了。

为 DeptRepository 接口和 EmpRepository 接口分别生成单元测试类。DeptRepositoryTest 类的代码如例 12-19 所示。

例 12-19　DeptRepositoryTest.java

```
package com.sun.ch12.persistence.repository;

...

@SpringBootTest
class DeptRepositoryTest {
    @Autowired
    private DeptRepository deptRepository;

    @Test
    void saveDept() {
        Dept dept = new Dept();
        dept.setName("市场部");
        dept.setLoc("北京");

        Emp emp1 = new Emp();
        emp1.setName("张三");
        emp1.setSalary(3000.00);
        emp1.setDept(dept);

        Emp emp2 = new Emp();
        emp2.setName("李四");
        emp2.setSalary(4000.00);
        emp2.setDept(dept);

        dept.addEmp(emp1);
        dept.addEmp(emp2);

        deptRepository.save(dept);
    }

    @Test
    void getDeptById() {
        Optional<Dept> optionalDept = deptRepository.findById(1);
        if(optionalDept.isPresent()) {
            Dept dept = optionalDept.get();
            System.out.println("部门名称：" + dept.getName());
            System.out.println("部门位置：" + dept.getLoc());
        }
```

```
    }

    @Test
    void deleteDept() {
        Optional<Dept> optionalDept = deptRepository.findById(1);
        if(optionalDept.isPresent()) {
            Dept dept = optionalDept.get();
            deptRepository.delete(dept);
        }
    }
}
```

EmpRepositoryTest 类的代码如例 12-20 所示。

例 12-20　EmpRepositoryTest.java

```
package com.sun.ch12.persistence.repository;

...

@SpringBootTest
class EmpRepositoryTest {
    @Autowired
    private EmpRepository empRepository;
    @Autowired
    private DeptRepository deptRepository;

    @Test
    void saveEmp() {
        Emp emp = new Emp();
        emp.setName("王五");
        emp.setSalary(5000.00);

        Dept dept = deptRepository.getById(1);
        emp.setDept(dept);
        empRepository.save(emp);
    }


    @Test
    void getEmpById() {
        Optional<Emp> empOptional = empRepository.findById(3);
        if(empOptional.isPresent()) {
            Emp emp = empOptional.get();
            System.out.println("员工姓名: " + emp.getName());
            System.out.println("所在部门: " + emp.getDept().getName());
        }
    }

    @Test
```

```
    void deleteEmp() {
        empRepository.deleteById(3);
    }
}
```

读者可自行测试。

12.5.4 多对多关联映射

在实际应用中，多对多关系也很常见，如在权限系统设计中的用户和角色的多对多关系、学生选课系统中的学生与课程的多对多关系等。

多对多关联是通过关联表实现的，本节使用的数据库脚本如例 12-21 所示。

例 12-21 多对多关联

```
--多对多关联
create table users (
    id      int AUTO_INCREMENT not null,
    name    varchar(20) not null,
    primary key(id)
);

create table role (
    id      int AUTO_INCREMENT not null,
    name    varchar(20) not null,
    primary key(id)
);

create table user_role (
    user_id int not null,
    role_id int not null,
    constraint FK_USER foreign key(user_id) references users(id),
    constraint FK_ROLE foreign key(role_id) references role(id)
);
```

读者可自行在 springboot 数据库中执行上述脚本，创建关联表。

在 entity 子包中，新建 User 和 Role 类，并配置多对多关联映射。User 类的代码如例 12-22 所示。

例 12-22 User.java

```
package com.sun.ch12.persistence.entity;

...

@Data
@Entity
@Table(name = "users")
public class User {
    @Id
```

```
    @GeneratedValue(strategy = GenerationType.IDENTITY)
    private Integer id;
    private String name;

    // 多对多映射
    @ManyToMany(cascade = CascadeType.ALL, fetch = FetchType.EAGER)
    @JoinTable(name="user_role",
            joinColumns=
            @JoinColumn(name="user_id", referencedColumnName="id"),
            inverseJoinColumns=
            @JoinColumn(name="role_id", referencedColumnName="id")
    )
    private List<Role> roles;

    @Override
    public String toString() {
        return "User{" +
                "id=" + id +
                ", name='" + name + '\'' +
                '}';
    }
}
```

注意，这里不要使用 Lombok 的@ToString 注解，自己重写的 toString()方法也不要加上实体的关联属性，以免因循环引用的问题引起测试时出现栈溢而导致出错误。

Role 类的代码如例 12-23 所示。

例 12-23　Role.java

```
package com.sun.ch12.persistence.entity;

...

@Data
@Entity
public class Role {
    @Id
    @GeneratedValue(strategy = GenerationType.IDENTITY)
    private Integer id;
    private String name;

    // 多对多映射
    @ManyToMany(mappedBy="roles", fetch = FetchType.EAGER)
    private List<User> users;

    @Override
    public String toString() {
        return "Role{" +
                "id=" + id +
```

```
                ", name='" + name + '\'' +
                '}';
    }
}
```

在 repository 子包下新建 UserRepository 接口，该接口继承自 JpaRepository 接口，这里就不给出代码了。

为 UserRepository 接口生成单元测试类 UserRepositoryTest，代码如例 12-24 所示。

例 12-24　UseRepositoryTest.java

```
package com.sun.ch12.persistence.repository;

...

@SpringBootTest
class UserRepositoryTest {
    @Autowired
    private UserRepository userRepository;

    @Test
    void saveUser() {
        User user = new User();
        user.setName("张三");

        Role role1 = new Role();
        role1.setName("主管");
        Role role2 = new Role();
        role2.setName("管理员");

        List<Role> roles = new ArrayList<>();
        roles.add(role1);
        roles.add(role2);

        user.setRoles(roles);
        userRepository.save(user);
    }

    @Test
    void getUserById() {
        Optional<User> optionalUser = userRepository.findById(1);
        if(optionalUser.isPresent()) {
            User user = optionalUser.get();
            System.out.println("用户名：" + user.getName());
            System.out.println("用户的角色：" + user.getRoles());
        }
    }

    @Test
```

```
    void deleteUser() {
        userRepository.deleteById(1);
    }
}
```

读者可自行测试。

12.6 使用 JPQL 进行查询

JPQL（Java Persistence Query Language，Java 持久性查询语言）是一种面向对象的查询语言，其看上去很像 SQL，但 JPQL 并不使用数据库表，而是使用实体对象模型进行完全面向对象的查询，可以将其理解为诸如继承、多态和关联之类的概念。JPA 的作用是将 JPQL 转换为 SQL。JPQL 开发人员提供了一种处理 SQL 任务的简单方式。

JPQL 的功能特性如下。

- 是一种独立于平台的查询语言。
- 功能简单而强大。
- 可以用于任何类型的数据库，如 MySQL、Oracle 等。
- JPQL 查询可以静态地声明为元数据，也可以动态地构建在代码中。

在 Spring Data JPA 中要使用 JPQL 查询，可以在接口方法上使用 Spring Data JPA 提供的@Query 注解，给出自己的 JPQL 查询语句。

例如，我们想根据图书标题的关键字查询匹配的图书，可以在 BookRepository 接口中添加一个 findByTitle()方法，并使用@Query 注解给出查询语句，代码如下所示：

```
@Query("from Book where title like %?1%")
List<Book> findByTitle(String title);
```

可以看到 JPQL 可以省略 select 子句，并且 from 子句后是实体类名，where 子句后是实体的属性名。

JPQL 是一个完整的面向对象查询语言，限于本书的篇幅，我们无法详细介绍该查询语言，下面给出一些查询语句示例，以供读者参考。

```
// 最简单的查询语句，返回所有的猫
form Cat

// 关联查询，使用了别名
from Cat as cat
    inner join cat.mate as mate
    left outer join cat.kittens as kitten
from Cat as cat left join cat.mate.kittens as kittens
from Formula form full join form.parameter param

// 带有 select 子句
select mate
```

```
from Cat as cat
    inner join cat.mate as mate

// 聚集函数
select avg(cat.weight), sum(cat.weight), max(cat.weight), count(cat)
from Cat cat

// where 子句
from Cat where name='Fritz'

// order by 子句
from DomesticCat cat
order by cat.name asc, cat.weight desc, cat.birthdate

// group by 子句
select cat.color, sum(cat.weight), count(cat)
from Cat cat
group by cat.color

// 子查询
from Cat as fatcat
where fatcat.weight > (
     select avg(cat.weight) from DomesticCat cat
)
```

要注意的是，JPQL 不支持 INSERT 操作，对于 UPDATE 和 DELETE 操作，需要结合@Modifying 注解一起使用，该注解指示应将查询方法视为修改查询。另外要注意的是，UPDATE 和 DELETE 操作需要使用事务，否则会报 javax.persistence.TransactionRequiredException 异常。

12.7 使用原生 SQL 语句进行查询

使用原生 SQL 语句查询，即直接使用 SQL 语句进行查询，也就是使用@Query 注解只需要将注解的 nativeQuery 元素设置为 true 即可。例如：

```
@Query(value = "select * from bookinfo where title like %?1%", nativeQuery
= true)
List<Book> findByTitle(String title);
```

下面的示例根据书名关键字查询，并返回分页对象。

```
@Query(value = "select * from bookinfo where title like %?1%",
        countQuery = "select count(*) from bookinfo where like %?1%",
        nativeQuery = true)
Page<Book> findAllBookByKeyword(String keyword, Pageable pageable);
```

12.8 事务

事务是一个逻辑工作单元，包括一系列的操作，还包括 4 个基本的特性，即“ACID”，具体如下。

➢ Atomicity（原子性）

事务中包含的操作被看作逻辑工作单元，这个逻辑单元中的操作要么全部完成，要么全部失败。

➢ Consistency（一致性）

当事务开始时，实体处于一致的状态，而当事务结束时，实体还是一致的状态（尽管状态不同）。也就是说，数据库事务不能破坏关系数据库的引用完整性，以及业务逻辑上的一致性。

➢ Isolation（隔离性）

事务允许多个用户对同一个数据并发访问，而不破坏数据的正确性和完整性。同时，并行事务的修改必须与其他并行事务的修改相互独立，即在并发环境中，当不同的事务同时访问相同的数据时，每个事务都有各自完整的数据空间。隔离通常被称为序列化（Serializability）。

➢ Durability（持久性）

Durability 指的是，只要事务成功结束，它对数据库所做的更新就必须被永久保存下来。

12.8.1 数据库事务隔离级别

事务隔离指的是，数据库（或其他事务系统）通过某种机制在并行的多个事务之间进行分离，使每个事务在其执行过程中都保持独立（如同当前只有此事务单独运行）。

要理解事务的隔离级别，需要了解 3 个概念：脏读（Dirty Read）、不可重复读（Non-Repeatable Read）和幻读（Phantom Read）。所谓**脏读**，是指一个事务正在访问数据，并对数据进行了修改，而这种修改还没有提交到数据库中，与此同时，另一个事务读取了这些数据，因为这些数据还没有被提交，所以另一个事务读取的数据是脏数据，依据脏数据进行的操作可能是不正确的。如果前一个事务发生回滚，那么后一个事务读取的将是无效的数据。所谓**不可重复读**，是指一个事务读取了一行数据，在这个事务结束前，另一个事务访问了同一行数据，并对数据进行了修改，当第一个事务再次读取这行数据时，得到了一个不同的数据。这样，在同一个事务内两次读取的数据不同，称为不可重复读。所谓**幻读**，是指一个事务读取了满足条件的所有行后第二个事务插入了一行数据，当第一个事务再次读取同样条件的数据时，却发现多出了一行数据，就好像出现了幻觉一样。

标准 SQL 规范中定义了 4 种事务隔离级别，具体如下。

➢ Read Uncommitted（读未提交数据）

这是最低等级的事务隔离，它仅仅保证了在读取过程中不会读取到非法数据。在这种隔离级别下，上述脏读、不可重复读和幻读这 3 种不确定的情况均有可能发生。

➢ Read Committed

此级别的事务隔离保证了一个事务不会读到另一个并行事务已修改但未提交的数据。也就是说，这个事务级别避免了脏读。

➢ Repeatable Read

此级别的事务隔离避免了脏读和不可重复读，这也意味着，一个事务在执行过程中可以看到其他事务已经提交的新插入的数据，但是不能看到其他事务对已有记录的更新。

➢ Serializable

这是最高级别的事务隔离，也提供了最严格的隔离机制，可将脏读、不可重复读和幻读这 3 种情况都被避免。在此级别下，一个事务在执行过程中完全看不到其他事务对数据库所做的更新。当两个事务同时访问相同的数据时，如果第一个事务已经在访问该数据，则第二个事务只能停下来等待，且必须等到第一个事务结束后才能恢复运行，因此这两个事务实际上以串行化方式运行。

4 种隔离级别对脏读、不可重复读和幻读的禁止情况如表 12-2 所示。

表 12-2　隔离级别对脏读、不可重复读和幻读的禁止情况

隔离级别	是否禁止脏读	是否禁止不可重复读	是否禁止幻读
Read Uncommitted	否	否	否
Read Committed	是	否	否
Repeatable Read	是	是	否
Serializable	是	是	是

12.8.2　事务传播

通常在一个事务中执行的所有代码都会在这个事务中运行。但是，如果一个事务上下文已经存在，那么有几个选项可以指定一个事务性方法的执行行为，例如，简单地在现有的事务中运行（大多数情况）或者挂起现有事务以创建一个新的事务。对于本地事务，通常不需要复杂的事务传播配置，而对于分布式事务，则需要根据业务需求，配置合适的事务传播行为。

12.8.3　@Transactional 注解

在 Spring 项目中，可以通过@Transactional 注解来开启事务。@Transactional 注解的元素如表 12-3 所示。

表 12-3　@Transactional 注解的元素

元素	类型	说明
value	String	可选的限定描述符，指定使用的事务管理器
isolation	enum Isolation	可选的事务隔离级别设置，默认值为 Isolation.DEFAULT。隔离级别只用于 Propagation.REQUIRED 或 Propagation.REQUIRES_NEW，因为它只应用于新启动的事务
propagation	enum Propagation	可选的事务传播行为设置。默认值为 Propagation.REQUIRED

续表

元素	类型	说明
readOnly	boolean	设置事务是不是只读的，只读事务允许在运行时进行相应的优化。默认值为 false
timeout	int（以秒为单位）	事务超时时间设置。默认为底层事务系统的默认超时。超时值只用于 Propagation.REQUIRED 或 Propagation.REQUIRES_NEW，因为它只应用于新启动的事务
rollbackFor	Class 对象数组，必须继承自 Throwable	导致事务回滚的异常类数组。在默认情况下，事务将在 RuntimeException 和 Error 上回滚，但不会在 checked 异常上回滚
rollbackForClassName	类名字符串数组，类必须继承自 Throwable	导致事务回滚的异常类的类名数组
noRollbackFor	Class 对象数组，必须继承自 Throwable	不会导致事务回滚的异常类数组
noRollbackForClassName	类名字符串数组，类必须继承自 Throwable	不会导致事务回滚的异常类的类名数组

@Transactional 注解可以用在方法或者类上，当在类上使用该注解时，表示该类与其子类的所有方法都配置相同的事务属性信息。当类级别配置了@Transactional 注解，方法级别也配置了@Transactional 注解时，应用程序会以方法级别的事务属性信息来管理事务，换言之，方法级别的事务属性信息会覆盖类级别的相关配置信息。

12.8.4　事务边界

事务边界，即事务的开始和结束。对于三层体系结构的服务器端应用来说，@Transactional 注解应该在哪一层上应用比较合适呢？数据访问层主要封装了对数据的访问操作，粒度会很细，一个功能可能需要调用多个数据访问层接口来完成，因此对每个接口都应用事务会导致频繁的加锁和解锁操作，从而影响性能。表示层主要负责调用服务层的接口，来完成界面的渲染，在该层上应用事务会导致事务边界过宽，事务迟迟不能结束也会影响性能。因此，应用事务合理的位置一般在服务层上。

对于简单的应用，只需要在服务层的类上应用空的@Transactional 注解即可，如果某个方法需要只读事务，则可以在该方法上使用@Transactional(readOnly = true)。

12.9　项目实际问题的解决

笔者在使用 JPA 的项目中遇到过一个问题，这里跟读者分享一下，具体如下。

控制器向前端返回的是 JSON 数据，在 Book 实体类中有如下代码：

```
    @ManyToOne(fetch = FetchType.LAZY)
    @JoinColumn(name="categoryId", nullable=true, foreignKey =
@ForeignKey(name = "FK_CATEGORY_ID"))
    private Category category;
```

在 BookRepository 的单元测试中获取图书信息，这没有任何问题，但在通过网络请求控制器方法时，服务器报了下面的错误。

com.fasterxml.jackson.databind.exc.InvalidDefinitionException: No serializer found for class org.hibernate.proxy.pojo.bytebuddy.ByteBuddyInterceptor and no properties discovered to create BeanSerializer (to avoid exception, disable SerializationFeature.FAIL_ON_EMPTY_BEANS) (through reference chain: com.sun.jpademo.result.DataResult["data"]->com.sun.jpademo.entity.Book["category"]->com.sun.jpademo.entity.Category$HibernateProxy$iEfXQArw["hibernateLazyInitializer"])

出现这个错误的原因是：控制器在将响应正文转换成 JSON 的时候，Jackson 库将对象转换为 JSON 报错，发现有字段为 null。

因为 JSON 插件采用是 Java 的内审机制，使用了延迟加载，Hibernate 会给被管理的实体类加入一个 hibernateLazyInitializer 属性，JSON 插件会把 hibernateLazyInitializer 也拿出来操作，并读取里面一个不能被反射操作的属性，所以就产生了这个异常。

解决方法如下。

在实体类上添加如下注解:

```
@JsonIgnoreProperties(value = {"hibernateLazyInitializer"})
```

表示忽略 hibernateLazyInitializer 这个属性，那么也就不会出现为空的情况了。

在本项目中，**要在 Category 类上添加上述注解，但不用在 Book 类上添加**。这样相当于去掉了延迟加载，返回的 Book 对象数据中也包括了分类数据。如果不想包括分类数据，那么可以在属性上使用@JsonIgnore 注解，代码如下所示：

```
    @ManyToOne(fetch = FetchType.LAZY)
    @JoinColumn(name="categoryId", nullable=true, foreignKey =
@ForeignKey(name = "FK_CATEGORY_ID"))
    @JsonIgnore
    private Category category;
```

在 Category 类上就不需要@JsonIgnoreProperties 注解了。

12.10 小结

本章较为详细地介绍了如何使用 JPA 访问数据，并引入了工程化的开发方式，对 JPA 的相关注解及 JPA 的几个核心接口都做了讲解，并给出了实际应用案例。

本章还详细介绍了对象关联关系如何与数据库关系做映射，完整地给出了一对一、一对多和多对多的映射实现。另外还简要介绍了如何使用 JPQL 和原生 SQL 语句进行查询，并对事务从概念到应用做了讲解，最后给出了一个在实际项目中遇到的问题及其解决方案。

第13章 使用 MyBatis 访问数据

MyBatis 的前身是 Apache 软件基金会的开源项目 iBatis，2010 年这个项目从 Apache 软件基金会迁移到 Google Code，并被改名为 MyBatis，2013 年 11 月被迁移到 Github。

MyBatis 是一款优秀的持久层框架，支持自定义 SQL、存储过程和高级映射。MyBatis 消除了几乎所有的 JDBC 代码及参数的手动设置和结果检索。MyBatis 可以使用简单的 XML 或注解进行配置，并将基本数据类型、Map 接口和 Java POJO（Plain Old Java Objects，普通的传统 Java 对象）映射到数据库记录。

13.1 感受 MyBatis

这一节让我们先编写一个简单的 MyBatis 应用，直观感受一下 MyBatis 的用法。

Step1：新建一个 Maven 项目

在 IDEA 中新建一个 Maven 项目，如图 13-1 所示。

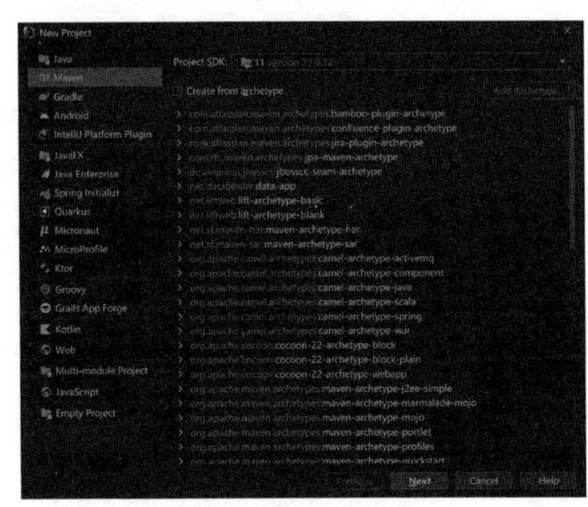

图 13-1　新建 Maven 项目

单击“Next”按钮，指定项目位置，并指定“GroupId”为 com.sun，“ArtifactId”为 demo，如图 13-2 所示。

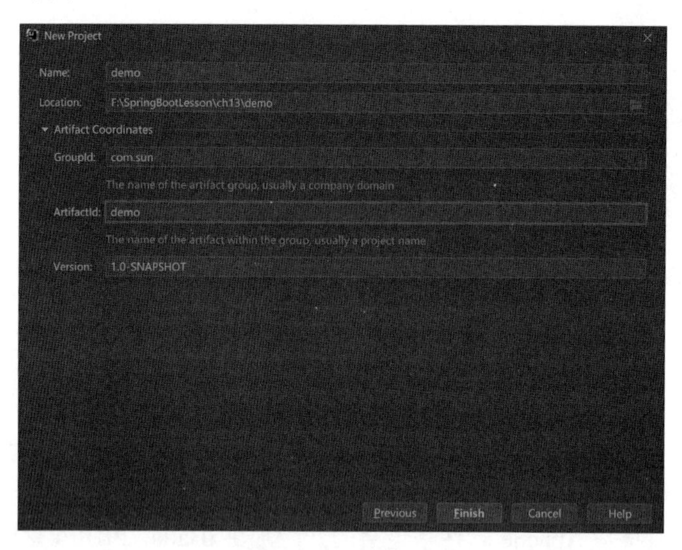

图 13-2　指定项目信息

单击“Finish”按钮，完成 Maven 项目的创建。

Step2：添加依赖

打开 POM 文件，添加 MyBatis 依赖、MySQL 数据库的 JDBC 驱动依赖，以及 JUnit 依赖，如下所示：

```
    <?xml version="1.0" encoding="UTF-8"?>
    <project xmlns="http://maven.apache.org/POM/4.0.0"
            xmlns:xsi="http://www.w3.org/2001/XMLSchema-instance"
            xsi:schemaLocation="http://maven.apache.org/POM/4.0.0
http://maven.apache.org/xsd/maven-4.0.0.xsd">
        <modelVersion>4.0.0</modelVersion>

        <groupId>com.sun</groupId>
        <artifactId>demo</artifactId>
        <version>1.0-SNAPSHOT</version>
        <properties>
            <maven.compiler.source>11</maven.compiler.source>
            <maven.compiler.target>11</maven.compiler.target>
        </properties>

        <dependencies>
            <dependency>
                <groupId>org.mybatis</groupId>
                <artifactId>mybatis</artifactId>
                <version>3.5.7</version>
            </dependency>
```

```
        <dependency>
            <groupId>mysql</groupId>
            <artifactId>mysql-connector-java</artifactId>
            <version>8.0.26</version>
        </dependency>
        <dependency>
            <groupId>org.junit.jupiter</groupId>
            <artifactId>junit-jupiter</artifactId>
            <version>5.8.1</version>
        </dependency>
    </dependencies>
</project>
```

粗体显示的代码是新增的代码。不要忘记更新依赖。

Step3：编写 MyBatis 配置文件

MyBatis 的配置文件包含了对 MyBatis 行为有显著影响的设置和属性，文件名通常为 mybatis-config.xml。

在 src/main/resources 目录下新建 mybatis-config.xml，文件内容如例 13-1 所示。

例 13-1 mybatis-config.xml

```
<?xml version="1.0" encoding="UTF-8" ?>
<!DOCTYPE configuration
        PUBLIC "-//mybatis.org//DTD Config 3.0//EN"
        "http://mybatis.org/dtd/mybatis-3-config.dtd">
<configuration>
    <properties>
        <property name="driver" value="com.mysql.cj.jdbc.Driver"/>
        <property name="url"
 value="jdbc:mysql://localhost:3306/springboot?useSSL=false&amp;
serverTimezone=UTC"/>
        <property name="username" value="root"/>
        <property name="password" value="12345678"/>
    </properties>
    <settings>
        <!-- 启用下画线与驼峰式命名规则的映射(例如,book_concern => bookConcern)
-->
        <setting name="mapUnderscoreToCamelCase" value="true" />
    </settings>
    <typeAliases>
        <!--
            配置别名信息，在映射配置文件中可以直接使用 Book 这个别名
            代替 com.sun.persistence.entity.Book 这个类
        -->
        <typeAlias type="com.sun.persistence.entity.Book" alias="Book" />
    </typeAliases>
    <environments default="development">
        <environment id="development">
```

```
            <!-- 配置事务管理器的类型 -->
            <transactionManager type="JDBC"/>
            <!-- 配置数据源的类型，以及数据库连接的相关信息 -->
            <dataSource type="POOLED">
                <property name="driver" value="${driver}"/>
                <property name="url" value="${url}"/>
                <property name="username" value="${username}"/>
                <property name="password" value="${password}"/>
            </dataSource>
        </environment>
    </environments>
    <mappers>
        <!-- 配置映射配置文件的位置 -->
        <mapper resource="com/sun/persistence/mapper/BookMapper.xml"/>
    </mappers>
</configuration>
```

Step4：编写实体类

在 src/main/java 目录下新建 com.sun.persistence.entity 包，在 entity 子包下新建实体类 Book，代码如例 13-2 所示。

例 13-2　Book.java

```
package com.sun.persistence.entity;

import java.sql.Date;

public class Book {
    private Long id;
    private String title;
    private String author;
    private String bookConcern;
    private java.sql.Date publishDate;
    private Double price;

    // 省略 getter 和 setter 方法，以及 toString() 方法
}
```

Step5：编写映射器配置文件

MyBatis 的真正强大之处在于它的映射语句，而映射语句可以在一个 XML 文件中进行配置。映射器配置文件按照约定一般是以 Mapper 作为后缀的 XML 文件。

在 src/main/resources 目录下新建 com/sun/persistence/mapper 目录，在 mapper 子目录下新建 BookMapper.xml 文件，文件内容如例 13-3 所示。

例 13-3　BookMapper.xml

```
<?xml version="1.0" encoding="UTF-8" ?>
```

```
<!DOCTYPE mapper
        PUBLIC "-//mybatis.org//DTD Mapper 3.0//EN"
        "http://mybatis.org/dtd/mybatis-3-mapper.dtd">
<mapper namespace="com.sun.persistence.mapper.BookMapper">
    <select id="selectBook" resultType="Book">
        select * from books where id = #{id}
    </select>
</mapper>
```

这里使用的表是 11.2 节创建的 books 表。

Step6：编写测试程序

在 src/test/java 目录下新建 com.sun.persistence.mapper 包，在 mapper 子包下新建测试类 BookMapperTest，代码如例 13-4 所示。

例 13-4　BookMapperTest

```java
package com.sun.persistence.mapper;

import com.sun.persistence.entity.Book;
import org.apache.ibatis.io.Resources;
import org.apache.ibatis.session.SqlSession;
import org.apache.ibatis.session.SqlSessionFactory;
import org.apache.ibatis.session.SqlSessionFactoryBuilder;
import org.junit.jupiter.api.Test;

import java.io.IOException;
import java.io.InputStream;

public class BookMapperTest {
    @Test
    void testSelectBook() {
        String resource = "mybatis-config.xml";
        InputStream inputStream = null;
        try {
            inputStream = Resources.getResourceAsStream(resource);
            SqlSessionFactory sqlSessionFactory =
                    new SqlSessionFactoryBuilder().build(inputStream);
            try (SqlSession session = sqlSessionFactory.openSession()) {
                Book book = (Book) session.selectOne("selectBook", 1);
                System.out.println(book);
            }
        } catch (IOException e) {
            e.printStackTrace();
        }
    }
}
```

运行 testSelectBook()方法，可以看到如下输出：

```
Book{id=1, title=' VC++深入详解（第 3 版）', author='孙鑫', bookConcern='电子工业出版社', publishDate=2019-06-01, price=168.0}
```

13.2 SqlSessionFactory

每个 MyBatis 应用程序都以 SqlSessionFactory 实例为核心，SqlSessionFactory 的实例可以通过 SqlSessionFactoryBuilder 来得到，而 SqlSessionFactoryBuilder 则可以从 XML 配置文件或一个预先配置的 Configuration 类的实例来构建 SqlSessionFactory 实例。一旦创建了 SqlSessionFactory，就不需要 SqlSessionFactoryBuilder 了，因此 SqlSessionFactoryBuilder 实例的最佳作用域是方法作用域（也就是局部方法变量）。

在例 13-4 中，给出了创建 SqlSessionFactory 实例的代码，如下所示：

```
inputStream = Resources.getResourceAsStream(resource);
SqlSessionFactory sqlSessionFactory =
      new SqlSessionFactoryBuilder().build(inputStream);
```

SqlSessionFactory 有 8 个重载的方法用于创建 SqlSession 实例，如下所示。

- SqlSession openSession()
- SqlSession openSession(boolean autoCommit)
- SqlSession openSession(Connection connection)
- SqlSession openSession(ExecutorType execType, TransactionIsolationLevel level)
- SqlSession openSession(ExecutorType execType)
- SqlSession openSession(ExecutorType execType, boolean autoCommit)
- SqlSession openSession(ExecutorType execType, Connection connection)
- SqlSession openSession(TransactionIsolationLevel level)

选择上述哪一个方法是基于以下 3 点考虑的。

- 事务处理：你希望在 session 作用域中使用事务作用域还是自动提交（对大多数数据库和/或 JDBC 驱动来说，等同于关闭事务支持）？
- 数据库连接：你希望使用 MyBatis 从已配置的数据源获取的链接还是自己提供的链接？
- 语句执行：你希望 MyBatis 复用 PreparedStatement 和/或批量更新语句（包括插入和删除）吗？

在上述方法中，向 autoCommit 参数传递 true 即可开启自动提交功能。若要使用自己的 Connection 实例，则传递一个 Connection 实例给 connection 参数即可。注意，MyBatis 没有提供同时设置 Connection 和 autoCommit 的方法，这是因为 MyBatis 会根据传入的 Connection 来决定是否启用 autoCommit。

对于事务隔离级别，MyBatis 使用了一个 Java 枚举包装器来表示，名为 TransactionIsolationLevel，事务隔离级别支持 JDBC 的 5 个隔离级别（NONE、READ_UNCOMMITTED、READ_COMMITTED、REPEATABLE_READ 和

SERIALIZABLE），并且与预期的行为一致。

ExecutorType 枚举类型定义了以下 3 个值。

- SIMPLE：该类型的执行器没有特别的行为。它为语句的每次执行都创建一个新的 PreparedStatement。
- REUSE：该类型的执行器会复用 PreparedStatement。
- BATCH：该类型的执行器会批量执行所有的更新语句，如果 SELECT 在多个更新中间执行，则在必要时将多条更新语句分隔开来，以方便理解。

如果调用无参的 openSession()方法，那么 SqlSessionFactory 创建的 SqlSession 默认具有以下行为。

- 开启事务作用域（即不自动提交）。
- 将从当前环境配置的 DataSource 实例中获取 Connection 对象。
- 事务隔离级别将会使用驱动程序或数据源的默认级别。
- PreparedStatement 不会被复用，也不会被批量处理更新。

例 13-4 中，调用了无参的 openSession()方法来创建 SqlSession 实例，如下所示：

```
try (SqlSession session = sqlSessionFactory.openSession()) {
    ...
}
```

13.3 SqlSession

SqlSession 是 MyBatis 中非常重要的一个接口，它包含了所有执行语句、提交或回滚事务，以及获取映射器实例的方法。

13.3.1 语句执行方法

语句执行方法用于执行 SQL 映射 XML 文件中定义的 SELECT、INSERT、UPDATE 和 DELETE 语句。通过方法的名字就可以快速了解它们的作用，每一个方法都接受语句的 ID 及参数对象，参数可以是原始类型（支持自动装箱或包装类）、JavaBean、POJO 或 Map。

- <T> T selectOne(String statement, Object parameter)
- <E> List<E> selectList(String statement, Object parameter)
- <T> Cursor<T> selectCursor(String statement, Object parameter)
- <K,V> Map<K,V> selectMap(String statement, Object parameter, String mapKey)
- int insert(String statement, Object parameter)
- int update(String statement, Object parameter)
- int delete(String statement, Object parameter)

selectOne 和 selectList 的不同仅仅是 selectOne 必须返回一个对象或 null 值。如果返回值多于一个，就会抛出异常。如果不知道返回对象有多少，则可以直接使用 selectList。如果需要查看某个对象是否存在，最好的办法就是查询一个 count 值（0 或 1）。selectMap

稍微特殊一点，它会将返回对象的其中一个属性作为 key 值，将对象作为 value 值，从而将多个结果集转为 Map 类型值。**要注意的是，并非所有语句都需要参数，所以这些方法都有一个不需要参数的重载形式。**

游标（Cursor）与列表（List）返回的结果相同，不同的是，游标借助迭代器实现了数据的惰性加载。

```
try (Cursor<MyEntity> entities = session.selectCursor(statement, param))
{
    for (MyEntity entity : entities) {
       // 处理单个实体
    }
}
```

insert()、update()及 delete()方法返回的值表示受该语句影响的行数。

select()方法还有 3 个高级版本，可以限制返回行数的范围或者提供自定义结果处理逻辑，通常用于非常大的数据集。方法签名如下所示：

- <E> List<E> selectList (String statement, Object parameter, RowBounds rowBounds)
- <T> Cursor<T> selectCursor(String statement, Object parameter, RowBounds rowBounds)
- <K,V> Map<K,V> selectMap(String statement, Object parameter, String mapKey, RowBounds rowbounds)
- void select (String statement, Object parameter, ResultHandler<T> handler)
- void select (String statement, Object parameter, RowBounds rowBounds, ResultHandler<T> handler)

限于篇幅，我们就不介绍这些方法及参数的用法了，毕竟在 Spring Boot 中，我们也不会直接去调用 SqlSession 接口的方法。

在例 13-3 中，我们在映射器配置文件中映射了一条查询语句，如下所示：

```
<select id="selectBook" resultType="Book">
   select * from books where id = #{id}
</select>
```

语句名为 selectBook，接受一个 ID 值作为参数，返回一个 Book 类的对象。参数符号#{id}告诉 MyBatis 创建一个 PreparedStatement 参数，在 JDBC 中，这样的一个参数在 SQL 中会由一个“?”来标识，并被传递到一个新的 PreparedStatement 中，类似于如下的 JDBC 代码：

```
// 近似的 JDBC 代码，非 MyBatis 代码
String selectBook = "select * from books where id = ?";
PreparedStatement ps = conn.prepareStatement(selectBook);
ps.setInt(1,id);
```

在例 13-4 中，我们通过语句的 ID 来执行定义好的查询语句并传入参数，如下所示：

```
Book book = (Book) session.selectOne("selectBook", 1);
```

最终得到一个 Book 类的对象。

13.3.2　立即批量更新方法

- List<BatchResult> flushStatements()

当你将 ExecutorType 设置为 ExecutorType.BATCH 时，可以使用这个方法随时刷新（执行）缓存在 JDBC 驱动类中的批量更新语句。

13.3.3　事务控制方法

SqlSession 中有 4 个方法控制事务作用域。当然，如果已经设置了自动提交或使用了外部事务管理器，这些方法就没有作用了。不过，如果正在使用由 Connection 实例控制的 JDBC 事务管理器，那么这 4 个方法就会派上用场。这 4 个方法如下所示：

- void commit()
- void commit(boolean force)
- void rollback()
- void rollback(boolean force)

在默认情况下 MyBatis 不会自动提交事务，除非它检测到数据库已被 insert()、update()或 delete()方法调用更改。如果我们在没有调用这些方法的情况下进行了更改，那么可以在 commit()和 rollback()方法参数中传入 true 值，来保证事务被正常提交或回滚（注意，在自动提交模式或者使用了外部事务管理器的情况下，设置 force 值对 session 无效）。在大多数情况下，无须调用 rollback()方法，因为 MyBatis 会在没有调用 commit()方法时完成回滚操作。但是，如果要在一个可能多次提交或回滚的 session 中细粒度地控制事务，回滚操作就派上用场了。

13.3.4　本地缓存

Mybatis 使用了两种缓存：本地缓存（Local Cache）和二级缓存（Second Level Cache）。

每当创建一个新 session 时，MyBatis 就会创建一个与之相关联的本地缓存。任何在 session 中执行过的查询结果都会被保存在本地缓存中，当再次使用相同的输入参数执行相同的查询时，就不需要实际查询数据库了。本地缓存将会在更新、事务提交或回滚，以及关闭 session 时清空。

在默认情况下，本地缓存数据的生命周期等同于整个 session 的周期。由于缓存会被用来解决循环引用问题和加快重复嵌套查询的速度，所以无法将其完全禁用。但可以通过设置 localCacheScope=STATEMENT 将本地缓存配置为仅在语句执行期间使用。

注意，如果 localCacheScope 被设置为 SESSION，那么对于某个对象，MyBatis 将返回在本地缓存中唯一对象的引用。对返回的对象做出的任何修改都会影响本地缓存的内容，进而影响 session 生存期内从缓存返回的值。因此，作为最佳实践，不要修改 MyBatis 返回的对象。

可以随时调用 void clearCache()方法来清空本地缓存。

13.3.5 确保 SqlSession 被关闭

在使用完 SqlSession 后，要记得将其关闭，可使用 void close()方法关闭。

要确保 SqlSession 被关闭，可以使用 Java 7 新增的 try-with-resources 语句，如同例 13-4 中所示的一样。

```
try (SqlSession session = sqlSessionFactory.openSession()) {
    ...
}
```

13.4 使用映射器

在 13.1 节的例子中，我们是在 SQL 映射 XML 文件中定义的 SELECT 语句，然后通过 SqlSession 接口的 selectOne()方法执行映射语句，这种执行方式不是类型安全的，并且对 IDE 和单元测试也并不友好。

比较常见的执行映射语句的方法是使用映射器类。映射器类只是一个接口，其方法定义与 SqlSession()方法相匹配。

我们修改一下 13.1 节的例子，增加一个映射器接口。在 com.sun.persistence 包下新建 mapper 子包，在该子包下新建 BookMapper 接口，接口中只有一个方法，方法名与映射语句的 ID 值相同，代码如例 13-5 所示。

例 13-5 BookMapper.java

```
package com.sun.persistence.mapper;

import com.sun.persistence.entity.Book;

public interface BookMapper {
   Book selectBook(int id);
}
```

要注意的是，映射器接口不需要实现，也不需要继承任何接口，只要方法签名可用于唯一标识对应的映射语句就可以了。

要得到映射器类，可以调用 SqlSession 的 getMapper()方法，该方法的签名如下所示：

- <T> T getMapper(Class<T> type)

接下来修改测试类 BookMapperTest，添加一个测试方法 testSelectBook2()，使用映射器接口实现图书的查询，代码如例 13-6 所示。

例 13-6 BookMapperTest.java

```
package com.sun.persistence.mapper;

...

public class BookMapperTest {
```

```
    ...

    @Test
    void testSelectBook2() {
        String resource = "mybatis-config.xml";
        InputStream inputStream = null;
        try {
            inputStream = Resources.getResourceAsStream(resource);
            SqlSessionFactory sqlSessionFactory =
                    new SqlSessionFactoryBuilder().build(inputStream);
            try (SqlSession session = sqlSessionFactory.openSession()) {
                BookMapper bookMapper = session.getMapper(BookMapper.
class);
                Book book = bookMapper.selectBook(1);
                System.out.println(book);
            }
        } catch (IOException e) {
            e.printStackTrace();
        }
    }
}
```

13.5　映射器注解

设计初期的 MyBatis 是一个 XML 驱动的框架，其配置信息是基于 XML 的，映射语句也是定义在 XML 中的。而在 MyBatis 3 中给出了基于 Java 注解的配置方式，注解提供了一种简单且低成本的方式来实现简单的映射语句。

MyBatis 中的映射器注解如表 13-1 所示。

表 13-1　映射器注解

注解	使用对象	XML 等价形式	描述
@CacheNamespace	类	<cache>	为给定的命名空间（例如类）配置缓存。属性：implemetation、eviction、flushInterval、size、readWrite、blocking、properties
@Property	N/A	<property>	指定属性值或占位符（该占位符能被 mybatis-config.xml 内的配置属性替换）。属性：name、value（仅在 MyBatis 3.4.2 版本以上可用）
@CacheNamespaceRef	类	<cacheRef>	引用另外一个命名空间的缓存以供使用。注意，即使共享相同的全限定类名，在 XML 映射器文件中声明的缓存也仍被视为一个单独的命名空间。属性：value、name。如果使用了这个注解，则应设置 value 或者 name 属性的其中一个。value 属性用于指定能够表示该命名空间的 Java 类型(命名空间名就是该 Java 类型的全限定类名)，name 属性（这个属性仅在 MyBatis 3.4.2 版本以上可用）则直接指定了命名空间的名字

续表

注解	使用对象	XML 等价形式	描述
@ConstructorArgs	方法	<constructor>	收集一组结果以传递给一个结果对象的构造方法。属性：value，它是一个 Arg 数组
@Arg	N/A	<arg> <idArg>	作为 ConstructorArgs 集合的一部分，代表一个构造方法参数。属性：id、column、javaType、jdbcType、typeHandler、select、resultMap。id 属性和 XML 元素 <idArg> 相似，它是一个布尔值，表示该属性是否用于唯一标识和比较对象。从 MyBatis 3.5.4 版本开始，该注解变为可重复注解
@TypeDiscriminator	方法	<discriminator>	决定使用何种结果映射的一组取值（case）。属性：column、javaType、jdbcType、typeHandler、cases。cases 属性是一个 Case 的数组
@Case	N/A	<case>	表示某个值的一个取值及该取值对应的映射。属性：value、type、constructArgs、results。constructArgs 属性是一个 Arg 数组；results 属性是一个 Result 数组，因此这个注解类似于实际的 ResultMap，由@Results 注解指定
@Results	方法	<resultMap>	Result 映射列表，其中包含如何将特定结果列映射到属性或字段的详细信息。属性：value、id。value 属性是一个@Result 注解的数组；而 id 属性是结果映射的名称
@Result	N/A	<result> <id>	在列和属性或字段之间的单个结果映射。属性：id、column、javaType、jdbcType、typeHandler、one、many。id 属性和 XML 元素 <id> 相似，它是一个布尔值，表示该属性是否用于唯一标识和比较对象。one 属性用于一方的关联关系映射，类似于 <association>，而 many 属性则是集合关联，即多方的关联关系映射，与<collection> 类似。这样命名是为了避免产生名称冲突。从 MyBatis 3.5.4 版本开始，该注解变为可重复注解
@One	N/A	<association>	复杂类型的单个属性映射。属性：select，指定可加载合适类型实例的映射语句（即映射器方法）全限定名；fetchType，将取代此映射的全局配置参数 LazyLoadInEnabled；resultMap（MyBatis 从 3.5.5 版本开始可用），是从选择结果映射到单个容器对象的结果映射的全限定名；columnPrefix（MyBatis 从 3.5.5 版本开始可用），用于在嵌套的结果映射中将选择列分组的列前缀。要注意的是，注解 API 不支持 join 映射，这是由于 Java 注解不允许产生循环引用
@Many	N/A	<collection>	复杂类型的集合属性映射。属性：select，指定可加载合适类型实例集合的映射语句（即映射器方法）全限定名；fetchType，将取代此映射的全局配置参数 LazyLoadInEnabled；resultMap（MyBatis 从 3.5.5 版本开始可用），是从选择结果映射到集合对象的结果映射的全限定名；columnPrefix（MyBatis 从 3.5.5 版本开始可用），用于在嵌套的结果映射中将选择列分组的列前缀。同样，该注解也不支持 join 映射
@MapKey	方法		供返回值为 Map 的方法使用的注解。它使用对象的某个属性作为 key，将对象 List 转化为 Map。属性：value，指定作为 Map 的 key 值的对象属性名

续表

注解	使用对象	XML 等价形式	描述
@Options	方法	映射语句的属性	该注解允许指定大部分开关和配置选项，它们通常在映射语句上作为属性出现。与在注解上提供大量的属性相比，@Options 注解提供了一致、清晰的方式来指定选项。属性及默认值：useCache=true、flushCache=FlushCachePolicy.DEFAULT、resultSetType=DEFAULT、statementType=PREPARED 、 fetchSize=-1 、 timeout=-1 、useGeneratedKeys=false 、 keyProperty="" 、 keyColumn="" 、resultSets="", databaseId=""。注意，Java 注解无法指定 null 值。因此，一旦使用了@Options 注解，语句就会被上述属性的默认值所影响。要注意避免默认值带来的非预期行为。注意：keyColumn 属性只在某些数据库中需要（如 Oracle、PostgreSQL 等）
@Insert @Update @Delete @Select	方法	<insert> <update> <delete> <select>	每个注解都表示将要执行的实际 SQL，它们都接受一个字符串数组（或单个字符串）作为参数。如果传递的是字符串数组，则字符串数组会被连接成单个完整的字符串，每个字符串之间都加入一个空格进行分隔。这有效地避免了用 Java 代码构建 SQL 语句时出现的“丢失空格”问题。当然，也可以提前手动连接好字符串。属性：value，指定用来组成单个 SQL 语句的字符串数组
@InsertProvider @UpdateProvider @DeleteProvider @SelectProvider	方法	<insert> <update> <delete> <select>	允许构建动态 SQL。这些备选的 SQL 注解允许指定返回 SQL 语句的类和方法，以供运行时执行（从 MyBatis 3.4.6 版本开始，可以使用 CharSequence 代替 String 作为方法返回类型）。当执行映射语句时，MyBatis 会实例化注解指定的类，并调用注解指定的方法。属性：value、type、method、databaseId。value 和 type 属性用于指定类名（type 属性是 value 的别名，使用其中一个即可）；method 用于指定该类的方法名
@Param	参数	N/A	如果映射器方法接受多个参数，就可以使用这个注解自定义每个参数的名字。否则，在默认情况下，除 RowBounds 以外的参数会以 "param" 加参数位置被命名，例如#{param1}、#{param2}，如果使用了 @Param("person")，参数就会被命名为#{person}
@SelectKey	方法	<selectKey>	这个注解的功能与<selectKey>标签完全一致。该注解只能在@Insert、@InsertProvider、@Update 或@UpdateProvider 标注的方法上使用，否则将会被忽略。如果使用了@SelectKey 注解，MyBatis 就会忽略掉由 @Options 注解或配置属性设置的生成键属性。属性：statement，以字符串数组形式指定将会被执行的 SQL 语句；keyProperty，指定作为参数传入的对象对应属性的名称，该属性将会更新成新的值；before，可以指定为 true 或 false，以指明 SQL 语句应在插入语句之前还是之后执行；resultType，指定 keyProperty 的 Java 类型；statementType，用于指定语句类型，可以是 STATEMENT、PREPARED 或 CALLABLE，它们分别对应于 Statement、PreparedStatement 和 CallableStatement，默认值是 PREPARED
@ResultMap	方法	N/A	这个注解为@Select 或者@SelectProvider 注解指定 XML 映射器中<resultMap>元素的 id。这使得注解的 select 可以复用已在 XML 中定义的@ResultMap 注解。如果标注的 select 注解中存在@Results 或者@ConstructorArgs 注解，则这两个注解将被@ResultMap 注解覆盖

续表

注解	使用对象	XML 等价形式	描述
@ResultType	方法	N/A	在使用了结果处理器的情况下，需要使用此注解。由于此时的返回类型为 void，所以 Mybatis 需要有一种方法来判断每一行返回的对象类型。如果在 XML 中有对应的结果映射，则使用@ResultMap 注解。如果结果类型在 XML 的<select>元素中指定了，就不需要使用其他注解了，否则就需要使用此注解。例如，如果一个使用@Select 标注的方法想要使用结果处理器，那么它的返回类型必须是 void，并且必须使用这个注解（或者@ResultMap 注解）。这个注解仅在方法返回类型是 void 的情况下生效
@Flush	方法	N/A	如果使用了这个注解，定义在 Mapper 接口中的方法就能够调用 SqlSession 接口的 flushStatements() 方法

13.6 使用注解实现增、删、改、查

接下来我们要在 Spring Boot 应用中集成 MyBatis，并通过注解的方式实现对 books 表的增、删、改、查。实例的开发遵照以下步骤。

Step1：新建一个 Spring Boot 项目

新建一个 Spring Boot 项目，项目名为 mybatis-prj，GroupId 为 com.sun，ArtifactId 为 mybatis，添加 Lombok、Spring Web、MyBatis Framework、MySQL Driver 依赖。

Step2：配置数据源

编辑 application.properties，配置数据源和 SQL 日志输出，代码如例 13-7 所示。

例 13-7 application.properties

```
# 配置 MySQL 的 JDBC 驱动类
spring.datasource.driver-class-name=com.mysql.cj.jdbc.Driver
# 配置 MySQL 的链接 URL
spring.datasource.url=jdbc:mysql://localhost:3306/springboot?useSSL=
false&serverTimezone=UTC
# 数据库用户名
spring.datasource.username=root
# 数据库用户密码
spring.datasource.password=12345678

# 在默认情况下，执行所有 SQL 操作都不会打印日志。在开发阶段，为了便于排查错误可以配置
日志输出
# com.sun.mybatis.persistence.mapper 是包含映射器接口的包名
logging.level.com.sun.mybatis.persistence.mapper=DEBUG
```

```
# 启用下画线与驼峰式命名规则的映射（例如，book_concern => bookConcern)
mybatis.configuration.map-underscore-to-camel-case=true
```

如果要对 MyBatis 框架本身进行配置（即 mybatis-config.xml 文件的作用)，则可以在 application.properties 文件中输入“mybatis”，即可看到 IDEA 提示的各种配置项，如图 13-3 所示。

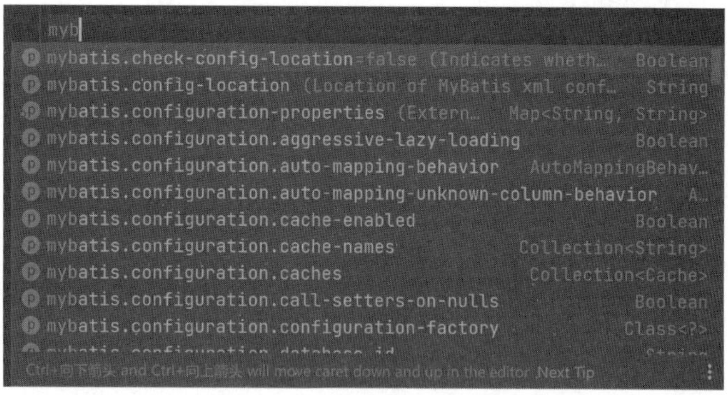

图 13-3　IDEA 提示的 MyBatis 的配置属性

Step3：编写实体类

可参照 13.1 节的 Step4，在 com.sun.mybatis 包下新建 persistence.entity 包，在 entity 子包下新建 Book 类，代码如例 13-8 所示。

例 13-8　Book.java

```java
package com.sun.mybatis.persistence.entity;

import lombok.Data;
import lombok.ToString;

@Data
@ToString
public class Book {
    private Long id;
    private String title;
    private String author;
    private String bookConcern;
    private java.sql.Date publishDate;
    private Double price;
}
```

Step4：编写映射器接口

在 com.sun.mybatis.persistence 包下新建 mapper 子包，在该子包下新建 BookMapper 接口，并使用映射器注解，编写增、删、改、查语句。代码如例 13-9 所示。

例 13-9　BookMapper.java

```
package com.sun.mybatis.persistence.mapper;

import com.sun.mybatis.persistence.entity.Book;
import org.apache.ibatis.annotations.*;

// 标注该接口为 MyBatis 映射器
@Mapper
public interface BookMapper {
    @Select("select * from books where id = #{id}")
    Book getBookById(int id);

    @Insert("insert into books(title, author, book_concern, publish_date, price)" +
            " values (#{title}, #{author}, #{bookConcern}, #{publishDate}, #{price})")
    // 在插入数据后，获取自增长的主键值
    @Options(useGeneratedKeys=true, keyProperty="id")
    int saveBook(Book book);

    @Update("update books set price = #{price} where id = #{id}")
    int updateBook(Book book);

    @Delete("delete from books where id = #{id}")
    int deleteBook(int id);
}
```

Step5：编写单元测试

为 BookMapper 接口生成单元测试类 BookMapperTest，对接口中的 4 个方法进行测试，代码如例 13-10 所示。

例 13-10　BookMapperTest.java

```
package com.sun.mybatis.persistence.mapper;

...

@SpringBootTest
class BookMapperTest {

    @Autowired
    private BookMapper bookMapper;

    @Test
    void getBookById() {
        Book book = bookMapper.getBookById(1);
        System.out.println(book);
```

```
    }

    @Test
    void saveBook() {
        Book book = new Book();
        book.setTitle("Vue.js 3.0 从入门到实战");
        book.setAuthor("孙鑫");
        book.setBookConcern("中国水利水电出版社");
        book.setPublishDate(Date.valueOf("2021-05-01"));
        book.setPrice(99.8);
        bookMapper.saveBook(book);
        System.out.println(book);

    }

    @Test
    void updateBook() {
        Book book = bookMapper.getBookById(1);
        book.setPrice(50.5);
        bookMapper.updateBook(book);
        System.out.println(book);
    }

    @Test
    void deleteBook() {
        bookMapper.deleteBook(1);
    }
}
```

读者可自行进行测试。

13.7　关联关系映射

本节使用 12.5 节建立的关联表，使用 MyBatis 注解来配置关联关系映射。

13.7.1　一对一关联映射

一对一关联选择基于主键的一对一关联进行配置，即 idcard 表与 resident 表的一对一关联，实体类 Idcard 的代码如例 13-11 所示。

例 13-11　Idcard.java

```
package com.sun.mybatis.persistence.entity;

import lombok.Data;
import lombok.ToString;

import java.sql.Date;
```

```
@Data
@ToString
public class Idcard {
   private long id;
   private String number;
   private Date birthday;
   private String homeaddress;
}
```

实体类 Resident 的代码如例 13-12 所示。

例 13-12　Resident.java

```
package com.sun.mybatis.persistence.entity;

import lombok.Data;
import lombok.ToString;

@Data
@ToString
public class Resident {
   private long id;
   private String name;
   private String telephone;
   private Idcard idcard;
}
```

在 com.sun.mybatis.persistence.mapper 包下新建 ResidentMapper 接口，代码如例 13-13 所示。

例 13-13　ResidentMapper.java

```
package com.sun.mybatis.persistence.mapper;

import com.sun.mybatis.persistence.entity.Idcard;
import com.sun.mybatis.persistence.entity.Resident;
import org.apache.ibatis.annotations.*;

@Mapper
public interface ResidentMapper {
   @Results({
         @Result(id = true, property = "id", column = "id"),
         @Result(property = "idcard", column="id",
               javaType = Idcard.class, one = @One(select =
"getIdcardById"))
   })
   @Select("select * from resident where id = #{id}")
   Resident getResidentById(int id);

   @Select("select * from idcard where id = #{id}")
```

```
    Idcard getIdcardById(int id);
}
```

如果为 Idcard 类也生成了映射器接口 IdcardMapper，在该接口中已经给出了 Idcard getIdcardById(int id)方法，那么@One 注解的 select 属性值可以直接引用 IdcardMapper 中的 getIdcardById()方法，如下所示：

```
one = @One(select =
"com.sun.mybatis.persistence.mapper.IdcartMapper.getIdcardById")
```

为 ResidentMapper 接口生成测试类 ResidentMapperTest，测试 getResidentById()方法即可，代码如例 13-14 所示。

例 13-14　ResidentMapperTest.java

```
package com.sun.mybatis.persistence.mapper;

...

@SpringBootTest
class ResidentMapperTest {
    @Autowired
    private ResidentMapper residentMapper;

    @Test
    void getResidentById() {
        Resident resident = residentMapper.getResidentById(1);
        System.out.println(resident);
    }
}
```

13.7.2　一对多关联映射

一对多关联映射采用 dept 表和 emp 表。实体类 Dept 的代码如例 13-15 所示。

例 13-15　Dept.java

```
package com.sun.mybatis.persistence.entity;

import lombok.Data;
import lombok.ToString;

import java.util.List;

@Data
@ToString
public class Dept {
    private long id;
    private String name;
    private String loc;
```

```
    private List<Emp> emps;
}
```

实体类 Emp 的代码如例 13-16 所示。

例 13-16　Emp.java

```
package com.sun.mybatis.persistence.entity;

import lombok.Data;
import lombok.ToString;

@Data
@ToString
public class Emp {
    private long id;
    private String name;
    private double salary;
    private Dept dept;
}
```

在 com.sun.mybatis.persistence.mapper 包下新建 DeptMapper 接口，代码如例 13-17 所示。

例 13-17　DeptMapper.java

```
package com.sun.mybatis.persistence.mapper;
...

@Mapper
public interface DeptMapper {
    @Select("select * from dept where id = #{id}")
    Dept getDeptById(int id);

    @Results({
            @Result(id = true, property = "id", column = "id"),
            @Result(property = "emps", column = "id",
                    many = @Many(select = "com.sun.mybatis.persistence.
mapper.EmpMapper.getAllEmpsByDeptId",
                            fetchType = FetchType.EAGER))
    })
    @Select("select * from dept where id = #{id}")
    Dept getDeptAndAllEmpsById(int id);
}
```

在 com.sun.mybatis.persistence.mapper 包下新建 EmpMapper 接口，代码如例 13-18 所示。

例 13-18　EmpMapper.java

```
package com.sun.mybatis.persistence.mapper;
```

```
...

@Mapper
public interface EmpMapper {
    @Results({
            @Result(id = true, property = "id", column = "id"),
            @Result(property = "dept", column="deptid", javaType =
Dept.class,
                    one = @One(select =
"com.sun.mybatis.persistence.mapper.DeptMapper.getDeptById"))
    })
    @Select("select * from emp where id = #{id}")
    Emp getEmpById(int id);

    @Select("select * from emp where deptid = #{deptid}")
    List<Emp> getAllEmpsByDeptId(int deptid);
}
```

分别为 DeptMapper 和 EmpMapper 接口生成测试类。

DeptMapperTest 类的代码如例 13-19 所示。

例 13-19　DeptMapperTest.java

```
package com.sun.mybatis.persistence.mapper;

...

@SpringBootTest
class DeptMapperTest {
    @Autowired
    private DeptMapper deptMapper;

    @Test
    void getDeptAndAllEmpsById() {
        Dept dept = deptMapper.getDeptAndAllEmpsById(5);
        System.out.println(dept);
    }
}
```

EmpMapperTest 类的代码如例 13-20 所示。

例 13-20　EmpMapperTest.java

```
package com.sun.mybatis.persistence.mapper;

...

@SpringBootTest
class EmpMapperTest {
    @Autowired
    private EmpMapper empMapper;
```

```
    @Test
    void getEmpById() {
        Emp emp = empMapper.getEmpById(10);
        System.out.println(emp);
    }
}
```

13.7.3 多对多关联映射

多对多关联映射采用 users 表和 role 表，以及关联表 user_role。实体类 User 的代码如例 13-21 所示。

例 13-21 User.java

```
package com.sun.mybatis.persistence.entity;

import lombok.Data;
import lombok.ToString;

import java.util.List;

@Data
@ToString
public class User {
    private Long id;
    private String name;
    private List<Role> roles;
}
```

实体类 Role 的代码如例 13-22 所示。

例 13-22 Role.java

```
package com.sun.mybatis.persistence.entity;

import lombok.Data;
import lombok.ToString;

import java.util.List;

@Data
@ToString
public class Role {
    private Long id;
    private String name;
    private List<User> users;
}
```

在 com.sun.mybatis.persistence.mapper 包下新建 UserMapper 接口，代码如例 13-23

所示。

例 13-23　UserMapper.java

```
package com.sun.mybatis.persistence.mapper;

...

@Mapper
public interface UserMapper {
    @Results({
            @Result(id = true, property = "id", column = "id"),
            @Result(property = "roles", column = "id",
                    many = @Many(select = "getRolesByUserId",
                            fetchType = FetchType.EAGER))
    })
    @Select("select * from users where id = #{id}")
    User getUserById(int id);

    @Select("select * from role r left join user_role ur on r.id = ur.role_id
where ur.user_id = #{userId}")
    List<Role> getRolesByUserId(int userId);
}
```

在 com.sun.mybatis.persistence.mapper 包下新建 RoleMapper 接口，代码如例 13-24 所示。

例 13-24　RoleMapper.java

```
package com.sun.mybatis.persistence.mapper;

...

@Mapper
public interface RoleMapper {
    @Results({
            @Result(id = true, property = "id", column = "id"),
            @Result(property = "users", column = "id",
                    many = @Many(select = "getUsersByRoleId",
                            fetchType = FetchType.EAGER))
    })
    @Select("select * from role where id = #{id}")
    Role getRoleById(int id);

    @Select("select * from users u left join user_role ur on u.id =
ur.user_id where ur.role_id = #{roleId}")
    List<User> getUsersByRoleId(int roleId);
}
```

分别为 UserMapper 和 RoleMapper 接口生成测试类。

UserMapperTest 类的代码如例 13-25 所示。

例 13-25　UserMapperTest.java

```
package com.sun.mybatis.persistence.mapper;

...

@SpringBootTest
class UserMapperTest {

    @Autowired
    private UserMapper userMapper;

    @Test
    void getUserById() {
        User user = userMapper.getUserById(1);
        System.out.println(user);
    }
}
```

RoleMapperTest 类的代码如例 13-26 所示。

例 13-26　RoleMapperTest.java

```
package com.sun.mybatis.persistence.mapper;

...

@SpringBootTest
class RoleMapperTest {

    @Autowired
    private RoleMapper roleMapper;
    @Test
    void getRoleById() {
        Role role = roleMapper.getRoleById(1);
        System.out.println(role);
    }
}
```

13.8　分页查询

要实现分页查询，可以使用 MyBatis 的分页插件 PageHelper，该插件使用起来非常简单，我们先在 POM 文件中引入该分页插件的 Spring Boot starter 依赖，如下所示：

```
<dependency>
    <groupId>com.github.pagehelper</groupId>
    <artifactId>pagehelper-spring-boot-starter</artifactId>
```

```
        <version>1.4.1</version>
    </dependency>
```

这里一定要注意插件的版本，对于 Spring Boot 2.6.x 版本，需要引入的插件版本是 1.4.1，否则会出现错误。如果是 Spring Boot 2.5.x 版本，则可以使用 1.3.1 版本的插件。

不要忘了更新依赖。

在 application.properties 文件中对该插件进行简单的配置，如下所示：

```
    pagehelper.helperDialect=mysql
    # 当启用合理化时，如果 pageNum < 1，则会查询第一页。如果 pageName > pages，则会
查询最后一页
    pagehelper.reasonable=true
    pagehelper.supportMethodsArguments=true
    pagehelper.params=count=countSql
```

在 BookMapper 中添加根据分类 ID 查询所有图书的方法，以分页形式返回。查询方法如下所示：

```
    @Select("select id, title, author,  book_concern, publish_date, price
from books where category_id = #{categoryId} ")
    // 参数 pageNum 代表查询的页数，pageSize 代表每页的记录数
    List<Book> getCategoryBooksByPage(int categoryId, @Param("pageNum")int
pageNum, @Param("pageSize")int pageSize);
```

在 BookMapperTest 中添加测试方法，对 getCategoryBooksByPage()方法进行测试，代码如下所示：

```
    @Test
    void getCategoryBooksByPage() {
        List<Book> books = bookMapper.getCategoryBooksByPage(6, 1, 2);
        System.out.println(books);
    }
```

需要提醒读者的是，这里返回的 books 对象其真实类型是 com.github.pagehelper.Page（继承自 java.util.ArrayList）。

我们继续完善：添加服务层和控制器，实现一个完整的 Web 调用接口。

在 com.sun.mybatis 包下新建 service 子包，在该子包下新建 BookService 接口，代码如例 13-27 所示。

例 13-27　BookService.java

```
    package com.sun.mybatis.service;

    import com.sun.mybatis.persistence.entity.Book;

    import java.util.List;

    public interface BookService {
        List<Book> getCategoryBooksByPage(int catId, int pageNum, int
pageSize);
    }
```

在 com.sun.mybatis.service 包下新建 impl 子包，在该子包下新建 BookServiceImpl 类，实现 BookService 接口，代码如例 13-28 所示。

例 13-28　BookServiceImpl.java

```
package com.sun.mybatis.service.impl;

import com.sun.mybatis.persistence.entity.Book;
import com.sun.mybatis.persistence.mapper.BookMapper;
import com.sun.mybatis.service.BookService;
import org.springframework.stereotype.Service;

import java.util.List;

@Service
public class BookServiceImpl implements BookService {
    @Autowired
    private BookMapper bookMapper;

    @Override
    public List<Book> getCategoryBooksByPage(int catId, int pageNum, int 
pageSize) {
        return bookMapper.getCategoryBooksByPage(catId, pageNum, 
pageSize);
    }
}
```

在 com.sun.mybatis 包下新建 controller 子包，在该子包下新建 BookController 类，代码如例 13-29 所示。

例 13-29　BookController.java

```
package com.sun.mybatis.controller;

import com.github.pagehelper.Page;
...

@RestController
@RequestMapping("/books")
public class BookController {
    @Autowired
    private BookService bookService;
    @GetMapping("/page")
    public ResponseEntity<PaginationResult> getCategoryBooksByPage(
            @RequestParam("category") int id, @RequestParam int pageNum, 
@RequestParam int pageSize){
        List<Book> books = bookService.getCategoryBooksByPage(id, pageNum, 
pageSize);
        long total = ((Page)books).getTotal();
        PaginationResult<List<Book>> result = new 
PaginationResult<List<Book>>();
```

```
        result.setCode(200);
        result.setMsg("成功");
        result.setData(books);
        result.setTotal(total);
        return ResponseEntity.ok(result);
    }
}
```

PaginationResult 是封装响应数据的类，在 com.sun.mybatis.result 包中定义，代码如例 13-30 所示。

例 13-30　PaginationResult.java

```
package com.sun.mybatis.result;

import lombok.AllArgsConstructor;
import lombok.Data;
import lombok.NoArgsConstructor;

@Data
@AllArgsConstructor
@NoArgsConstructor
public class PaginationResult<T> {
    private Integer code;
    private String msg;
    private T data;
    private Long total;
}
```

接下来可以启动 Spring Boot 应用程序，输入以下 URL 进行分页查询测试：

http://localhost:8080/books/page?category=6&pageNum=1&pageSize=2

读者可以根据自己数据库中的分类 ID 对修改页数和每页显示记录数进行查询。

13.9　小结

本章介绍了如何使用 MyBatis 访问数据，MyBatis 支持 XML 和注解两种配置方式，由于篇幅的限制，我们对 XML 配置方式没有做过多的讲解，而是着重介绍了通过注解的方式进行的配置。对于不太复杂的应用来说，通过注解配置效率会比较高，缺点是，当 SQL 有变化的时候需要重新编译代码。

本章还详细介绍了 MyBatis 中如何映射关联关系，完整地给出了一对一、一对多和多对多的映射实现。

最后，本章给出了如何使用 MyBatis 的分页插件 PageHelper 来实现分页查询，并完整地给出了从持久层到服务层，再到控制器的分页查询实现。

使用 MongoDB 访问数据

MongoDB 是一个用 C++语言编写的基于分布式文件存储的数据库，旨在为 Web 应用提供可扩展的高性能数据存储解决方案。

MongoDB 是一个介于关系数据库和非关系数据库之间的产品。MongoDB 是功能最丰富、最像关系数据库的非关系数据库，其支持的数据结构非常松散，类似 JSON 的 BSON 格式，因此可以存储比较复杂的数据类型。Mongo 最大的特点是它支持的查询语言非常强大，其语法有点类似于面向对象的查询语言，几乎可以实现类似关系数据库单表查询的绝大部分功能，而且还支持对数据建立索引。

14.1 下载和安装 MongoDB

可以去 MongoDB 的官网上下载对应操作系统版本的 MongoDB。以 Windows 操作系统版本的 MongoDB 为例，在下载 msi 安装包后，保持默认设置安装即可，在安装完毕后，就可以使用 MongoDB 了。

对于 MongoDB 4.0.x 版本，需要指定数据目录和日志目录，并创建 MongoDB 的配置文件 mongod.cfg，还需要将 MongoDB 安装为 Windows 服务，但对于 MongoDB 5.0.x 版本，这一切都不需要了。

安装完毕后，在安装主目录的 Server\5.0\bin 下可以看到一个名为 mongod.cfg 的文件，该文件就是 MongoDB 的配置文件，其中比较重要的配置如下所示：

```
storage:
  dbPath: D:\Program Files\MongoDB\Server\5.0\data
  journal:
    enabled: true
#  engine:
#  wiredTiger:
```

```
# where to write logging data.
systemLog:
  destination: file
  logAppend: true
  path:  D:\Program Files\MongoDB\Server\5.0\log\mongod.log

# network interfaces
net:
  port: 27017
  bindIp: 127.0.0.1
```

如果读者了解早期版本的 MongoDB 的配置，则会知道 MongoDB 5.0.x 版本已经把之前需要配置的项解决了。

在安装完成后，可以将安装主目录的 Server\5.0\bin 子目录添加到 Windows 的 PATH 环境变量下，以方便在命令提示符窗口下访问 MongoDB 数据库。

接下来可以打开命令提示符窗口，执行 mongo 命令，进入 MongoDB 的 Shell 环境。如图 14-1 所示。

```
C:\Users\csunx>mongo
MongoDB shell version v5.0.3
connecting to: mongodb://127.0.0.1:27017/?compressors=disabled&gssapiServiceName=mongodb
Implicit session: session { "id" : UUID("f865f1f4-c25d-421b-baca-92f1a8e65fb5") }
MongoDB server version: 5.0.3
================
Warning: the "mongo" shell has been superseded by "mongosh",
which delivers improved usability and compatibility.The "mongo" shell has been deprecated and will be removed in
an upcoming release.
We recommend you begin using "mongosh".
For installation instructions, see
https://docs.mongodb.com/mongodb-shell/install/
================
---
The server generated these startup warnings when booting:
        2021-11-13T13:38:23.094+08:00: Access control is not enabled for the database. Read and write access to d
ata and configuration is unrestricted
---
---
        Enable MongoDB's free cloud-based monitoring service, which will then receive and display
        metrics about your deployment (disk utilization, CPU, operation statistics, etc).

        The monitoring data will be available on a MongoDB website with a unique URL accessible to you
        and anyone you share the URL with. MongoDB may use this information to make product
        improvements and to suggest MongoDB products and deployment options to you.

        To enable free monitoring, run the following command: db.enableFreeMonitoring()
        To permanently disable this reminder, run the following command: db.disableFreeMonitoring()
---
> _
```

图 14-1　MongoDB 的 Shell 环境

输入“help”可以参看 MongoDB 的 Shell 环境下支持的命令，如图 14-2 所示。

```
> help
        db.help()                    help on db methods
        db.mycoll.help()             help on collection methods
        sh.help()                    sharding helpers
        rs.help()                    replica set helpers
        help admin                   administrative help
        help connect                 connecting to a db help
        help keys                    key shortcuts
        help misc                    misc things to know
        help mr                      mapreduce

        show dbs                     show database names
        show collections             show collections in current database
        show users                   show users in current database
        show profile                 show most recent system.profile entries with time >= 1ms
        show logs                    show the accessible logger names
        show log [name]              prints out the last segment of log in memory, 'global' is default
        use <db_name>                set current database
        db.mycoll.find()             list objects in collection mycoll
        db.mycoll.find( { a : 1 } )  list objects in mycoll where a == 1
        it                           result of the last line evaluated; use to further iterate
        DBQuery.shellBatchSize = x   set default number of items to display on shell
        exit                         quit the mongo shell
>
```

图 14-2　MongoDB 的 Shell 环境下支持的命令

常用的命令如下所示：

```
use DATABASE_NAME // 如果数据库不存在，则创建数据库，否则切换到指定数据库
show dbs // 查看所有数据库
show collections // 查看当前数据库中的集合
```

执行 db 命令可以显示当前的数据库，如下所示：

```
> db
test
```

可以看到默认连接的是 test 数据库。

14.2 MongoDB 与关系数据库的对比

在 MongoDB 中基本的概念是数据库、集合和文档，MongoDB 与关系数据库的对比如表 14-1 所示。

表 14-1 MongoDB 与关系数据库的对比

SQL 术语	MongoDB 术语	说明
database	database	数据库
table	collection	数据库表/集合
row	document	数据记录行/文档
column	field	数据列/字段
index	index	索引
table joins		表连接，MongoDB 不支持
primary key	primary key	主键，MongoDB 自动将_id 字段设置为主键

14.3 增、删、改、查的实现

在 Spring Boot 中集成 MongoDB 很简单，为了方便访问数据，spring-boot-starter-data-mongodb 依赖还给出了 MongoRepository 接口，只要继承该接口，就可以以类似 JPA 的操作方式来访问数据。接下来我们按照以下步骤，来看看对 MongoDB 的数据库进行增、删、改、查的操作有多简单。

Step1：新建一个 Spring Boot 项目

新建一个 Spring Boot 项目，项目名为 ch14，GroupId 为 com.sun，ArtifactId 为 ch14，添加 Lombok 依赖，在 NoSQL 模块下选择 Spring Data MongoDB 依赖添加到项目中。

Step2：配置连接 URI

这一步不是必需的，如果不配置要连接的数据库，默认会连接到 test 数据库。在 application.properties 文件中，添加如下的配置项，连接到 springboot 数据库。

```
spring.data.mongodb.uri=mongodb://localhost:27017/springboot
```

springboot 数据库无须提前创建，在保存数据时会自动创建该数据库。

由于我们是在本地安装的 MongoDB，所以没有用户名和密码。需要用户名和密码的连接 URI 的格式如下所示：

```
mongodb://name:password@localhost:27017/databaseName
```

如果要配置多个数据库，则以逗号（,）分隔即可，如下所示：

```
mongodb://192.168.0.1:27017,192.168.0.2:27017,192.168.1.10:27017/datab
aseName
```

Step3：编写实体类

在 com.sun.ch14 包下新建 model 子包，在该子包下新建 Student 类，代码如例 14-1 所示。

例 14-1 Student.java

```
package com.sun.ch14.model;

...
import org.springframework.data.annotation.Id;

@Data
@ToString
@AllArgsConstructor
@NoArgsConstructor
public class Student {
    @Id
    private Integer id;
    private String name;
    private Integer age;
}
```

Step4：编写 DAO 接口

在 com.sun.ch14 包下新建 dao 子包，在该子包下新建 StudentDao 接口，并继承 MongoRepository 接口，代码如例 14-2 所示。

例 14-2 StudentDao.java

```
package com.sun.ch14.dao;
```

```java
import com.sun.ch14.model.Student;
import org.springframework.data.mongodb.repository.MongoRepository;

public interface StudentDao extends MongoRepository<Student, Integer> {
}
```

Step5：编写单元测试

为 StudentDao 接口生成单元测试类 StudentDaoTest，对增、删、改、查进行测试，代码如例 14-3 所示。

例 14-3　StudentDaoTest.java

```java
package com.sun.ch14.dao;

...

@SpringBootTest
class StudentDaoTest {
    @Autowired
    private StudentDao studentDao;

    @Test
    void saveStudent() {
        Student student = new Student(1, "张三", 20);
        studentDao.save(student);
    }

    @Test
    void getStudentById() {
        Optional<Student> studentOptional = studentDao.findById(1);
        if(studentOptional.isPresent()) {
            System.out.println(studentOptional.get());
        }
    }

    @Test
    void updateStudent() {
        Optional<Student> studentOptional = studentDao.findById(1);
        if(studentOptional.isPresent()) {
            Student student = studentOptional.get();
            student.setName("李四");
            student.setAge(22);
            studentDao.save(student);
        }
    }
```

```
    @Test
    void deleteStudent() {
        studentDao.deleteById(1);
    }
}
```

14.4　小结

本章简要介绍了 MongoDB，讲解了如何在 Spring Boot 中集成 MongoDB，并给出了一个简单的增、删、改、查案例。

第 4 篇　企业应用开发篇

安全框架 Spring Security

Spring Security 是一个功能强大且高度可定制的身份验证和访问控制框架，其提供了针对常见攻击的保护，是保护基于 Spring 的应用程序的事实标准。Spring Security 的真正强大之处在于它可以很容易地扩展以满足定制需求。

应用程序安全可以归为两个问题：身份验证（你是谁？）和授权（你可以做什么？）。Spring Security 的体系结构旨在将身份验证与授权分离，并为这两者提供了策略和扩展点。

（1）身份验证是确认某个主体在系统中是否合法、可用的过程。这里的主体可以是登录系统的用户，也可以是接入的设备或系统。

（2）授权是当主体通过验证之后，是否允许其执行某项操作的过程。

15.1　快速开始

新建一个 Spring Boot 项目，项目名为 ch15，GroupId 为 com.sun，ArtifactId 为 ch15，添加 Lombok 和 Spring Web 依赖，在 Template Engines 模块下添加 Thymeleaf 依赖，以及在 Security 模块下添加 Spring Security 依赖。

打开启动类 Ch15Application，使用@RestController 注解将该类标注为控制器类，并添加一个处理器方法，如例 15-1 所示。

例 15-1　Ch15Application.java

```
package com.sun.ch15;

...

@RestController
@SpringBootApplication
public class Ch15Application {
    @GetMapping("/")
```

```
    public String hello() {
        return "Hello Spring Security! ";
    }

    public static void main(String[] args) {
        SpringApplication.run(Ch15Application.class, args);
    }

}
```

粗体显示的代码是新增的代码。

接下来启动应用程序，打开浏览器，访问 http://localhost:8080，会看到一个如图 15-1 所示的登录表单，

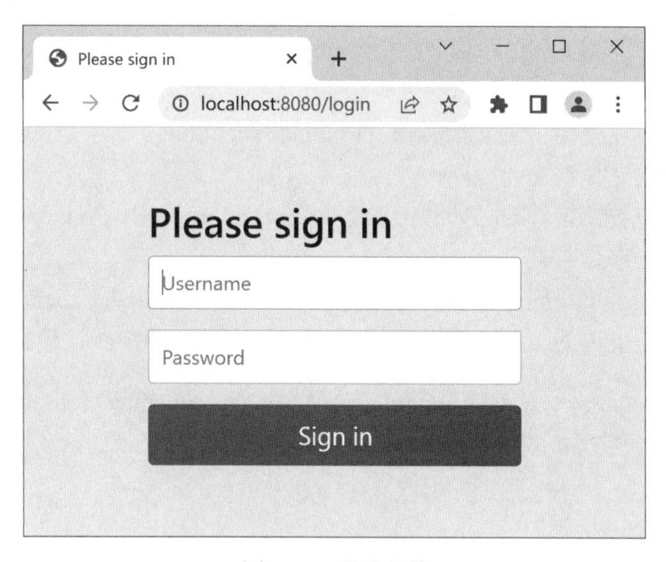

图 15-1　登录表单

在引入依赖后就有了登录表单，不过这个用户名和密码是多少呢？Spring Security 默认使用的用户名是 user；切换到 IDEA 中，在控制台窗口会看到类似下面的一串随机密码：

```
Using generated security password: dc58fabc-a3d0-499b-8275-cf2b551d15b3
```

输入用户名 user 和控制台窗口中打印出来的密码，就可以看到服务器返回的“Hello Spring Security！”信息。

在实际应用中，肯定不会采用默认的用户名和随机密码，而且用户名和密码都是可以配置的，最简单的方式是在 application.properties 中进行配置，编辑该文件，输入下面的配置项：

```
spring.security.user.name=lisi
spring.security.user.password=1234
```

重新启动 Spring Boot 应用程序，使用新的用户名和密码进行测试。

15.2 身份验证

身份验证的主要策略接口是 AuthenticationManager，该接口只有一个方法，如下所示：

```
public interface AuthenticationManager {
  Authentication authenticate(Authentication authentication)
    throws AuthenticationException;
}
```

AuthenticationManager 在其 authenticate()方法中尝试验证传递的 Authentication 对象，如果成功，则返回一个填充好验证信息的 Authentication 对象作为身份验证请求或经过身份验证的主体的令牌，还可以通过 Authentication 对象得到已被授予的权限。AuthenticationManager 会按照以下的规则来处理异常情况：

- 如果账户被禁用，则必须抛出 DisabledException 异常，AuthenticationManager 可以测试这种状态。
- 如果账户被锁定，则必须抛出 LockedException 异常，AuthenticationManager 可以测试账户是否被锁定。
- 如果提供了不正确的凭据，则必须抛出 BadCredentialsException 异常。虽然这些异常是可选的，但 AuthenticationManager 必须始终测试凭据。

> **提示**：上面讲述的 AuthenticationManager.authenticate(authentication)方法可能抛出的异常均直接或间接继承自 AuthenticationException。

15.3 表单认证

15.1 节 Spring Security 默认给出的表单认证行为是在 WebSecurityConfigurerAdapter 抽象类中实现的，经由 Spring Boot 的自动配置生效。在 WebSecurityConfigurerAdapter 类中有一个 configure(HttpSecurity http)方法，代码如下所示：

```
protected void configure(HttpSecurity http) throws Exception {
    this.logger.debug("Using default configure(HttpSecurity). "
            + "If subclassed this will potentially override subclass
configure(HttpSecurity).");
    http.authorizeRequests((requests) ->
requests.anyRequest().authenticated());
    http.formLogin();
    http.httpBasic();
}
```

HttpSecurity 类允许为特定 HTTP 请求配置基于 Web 的安全性。configure()方法的默认安全配置为：

- 验证所有请求。
- 支持基于表单的身份验证。如果 FormLoginConfigurer.loginPage (String)没有指定，则生成一个默认的登录页面。
- 支持 HTTP 基本身份验证。

如果想更改默认的 Web 安全行为，那么可以继承 WebSecurityConfigurerAdapter 类，并重写 configure(HttpSecurity http)方法，对 HttpSecurity 进行配置。

15.3.1　自定义表单登录页

如果不想使用默认的表单登录页，那么也可以编写自己的表单登录页面。

首先在 src/main/resources/static 目录下新建 login.html 页面，页面内容如例 15-2 所示：

例 15-2　login.html

```
<!DOCTYPE html>
<html lang="zh">
<head>
   <meta charset="UTF-8">
   <title>登录页面</title>
   <style>
      ...
   </style>
</head>
<body>
<div class="login">
   <form action="login.html" method="post">
      <div>
         <input
               name="username"
               placeholder="请输入用户名"
               type="text"
         />
         <input
               name="password"
               placeholder="请输入密码"
               type="password"
         />
      </div>
      <div class="submit">
         <input type="submit" value="登录"/>
      </div>
   </form>
</div>
</body>
</html>
```

上面的代码中省略了 CSS 样式。在这里，我们将表单的 action 属性设置为登录页面，这是没有关系的，因为对登录用户的判断并不是由我们来编码实现的，而是交给 Spring

Security 安全框架来处理的。

然后在 com.sun.ch15 包下新建 config 子包，在该子包下新建 WebSecurityConfig 类，该类继承自 WebSecurityConfigurerAdapter，并重写 configure(HttpSecurity http)方法，代码如例 15-3 所示。

例 15-3 WebSecurityConfig.java

```
    package com.sun.ch15.config;

    import
org.springframework.security.config.annotation.web.builders.HttpSecurity;
    import org.springframework.security.config.annotation.web.
configuration.EnableWebSecurity;
    import org.springframework.security.config.annotation.web.
configuration.WebSecurityConfigurerAdapter;

    @EnableWebSecurity
    public class WebSecurityConfig extends WebSecurityConfigurerAdapter {
       @Override
       protected void configure(HttpSecurity http) throws Exception {
          http.authorizeRequests().anyRequest().authenticated()
                  .and()
               .formLogin()
                  .loginPage("/login.html")
                  .permitAll()
                  .and()
               .csrf().disable();

       }
    }
```

说明：

（1）@EnableWebSecurity 注解用于声明这是一个 Spring Security 安全配置类，由于该注解本身也是用@Configuration 注解标注的，因此可以不用额外添加@Configuration 注解，Spring Boot 也能将其作为配置类进行管理。

（2）HttpSecurity 支持方法链的调用方式，不过，不同的方法返回的类型并不相同，要根据方法返回的类型链接调用该类型中的方法；如果要回到 HttpSecurity 对象，那么可以使用 and()方法，从而进一步在 HttpSecurity 对象上进行安全配置。从 Spring Security 5.5 版本开始新增了一个带参数的重载方法，可以使用 Lambda 表达式来进行安全配置，如本节开头展示的 WebSecurityConfigurerAdapter 类中 configure(HttpSecurity http)方法的源代码那样，如下所示：

```
    http.authorizeRequests((requests) ->
requests.anyRequest().authenticated());
```

为了与现有的安全配置习惯保持一致，本章未采用新增的配置方式。

（3）csrf()方法用于开启 CSRF 保护。CSRF 全称是 Cross Site Request Forgery，即跨站请求伪造，当使用 WebSecurityConfigureAdapter 的默认构造函数时，将自动激活该选项，在这里，我们先禁用它，以便我们的登录跳转可以正常执行。

最后运行程序，可以看到自定义的表单登录页面，如图 15-2 所示。

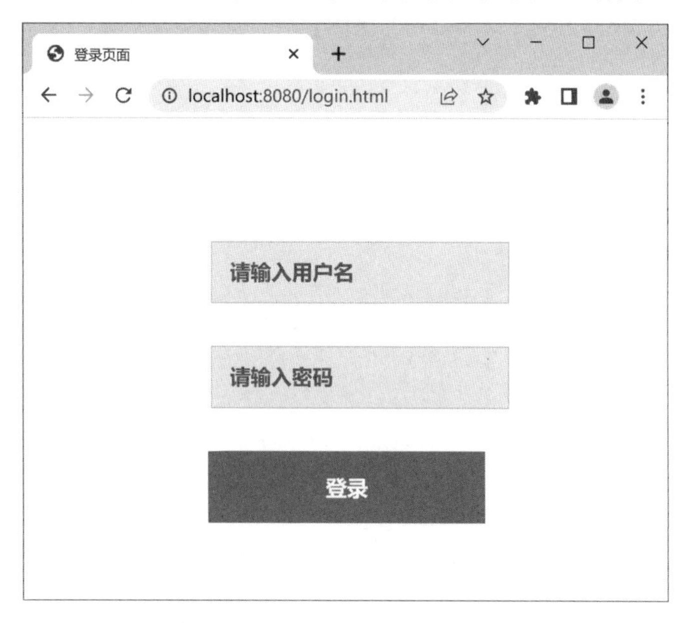

图 15-2　自定义的表单登录页面

15.3.2　对有限资源进行保护

15.3.1 节我们通过自定义表单登录页面对所有资源进行了保护，这适合于后台登录。在实际应用中，会有一些页面可以让匿名用户访问，如首页、商品浏览页面等，而还有一些页面需要用户登录才能访问，如商品结算页面、资源下载页面等。

这一节，我们继续完善表单登录。为了避免冲突，可以先修改一下 src/main/resources/static 目录下的 login.html 的扩展名，如改为：login.html11。

首先在 src/main/resources/templates 目录下新建 login.html、home.html 和 resource.html，login.html 是登录页面，与前面所编写的 login.html 的代码差别不大；home.html 代表首页，任何用户都可以访问；resource.html 是受保护的页面，需要用户登录后才可以访问。

login.html 的代码如例 15-4 所示。

例 15-4　login.html

```
<!DOCTYPE html>
<html lang="zh" xmlns:th="http://www.thymeleaf.org">
<head>
    <meta charset="UTF-8">
    <title>登录页面</title
    <style>
        ...
```

```
    </style>
</head>
<body>
<div class="login">
    <div class="error" th:if="${param.error}">用户名或密码错误</div>
    <form th:action="@{/login}" method="post">
        <div>
            <input
                    name="username"
                    placeholder="请输入用户名"
                    type="text"
            />
            <input
                    name="password"
                    placeholder="请输入密码"
                    type="password"
            />
        </div>
        <div class="submit">
            <input type="submit" value="登录"/>
        </div>
    </form>
</div>
</body>
</html>
```

这与之前登录页面的代码的区别只是引入了 Thymeleaf，这样可以使用 Thymeleaf 的自定义属性。当 Spring Security 验证失败时，会在 URL 上附加 error 查询参数，形式为：http://localhost:8080/login?error。

因此在代码中，可以对 param.error 进行判断，如果存在，则输出验证失败的错误消息。

home.html 的代码如例 15-5 所示。

例 15-5　home.html

```
<!DOCTYPE html>
<html lang="zh">
<head>
    <meta charset="UTF-8">
    <title>首页</title>
</head>
<body>
    <h2>这是首页</h2>
</body>
</html>
```

resource.html 的代码如例 15-6 所示。

例 15-6　resource.html

```
<!DOCTYPE html>
<html lang="zh" xmlns:th="http://www.thymeleaf.org"
      xmlns:sec="http://www.thymeleaf.org/thymeleaf-extras-springsecurity5">
<head>
   <meta charset="UTF-8">
   <title>资源页面</title>
</head>
<body>
  <h2>欢迎用户 <span sec:authentication="name"></span></h2>
  <form th:action="@{/logout}" method="post">
    <input type="submit" value="退出"/>
  </form>
</body>
</html>
```

为页面中引入了 Spring Security 与 Thymeleaf 的集成模块的名称空间。我们在创建项目的过程中引入 Thymeleaf 依赖和 Spring Security 依赖时，会同时引入两者的集成模块依赖，如下所示：

```
<dependency>
    <groupId>org.thymeleaf.extras</groupId>
    <artifactId>thymeleaf-extras-springsecurity5</artifactId>
</dependency>
```

sec:authentication 属性用于打印登录的用户名和角色。如果要打印角色，代码如下所示：

```
Roles: <span sec:authentication="principal.authorities"></span>
```

然后修改 WebSecurityConfig 类重载的 configure(HttpSecurity http)方法，代码如下所示：

```
protected void configure(HttpSecurity http) throws Exception {
    http.authorizeRequests()
            .antMatchers("/", "/home", "/login").permitAll()
            .anyRequest().authenticated()
            .and()
        .formLogin()
            .loginPage("/login").defaultSuccessUrl("/home")
            .and()
        .logout();
}
```

antMatchers()是一个采用 ANT 模式的 URL 匹配器。ANT 模式使用?匹配任意单个字符，使用*匹配 0 或者任意数量的字符，使用匹配 0 或者更多的目录。**antMatchers("/", "/home", "/login").permitAll()允许任何人访问/、/home 和/login 页面。

defaultSuccessUrl()方法指定在身份验证成功后默认重定向的页面。如果用户因为访问了安全页面导致需要验证，则在验证成功后依然会返回安全页面。如果想要用户在身份验证成功后，始终返回默认成功页面，那么可以调用 defaultSuccessUrl()方法的另一个重载方法：defaultSuccessUrl(String defaultSuccessUrl, boolean alwaysUse)，给参数 alwaysUse 传入 true。

除了设置成功页面外，还可以调用 failureUrl(String authenticationFailureUrl)方法设置失败页面，例如：

```
formLogin()
  .loginPage("/login").defaultSuccessUrl("/home")
  .failureUrl("login-error")
```

但要注意，本例并未使用登录错误页面，而是直接在登录页面中显示登录失败的消息。

logout()方法开启注销用户登录支持。实际上，在默认情况下，访问 URL “/logout” 就会让 HTTP 会话失效，也就是说，这里即使不调用 logout()方法，默认也支持注销用户登录。但在本例中，请读者不要直接在浏览器中访问/logout，因为默认开启了 CSRF 保护，resource.html 页面的表单中会自动添加一个隐藏字段，如下所示：

```
<input type="hidden" name="_csrf"
value="51016bc0-66ac-4793-91a5-44b287485e71">
```

因此要退出登录，应该通过提交表单的方式来请求/logout。

还有一个小问题，就是我们在 configure(HttpSecurity http)方法中设置的 URL 还没有映射到页面。这有两种解决方法，一种解决方法是编写控制器，将每个 URL 都映射到不同的页面；另一种方式法是编写一个实现了 WebMvcConfigurer 接口的配置类，在配置类中添加视图控制器，在本例中我们采取这一种解决方法。

在 config 子包下新建 WebMvcConfig 类，实现 WebMvcConfigurer 接口，并重写 addViewControllers()方法，代码如例 15-7 所示。

例 15-7 WebMvcConfig.java

```
package com.sun.ch15.config;

import org.springframework.context.annotation.Configuration;
import org.springframework.web.servlet.config.annotation.
ViewControllerRegistry;
import org.springframework.web.servlet.config.annotation.
WebMvcConfigurer;

@Configuration
public class WebMvcConfig implements WebMvcConfigurer {
    @Override
    public void addViewControllers(ViewControllerRegistry registry) {
        registry.addViewController("/home").setViewName("home");
        registry.addViewController("/resource").setViewName("resource");
        registry.addViewController("/login").setViewName("login");
    }
}
```

提醒读者一下，这里之所以不用添加映射 URL 路径“/”的视图控制器，是因为在 15.1 节例 15-1 中已经配置了。

最后，启动应用程序，可以在没有登录的情况下访问/和/home。当访问/resource 时，会重定向到/login，在登录表单中输入正确的用户名和密码，即可看到 resource.html 页面。资源页面如图 15-3 所示。

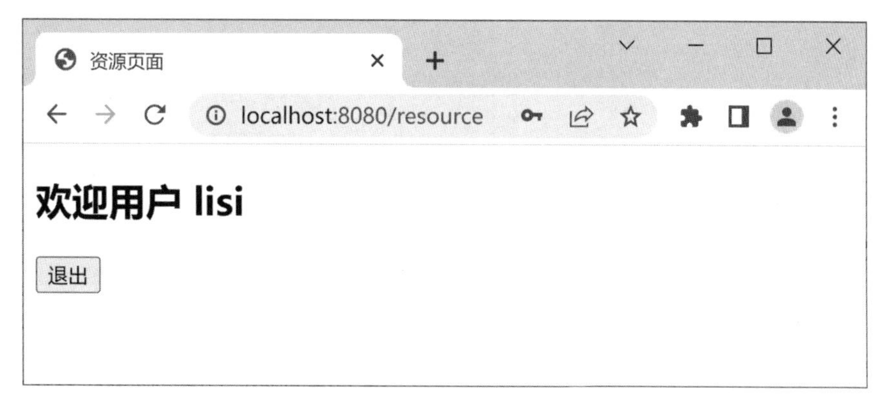

图 15-3　资源页面

可以单击“退出”按钮退出登录，此时会重定向到登录页面。再次输入正确的用户名和密码就会跳转到首页。

15.4　前后端分离的登录处理方式

在前后端分离的项目中，后端 API 接口在对用户身份进行验证时，返回的是代表成功与否的 JSON 数据，然后由前端根据返回结果路由不同的页面。

Spring Security 给出了 AuthenticationSuccessHandler 和 AuthenticationFailureHandler 两个接口，前者的实现用于给出身份验证成功后的处理策略，后者的实现用于给出身份验证失败后的处理策略。

表单登录配置模块提供了 successHandler()和 failureHandler()两个方法，分别用于指定验证成功和验证失败的处理器。

在 com.sun.ch15.config 包下新建 handler 子包，在该子包下新建 MyAuthenticationSuccessHandler 类，实现 AuthenticationSuccessHandler 接口，代码如例 15-8 所示。

例 15-8　MyAuthenticationSuccessHandler.java

```
package com.sun.ch15.config.handler;

import org.springframework.security.core.Authentication;
import org.springframework.security.web.authentication.Authentication
SuccessHandler;

...
```

```
    @Component
    public class MyAuthenticationSuccessHandler implements
AuthenticationSuccessHandler {
        @Override
        public void onAuthenticationSuccess(HttpServletRequest request,
                                            HttpServletResponse response,
                                            Authentication authentication)
                throws IOException, ServletException {
            response.setContentType("application/json;charset=UTF-8");
            PrintWriter out = response.getWriter();
            out.write("登录成功");
            out.close();
        }
    }
```

这里需要提醒读者一下，AuthenticationSuccessHandler 接口中有两个方法，其中一个是默认方法，并不需要被重写。

在 handler 子包下新建 MyAuthenticationFailureHandler 类，实现 AuthenticationFailureHandler 接口，代码如例 15-9 所示。

例 15-9　MyAuthenticationFailureHandler.java

```
    package com.sun.ch15.config.handler;

    import org.springframework.security.core.AuthenticationException;
    import org.springframework.security.web.authentication.
AuthenticationFailureHandler;

    ...

    @Component
    public class MyAuthenticationFailureHandler implements Authentication
FailureHandler {
        @Override
        public void onAuthenticationFailure(HttpServletRequest request,
                                            HttpServletResponse response,
                                            AuthenticationException exception)
                throws IOException, ServletException {
            response.setContentType("application/json;charset=UTF-8");
            response.setStatus(HttpServletResponse.SC_UNAUTHORIZED);
            PrintWriter out = response.getWriter();
            out.write("用户名或密码错误");
            out.close();
        }
    }
```

接下来修改 WebSecurityConfig 类，使用验证成功和验证失败处理器，代码如例 15-10 所示。

例 15-10　WebSecurityConfig.java

```
package com.sun.ch15.config;

...

@EnableWebSecurity
public class WebSecurityConfig extends WebSecurityConfigurerAdapter {
    @Autowired
    private AuthenticationSuccessHandler authenticationSuccessHandler;
    @Autowired
    private AuthenticationFailureHandler authenticationFailureHandler;
    @Override
    protected void configure(HttpSecurity http) throws Exception {
        http.authorizeRequests()
                .antMatchers("/", "/home", "/login").permitAll()
                .anyRequest().authenticated()
                .and()
            .formLogin()
                .loginPage("/login")
                .successHandler(authenticationSuccessHandler)
                .failureHandler(authenticationFailureHandler)
                .and()
            .logout();
       http.csrf().disable();
    }
}
```

启动应用程序，若登录成功，则会看到“登录成功”；若登录失败，则会看到“用户名或密码错误”。

15.5　多用户的认证与授权

前面我们介绍的是单用户的认证，但在实际开发中，绝大多数都是多用户的认证，并且某些资源还需要授权才能访问。这一节，我们将介绍内存用户和存储在数据库中的用户的认证与授权。

15.5.1　内存用户的认证和授权

内存用户的创建有两种方式，下面我们分别介绍。

1. 第一种方式

在 WebSecurityConfigurerAdapter 抽象类中，还有一个 configure (AuthenticationManagerBuilder auth)方法，AuthenticationManagerBuilder 类允许轻松构建内存身份验证、LDAP 身份验证、基于 JDBC 的身份验证，以及添加 UserDetailsService 和 AuthenticationProvider。

下面在 WebSecurityConfig 类中重写 configure(AuthenticationManagerBuilder auth)方法，在该方法中添加内存用户和相应的角色，代码如下所示：

```
    @Override
    protected void configure(AuthenticationManagerBuilder auth) throws
Exception {
        PasswordEncoder passwordEncoder = passwordEncoder();
        auth.inMemoryAuthentication()
            .withUser("admin")
                .password(passwordEncoder.encode("1234"))
                .roles("USER", "ADMIN")
                .and()
            .withUser("zhang")
                .password(passwordEncoder.encode("1234"))
                .roles("USER");
    }

    @Bean
    public PasswordEncoder passwordEncoder(){
        return new BCryptPasswordEncoder();
    }
```

代码中我们添加了两个内存用户 zhang 和 admin，zhang 的角色是 USER，admin 的角色是 USER 和 ADMIN。当调用 roles 方法设置角色时，会自动在每个角色前都添加前缀 ROLE_，如果不想要前缀，那么可以调用 authorities("USER", "ADMIN")，换句话说，roles("USER","ADMIN")等价于 authorities("ROLE_USER","ROLE_ADMIN")。

代码中还设置了一个密码编码器，可使用@Bean 注解让 Spring Security 能够发现并使用它，否则在提交表单进行验证时，会出现如下的异常信息：

```
    java.lang.IllegalArgumentException: There is no PasswordEncoder mapped
for the id "null"
```

在后续验证时，会使用 BCryptPasswordEncoder 对提交的密码加密后进行验证，因此在创建内存用户设置密码时，也需要对原始密码使用 BCryptPasswordEncoder 进行加密，否则会导致验证失败。

> **注意：** 在 Spring Security 5.0 版本之前，默认的密码编码器是 NoOpPasswordEncoder，该密码编码器使用纯文本密码，由于这个密码编码器不安全，所以在 5.0 及之后版本中，已经被声明废弃了。

还需要在 configure(HttpSecurity http)方法中对 URL 的访问添加授权，修改后的代码如下所示：

```
    http.authorizeRequests()
            .antMatchers("/", "/home", "/login").permitAll()
            .antMatchers("/admin/**").hasRole("ADMIN")
            .anyRequest().hasRole("USER")
```

```
        .and()
    .formLogin()
        .loginPage("/login").defaultSuccessUrl("/home")
        .and()
    .logout();
```

访问/admin/下的资源需要用户具有 ADMIN 角色，除/、/home 和/login 以外的资源需要用户具有 USER 角色。同样，hasRole()方法也会自动添加 ROLE_前缀，如果不想要前缀，可以使用 hasAuthority(String)方法。

在/admin/下并未有任何资源，为了示例的完整性，我们在/admin/下添加一个资源，这一次，我们采用控制器的方式对/admin/index 进行映射。在 com.sun.ch15 包下新建 controller 子包，在该子包下新建 SecurityController 类，代码如例 15-11 所示。

例 15-11　SecurityController.java

```
package com.sun.ch15.controller;

import org.springframework.web.bind.annotation.RequestMapping;
import org.springframework.web.bind.annotation.RestController;

@RestController
public class SecurityController {
    @RequestMapping("/admin/index")
    public String admin() {
        return "admin";
    }
}
```

启动应用程序，打开浏览器，访问/resource，输入 zhang 和 1234，可以正常访问 resource.html。接下来访问/admin/index，会出现 403 错误。

关闭浏览器，再次打开并访问/admin/index，输入 admin 和 1234，可以看到页面中的 admin，然后访问/resource，也可以看到 resource.html 页面。

2. 第二种方式

在 Spring Security 中有一个 UserDetailsService 接口，该接口是加载用户数据的核心接口，在该接口中只有一个方法，如下所示：

- UserDetails loadUserByUsername(java.lang.String username) throws UsernameNotFoundException

根据用户名查找用户。

第二种实现方式是利用 InMemoryUserDetailsManager 实例来创建内存用户的，由于该类实现了 UserDetailsService 接口，因此在创建完内存用户后，只需要将其纳入 Spring 的 IoC 容器中（使用@Bean 注解），Spring Security 就可以使用该实例来管理用户了。

在 WebSecurityConfig 类中，添加 userDetailsService()方法，返回一个 UserDetailsService 对象，并使用@Bean 注解对该方法进行标注。方法代码如下所示：

```
    @Bean
    public UserDetailsService userDetailsService() {
        InMemoryUserDetailsManager manager = new 
InMemoryUserDetailsManager();
        PasswordEncoder passwordEncoder = passwordEncoder();
        manager.createUser(User.withUsername("admin")
                .password(passwordEncoder.encode("1234"))
                .roles("USER", "ADMIN").build());
        manager.createUser(User.withUsername("zhang")
                .password(passwordEncoder.encode("1234"))
                .roles("USER").build());
        return manager;
    }
```

读者记得先将第一种方式中编写的 configure(AuthenticationManagerBuilder auth)方法注释起来。

好了，可以运行程序进行测试了，你会发现第二种方式与第一种方式的实现效果一样。

15.5.2 默认数据库模型的用户认证与授权

内存用户只适合简单的系统，在需要修改用户信息的时候操作会很麻烦，在实际应用中，用户信息都是保存在数据库中的，Spring Security 自然也支持保存在数据库中的用户认证与授权。

除 InMemoryUserDetailsManager 外，Spring Security 还提供了一个 JdbcUserDetailsManager 类，该类也实现了 UserDetailsService 接口。此外，为了帮助用户快速上手基于数据库的用户认证和授权，Spring Security 还给出了一个默认的数据库模型，该数据库模型的脚本文件位于 spring-security-core-5.x.x.jar 中，具体位置为：org\springframework\security\core\userdetails\jdbc\users.ddl。

内容如下所示：

```
    create table users(username varchar_ignorecase(50) not null primary 
key,password varchar_ignorecase(500) not null,enabled boolean not null);
    create table authorities (username varchar_ignorecase(50) not 
null,authority varchar_ignorecase(50) not null,constraint 
fk_authorities_users foreign key(username) references users(username));
    create unique index ix_auth_username on authorities (username,authority);
```

总共两张表，即 users 和 authorities，前者保存用户的基本信息，包括用户名、密码，以及账户是否可用；后者保存用户的角色。两张表通过 username 字段建立了主外键关联。

这个脚本是为 HSQLDB 数据库创建的，在使用 MySQL 的时候需要改一下数据类型，将 varchar_ignorecase 改为 varchar 即可。

读者可以自行在 MySQL 数据库中创建好这两张表。

> **提示**：在 12.5.4 节讲述多对多关联映射的时候，我们创建过 users 表，如果你已经创建了，则需要先删除原先的表。

创建好表之后，需要在 POM 文件中引入 Spring Data JDBC 和 MySQL JDBC 驱动的依赖，如下所示：

```
<dependency>
    <groupId>mysql</groupId>
    <artifactId>mysql-connector-java</artifactId>
    <scope>runtime</scope>
</dependency>
<dependency>
    <groupId>org.springframework.boot</groupId>
    <artifactId>spring-boot-starter-data-jdbc</artifactId>
</dependency>
```

编辑 application.properties，配置数据源，代码如例 15-12 所示。

例 15-12　application.properties

```
spring.datasource.driver-class-name=com.mysql.cj.jdbc.Driver
spring.datasource.url=jdbc:mysql://localhost:3306/springboot?useSSL=fa
lse&serverTimezone=UTC
spring.datasource.username=root
spring.datasource.password=12345678
```

接下来就可以在 WebSecurityConfig 类中修改 userDetailsService()方法，使用 JdbcUserDetailsManager 创建用户，让 Spring Security 使用数据库来管理用户。代码如下所示：

```
@Autowired
private DataSource dataSource;
@Bean
public UserDetailsService userDetailsService() {
    JdbcUserDetailsManager manager = new
JdbcUserDetailsManager(dataSource);
    PasswordEncoder passwordEncoder = passwordEncoder();
    // 因用户信息是保存在数据库中的，而用户名是主键，为避免重复创建用户导致数据库抛
出异常，这里需要先判断一下用户是否已经存在
    if(!manager.userExists("admin")) {
        manager.createUser(User.withUsername("admin")
                .password(passwordEncoder.encode("1234"))
                .roles("USER", "ADMIN").build());
    }
    if(!manager.userExists("zhang")) {
        manager.createUser(User.withUsername("zhang")
                .password(passwordEncoder.encode("1234"))
                .roles("USER").build());
    }
    return manager;
}
```

运行程序，可以看到 users 表中插入了两个用户：zhang 和 admin，在 authorities 表中也插入了角色，并且角色名都添加了 ROLE_前缀。

15.5.3 自定义数据库模型的用户认证与授权

Spring Security 的默认数据库模型还是比较简单的，但不一定适合生产环境，很多时候，数据库的设计都是单独进行的，不会去考虑使用哪种技术来访问数据库。

Spring Security 也支持自定义的数据库用户系统，通过上面的例子，我们知道，实际上 Spring Security 需要的只是一个 UserDetailsService 实例，而 UserDetailsService 接口只有一个方法 loadUserByUsername()，该方法返回一个 UserDetails 对象。也就是说，我们只需要给出 UserDetailsService 实现，在 loadUserByUsername()方法中访问自定义数据库的用户表和角色表，然后返回一个 UserDetails 对象就可以了。

UserDetails 是一个用于提供核心用户信息的接口，该接口中的方法如下所示：

- java.util.Collection<? extends GrantedAuthority> getAuthorities()
  返回授予用户的权限。该方法不能返回 null。
- java.lang.String getPassword()
  返回用于验证用户身份的密码。
- java.lang.String getUsername()
  返回用于验证用户身份的用户名。该方法不能返回 null。
- boolean isAccountNonExpired()
  指示用户账户是否已过期。过期的账户无法进行身份验证。
- boolean isAccountNonLocked()
  指示用户是否被锁定或解锁。无法对被锁定的用户进行身份验证。
- boolean isCredentialsNonExpired()
  指示用户的凭据（密码）是否已过期。过期的凭据阻止身份验证。
- boolean isEnabled()
  指示用户是被启用还是被禁用。无法对被禁用的用户进行身份验证。

在建立用户表的时候，可以参照 UserDetails 接口需要的信息定义对应的字段，当然也不是要一一对应，毕竟很多数据库在设计时还没想用 Spring Security 呢。比如，在你的系统中，用户账户永远不会过期，那么可以让 isAccountNonExpired()方法直接返回 true。

本节使用 MyBatis 来访问数据，读者也可以使用第 12 章介绍的 JPA 来访问数据。下面我们按照以下步骤来实现自定义数据库模型的用户认证与授权。

Step1：准备用户表

在设计自己的用户表时，为了简单起见，我们将用户具有的角色以逗号（,）分隔的字符串形式存储到 roles 字段中，而不再另外单独建表存储角色信息了。用户表的数据库脚本如下所示：

```
create table t_users (
   id          int AUTO_INCREMENT not null,
   username     varchar(50) not null,
```

```
    password    varchar(512) not null,
    enabled     tinyint(1) not null default '1',
    locked      tinyint(1) not null default '0',
    mobile      varchar(11) not null,
    roles       varchar(500),
    primary key(id)
);
```

Step2：引入 MyBatis 框架依赖

在 POM 文件中引入 MyBatis 框架的依赖，如下所示：

```
<dependency>
    <groupId>org.mybatis.spring.boot</groupId>
    <artifactId>mybatis-spring-boot-starter</artifactId>
    <version>2.2.2</version>
</dependency>
```

Step3：编写实体类

在 com.sun.ch15 包下新建 persistence.entity 包，在 entity 子包下新建 User 类，让 User 类实现 UserDetails 接口，代码如例 15-13 所示。

例 15-13　User.java

```
package com.sun.ch15.persistence.entity;

import lombok.Data;
import org.springframework.security.core.GrantedAuthority;
import org.springframework.security.core.authority.AuthorityUtils;
import org.springframework.security.core.userdetails.UserDetails;

import java.util.Collection;

@Data
public class User implements UserDetails {
    private Long id;
    private String username;
    private String password;
    private Boolean enabled;
    private Boolean locked;
    private String mobile;
    private String roles;

    @Override
    public Collection<? extends GrantedAuthority> getAuthorities() {
        return AuthorityUtils.commaSeparatedStringToAuthorityList(roles);
    }

    @Override
```

```
    public String getPassword() {
        return password;
    }

    @Override
    public String getUsername() {
        return username;
    }

    @Override
    public boolean isAccountNonExpired() {
        return true;
    }

    @Override
    public boolean isAccountNonLocked() {
        return !locked;
    }

    @Override
    public boolean isCredentialsNonExpired() {
        return true;
    }

    @Override
    public boolean isEnabled() {
        return enabled;
    }
}
```

AuthorityUtils 是一个工具类，该类的静态方法 commaSeparatedStringToAuthorityList()可以将以逗号分隔的字符串表示形式的权限转换为 GrantedAuthority 对象数组。

Step4：编写映射器接口

在 com.sun.ch15.persistence 包下新建 mapper 子包，在该子包下新建 UserMapper 接口，代码如例 15-14 所示。

例 15-14　UserMapper.java

```
package com.sun.ch15.persistence.mapper;

import com.sun.ch15.persistence.entity.User;
import org.apache.ibatis.annotations.Insert;
import org.apache.ibatis.annotations.Mapper;
import org.apache.ibatis.annotations.Options;
import org.apache.ibatis.annotations.Select;

@Mapper
```

```
public interface UserMapper {
    @Select("select * from t_users where username = #{username}")
    User getByUsername(String username);

    @Insert("insert into t_users(username, password, mobile, roles)" +
           " values (#{username}, #{password}, #{mobile}, #{roles})")
    // 在插入数据后，获取自增长的主键值
    @Options(useGeneratedKeys=true, keyProperty="id")
    int saveUser(User user);
}
```

由于密码需要加密存储，所以在 UserMapper 接口中我们给出了一个保存用户的 saveUser()方法，以便可以通过单元测试先创建几个密码被加密过的用户。

Step5：创建用户

为了后续的测试，我们需要先创建几个用户，如同前面的示例一样，创建 zhang 和 admin 用户。为了简单起见，我们通过单元测试来创建用户。

为 UserMapper 接口生成单元测试类 UserMapperTest，对 saveUser()方法进行测试。代码如例 15-15 所示。

例 15-15　UserMapperTest.java

```
package com.sun.ch15.persistence.mapper;

import com.sun.ch15.persistence.entity.User;
import org.junit.jupiter.api.Test;
import org.springframework.beans.factory.annotation.Autowired;
import org.springframework.boot.test.context.SpringBootTest;
import org.springframework.security.crypto.bcrypt.
BCryptPasswordEncoder;

@SpringBootTest
class UserMapperTest {
    @Autowired
    private UserMapper userMapper;

    @Test
    void saveUser() {
        User user = new User();
        user.setUsername("zhang");
        user.setPassword(new BCryptPasswordEncoder().encode("1234"));
        user.setMobile("18612345678");
        user.setRoles("ROLE_USER");

        userMapper.saveUser(user);

        user = new User();
        user.setUsername("admin");
```

```
        user.setPassword(new BCryptPasswordEncoder().encode("1234"));
        user.setMobile("18612345678");
        user.setRoles("ROLE_USER,ROLE_ADMIN");
        userMapper.saveUser(user);
    }
}
```

运行该测试方法，创建 zhang 和 admin 用户。

Step6：编写 UserDetailsService 的实现类

在 com.sun.ch15 包下新建 service 子包，在该子包下新建 UserService 类，实现 UserDetailsService 接口，代码如例 15-16 所示。

例 15-16　UserService.java

```
package com.sun.ch15.service;

...

@Service
public class UserService implements UserDetailsService {
    @Autowired
    private UserMapper userMapper;

    @Override
    public UserDetails loadUserByUsername(String username)
            throws UsernameNotFoundException {
        User user = userMapper.getByUsername(username);
        if (user == null) {
            throw new UsernameNotFoundException("用户不存在!");
        }
        return user;
    }
}
```

代码很简单，**但是要注意的是，loadUserByUsername()方法不允许返回空，如果没有找到用户，或者用户没有授予的权限，那么应该抛出 UsernameNotFoundException 异常。**

此外，添加了@Service 注解，Spring 容器会自动创建并管理 UserService 实例，Spring Security 也可以使用该实例，无须再去编写一个标注@Bean 的方法返回该实例。

到这一步，我们的代码就编写完毕了，读者可以启动应用程序，进行用户认证与授权的测试了。

15.6　JWT

传统 Web 项目的会话跟踪是采用服务器端的 Session 来实现的，当客户初次访问资源时，Web 服务器为该客户创建一个 Session 对象，并分配一个唯一的 Session ID，将其作为 Cookie（或者作为 URL 的一部分，利用 URL 重写机制）发送给浏览器，浏览器在内存中保存这个会话 Cookie。当客户再次发送 HTTP 请求时，浏览器将 Cookie 随请求一起发送，服务器端程序从请求对象中读取 Session ID，然后根据 Session ID 找到对应的 Session 对象，从而得到客户的状态信息。

传统 Web 项目的前端和后端是在一起的，所以会话跟踪实现起来很简单。当我们采用前后端分离的开发方式时，前后端分别部署在不同的服务器上，由于是跨域访问，所以前端向后端发起的每次请求都是一个新的请求，在这种情况下，如果还想采用 Session 跟踪会话，就需要在前后端都做一些配置。

目前还有一种流行的跟踪用户会话的方式，就是使用一个自定义的 token，服务器端根据某种算法生成一个唯一的 token，在必要的时候可以采用公私钥的方式来加密 token，然后将这个 token 放到响应报头中并发送到前端，前端在每次请求时都在请求报头中带上这个 token，以便服务器端可以获取该 token 进行权限验证以及管理用户的状态。

这种基于 token 的认证方式相较于 Session 认证方式的好处如下。

（1）可以节省服务器端的开销，因为每个认证用户占一个 Session 对象是需要消耗服务器内存资源的，而 token 是在每次请求时传递给服务器端的。

（2）当服务器端做集群部署时，基于 token 的认证方式也更容易扩展。

（3）无须考虑 CSRF。由于不再依赖 cookie，所以采用 token 认证方式不会发生 CSRF，所以也就无须考虑 CSRF 的防御。

（4）更适合于移动端。当客户端是非浏览器平台时，cookie 是不被支持的，此时采用 token 认证方式会简单很多。

JWT 就是 token 的一种实现方式。

15.6.1　什么是 JWT

JWT（JSON Web Token）是一个开放的标准（RFC 7519），它定义了一种紧凑且自包含的方式，用于在通信双方之间以 JSON 对象安全地传输信息。由于有数字签名，所以传输的这些信息是可以被验证和信任的。JWT 可以使用密钥（使用 HMAC 算法）、RSA 或 ECDSA 的公钥/私钥对进行签名。

> **提示：** 在 RFC 7519 文档中，对 JWT 的表述是“JSON Web Token (JWT) is a compact, URL-safe means of representing claims to be transferred between two parties.” JWT 中的声明被编码为 JSON 对象，用作 JSON Web Signature（JWS）结构的有效载荷，或者作为 JSON Web Encryption（JWE）结构的明文（Palintext）。这里出现了 3 个概念：JWS、JWE 和 JWT，可以理解为 JWS 和 JWE 是 JWT 的两种不同实现。在实际应用中，由于 JWS 是最常用的，所以，往往会把 JWT 和 JWS 等同起来。后面我们介绍的 JWT 的结构其实就是 JWS 的结构，在本书中也不严格区分 JWT 和 JWS。

JWT 的应用场景如下。

（1）授权：这是使用 JWT 最常见的场景。一旦用户登录，每个后续请求就都将包含

JWT，允许用户访问该令牌允许的路由、服务和资源。单点登录（Single Sign On）是目前被广泛使用 JWT 的一个功能，因为它的开销小，并且能够轻松地跨不同的域。

（2）信息交换：JWT 是在各方之间安全传输信息的好方法。因为可以对 JWT 进行签名（例如，使用公钥/私钥对），所以可以确定发送者是特定的人。此外，由于签名是使用标头和有效载荷计算的，因此还可以验证内容是否被篡改。

JWT 的请求流程如下。

（1）前端提交用户名和密码，后端认证通过后，生成一个 JWT 发送给前端。

（2）前端每次请求后端接口时，都在请求报头中携带 JWT。

（3）后端校验 JWT 签名，得到用户信息，如果验证通过，则根据授权规则返回前端请求的数据。

15.6.2 JWT 的结构

JWT 由三部分组成：Header（标头）、Payload（有效载荷）和 Signature（签名），这三部分用点号（.）分隔，其形式为：xxxxx.yyyyy.zzzzz。

1. Header

标头是一个描述 JWT 元数据的 JSON 对象，通常由两部分组成：令牌的类型（JWT）和正在使用的签名算法（如 HMAC SHA256 或者 RSA）。例如：

```
{
  "alg": "HS256",
  "typ": "JWT"
}
```

alg 属性表示签名使用的算法，HS256 代表 HMAC SHA256，typ 属性表示令牌的类型，JWT 令牌统一写为 JWT。然后对这个 JSON 进行 Base64url 编码，形成 JWT 的第一部分。

2. Payload

有效载荷是 JWT 的主体内容部分，也是一个 JSON 对象，其中包含声明，声明是关于用户和附加数据的陈述。有三种类型的声明：registered、public 和 private 声明。

registered 声明的字段有 7 个，如下所示：

```
iss (issuer) : 签发人
sub (subject): 主题
aud (audience): 受众
exp (expiration time): 过期时间
nbf (not before): 生效时间
iat (issued at): 签发时间
jti (jwt id): JWT 的唯一身份标识
```

上述字段不是强制性的，只是推荐使用的。

public 声明和 private 声明可以自己定义。

一个有效载荷的示例如下所示：

```
{
  "sub": "1234567890",
  "name": "John Doe",
  "admin": true
}
```

对有效载荷也使用 Base64url 编码，形成 JWT 的第二部分。

要注意的是，虽然对于签名的令牌，信息受到了防篡改保护，但由于信息只是简单地采用了 Base64url 编码，任何人都可以读取信息并通过 Base64url 进行解码从而得到原始数据，因此，除非经过加密，否则不要将机密信息放入 JWT 的有效载荷或标头元素中，例如，用户的密码就不应该保存到 JWT 中。

3．Signature

签名部分对上面两部分数据（用点号拼接起来）采用单向散列算法生成一个哈希码，以确保数据不会被篡改。

首先，需要指定一个密钥（secret）。该密钥只保存在服务器中，并且不能向用户公开。然后，使用标头中指定的签名算法（默认情况下为 HMAC SHA256）根据以下公式生成签名。

```
HMACSHA256(
  base64UrlEncode(header) + "." +
  base64UrlEncode(payload),
  secret)
```

签名用于验证消息在此过程中是否被更改，并且对于使用私钥签名的令牌还可以验证 JWT 的发送者是不是它所声称的。

在计算出签名后，将编码后的标头、有效载荷与签名用点号（.）拼接在一起，就形成了完整的 JWT，最终的形式如下所示：

```
eyJhbGciOiJIUzI1NiIsInR5cCI6IkpXVCJ9.eyJzdWIiOiIxMjM0NTY3ODkwIiwibmFtZSI6IkpvaG4gRG9lIiwiaWF0IjoxNTE2MjM5MDIyfQ.SflKxwRJSMeKKF2QT4fwpMeJf36POk6yJV_adQssw5c
```

15.6.3　使用 JWT 实现 token 验证

JWT 只是一个标准，在项目中应用时，还需要选择符合该标准的 JWT 实现库，在 JWT 官网上推荐了 6 个应用于 Java 的 JWT 开源库，读者可以根据实际工作需要选择其中一个。在这里，我们选择 nimbus-jose-jwt 开源库。

下面我们按照以下的步骤，在本章的实例中使用 JWT 实现 token 验证。

Step1：引入依赖库

引入 nimbus-jose-jwt 和 Hutool 依赖库，Hutool 是一个小而全的 Java 工具类库，它对文件、流、加密/解密、转码、正则表达式、线程、XML 等 JDK 方法进行封装，组成各种 Util 工具类。

编辑 POM 文件，添加 nimbus-jose-jwt 和 Hutool 依赖，代码如下所示：

```
<dependency>
   <groupId>com.nimbusds</groupId>
   <artifactId>nimbus-jose-jwt</artifactId>
   <version>9.15.2</version>
</dependency>
<dependency>
   <groupId>cn.hutool</groupId>
   <artifactId>hutool-all</artifactId>
   <version>5.7.17</version>
</dependency>
```

Step2：创建 PayloadDto 类，用于封装 JWT 中的有效载荷

在 com.sun.ch15 包下新建 jwt.dto 子包，在 dto 子包下新建 PayloadDto 类，代码如例 15-17 所示。

例 15-17　PayloadDto.java

```java
package com.sun.ch15.jwt.dto;

import lombok.Builder;
import lombok.Data;
import lombok.EqualsAndHashCode;

import java.util.List;

@Data
@EqualsAndHashCode(callSuper = false)
@Builder
public class PayloadDto {
    // 主题
    private String sub;
    // 签发时间
    private Long iat;
    // 过期时间
    private Long exp;
    // JWT 的 ID
    private String jti;
    // 用户名称
    private String username;
    // 用户拥有的权限
    private List<String> authorities;
}
```

Step3：编写 JWTUtil 工具类，提供生成和验证 JWT 的方法

在 com.sun.ch15.jwt 包下新建 util 子包，在该子包下新建 JwtUtil 类，代码如例 15-18 所示。

例 15-18　JwtUtil.java

```
package com.sun.ch15.jwt.util;

import cn.hutool.json.JSONUtil;
import com.nimbusds.jose.*;
import com.nimbusds.jose.crypto.MACSigner;
import com.nimbusds.jose.crypto.MACVerifier;
import com.sun.ch15.jwt.dto.PayloadDto;

import java.text.ParseException;
import java.util.Date;

public class JwtUtil {
    // 默认密钥
    public static final String DEFAULT_SECRET = "mySecret";
    /**
     * 使用 HMAC SHA-256
     * @param payloadStr 有效载荷
     * @param secret 密钥
     * @return JWS 串
     * @throws JOSEException
     */
    public static String generateTokenByHMAC(String payloadStr, String
secret) throws JOSEException {
        //创建 JWS 头，设置签名算法和类型
        JWSHeader jwsHeader = new JWSHeader.Builder(JWSAlgorithm.HS256).
                type(JOSEObjectType.JWT)
                .build();
        //将载荷信息封装到 Payload 中
        Payload payload = new Payload(payloadStr);
        //创建 JWS 对象
        JWSObject jwsObject = new JWSObject(jwsHeader, payload);
        //创建 HMAC 签名器
        JWSSigner jwsSigner = new MACSigner(secret);
        //签名
        jwsObject.sign(jwsSigner);
        return jwsObject.serialize();
    }

    /**
     * 验证签名，提取有效载荷，以 PayloadDto 对象形式返回
     * @param token JWS 串
     * @param secret 密钥
```

```
     * @return PayloadDto 对象
     * @throws ParseException
     * @throws JOSEException
     */
    public static PayloadDto verifyTokenByHMAC(String token, String secret)
throws ParseException, JOSEException {
        //从 token 中解析 JWS 对象
        JWSObject jwsObject = JWSObject.parse(token);
        //创建 HMAC 验证器
        JWSVerifier jwsVerifier = new MACVerifier(secret);
        if (!jwsObject.verify(jwsVerifier)) {
            throw new JOSEException("token 签名不合法！");
        }
        String payload = jwsObject.getPayload().toString();
        PayloadDto payloadDto =  JSONUtil.toBean(payload,
PayloadDto.class);
        if (payloadDto.getExp() < new Date().getTime()) {
            throw new JOSEException("token 已过期！");
        }
        return payloadDto;
    }
}
```

Step4：修改验证成功处理器，用户成功登录后，在响应报头中发送 token

编辑 MyAuthenticationSuccessHandler 类，用户成功登录后，在响应报头中发送 token，代码如例 15-19 所示。

例 15-19　MyAuthenticationSuccessHandler.java

```
package com.sun.ch15.config.handler;

...

@Component
public class MyAuthenticationSuccessHandler implements
AuthenticationSuccessHandler {
    @Override
    public void onAuthenticationSuccess(HttpServletRequest request,
                                        HttpServletResponse response,
                                        Authentication authentication)
            throws IOException, ServletException {
        Object principal = authentication.getPrincipal();
        if(principal instanceof UserDetails){
            UserDetails user = (UserDetails) principal;
            Collection<? extends GrantedAuthority> authorities =
                    authentication.getAuthorities();
            List<String> authoritiesList= new
```

```
ArrayList<>(authorities.size());
            authorities.forEach(authority -> {
                authoritiesList.add(authority.getAuthority());
            });

            Date now = new Date();
            Date exp = DateUtil.offsetSecond(now, 60*60);
            PayloadDto payloadDto= PayloadDto.builder()
                    .sub(user.getUsername())
                    .iat(now.getTime())
                    .exp(exp.getTime())
                    .jti(UUID.randomUUID().toString())
                    .username(user.getUsername())
                    .authorities(authoritiesList)
                    .build();
            String token = null;
            try {
                token = JwtUtil.generateTokenByHMAC(
                        // nimbus-jose-jwt 所使用的 HMAC SHA256 算法
                        // 所需密钥长度至少要 256 位（32 字节），因此先用 md5 加密
                        JSONUtil.toJsonStr(payloadDto),
                        SecureUtil.md5(JwtUtil.DEFAULT_SECRET));
                response.setHeader("Authorization", token);
                response.setContentType("application/json;
charset=UTF-8");
                PrintWriter out = response.getWriter();
                out.write("登录成功");
                out.close();
            } catch (JOSEException e) {
                e.printStackTrace();
            }
        }
    }
}
```

15.2 节介绍过，身份验证成功后返回的 Authentication 对象包含所有的用户验证信息，如主体（Principal）、已授予的权限等。

Step5：编写过滤器，拦截用户请求，验证 token

当用户验证通过后，后端将 token 放到响应报头中发送给前端，前端在随后的请求中需要将 token 放到请求报头中传回后端。然后后端对该 token 进行验证，以确认用户是否有权限访问请求的资源，而这个验证通过过滤器来实现是比较合适的。

在 com.sun.ch15.jwt 包下新建 filter 子包，在该子包下新建 JwtAuthenticationFilter 类，该类继承自 OncePerRequestFilter 类。OncePerRequestFilter 是 Spring Web 框架中给出的一个过滤器抽象基类，目的是保证在任何 servlet 容器上每次请求调度都能执行一次。

JwtAuthenticationFilter 类的代码如例 15-20 所示。

例 15-20 JwtAuthenticationFilter.java

```
    package com.sun.ch15.jwt.filter;

    ...

    public class JwtAuthenticationFilter extends OncePerRequestFilter {
       @Override
       protected void doFilterInternal(HttpServletRequest request,
                                HttpServletResponse response,
                                FilterChain filterChain)
             throws ServletException, IOException {
          String token = request.getHeader("Authorization");
          if(token == null){
             filterChain.doFilter(request, response);
             return;
          }
          // 如果请求头中有 token，则进行解析，并且设置认证信息
          try {
             SecurityContextHolder.getContext()
                   .setAuthentication(getAuthentication(token));
             filterChain.doFilter(request, response);
          } catch (ParseException | JOSEException e) {
             e.printStackTrace();
          }
       }
       // 验证 token，并解析 token，返回以用户名和密码所表示的经过身份验证的主体的令牌
       private UsernamePasswordAuthenticationToken
getAuthentication(String token)
             throws ParseException, JOSEException {
          PayloadDto payloadDto  = JwtUtil.verifyTokenByHMAC(
                token, SecureUtil.md5(JwtUtil.DEFAULT_SECRET));
          String username = payloadDto.getUsername();
          List<String> roles = payloadDto.getAuthorities();
          Collection<SimpleGrantedAuthority> authorities = new
ArrayList<>();

          roles.forEach(role -> authorities.add(new
SimpleGrantedAuthority(role)));
          if (username != null){
             return new UsernamePasswordAuthenticationToken(username,
null,
                   authorities);

          }
          return null;
       }
    }
```

Step6：修改 WebSecurityConfig 的 configure(HttpSecurity http)方法，配置过滤器

我们自己编写的过滤器需要配置在 Spring Security 所使用的 UsernamePasswordAuthenticationFilter 之前，同时也需要配置验证成功处理器和验证失败处理器，并禁用 CSRF 保护，代码如例 15-21 所示。

例 15-21 WebSecurityConfig.java

```
package com.sun.ch15.config;

...

@EnableWebSecurity
public class WebSecurityConfig extends WebSecurityConfigurerAdapter {
    @Autowired
    private AuthenticationSuccessHandler authenticationSuccessHandler;
    @Autowired
    private AuthenticationFailureHandler authenticationFailureHandler;
    @Override
    protected void configure(HttpSecurity http) throws Exception {
        http.authorizeRequests()
                .antMatchers("/", "/home", "/login").permitAll()
                .antMatchers("/admin/**").hasRole("ADMIN")
                .anyRequest().hasRole("USER")
                .and()
            .formLogin()
                .loginPage("/login")
                .successHandler(authenticationSuccessHandler)
                .failureHandler(authenticationFailureHandler)
                .and()
            .logout()
                .and()
            .addFilterBefore(new JwtAuthenticationFilter(),
                    UsernamePasswordAuthenticationFilter.class);
        http.csrf().disable();
    }

    @Bean
    public PasswordEncoder passwordEncoder(){
        return new BCryptPasswordEncoder();
    }
}
```

Step7：使用 Postman 进行测试

接下来可以使用 Postman 进行测试了，首先使用 POST 请求，访问 http://localhost:8080/login，在 Body 标签页下选中 form-data，输入 username：zhang，password：1234。用户登录页面如图 15-4 所示。

图 15-4　用户登录

在看到用户登录成功后，打开下方的 Headers 标签页，可以看到 Authorization 中的 token，如图 15-5 所示。

图 15-5　后端发回的 token

复制这个 token，在请求报头中设置 Authorization 报头，值就是这个 token，然后以 GET 方法向 http://localhost:8080/resource 进行请求，如图 15-6 所示。

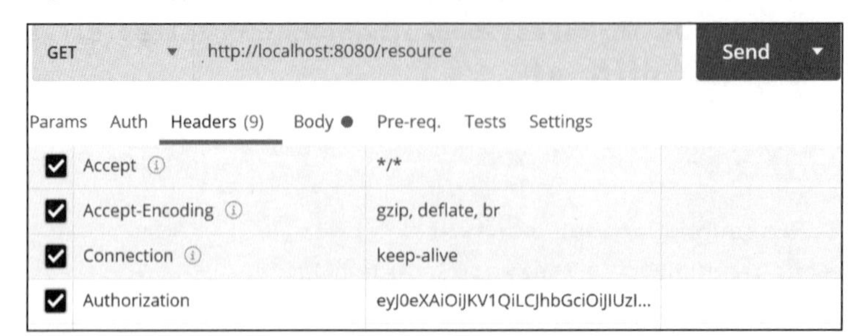

图 15-6　携带 token 访问受保护资源

单击“Send”按钮后，可以看到成功发回的 resource.html 页面内容，如图 15-7 所示。

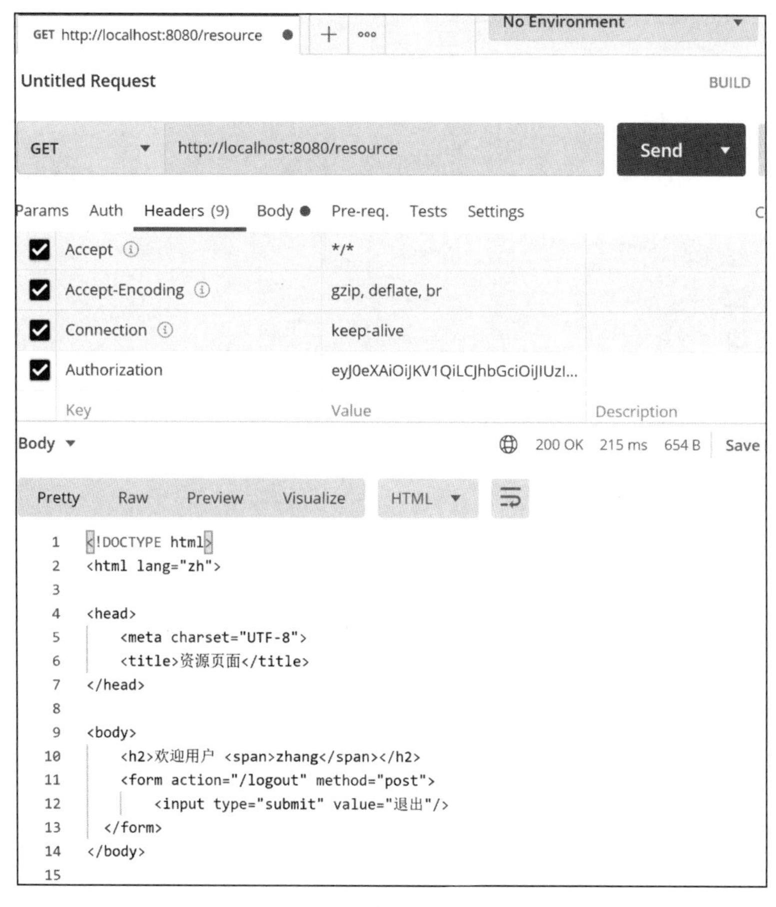

图 15-7　后端发回的 resource.html 页面内容

继续携带 token 访问 http://localhost:8080/admin/index，后端返回 403 错误，如图 15-8 所示。

图 15-8　后端返回 403 错误

读者可以再次按照测试的第一步，以用户名 admin、密码 1234 来登录，然后分别访问/admin/index 和/resource。要注意的是，需要在请求报头中取消 Authorization 报头，如图 15-9 所示。

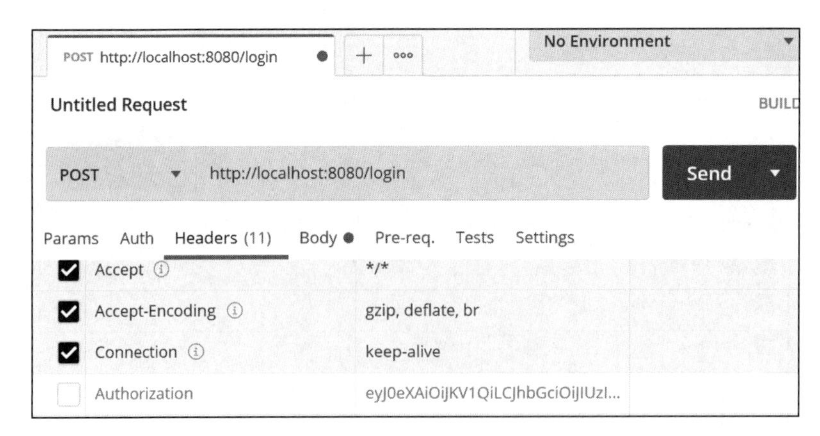

图 15-9 重新登录时取消 Authorization 报头

15.7 小结

本章详细介绍了 Spring Security 框架的使用，并结合 JWT 实现了令牌的验证与授权。

第16章 Spring Boot 与缓存

数据库访问是比较耗时的，一条完整的 SQL 语句执行包括数据库连接、SQL 语句词法分析、编译、执行、返回结果等，即使采用连接池技术，也只是避免了连接的耗时，因此在实际应用中，为了提高数据的查询效率，通常会采用缓存技术。

16.1 Spring 的缓存抽象

从 Spring 3.1 开始，Spring 框架为现有的 Spring 应用程序提供了透明的缓存支持。在 Spring 4.1 中进一步扩展了缓存抽象，支持 JSR-107 注解和更多的定制选项。

Spring 的缓存抽象是作用于方法级别的，在每次调用一个目标方法时，缓存抽象都会应用一个缓存行为来检查是否已经为给定参数调用了该方法。如果已经调用该方法，则返回缓存的结果，而不会再调用实际的方法；如果还没有调用该方法，则会调用目标方法，并将方法返回的结果缓存，同时向用户返回该结果。这种缓存机制适用于对给定参数始终返回相同结果的方法。

与 Spring 框架的其他服务一样，缓存服务是一种抽象的而不是具体的缓存实现。这个抽象是由 org.springframework.cache.Cache 和 org.springframework.cache.CacheManager 接口实现的。

Spring 提供了缓存抽象的一些实现：JDK 基于 java.util.concurrent.ConcurrentMap 的缓存、Gemfire 缓存、Caffeine 和 JSR-107 兼容的缓存（如 Ehcache 3.x）。

Spring Boot 因为其架构的原因（自动配置），支持的缓存实现就更多了，如 Hazelcast、Infinispan、Couchbase、Redis 等。

16.2 Spring 的缓存注解

对于缓存声明，Spring 的缓存抽象提供了以下 5 个缓存注解。

- @Cacheable：根据方法参数将方法结果保存到缓存中。
- @CachePut：执行方法，同时更新缓存。
- @CacheEvict：清空缓存。
- @Caching：重新组合要应用于某个方法的多个缓存操作。
- @CacheConfig：在类级别共享一些共同的缓存相关设置。

16.2.1 @Cacheable 注解

@Cacheable 注解应用在方法上，根据方法的参数将方法的结果保存到缓存中。在后续使用相同参数调用方法时，会直接返回缓存中的值，而不再调用目标方法。

1. 默认键生成

因为缓存本质上是键-值存储，所以每次调用缓存的方法都需要转换成合适的键来进行缓存访问。默认的键生成策略为：如果缓存方法没有参数，则使用 SimpleKey.EMPTY 作为键；如果只有一个参数，则直接以该参数为键；如果有多个参数，则返回包含所有参数的 SimpleKey。这种键生成方式适用于大多数用例，只要参数具有自然键并实现有效的 hashCode()和 equals()方法即可。

2. 自定义键生成

假设目标方法有多个参数，其中只有一些参数适合缓存（其余参数仅用于方法逻辑），例如：

```
    @Cacheable("books")
    public Book findBook(ISBN isbn, boolean checkWarehouse, boolean
includeUsed)
```

上面两个布尔参数虽然会影响图书的查找方式，但它们对缓存没有任何用处，在这种情况下，可以通过注解的 key 元素来生成键，key 元素的值是 SpEL（Spring Expression Language，Spring 表达式语言），可以通过 SpEL 来选择感兴趣的参数（或参数的嵌套属性）、执行操作，甚至调用任意方法，而无须编写任何代码或实现任何接口。例如：

```
    @Cacheable(cacheNames="books", key="#isbn")
    public Book findBook(ISBN isbn, boolean checkWarehouse, boolean
includeUsed)

    @Cacheable(cacheNames="books", key="#isbn.rawNumber")
    public Book findBook(ISBN isbn, boolean checkWarehouse, boolean
includeUsed)

    @Cacheable(cacheNames="books", key="T(someType).hash(#isbn)")
    public Book findBook(ISBN isbn, boolean checkWarehouse, boolean
includeUsed)
```

3. 同步缓存

在多线程环境下，可能会以同一个参数并发调用某个方法（通常是在启动时），在默认情况下，缓存抽象并不会对方法调用进行加锁，相同的值可能会被计算多次，这违背了缓存的目的。对于这种特殊情况，可以使用 sync 属性指示底层缓存提供程序以在计算值时锁定缓存项，这样就只有一个线程计算值，而其他线程则被阻塞，直到要被缓存的项在缓存中被更新。例如：

```
@Cacheable(cacheNames="foos", sync=true)
public Foo executeExpensiveOperation(String id) {...}
```

4. 条件缓存

有时候，某个方法可能不适合一直缓存，当参数值满足某个条件时，才将方法的结果进行缓存。在这种情况下，可以使用 condition 参数来设置条件。condition 参数接受一个 SpEL 表达式，该表达式的值要么为 true，要么为 false。如果为 true，则缓存该方法；如果为 false，则调用目标方法。例如，下面的示例中只有当参数名的长度小于 32 时，方法才会被缓存。

```
@Cacheable(cacheNames="book", condition="#name.length() < 32")
public Book findBook(String name)
```

除使用 condition 参数以外，还可以使用 unless 参数来否决向缓存中添加值。与使用 condition 参数不同的是，unless 表达式在方法调用之后才计算。例如：

```
@Cacheable(cacheNames="book", condition="#name.length() < 32",
    unless="#result.hardback")
public Book findBook(String name)
```

5. 在缓存 SpEL 表达式计算中可用的元数据

每个 SpEL 表达式都根据一个专用上下文进行计算。除内置参数外，框架还提供了专用的与缓存相关的元数据，比如参数名。表 16-1 列出了上下文可用的元数据。

表 16-1　缓存 SpEL 上下文可用的元数据

名字	位置	描述	示例
methodName	Root object	当前被调用的方法名	#root.methodName
method	Root object	当前被调用的方法	#root.method.name
target	Root object	当前被调用的目标对象	#root.target
targetClass	Root object	当前被调用的目标对象类	#root.targetClass
args	Root object	当前被调用的方法的参数列表（作为数组）	#root.args[0]
caches	Root object	当前方法调用使用的缓存列表	#root.caches[0].name
Argument name	Evaluation context	方法参数的名称。如果名称不可用（可能是因为没有调试信息），则参数名称也可以在#a<#arg>或#p<#arg>下使用，其中#arg 表示参数索引（从 0 开始）	#iban、#a0、#p0
result	Evaluation context	方法调用的结果（要缓存的值）	#result

6. @Cacheable 注解的主要参数

@Cacheable 注解的主要参数如表 16-2 所示。

表 16-2 @Cacheable 注解的主要参数

参数	类型	描述	示例
cacheNames	String[]	存储方法调用结果的缓存的名称	@Cacheable(cacheNames="book")
value	String[]	cacheNames 的别名	@Cacheable("book")
key	String	缓存的 key，其值为 SpEL 表达式	@Cacheable(value="books", key="#isbn")
condition	String	缓存的条件，其值为 SpEL 表达式	@Cacheable(cacheNames="book", condition="#name.length() < 32")
unless	String	用于否决缓存，其值为 SpEL 表达式	@Cacheable(cacheNames="book", unless="#result.hardback")
sync	boolean	如果多个线程试图加载同一个键的值，则同步底层方法的调用	@Cacheable(cacheNames="foos", sync=true)

16.2.2 @CachePut 注解

当需要在不干扰方法执行的情况下更新缓存时，可以使用@CachePut 注解。也就是说，该方法总是被调用的，其结果被放置到缓存中。@CachePut 注解支持与@Cacheable 注解相同的选项，通常用于修改操作。

我们看下面的例子：

```
@CachePut(cacheNames="book", key="#isbn")
public Book updateBook(ISBN isbn, BookDescriptor descriptor)
```

注意，不要在同一个方法上同时使用@CachePut 和@Cacheable 注解，这两个注解的行为是不同的，前者强制调用方法以更新缓存，后者使用缓存跳过方法调用。

16.2.3 @CacheEvict 注解

当需要从缓存中删除过时或未使用的数据时，使用@CacheEvict 注解，该注解除有与@Cacheable 注解相似的参数（如 cacheNames、value、key、condition）以外，还有一个主要的参数是 allEntries，该参数是 boolean 类型，指定是否删除缓存中的所有缓存项。例如：

```
@CacheEvict(cacheNames="books", allEntries=true)
public void loadBooks(InputStream batch)
```

另外，还有一个 beforeInvocation 参数，该参数类型也是 boolean，可以用于指定清除缓存的操作是在方法调用之前还是之后发生。在 beforeInvocation=false 时，一旦方法执行成功，就会删除指定的缓存项，如果方法因为有缓存而没有运行或者抛出了异常，则不会清除缓存项。在 beforeInvocation=true 时，由于是在方法执行之前清除缓存项，因此缓存项总会被清除，当清除缓存不需要与方法执行的结果关联时，应该将 beforeInvocation 参数设置为 true。

16.2.4　@Caching 注解

有时候需要指定同一类型的多个注解（例如@CacheEvict 或@CachePut 注解），例如，因为 condition 或 key 表达式在不同的缓存之间是不同的。@Caching 注解让多个嵌套的@Cacheable、@CachePut 和@CacheEvict 注解可以在同一个方法上使用。下面的示例使用了两个@CacheEvict 注解：

```
@Caching(evict = { @CacheEvict("primary"),
    @CacheEvict(cacheNames="secondary", key="#p0") })
public Book importBooks(String deposit, Date date)
```

16.2.5　@CacheConfig 注解

如果某些缓存选项要应用于类的所有操作，那么为每个操作都设置一遍相同的选项显然就不是什么好主意，这时就可以使用@CacheConfig 注解在类上定义每个操作共享的缓存选项。

下面的示例使用@CacheConfig 注解设置缓存的名称：

```
@CacheConfig("books")
public class BookRepositoryImpl implements BookRepository {

    @Cacheable
    public Book findBook(ISBN isbn) {...}
}
```

16.2.6　启用缓存

要注意的是，即使声明了缓存注解，也不会自动触发它们的操作，还需要使用@EnableCaching 注解来启用缓存。在 Spring Boot 应用程序中，可以将@EnableCaching 注解放到启动类上。

16.3　实例：在 Spring Boot 项目中应用缓存

这一节我们编写一个实例，具体看一看在项目中如何应用缓存。实例按照以下的步骤进行开发。

Step1：准备项目

新建一个 Spring Boot 项目，项目名称为 ch16，引入 Lombok、Spring Web、Spring Data JPA 和 MySQL Driver 依赖，在 I/O 模块下，引入 Spring cache abstraction 依赖。

项目创建成功后，在启动类 Ch16Application 上添加@EnableCaching 注解以启用缓存。

Step2：配置数据源

编辑 application.properties，配置数据源和 SQL 日志输出，代码如例 16-1 所示。

例 16-1 application.properties

```
spring.datasource.driver-class-name=com.mysql.cj.jdbc.Driver
spring.datasource.url=jdbc:mysql://localhost:3306/springboot?useSSL=false&serverTimezone=UTC
spring.datasource.username=root
spring.datasource.password=12345678

# 将运行期生成的 SQL 语句输出到日志以供调试
spring.jpa.show-sql=true
# hibernate 配置属性，格式化 SQL 语句
spring.jpa.properties.hibernate.format_sql=true
```

Step3：编写实体类

在 com.sun.ch16 包下新建 persistence.entity 子包，在 entity 子包下新建 Book 类，代码如例 16-2 所示。

例 16-2 Book.java

```java
package com.sun.ch16.persistence.entity;

import lombok.Data;
import lombok.ToString;

import javax.persistence.*;
import java.time.LocalDate;

@Data
@ToString
@Entity
@Table(name = "books")
public class Book {
    @Id
    @GeneratedValue(strategy = GenerationType.IDENTITY)
    private Integer id; // 主键
    private String title; // 书名
    private String author; // 作者
    private String bookConcern; // 出版社
    private LocalDate publishDate;  // 出版日期
    private Float price; // 价格
}
```

Book 实体类映射的 books 表是在 11.2 节创建的。

Step4：编写 DAO 接口

在 persistence 包下新建 repository 子包，在该子包下新建 BookRepository 接口，继承自 JpaRepository，代码如例 16-3 所示。

例 16-3　BookRepository.java

```
package com.sun.ch16.persistence.repository;

import com.sun.ch16.persistence.entity.Book;
import org.springframework.data.jpa.repository.JpaRepository;

public interface BookRepository extends JpaRepository<Book, Integer> {
}
```

Step5：编写服务类

设置缓存也要考虑粒度的问题，前面讲过，对于 DAO 类来说，通常是一个方法完成一次 SQL 访问操作，粒度比较细，对于一次前端请求来说，可能需要调用多个 DAO 类方法来得到结果，而服务层就是负责组合这些 DAO 方法的，因此，在服务层的类方法上缓存结果是比较合适的。

在 com.sun.ch16 包下新建 service 子包，在该子包下新建 BookService 类，代码如例 16-4 所示。

例 16-4　BookService.java

```
package com.sun.ch16.service;

...

@Service
@CacheConfig(cacheNames = "book")
public class BookService {
    @Autowired
    private BookRepository bookRepository;

    @Cacheable
    public Book getBookById(Integer id) {
        System.out.println("getBookById: " + id);
        return bookRepository.getById(id);
    }

    @CachePut(key = "#result.id")
    public Book saveBook(Book book) {
        System.out.println("saveBook: " + book);
        book = bookRepository.save(book);
        return book;
    }
```

```
    @CachePut(key = "#result.id")
    public Book updateBook(Book book) {
        System.out.println("updateBook: " + book);
        book = bookRepository.save(book);
        return book;
    }

    @CacheEvict(beforeInvocation = true)
    public void deleteBook(Integer id){
        System.out.println("deleteBook: " + id);
        bookRepository.deleteById(id);
    }
}
```

各个注解的作用已经在前面详细讲述了，这里就不再赘述。

Step6：编写控制器

为了方便测试，我们再编写一个控制器。在 com.sun.ch16 包下新建 controller 子包，在该子包下新建 BookController 类，代码如例 16-5 所示。

例 16-5　BookController.java

```
package com.sun.ch16.controller;

...

@RestController
@RequestMapping("/book")
public class BookController {
    @Autowired
    private BookService bookService;

    @PostMapping
    public String saveBook(@RequestBody Book book) {
        Book resultBook = bookService.saveBook(book);
        return resultBook.toString();
    }

    @GetMapping("/{id}")
    public String getBookById(@PathVariable Integer id){
        Book resultBook = bookService.getBookById(id);
        return resultBook.toString();
    }

    @PutMapping
    public String updateBook(@RequestBody Book book) {
        Book resultBook = bookService.updateBook(book);
        return resultBook.toString();
    }
```

```
    @DeleteMapping("/{id}")
    public String deleteBook(@PathVariable Integer id) {
        bookService.deleteBook(id);
        return "删除成功";
    }
}
```

Step7：使用 Postman 进行测试

启动应用程序，使用 Postman 进行测试。读者可以向/book/1 发起两次 GET 请求，然后在 IDEA 的控制台窗口中可以看到第二次请求并没有执行 SQL 语句，表明第二次请求使用的是缓存中的图书数据。

读者可以构造一个如下所示的 JSON 数据，发起 POST 请求，添加新的图书，然后根据返回的图书 ID 向/book/{id}发起 GET 请求。可以看到 IDEA 的控制台窗口中没有输出任何 SQL 语句信息，说明 GET 请求获取的是缓存中新添加的图书信息。

```
{
    "title": "Vue.js 从入门到实战",
    "author": "孙鑫",
    "bookConcern": "电子工业出版社",
    "publishDate": "2020-04-01",
    "price": 89.80
}
```

如果要修改图书信息，那么可以给上述的 JSON 数据添加 id 属性，然后发起 PUT 请求，同样，在修改成功后，继续发起 GET 请求，验证缓存是否有效。

当发起 DELETE 请求时，会清除缓存，此时再访问删除的图书，就会因为没有缓存项了所以直接调用方法，由于找不到指定 ID 的图书，服务器会返回 500 错误。

提示： 如果不添加任何特定的缓存库，则 Spring Boot 会自动配置一个简单的提供程序，该提供程序在内存中使用并发映射，即 JDK 基于 java.util.concurrent.ConcurrentMap 的缓存。在生产环境下，不推荐使用简单的提供程序，最好选择一种成熟的缓存实现库。

16.4　自定义键的生成策略

Spring 的缓存抽象默认采用的键生成策略比较简单，为了避免出现重复的键，我们还可以自定义键的生成策略。编写一个配置类，从 CachingConfigurerSupport 继承，并重写 keyGenerator()方法。

在 com.sun.ch16 包下新建 config 子包，在该子包下新建 CacheConfig 类，该类继承 CachingConfigurerSupport 类，并重写 keyGenerator()方法，代码如例 16-6 所示。

例 16-6　CacheConfig.java

```
package com.sun.ch16.config;

import org.springframework.cache.annotation.CachingConfigurerSupport;
import org.springframework.cache.interceptor.KeyGenerator;
import org.springframework.context.annotation.Bean;
import org.springframework.context.annotation.Configuration;

import java.lang.reflect.Method;
import java.util.Arrays;

@Configuration
public class CacheConfig extends CachingConfigurerSupport {
    @Bean
    @Override
    public KeyGenerator keyGenerator() {
        return new KeyGenerator() {
            public Object generate(Object target, Method method, Object...
objects) {
                StringBuilder sb = new StringBuilder();
                sb.append(target.getClass().getName())
                        .append(".")
                        .append(method.getName())
                        .append(Arrays.toString(objects));
                return sb.toString();
            }
        };
    }
}
```

16.5　JCache（JSR-107）注解

从 Spring 4.1 版本开始，Spring 的缓存抽象完全支持 JCache（JSR-107）注解：@CacheResult、@CachePut、@CacheRemove、@CacheRemoveAll、@CacheDefaults、@CacheKey 和@CacheValue。

表 16-3 列出了 Spring 缓存注解与 JSR-107 注解的主要区别。

表 16-3　Spring 缓存注解与 JSR-107 注解的区别

Spring	JSR-107	异同
@Cacheable	@CacheResult	两者类似，不同的是@CacheResult 注解可以缓存特定的异常，并强制执行方法，而不管缓存的内容是什么
@CachePut	@CachePut	当 Spring 用方法调用的结果更新缓存时，JCache 要求将其作为一个带@CacheValue 注解的参数传递。由于这种差异，JCache 允许在实际的方法调用之前或之后更新缓存
@CacheEvict	@CacheRemove	两者类似，不同的是，当方法调用出现异常时，@CacheRemove 注解支持条件清除缓存
@CacheEvict(allEntries=true)	@CacheRemoveAll	参看@CacheEvict 与@CacheRemove 注解的异同
@CacheConfig	@CacheDefaults	允许以类似的方式配置相同的共享缓存设置

Spring 的缓存抽象透明地支持 JCache 注解，只要类路径上存在符合 JSR-107 规范的缓存库就可以。EhCache 3 就是一个实现了 JSR-107 规范的缓存库。

如果有多个提供程序，则在 Spring 配置文件中需要明确指定使用 EhCache 3，配置代码如下所示：

```
spring.cache.jcache.provider=org.ehcache.jsr107.EhcacheCachingProvider
spring.cache.jcache.config=classpath:ehcache.xml
```

此外，如果在启动时要创建缓存，则可以通过 spring.cache.cache-names 属性来设置，如下所示：

```
spring.cache.cache-names=book,category
```

16.6　小结

本章详细介绍了 Spring 的缓存抽象和 Spring 提供的缓存注解，并给出了一个应用实例。同时，我们还简要介绍了 Spring 的缓存注解与 JCache 注解的区别。在生产环境中，不推荐使用 Spring 自带的并发映射缓存实现，而是选择一个功能更为强大的、成熟的缓存实现。

第17章 Spring Boot 集成 Redis

Redis 是互联网技术领域使用最广泛的存储中间件。本章将介绍 Redis，以及如何在 Spring Boot 项目中集成 Redis。

17.1 Redis 简介

Redis 是一个开源的内存数据结构存储，可用作数据库、缓存和消息代理。

Redis 支持 5 种数据类型：string（字符串）、hash（哈希）、list（列表）、set（集合）及 zset（sorted set，有序集合）。对于这些数据类型，可以执行原子操作，例如，对字符串进行附加操作（append），递增哈希中的值，向列表中增加元素，计算集合的交集、并集与差集等。

为了获得优异的性能，Redis 采用了内存中（in-memory）数据集（dataset）的方式。同时，Redis 支持数据的持久化，可以每隔一段时间就将数据集转存到磁盘上（snapshot），或者在日志尾部追加每一条操作命令（AOF，Append Only File）。

Redis 同样支持主从复制（master-slave replication），并且具有非常快速的非阻塞首次同步（non-blocking first synchronization）、网络断开自动重连等功能。同时 Redis 还具有其他一些特性，其中包括简单的事务支持、发布订阅（pub/sub）、管道（pipeline）和虚拟内存（vm）等 。

Redis 具有丰富的客户端，支持现阶段流行的大多数编程语言。

Redis 具有以下优势。

- 性能极高：Redis 读的速度是 110 000 次/s，写的速度是 81 000 次/s，其读写速度远超数据库。如果存入一些常用的数据，就能有效提高系统的性能。
- 丰富的数据类型：Redis 支持 string、hash、list、set 及 sorted set 等数据类型操作。
- 具有原子性：Redis 的所有操作都是原子性的，意思就是要么成功执行，要么失败完全不执行。单个操作是原子性的。多个操作也支持事务，即原子性，通过

MULTI 和 EXEC 指令包裹。

- 丰富的特性：Redis 还支持 publish/subscribe、通知、key 过期等特性。

17.2 Redis 的应用场景

Redis 的常见应用场景如下。

（1）对热点数据缓存

经常需要被查询，但是具有很少修改或被删除的热点数据可以使用 Redis 来缓存。Redis 不仅访问速度快，而支持多种数据类型。

（2）计数器

例如统计点赞数、评论数、点击数等应用。采用单线程访问缓存数据避免了并发问题。

（3）队列

由于 Redis 有 list push 和 list pop 这样的命令，所以能够很方便地执行队列操作，可以作为简单的消息系统来使用，如支付应用。

（4）最新列表

例如最新的新闻列表、商品列表、评论列表等应用。

（5）排行榜

关系型数据库在排行榜方面查询速度普遍较慢，所以可以借助 Redis 的 sorted set 进行热点数据的排序。

（6）分布式锁

例如商品秒杀系统、全局增量 ID 生成等应用。

17.3 Redis 的安装

Redis 一般安装在 Linux 或者 Mac 系统下，主要有以下 3 种安装方式。

（1）使用 Docker 安装。

（2）通过 Github 源码编译安装。

（3）直接安装 apt-get install（Ubuntu）、yum install（RedHat）或者 brew install（Mac）。

例如，在 CentOS 中，以管理员身份登录，安装命令如下：

```
# 安装 Redis
[root@localhost lisi]# yum install redis
# 启动 Redis 服务器
[root@localhost lisi]# redis-server
# 打开新的终端，运行客户端
[lisi@localhost ~]$ redis-cli
```

如果要在 Windows 系统下安装 Redis，则在官网下载 Redis ZIP 压缩包并解压缩。解压缩后的目录结构如图 17-1 所示。

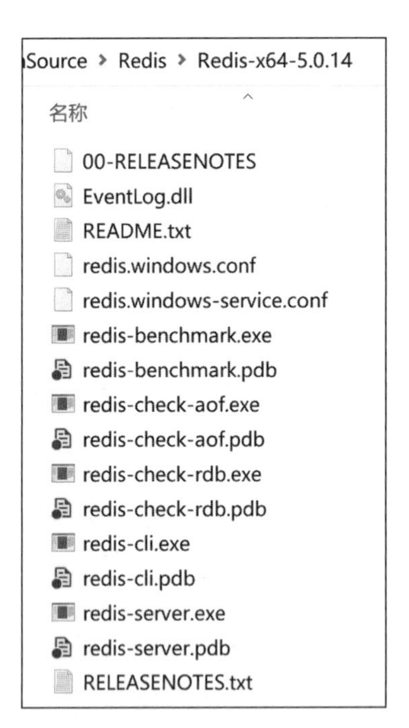

图 17-1 Windows 版本的 Redis 解压缩后的目录结构

打开命令提示符窗口，执行下面的命令，启动 Redis 服务器。

```
redis-server redis.windows.conf
```

参数 redis.windows.conf 可以省略，如果省略则启用默认的配置。在执行命令后，会看到如图 17-2 所示的启动信息。

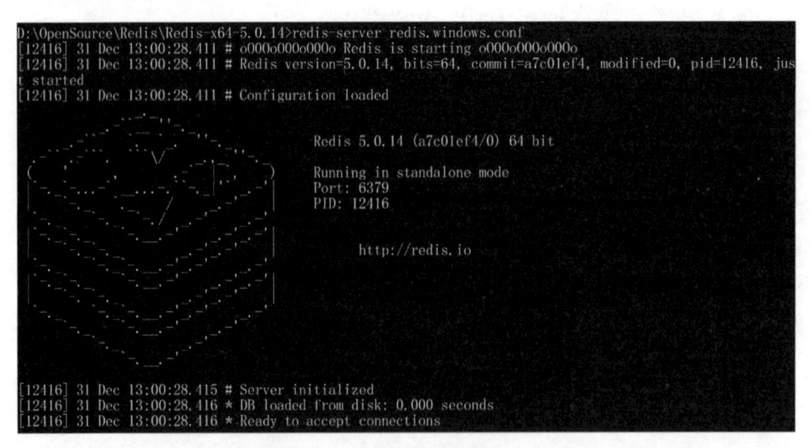

图 17-2 Redis 服务器的启动信息

Redis 服务器默认监听的端口号是 6379，可以在 redis.windows.conf 配置文件中进行修改。

打开一个命令提示符窗口，原来的窗口不要关闭，否则就连不上服务器了。在 Redis 的安装目录下执行下面的命令启动客户端，连接到服务器端。

```
redis-cli -h 127.0.0.1 -p 6379
```

-h 参数和-p 参数可以省略。-h 参数指定服务器的主机名，默认是 127.0.0.1；-p 参数指定服务器的端口号，默认是 6379。

提示：为了方便执行命令，可以将 Redis 的安装目录配置到 Windows 的 PATH 环境变量下。

在启动客户端后，就可以在客户端窗口中执行 Redis 的各种命令了，例如，可以尝试通过 set 命令设置键-值（key-value）对，get 命令获取键的值，如下所示：

```
127.0.0.1:6379> set greeting "Hello Redis"
OK
127.0.0.1:6379> get greeting
"Hello Redis"
127.0.0.1:6379>
```

17.4　Redis 数据类型

Redis 支持 5 种数据类型：string、hash、list、set 及 zset。

Redis 采用键-值对来存储数据，存储的数据都绑定到一个唯一的 key 上，key 是非二进制安全的字符串，value 可以是上述 5 种数据类型中的任意一种。

17.4.1　string

string 是 Redis 最基本的类型。string 类型是二进制安全的，即 string 可以包含任何数据，比如 jpg 图片或者序列化的对象。string 类型的值最大容量为 512MB。

在 Redis 的客户端窗口中，可以通过 set 命令来设置字符串值，如下所示：

```
127.0.0.1:6379> set greeting "Hello Redis"
OK
127.0.0.1:6379> get greeting
"Hello Redis"
127.0.0.1:6379>
```

17.4.2　hash

hash 类似于 Java 语言中的 HashMap，是一个键-值对的集合。与 HashMap 不同的是，hash 的键只能是字符串类型。

在 Redis 的客户端窗口中，可以通过 hset 命令来设置 hash 值，如下所示：

```
127.0.0.1:6379> hset myhash name "zhangsan" age "18"
(integer) 2
127.0.0.1:6379> hget myhash name
"zhangsan"
127.0.0.1:6379> hdel myhash age
(integer) 1
```

```
127.0.0.1:6379> hget myhash age
(nil)
127.0.0.1:6379>
```

17.4.3 list

list 是简单的字符串列表，按照插入的顺序排序。可以添加一个元素到列表的头部（左侧）或者尾部（右侧）。Redis 中的列表类似于 Java 语言中的 LinkedList，也就是说，其内部实现不是数组而是链表，这意味着 list 的插入和删除操作非常快。

Redis 的列表常用来做异步队列使用，将需要延时处理的任务序列化为字符串，放到 Redis 的列表中，另一个线程从这个列表中轮询任务进行处理。

在 Redis 的客户端窗口中，可以通过 lpush 或者 rpush 命令将元素添加到列表中，如下所示：

```
127.0.0.1:6379> lpush mylist "one"
(integer) 1
127.0.0.1:6379> lpush mylist "two"
(integer) 2
127.0.0.1:6379> lpop mylist
"two"
127.0.0.1:6379> lpop mylist
"one"
127.0.0.1:6379>
```

17.4.4 set

set 是 string 类型的无序集合，类似于 Java 语言中的 HashSet，不允许有重复的元素。

在 Redis 的客户端窗口中，可以通过 sadd 命令将元素添加到集合中，如下所示：

```
127.0.0.1:6379> sadd myset "Hello"
(integer) 1
127.0.0.1:6379> sadd myset "World"
(integer) 1
127.0.0.1:6379> smembers myset
1) "World"
2) "Hello"
127.0.0.1:6379>
```

set 可以用于存储需要去重的数据，例如中奖用户的 ID，可以保证同一个用户不会中奖两次。

17.4.5 zset

zset 和 set 一样也是 string 类型元素的集合，且不允许重复的成员。不同的是每个元素都会关联一个 double 类型的分数（score）。Redis 正是通过分数来为集合中的成员进行从小到大的排序的。

zset 中的元素是唯一的，但分数却可以重复。

在 Redis 的客户端窗口中，可以通过 zadd 命令将元素添加到有序集合中，如下所示：

```
127.0.0.1:6379> zadd students 98 "zhangsan"
(integer) 1
127.0.0.1:6379> zadd students 83 "lisi"
(integer) 1
127.0.0.1:6379> zadd students 70 "wangwu"
(integer) 1
127.0.0.1:6379> zadd students 55 "zhaoliu"
(integer) 1
127.0.0.1:6379> zrange students 0 -1
1) "zhaoliu"
2) "wangwu"
3) "lisi"
4) "zhangsan"
127.0.0.1:6379> zrevrange students 0 -1
1) "zhangsan"
2) "lisi"
3) "wangwu"
4) "zhaoliu"
127.0.0.1:6379>
```

17.5　将 Redis 用作缓存

Spring Boot 通过 spring-boot-starter-data-redis 依赖包提供了对 Redis 的支持，该包提供了自动配置的 RedisConnectionFactory、StringRedisTemplate 和 RedisTemplate 实例。如果没有提供定制配置，则默认连接 localhost:6379 服务器。StringRedisTemplate 继承自 RedisTemplate，默认采用 StringRedisSerializer 类进行序列化，而 RedisTemplate 默认采用 JdkSerializationRedisSerializer 类进行序列化。

连接 Redis 可以使用 Lettuce 或 Jedis 客户端。Spring Boot 默认使用 Lettuce 客户端。Lettuce 的连接是基于 Netty 的，连接实例可以在多个线程之间共享，不会存在线程安全的问题，因而一个连接实例就可以满足多线程环境下的并发访问。当然，如果一个连接实例不够，那么也可以根据需要增加连接实例。Jedis 在实现上是直接连接 Redis 服务器的，在多线程环境下是非线程安全的。在多线程场景下，可以使用连接池为每个 Jedis 实例增加物理连接。

要将 Redis 用作缓存实现是很简单的。在默认配置下，只需要引入 spring-boot-starter-data-redis 依赖包就可以了，Spring Boot 会自动配置 RedisCacheManager 实例。通过设置 spring.cache.cache-names 属性可以在启动时创建额外的缓存，并且可以使用 spring.cache.redis.*属性配置缓存默认值。例如，下面的配置创建 cache1 和 cache2 缓存，生存时间为 10 分钟：

```
spring.cache.cache-names=cache1,cache2
spring.cache.redis.time-to-live=10m
```

下面按照以下步骤编写一个实例，使用 Redis 作为图书数据的缓存实现。

Step1：准备项目

新建一个 Spring Boot 项目，项目名称为 ch17，引入 Lombok 和 Spring Web 依赖；在 SQL 模块中引入 MyBatis Framework 和 MySQL Driver 依赖；在 NoSQL 模块中，引入 Spring Data Redis (Access+Driver)依赖；在 I/O 模块中，引入 Spring cache abstraction 依赖。

为了与第 16 章的实例有所区分，本章实例采用 MyBatis 框架访问数据库。

项目创建成功后，在启动类 Ch17Application 上添加@EnableCaching 注解以启用缓存。

Step2：配置数据源和 Redis 连接属性

编辑 application.properties，配置数据源和 Redis 连接属性，代码如例 17-1 所示。

例 17-1　application.properties

```
spring.datasource.driver-class-name=com.mysql.cj.jdbc.Driver
spring.datasource.url=jdbc:mysql://localhost:3306/springboot?useSSL=fa
lse&serverTimezone=UTC
spring.datasource.username=root
spring.datasource.password=12345678

# 在默认情况下，执行所有 SQL 操作都不会打印日志。开发阶段，为了便于排查错误，可以配置
日志输出
# com.sun.ch17.persistence.mapper 是包含映射器接口的包名
logging.level.com.sun.ch17.persistence.mapper=DEBUG

# 启用下画线与驼峰式命名规则的映射（例如，book_concern => bookConcern）
mybatis.configuration.map-underscore-to-camel-case=true

# 缓存生存时间 60 分钟
spring.cache.redis.time-to-live=60m

# Redis 连接设置
spring.redis.host=127.0.0.1
spring.redis.port=6379
# Redis 服务器连接密码（默认为空）
spring.redis.password=
spring.redis.database=0
```

要说明的是：

（1）Redis 默认提供了 16 个数据库. 每个数据库都以数字编号命名：从 0 到 15，在不同的数据库中数据隔离保存。Redis 不支持自定义数据库的名称，也不支持为每个数据库都设置不同的访问密码。可以通过修改 Redis 的配置文件来修改数据库的数量。

```
database 32
```

在 Redis 客户端窗口中，可以执行 select <ID>命令切换数据库，例如：

```
127.0.0.1:6379> select 1
OK
127.0.0.1:6379[1]>
```

（2）上述 Redis 的连接设置本身用的也是默认值，因此对于本例来说，这些连接设置可以删除。

Step3：编写实体类

在 com.sun.ch17 包下新建 persistence.entity 子包，在 entity 子包下新建 Book 类，代码如例 17-2 所示。

例 17-2　Book.java

```
package com.sun.ch17.persistence.entity;

import lombok.Data;
import lombok.ToString;

import java.io.Serializable;
import java.sql.Date;

@Data
@ToString
public class Book implements Serializable {
    private static final long serialVersionUID = -3683048489314021339L;
    private Long id; // 主键
    private String title; // 书名
    private String author; // 作者
    private String bookConcern; // 出版社
    private Date publishDate;  // 出版日期
    private Double price; // 价格
}
```

这里需要注意的是，实体类需要实现 Serializable 接口，Redis 在保存值的时候会进行序列化。

Step4：编写映射器接口

在 persistence 包下新建 mapper 子包，在该子包下新建 BookMapper 接口，代码如例 17-3 所示。

例 17-3　BookMapper.java

```
package com.sun.ch17.persistence.mapper;

import com.sun.ch17.persistence.entity.Book;
import org.apache.ibatis.annotations.*;
```

```
@Mapper
public interface BookMapper {
    @Select("select * from books where id = #{id}")
    Book getBookById(int id);

    @Insert("insert into books(title, author, book_concern, publish_date,
price)" +
            " values (#{title}, #{author}, #{bookConcern}, #{publishDate},
#{price})")
    // 在插入数据后，获取自增长的主键值
    @Options(useGeneratedKeys=true, keyProperty="id")
    int saveBook(Book book);

    @Update("update books set price = #{price} where id = #{id}")
    int updateBook(Book book);

    @Delete("delete from books where id = #{id}")
    int deleteBook(int id);
}
```

Step5：编写服务类

在 com.sun.ch17 包下新建 service 子包，在该子包下新建 BookService 类，代码例 17-4 所示。

例 17-4　BookService.java

```
package com.sun.ch17.service;

...

@Service
@CacheConfig(cacheNames = "book")
public class BookService {
    @Autowired
    private BookMapper bookMapper;

    @Cacheable
    public Book getBookById(Integer id) {
        System.out.println("getBookById: " + id);
        return bookMapper.getBookById(id);
    }

    @CachePut(key = "#result.id")
    public Book saveBook(Book book) {
        System.out.println("saveBook: " + book);
        bookMapper.saveBook(book);
        return book;
    }
```

```
    @CachePut(key = "#result.id")
    public Book updateBook(Book book) {
        System.out.println("updateBook: " + book);
        bookMapper.updateBook(book);
        return book;
    }

    @CacheEvict(beforeInvocation = true)
    public void deleteBook(Integer id){
        System.out.println("deleteBook: " + id);
        bookMapper.deleteBook(id);
    }
}
```

Step6：编写控制器

在 com.sun.ch17 包下新建 controller 子包，在该子包下新建 BookController 类，代码同 16.3 节的 Step6。为了节省篇幅，这里我们就不重复给出代码了。

Step7：使用 Postman 进行测试

读者可以按照 16.3 节的 Step7 所示步骤进行测试，注意观察 IDEA 控制台窗口中的输出。**记得启动 Redis 服务器。**

17.6　掌握 RedisTemplate

Spring 在对数据访问框架提供支持的时候，通常会提供一个模板类来封装相关的数据访问操作。与此类似，在 Spring Boot 中要存储和访问 Redis 中的数据，可以使用 RedisTemplate 和 StringRedisTemplate 模板类。StringRedisTemplate 是 RedisTemplate 的子类，专用于存储和读取字符串类型数据。

RedisTemplate 提供了以下 5 种数据结构的操作方法。

- opsForValue：操作字符串类型。
- opsForHash：操作哈希类型。
- opsForList：操作列表类型。
- opsForSet：操作集合类型。
- opsForZSet：操作有序集合类型。

17.6.1　操作字符串

操作字符串是调用 redisTemplate.opsForValue()方法返回的 ValueOperations<K,V>对象中的方法来完成的，ValueOperations 接口中常用的方法如下所示。

- void set(K key, V value)
  设置键的值。
- default void set(K key, V value, Duration timeout)
  设置键的值和过期超时时间。
- void set(K key, V value, long timeout, TimeUnit unit)
  设置键的值和过期超时时间。
- V get(Object key)
  获取键的值。
- V getAndSet(K key, V value)
  设置键的值并返回其旧值。
- V getAndDelete(K key)
  返回键的值并删除该键。
- V getAndExpire(K key, Duration timeout)
  返回键的值，并给该键设置超时值。
- V getAndExpire(K key, long timeout, TimeUnit unit)
  返回键的值，并给该键设置超时值。
- Long increment(K key)
  将键下以字符串形式存储的整数值增加 1。
- Long increment(K key, long delta)
  将键下以字符串形式存储的整数值增加 delta。
- Double increment(K key, double delta)
  将键下以字符串形式存储的浮点数值增加 delta。
- Long decrement(K key)
  将键下存储为字符串值的整数值递减 1。
- Long decrement(K key, long delta)
  将键下存储为字符串值的整数值递减 delta。
- Integer append(K key, String value)
  将值附加到键。如果键已经存在，且是一个字符串，则该方法将值附加到字符串的末尾。如果键不存在，则此方法类似于 set()方法。
- Long size(K key)
  获取存储在键下的值的长度。

17.6.2 操作哈希

操作哈希是调用 redisTemplate.opsForHash()方法返回的 HashOperations<H,HK,HV>对象中的方法来完成的，HashOperations 接口中常用的方法如下所示。

- void put(H key, HK hashKey, HV value)
  设置 hashKey 的值。
- void putAll(H key, Map<? extends HK,? extends HV> m)
  将 m 中的所有数据保存到 key 下的哈希表中。

- HV get(H key, Object hashKey)
  从 key 下的哈希表中获取 hashKey 的值。
- List<HV> multiGet(H key, Collection<HK> hashKeys)
  从 key 下的哈希表中获取 hashKeys 中所有 hashKey 的值。
- Map<HK,HV> entries(H key)
  得到保存在 key 下的整个哈希存储。
- Set<HK> keys(H key)
  得到 key 下的哈希表中所有 hashKey。
- List<HV> values(H key)
  得到 key 下的哈希表中所有的值。
- Boolean hasKey(H key, Object hashKey)
  确定 key 下的哈希表中是否存在 hashKey。
- Long delete(H key, Object... hashKeys)
  从 key 下的哈希表中删除指定的 hashKeys。
- Long size(H key)
  获取 key 下的哈希表的大小。

17.6.3 操作列表

操作列表是调用 redisTemplate.opsForList()方法返回的 ListOperations<K,V>对象中的方法来完成的，ListOperations 接口中常用的方法如下所示。

- Long leftPush(K key, V value)
  将 value 插入 key 下的列表的头部（左侧）。
- Long leftPushAll(K key, V... values)
  将 values 插入 key 下的列表的头部（左侧）。
- Long leftPushAll(K key, Collection<V> values)
  将集合 values 中的所有元素插入 key 下的列表的头部（左侧）。
- V leftPop(K key)
  删除并返回 key 下的列表中的第一个元素，即类似于栈的操作，从队列头部弹出元素并删除。
- List<V> leftPop(K key, long count)
  删除并返回 key 下的列表头部指定 count 数量的元素。
- default V leftPop(K key, Duration timeout)
  删除并返回 key 下的列表中的第一个元素。该操作将阻塞连接，直到元素可用或者指定的超时值发生。
- V leftPop(K key, long timeout, TimeUnit unit)
  删除并返回 key 下的列表中的第一个元素。该操作将阻塞连接，直到元素可用或者指定的超时值发生。

除 leftXxx 系列方法外，还有 rightXxx 系列方法，只不过 rightXxx 系列方法在列表的尾部（右侧）进行操作，用法都是类似的，这里就不再赘述了。

ListOperations 接口中其他常用的方法如下所示。

- void set(K key, long index, V value)
  在列表指定 index 处设置值。
- V index(K key, long index)
  获取列表指定 index 处的元素。
- List<V> range(K key, long start, long end)
  获取列表从 start 到 end 位置处的所有元素。偏移量 start 和 end 是基于 0 的索引，0 是列表中的第一个元素（列表的头部），1 是下一个元素，以此类推。偏移量可以是负数，表示从列表尾部开始的偏移量，例如，-1 是列表的最后一个元素，-2 是倒数第二个元素，以此类推。另外，与 Java 中数据结构类常使用的半开半闭区间不同的是，range()方法使用闭区间，例如，有 0 到 100 的数字列表，range(key, 0, 10)将返回 11 个元素。
- Long remove(K key, long count, Object value)
  从列表中删除等于 value 的元素。count 参数按照以下方式影响删除操作。
  - count = 0：删除等于 value 的所有元素。
  - count > 0：从头到尾删除等于 value 的元素，删除个数由 count 决定。
  - count < 0：从尾到头删除等于 value 的元素，删除个数由-count 决定。
- Long size(K key)
  获取 key 下的列表的大小。

17.6.4 操作集合

操作集合是调用 redisTemplate.opsForSet()方法返回的 SetOperations<K,V>对象中的方法来完成的，SetOperations 接口中常用的方法如下所示。

- Long add(K key, V... values)
  向 key 下的集合添加元素。
- V pop(K key)
  从 key 下的集合中删除并返回一个随机的元素。
- List<V> pop(K key, long count)
  从 key 下的集合中删除并返回 count 数量的随机元素。
- Boolean move(K key, V value, K destKey)
  将 value 从 key 下的集合移动到 destKye 下的集合。
- Long remove(K key, Object... values)
  从 key 下的集合中删除 values 元素，并返回删除的元素数。
- Set<V> members(K key)
  获取集合中的所有元素。
- Boolean isMember(K key, Object o)
  检查集合中是否包含值 o。
- Map<Object,Boolean> isMember (K key, Object... objects)
  检查集合中是否包含一个或多个值。

- Long size(K key)
  获取集合的大小。

17.6.5　操作有序集合

操作有序集合是调用 redisTemplate.opsForZSet()方法返回的 ZSetOperations<K,V>对象中的方法来完成的，ZSetOperations 接口中常用的方法如下所示。

- Boolean add(K key, V value, double score)
  向有序集合添加值，如果该值已经存在，则更新其分数。
- Long add(K key, Set<ZSetOperations.TypedTuple<V>> tuples)
  向有序集合添加一个元组，如果该元组已经存在，则更新其分数。TypedTuple 是 ZSetOperations 中定义的一个静态接口，主要的方法有 getScore()和 getValue()，该接口有一个默认的实现类 DefaultTypedTuple。
- ZSetOperations.TypedTuple<V> popMax(K key)
  删除并以元组形式返回有序集合中分数最高的值。
- Set<ZSetOperations.TypedTuple<V>> popMax(K key, long count)
  删除并返回有序集合中分数最高的 count 数量的值。
- default ZSetOperations.TypedTuple<V> popMax(K key, Duration timeout)
  删除并以元组形式返回有序集合中分数最高的值。该操作将阻塞连接，直到元素可用或者指定的超时值发生。
- ZSetOperations.TypedTuple<V> popMax(K key, long timeout, TimeUnit unit)
  删除并以元组形式返回有序集合中分数最高的值。该操作将阻塞连接，直到元素可用或者指定的超时值发生。

ZSetOperations 接口中还有一组 popMin 方法，该方法删除并返回有序集合中分数最低的值，其用法是类似的，这里就不再赘述。

ZSetOperations 接口中其他常用的方法如下所示。

- Set<V> range(K key, long start, long end)
  从有序集合中获取从 start 到 end 位置处的所有元素。
- Set<V> rangeByScore(K key, double min, double max)
  从有序集合中获取分数在最小值和最大值之间的所有元素（包括分数等于最小值或最大值的元素）。返回的元素按分数从低到高排列。
- Long rank(K key, Object o)
  返回一个有序集合中具有值 o 的元素的排名，分数从低到高排列。排名（或索引）是从 0 开始的，也就是说，得分最低的元素排名为 0。
- Long reverseRank(K key, Object o)
  返回一个有序集合中具有值 o 的元素的排名，分数从高到低排列。
- Double score(K key, Object o)
  获取具有值 o 的元素的分数。
- List<Double> score(K key, Object... o)
  获取一个或多个元素的分数。

➢ Long remove(K key, Object... values)
  从有序集合中删除一个或多个元素，返回已删除元素的数目。

➢ Long removeRange(K key, long start, long end)
  从有序集合中删除从 start 到 end 位置处的所有元素。

➢ Long count(K key, double min, double max)
  统计在最低和最高分数之间元素的数量。

➢ Long size(K key)
  返回有序集合中元素的数目。

17.7 编写工具类封装 Redis 访问操作

当通过 RedisTemplate 访问 Redis 服务器中存储的数据时，需要先调用对应数据类型的 opsForXxx()方法，再访问数据，这不是很方便，为此，我们可以编写一个工具类，来简化对数据的访问操作。

在 com.sun.ch17 包下新建 utils 子包，在该子包下新建 RedisUtil 类，代码如例 17-5 所示。

例 17-5 RedisUtil.java

```
package com.sun.ch17.utils;

import org.springframework.beans.factory.annotation.Autowired;
import org.springframework.data.redis.core.*;
import org.springframework.stereotype.Component;

import java.io.Serializable;
import java.util.Collection;
import java.util.List;
import java.util.Map;
import java.util.Set;
import java.util.concurrent.TimeUnit;

@Component
public final class RedisUtil {
    @Autowired
    private RedisTemplate redisTemplate;

    // ==========================通用==========================
    /**
     * 设置缓存生存时间
     *
     * @param key  键
     * @param timeout 时间(秒)
     * @return
     */
    public boolean expire(String key, long timeout) {
```

```
        if (timeout > 0) {
            redisTemplate.expire(key, timeout, TimeUnit.SECONDS);
            return true;
        } else {
            return false;
        }
    }

    /**
     * 根据 key 获取缓存的生存时间
     *
     * @param key 键，不能为 null
     * @return 时间(秒)，返回 0 则代表永久有效
     */
    public long getExpire(String key) {
        return redisTemplate.getExpire(key, TimeUnit.SECONDS);
    }

    /**
     * 判断 key 是否存在
     *
     * @param key 键
     * @return 如果存在，则返回 true，否则，返回 false
     */
    public boolean hasKey(String key) {
        return redisTemplate.hasKey(key);
    }

    /**
     * 删除缓存
     * @param key
     */
    public boolean remove(String key) {
        if (hasKey(key)) {
            return redisTemplate.delete(key);
        } else {
            return false;
        }
    }

    /**
     * 批量删除缓存
     */
    public void remove(String... keys) {
        for (String key : keys) {
            remove(key);
        }
    }
```

```
    /**
     * 批量删除模式匹配的 key
     * @param pattern
     */
    public void removePattern(String pattern) {
        Set<Serializable> keys = redisTemplate.keys(pattern);
        if (keys.size() > 0) {
            redisTemplate.delete(keys);
        }
    }


    // ========================string========================
    /**
     * 写入缓存
     *
     * @param key   键
     * @param value 值
     */
    public void set(String key, Object value) {
        ValueOperations<Serializable, Object> operations =
redisTemplate.opsForValue();
        operations.set(key, value);
    }

    /**
     * 写入缓存并设置过期时间
     *
     * @param value 值
     * @param timeout 时间（秒），如果 timeout 小于或等于 0，则设置无限期
     */
    public void set(String key, Object value, long timeout) {
        ValueOperations<Serializable, Object> operations =
redisTemplate.opsForValue();
        if (timeout > 0)
            operations.set(key, value, timeout, TimeUnit.SECONDS);
        else
            operations.set(key, value);
    }

    /**
     * 读取缓存
     * @param key 键
     * @return 值
     */
    public Object get(final String key) {
        return key==null ? null : redisTemplate.opsForValue().get(key);
    }
```

```
/**
 * 递增 1
 *
 * @param key 键
 * @return 递增后的值
 */
public long incr(String key) {
    return redisTemplate.opsForValue().increment(key);
}

/**
 * 递增指定的增量
 *
 * @param key   键
 * @param delta 要增加的数，必须大于 0
 * @return 递增后的值
 */
public long incr(String key, long delta) {
    if (delta < 0) {
        throw new RuntimeException("递增的数必须大于 0");
    }
    return redisTemplate.opsForValue().increment(key, delta);
}

/**
 * 递减 1
 * @param key 键
 * @return 递减后的值
 */
public long decr(String key) {
    return redisTemplate.opsForValue().decrement(key);
}

/**
 * 递减指定的数
 * @param key   键
 * @param delta 要减少的数，必须大于 0
 * @return 递减后的值
 */
public long decr(String key, long delta) {
    if (delta < 0) {
        throw new RuntimeException("递减的数必须大于 0");
    }
    return redisTemplate.opsForValue().decrement(key, delta);
}


// =========================hash=========================
/**
```

```
 * 向哈希表中存入数据
 * @param key 键
 * @param hashKey 哈希表中的 key
 * @param value 值
 */
public void hPut(String key, Object hashKey, Object value) {
    redisTemplate.opsForHash().put(key, hashKey, value);
}

/**
 * 向哈希表中存入数据，并设置哈希表的过期时间
 * @param key 键
 * @param hashKey 哈希表中的 key
 * @param value 值
 * @param timeout 时间（秒）
 */
public void hPut(String key, Object hashKey, Object value, long timeout) {
    redisTemplate.opsForHash().put(key, hashKey, value);
    if(timeout > 0) {
        expire(key, timeout);
    }
}

/**
 * 向哈希表中存入多个数据
 * @param key 键
 * @param map Map 对象
 */
public void hPutAll(String key, Map<Object, Object> map){
   redisTemplate.opsForHash().putAll(key, map);
}

/**
 * 向哈希表中存入多个数据，并设置哈希表的过期时间
 * @param key 键
 * @param map Map 对象
 */
public void hPutAll(String key, Map<Object, Object> map, long timeout){
    redisTemplate.opsForHash().putAll(key, map);
    if(timeout > 0) {
        expire(key, timeout);
    }
}


/**
 * 从哈希表中获取值
 * @param key 键
 * @param hashKey 哈希表中的 key
```

```
 * @return 值
 */
public Object hGet(String key, Object hashKey) {
    return redisTemplate.opsForHash().get(key, hashKey);
}

/**
 *
 * @param key 键
 * @return 整个哈希存储
 */
public Map<Object, Object> hGetAll(String key) {
    return redisTemplate.opsForHash().entries(key);
}

/**
 * 删除hash表中的值
 * @param key 键，不能为null
 * @param hashKeys 哈希表中的key，可以有多个，不能为null
 */
public void hDel(String key, Object... hashKeys){
    redisTemplate.opsForHash().delete(key, hashKeys);
}

/**
 * 判断哈希中是否存在指定的key
 * @param key 键，不能为null
 * @param hashKey 哈希表中的key，不能为null
 * @return 如果存在，则返回true，否则，返回false
 */
public boolean hHasKey(String key, String hashKey){
    return redisTemplate.opsForHash().hasKey(key, hashKey);
}

// =========================list=========================
/**
 * 向列表中添加元素
 * @param key 键
 * @param value 值urn
 */
public void lAdd(String key, Object value) {
    redisTemplate.opsForList().rightPush(key, value);
}

/**
 * 向列表中添加元素，并设置列表的过期时间
 * @param key 键
 * @param value 值urn
 */
```

```
    public void lAdd(String key, Object value, long timeout) {
        redisTemplate.opsForList().rightPush(key, value);
        if(timeout > 0) {
            expire(key, timeout);
        }
    }

    /**
     * 将集合中的所有元素插入列表中
     * @param key 键
     * @param values 值
     */
    public void lAddAll(String key, Collection<Object> values) {
        redisTemplate.opsForList().rightPushAll(key, values);
    }

    /**
     * 将集合中的所有元素插入列表中，并设置列表的过期时间
     * @param key 键
     * @param values 值
     * @param timeout 时间（秒）
     */
    public void lAddAll(String key, Collection<Object> values, long
timeout) {
        redisTemplate.opsForList().rightPushAll(key, values);
        if(timeout > 0) {
            expire(key, timeout);
        }
    }

    /**
     * 通过索引获取列表中的值
     * @param key 键
     * @param index 索引。index>=0 时， 0 是表头，1 是第二个元素，以此类推；index<0
时，-1 是表尾，-2 是倒数第二个元素，以此类推
     * @return 值
     */
    public Object lGet(String key, long index) {
        return redisTemplate.opsForList().index(key, index);
    }

    /**
     * 根据区间获取列表的元素
     * @param key 键
     * @param start 开始位置
     * @param end 结束位置，0 到-1 代表所有值
     * @return 元素列表
     */
    public List<Object> lGetRange(String key, long start, long end) {
```

```
        return redisTemplate.opsForList().range(key, start, end);
    }

    /**
     * 移除所有等于 value 元素
     * @param key 键
     * @param value 值
     * @return 删除元素的数目
     */
    public long lRemove(String key, Object value) {
        return redisTemplate.opsForList().remove(key,0, value);
    }


    /**
     * 获取列表的大小
     * @param key 键
     * @return 列表的大小
     */
    public long lSize(String key){
        return redisTemplate.opsForList().size(key);
    }

    // ========================set========================
    /**
     * 向集合中添加元素
     * @param key 键
     * @param values 值
     */
    public void sAdd(String key, Object... values) {
        redisTemplate.opsForSet().add(key, values);
    }

    /**
     * 向集合中添加元素，并设置集合的过期时间
     * @param key 键
     * @param values 值
     * @param timeout 时间（秒）
     */
    public void sAdd(String key,  long timeout, Object... values) {
        redisTemplate.opsForSet().add(key, values);
        if(timeout > 0) {
            expire(key, timeout);
        }
    }

    /**
     * 根据 key 获取集合中的所有值
     * @param key 键
```

```
     * @return Set
     */
    public Set<Object> sGet(String key){
        return redisTemplate.opsForSet().members(key);
    }

    /**
     * 从集合中删除元素
     * @param key 键
     * @param values 值，可以是多个
     * @return 删除的元素数目
     */
    public long sRemove(String key, Object ...values) {
        return redisTemplate.opsForSet().remove(key, values);
    }

    /**
     * 从集合中查找 value 是否存在
     * @param key 键
     * @param value 值
     * @return 如果存在，则返回 true，否则，返回 false
     */
    public boolean sExist(String key, Object value){
        return redisTemplate.opsForSet().isMember(key, value);
    }

    /**
     * 获取集合的大小
     * @param key 键
     * @return
     */
    public long sSize(String key){
        return redisTemplate.opsForSet().size(key);
    }

    // ========================zset========================
    /**
     * 向有序集合添加值
     *
     * @param key 键
     * @param value 值
     * @param score 分数
     */
    public void zAdd(String key, Object value, double score) {
        redisTemplate.opsForZSet().add(key, value, score);
    }

    /**
     * 从有序集合中获取分数区间的元素
```

```
     * @param key 键
     * @param min 最小分数
     * @param max 最大分数
     * @return Set
     */
    public Set<Object> zRangeByScore(String key, double min, double max) {
        return redisTemplate.opsForZSet().rangeByScore(key, min, max);
    }

    /**
     * 从有序集合中删除一个或多个元素，返回已删除元素的数目
     * @param key 键
     * @param values 值，可以是多个
     */
    public long zRemove(String key, Object... values) {
        return redisTemplate.opsForZSet().remove(key, values);
    }

    /**
     * 返回有序集合中元素的数目
     * @param key 键
     * @return
     */
    public long zSize(String key) {
        return redisTemplate.opsForZSet().size(key);
    }
}
```

代码中有详细的注释，这里就不再赘述了。读者可以根据实际项目的需要，增加或减少工具类中的封装方法。

17.8　自定义 RedisTemplate 序列化方式

在保存数据的时候，RedisTemplate 默认使用 JdkSerializationRedisSerializer 来进行序列化，这会将数据序列化为字节数组然后存入 Redis 数据库中，如果直接查看 Redis 中的数据，则看到的是不可读的数据，如图 17-3 所示。

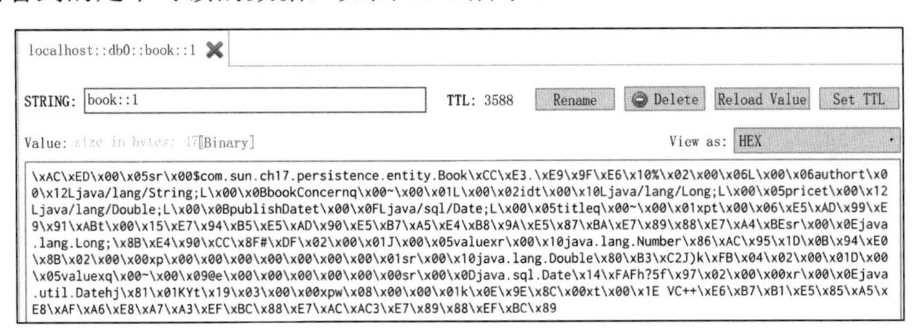

图 17-3　Book 对象的数据不可读

当然，这并不影响对程序中数据的读取。如果需要自定义序列化的方式，比如，将对象序列化为 JSON 格式，那么可以自定义一个工厂方法，返回一个名为 redisTempate 的 RedisTemplate 实例。

Redis 的自动配置类 RedisAutoConfiguration 中有如下代码：

```
public class RedisAutoConfiguration {
    @Bean
    @ConditionalOnMissingBean(
        name = {"redisTemplate"}
    )
    @ConditionalOnSingleCandidate(RedisConnectionFactory.class)
    public RedisTemplate<Object, Object>
redisTemplate(RedisConnectionFactory redisConnectionFactory) {
        RedisTemplate<Object, Object> template = new RedisTemplate();
        template.setConnectionFactory(redisConnectionFactory);
        return template;
    }
    ...
}
```

此处条件注解@ConditionalOnMissingBean 的意思是，如果在 Bean 容器中不存在名为 redisTemplate 的 Bean，则使用默认返回的 RedisTemplate<Object, Object>实例。

此外，我们也看到默认返回的 RedisTemplate 使用的泛型是<Object, Object>，而在大多数情况下，我们想要的泛型是<String, Object>，因此在自定义工厂返回 RedisTemplate 实例时，可以将泛型修改为<String, Object>，当然不改也不会影响使用。

接下来在 com.sun.ch17 包下新建 config 子包，在该子包下新建 RedisConfig 类，代码如例 17-6 所示。

例 17-6　RedisConfig.java

```
package com.sun.ch17.config;

...

@Configuration
public class RedisConfig {
    @Bean
    public RedisTemplate<String, Object> redisTemplate(
            RedisConnectionFactory redisConnectionFactory) {
        RedisTemplate<String, Object> template = new RedisTemplate<String,
Object>();
        template.setConnectionFactory(redisConnectionFactory);
        GenericJackson2JsonRedisSerializer serializer =
                new GenericJackson2JsonRedisSerializer();
        template.setDefaultSerializer(serializer);
        return template;
    }
}
```

GenericJackson2JsonRedisSerializer 是 Spring Data Redis 依赖包中自带的一个 JSON 格式的序列化类。@Bean 注解默认使用标注的方法名称作为 Bean 的名字。

另外需要提醒读者的是，若采用注解的方式自动缓存，则上述配置并不会生效，所看到的对象缓存依然是不可读的数据，而若采用 RedisTemplate 手动缓存，那么上述配置才会生效。

17.9　手动实现 Redis 数据存储与读取

在实际应用中，经常需要自己手动去保存一些缓存数据，而不是通过缓存注解去保存。Redis 工具类我们已经有了，自定义序列化策略也有了，下面我们尝试手动保存和读取缓存的图书数据。

在 com.sun.ch17.service 包下新建 BookService2 类，代码如例 17-7 所示。

例 17-7　BookService2.java

```
package com.sun.ch17.service;

...

@Service
public class BookService2 {
    @Autowired
    private BookMapper bookMapper;
    @Autowired
    private RedisUtil redisUtil;

    private static final String KEY_PREFIX = "book::";

    public Book getBookById(Integer id) {
        if(redisUtil.hasKey(KEY_PREFIX + id)) {
            return (Book)redisUtil.get(KEY_PREFIX + id);
        } else {
            Book book = bookMapper.getBookById(id);
            redisUtil.set(KEY_PREFIX + id, book);
            return book;
        }
    }

    public Book saveBook(Book book) {
        bookMapper.saveBook(book);
        redisUtil.set(KEY_PREFIX + book.getId(), book);
        return book;
    }

    public Book updateBook(Book book) {
        bookMapper.updateBook(book);
        redisUtil.set(KEY_PREFIX + book.getId(), book);
```

```
        return book;
    }

    public void deleteBook(Integer id){
        redisUtil.remove(KEY_PREFIX + id);
        bookMapper.deleteBook(id);
    }
}
```

读者可自行测试，使用自定义序列化策略后保存的数据形式如图 17-4 所示。

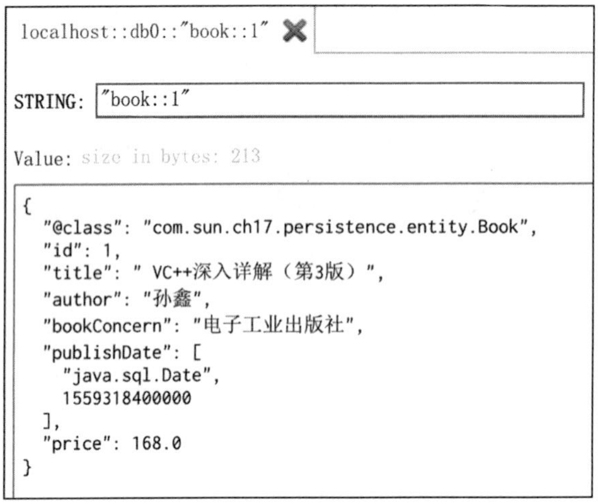

```
localhost::db0::"book::1"

STRING: "book::1"

Value: size in bytes: 213

{
  "@class": "com.sun.ch17.persistence.entity.Book",
  "id": 1,
  "title": " VC++深入详解（第3版）",
  "author": "孙鑫",
  "bookConcern": "电子工业出版社",
  "publishDate": [
    "java.sql.Date",
    1559318400000
  ],
  "price": 168.0
}
```

图 17-4　JSON 格式保存的 Book 对象

17.10　小结

本章介绍了 Redis 这一内存数据结构存储，简要介绍了 Redis 的 5 种数据类型，以及 Spring Boot 对 Redis 的支持，并给出了将 Redis 用作缓存的实例。我们还给出了封装 Redis 访问操作的工具类，可以进一步简化 Redis 数据访问操作。最后给出了自定义 RedisTemplate 序列化方式，并手动实现了 Redis 数据的存储与读取。

第18章 Spring Boot 集成 RabbitMQ

RabbitMQ 是目前非常热门的一款消息中间件，在各个行业都得到了广泛的应用。RabbitMQ 凭借其高可靠性、易扩展、高可用及丰富的功能特性受到越来越多企业的青睐。

18.1 面向消息的中间件

消息是指在应用程序间传递的数据。消息可以非常简单，如字符串数据；也可以很复杂，如对象的序列化数据。

面向消息的中间件（Message Oriented Middleware，MOM）提供了以松耦合、灵活的方式来集成应用程序的机制，在存储和转发的基础上支持应用程序间数据的异步传递，也就是说，每个应用程序彼此不直接通信，而是与作为中介的 MOM 通信。

MOM 保证了消息的可靠传输，开发人员无须了解远程过程调用（RPC）和网络通信协议的细节。

通过 MOM 传递消息是非常灵活的，通信过程如图 18-1 所示。

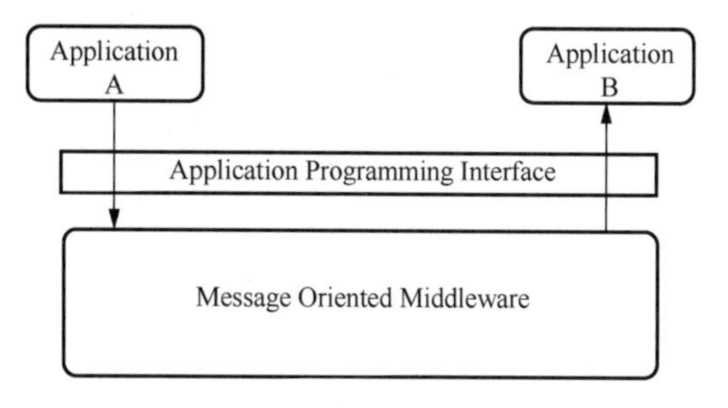

图 18-1　应用程序通过消息中间件进行通信

在图 18-1 中，通过 MOM 路由消息给应用程序 B（可能位于完全不同的计算机上）；MOM 对网络通信进行处理。如果没有网络连接，MOM 将一直存储消息直至获得网络连接，然后将消息转发给应用程序 B。灵活性的另一个方面是在应用程序 A 发送消息时，应用程序 B 甚至可以不处于执行状态。MOM 会一直保留消息到应用程序 B 开始执行并试图取回消息为止，这还可以避免应用程序 A 在等待应用程序 B 接收消息时的阻塞。

除了灵活性之外，MOM 真正的力量在于应用程序的松耦合。在图 18-1 所示的通信过程中，应用程序 A 将消息发送给某个特定目标，例如，订单处理程序，我们可以随时用不同的订单处理程序代替应用程序 B，而应用程序 A 不会察觉到这一点，它会继续发送消息给“订单处理”，而消息也会继续被处理。

同样，我们也可以替换应用程序 A，只要替代者继续为“订单处理”发送消息，订单处理程序就不必知道有一个新的应用程序正在发送订单。

MOM 一般有两种消息传递模型：点对点（Point-to-Point，PTP）模型和发布/订阅（Publish and Subscribe，Pub/Sub）模型。

点对点模型使用队列来存储和传输消息，应用程序 A 生成消息并发送到消息队列，应用程序 B 从消息队列中接收消息并处理。由于有队列的存在，使得异步传输成为可能。

发布/订阅模型使用称作主题（topic）的内容的层次结构代替 PTP 模型中的单个目标。发送应用程序发布它们的消息，指示消息代表层次结构中某个主题的信息，想要接收这些消息的应用程序订阅（Subscribe）那个主题。

图 18-2 展示了发布/订阅模型的工作机制。

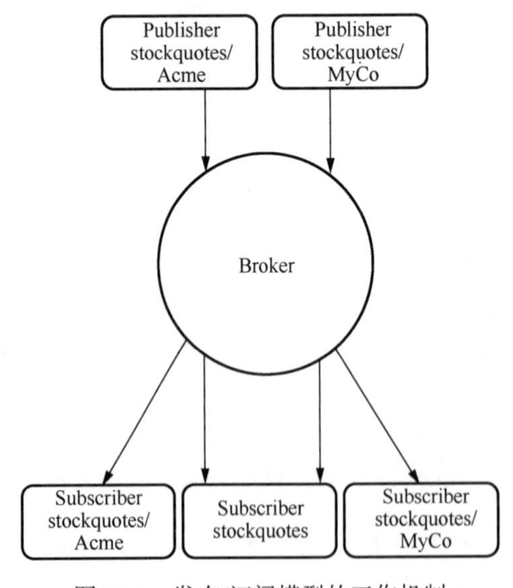

图 18-2　发布/订阅模型的工作机制

目前市面上 MOM 的开源产品也比较多，比如 RabbitMQ、Kafka、ActiveMQ、ZeroMQ 和阿里巴巴捐献给 Apache 的 RocketMQ 等。本章主要介绍 RabbitMQ。

18.2 RabbitMQ 简介

RabbitMQ 是一个开源的消息代理和队列服务器，其通过普通协议在不同的应用之间共享数据（跨平台、跨语言）。RabbitMQ 使用 Erlang 语言编写，并且实现了 AMQP 协议。

18.2.1　AMQP

AMQP 全称是 Advanced Message Queuing Protocol，即高级消息队列协议。AMQP 是一个提供统一消息服务的应用层标准高级消息队列协议，也是应用层协议的一个开放标准，为面向消息的中间件设计。基于此协议的客户端与消息中间件可传递消息，并且不受客户端和中间件不同的产品、不同的开发语言等条件的限制。

我们先来了解一下 AMQP 中的一些重要概念。

- Server（也称为 Broker）：接收客户端的连接，实现 AMQP 消息队列和路由功能的进程，也称之为“消息代理”。
- Client：AMQP 连接或者会话的发起者。AMQP 是非对称的，客户端生产和消费消息，服务器端存储和路由这些消息。
- Virtual Host：虚拟主机，用于逻辑隔离，标识一批交换器、消息队列和相关对象。虚拟主机是共享相同的身份认证和加密环境的独立服务器域。一个虚拟主机本质上就是一个 mini 版的 RabbitMQ 服务器，拥有自己的交换器、队列、绑定和权限机制。虚拟主机是 AMQP 概念的基础，必须在连接时指定，RabbitMQ 默认的虚拟主机是 /。
- Connection：一个网络连接，比如 TCP/IP 套接字连接。
- Channel：信道，多路复用连接中的一条独立的双向数据流通道，为会话提供物理传输介质。消息读/写等操作在信道中进行，每个连接都可以建立多个信道。由于 TCP 连接的建立与销毁开销较大，所以引入信道的概念，以复用一条 TCP 连接。
- Exchange：交换器，服务器中的实体，用来接收生产者发送的消息，按照路由规则将消息路由到一个或者多个队列。如果路由不到，则要么返回给生产者，要么直接丢弃。
- Queue：消息队列，用来保存消息直到发送给消费者，是消息的容器，也是消息的终点。一个消息可投入一个或多个队列。消息一直在队列里面，等待消费者连接到这个队列并将其取走。
- Message：消息，应用程序和服务器之间传送的数据。消息可以非常简单，也可以很复杂。消息由消息头和消息体组成，消息体是不透明的，而消息头则由一系列的可选属性组成，这些属性包括消息的优先级、延迟等。
- Binding：绑定，交换器和消息队列之间的关联。绑定是基于路由键（Routing Key）将交换器和消息队列连接起来的路由规则，所以可以将交换器理解成一个由绑定构成的路由表。
- Binding Key：绑定键，在绑定队列的时候一般会指定一个绑定键，这样 RabbitMQ 就知道如何正确地将消息路由到队列了。生产者将消息发送给交换器时，需要一个路由键，当绑定键与路由键相匹配时，消息会被路由到对应的队列中。绑定键其实也属于路由键的一种，可以理解为在绑定的时候使用的路由键。读者不用刻意区分绑定键和路由键，RabbitMQ 本身也没有严格区分，可以将两者都看作路由键。

- Routing Key：路由键，生产者将消息发送给交换器的时候会发送一个 Routing Key，用来指定路由规则，这样交换器就知道把消息发送到哪个队列。路由键通常为一个“.”分割的字符串，例如“com.rabbitmq”。

AMQP 的模型如图 18-3 所示。

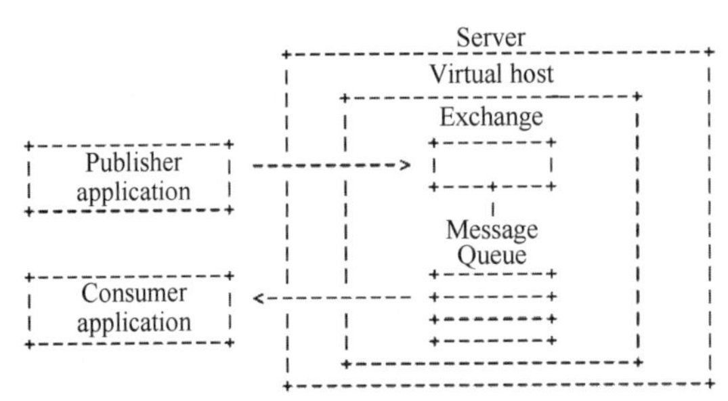

图 18-3　AMQP 的模型

如图 18-3 所示，AMQP 模型由三部分组成：生产者、消费者和服务器。

生产者是投递消息的一方，首先连接到服务器，建立一个连接，开启一个信道；然后生产者声明交换器和队列，设置相关属性，并通过路由键将交换器和队列进行绑定。同理，消费者也需要建立连接，开启信道等操作，便于接收消息。

接着生产者就可以发送消息，将消息发送到服务器中的虚拟主机，虚拟主机中的交换器根据路由键选择路由规则，然后发送到不同的消息队列中，这样订阅了消息队列的消费者就可以获取到消息并进行消费。

最后关闭信道和连接。

RabbitMQ 是基于 AMQP 实现的，其整体结构与 AMQP 模型是类似的，如图 18-4 所示。

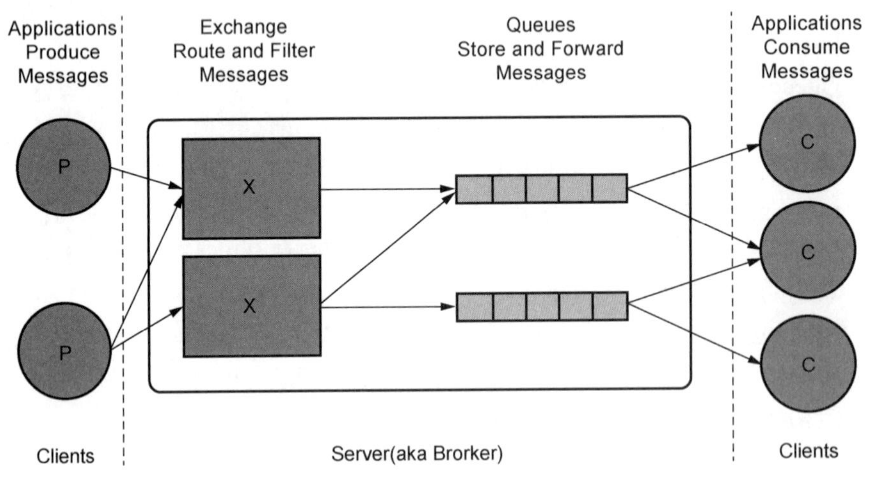

图 18-4　RabbitMQ 的整体结构

18.2.2　常用交换器

RabbitMQ 常用的交换器类型有 direct、fanout、topic、headers 四种。

1. direct 交换器

direct 交换器根据消息路由键将消息传递到队列中，其工作原理为：队列使用路由键 K 绑定到交换器上，当一个带有路由键 R 的新消息到达 direct 交换器时，如果 K = R，则交换器将消息路由到队列中。图 18-5 展示了 direct 交换器的工作方式。

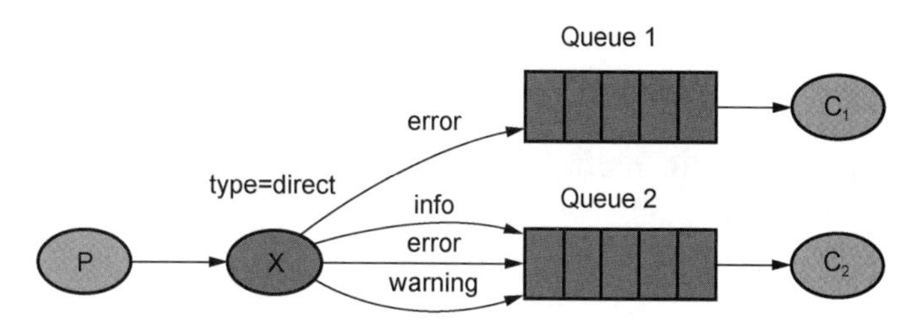

图 18-5　direct 交换器

图 18-5 中带有路由键“error”的消息被路由到 Queue1 和 Queue2 中，而带有“info”或者“warning”路由键的消息则只被路由到 Queue2 中。

direct 交换器默认预先声明的名称为 amq.direct。

2. fanout 交换器

fanout 交换器将消息路由到绑定到它的所有队列，并且忽略路由键。如果有 *N* 个队列绑定到 fanout 交换器，当一个新消息发布到该交换器时，该消息的副本将被发送到所有队列。fanout 交换器是消息广播路由的理想选择。

图 18-6 展示了 fanout 交换器的工作方式。

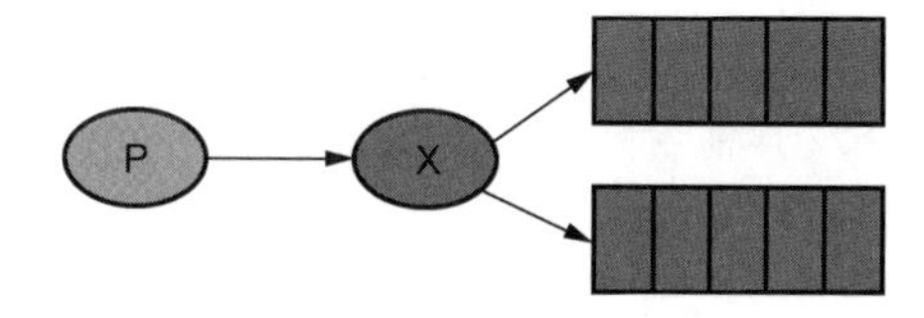

图 18-6　fanout 交换器

fanout 交换器的使用场景如下：

- 大型多人在线（MMO）游戏可以将 fanout 交换器用于排行榜更新或其他全球性的活动中。
- 体育新闻网站可以使用 fanout 交换器，以近乎实时的方式向移动客户端发布更新的数据。
- 分布式系统可以广播各种状态和配置更新。
- 在群组聊天时可以使用 fanout 交换器在参与者之间分发消息。

fanout 交换器默认预先声明的名称为 amq.fanout。

3. topic 交换器

topic 交换器根据消息路由键和用于将队列绑定到交换机的模式之间的匹配，将消息路由到一个或多个队列。topic 交换器通常用于实现各种发布/订阅模式变体。

图 18-7 展示了 topic 交换器的工作方式。

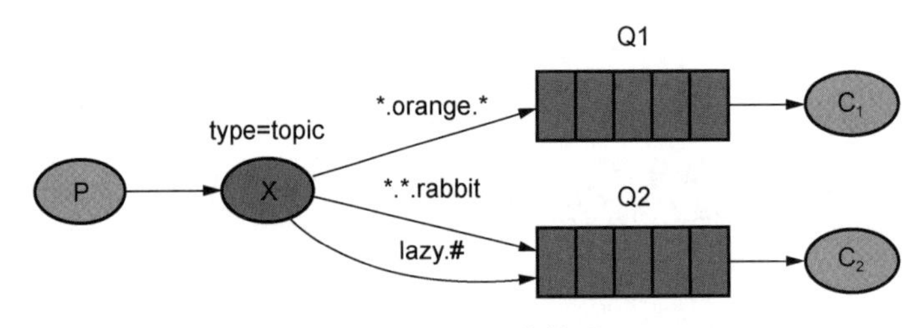

图 18-7　topic 交换器

topic 交换器将消息的路由键与绑定队列时使用的模式进行匹配，来决定消息路由到哪个队列中。匹配规则如下：

- 路由键必须是由点号（.）分隔的字符串，被点号分隔的每一个独立的子串被称为单词。
- 可以使用两个特殊的通配符：*和#，*用于匹配一个单词，#用于匹配 0 或多个单词。

在图 18-7 中，路由键为 com.orange.news 的消息会被路由到 Q1 中，路由键为 com.orange.rabbit 的消息会被路由到 Q1 和 Q2 中，路由键为 lazy.news、lazy.weacher、lazy.rabbit.sport 等的消息会被路由到 Q2 中。

要注意的是：

（1）当队列使用#绑定键与 topic 交换器绑定时，它将接收所有消息，而不管路由键是什么。

（2）当绑定键不使用特殊字符*和#时，topic 交换器的行为将与 direct 交换器一样。

topic 交换器的使用场景如下：

- 分发与特定地理位置（例如销售点）相关的数据。
- 后台任务处理由多个 worker 完成，每个 worker 都能够处理特定的一组任务。
- 股票价格更新（以及其他金融数据的更新）。
- 涉及分类或标记的新闻更新。
- 分布式体系结构/特定于操作系统的软件构建或打包，其中每个构建器都只能处理一个体系结构或操作系统。

topic 交换器默认预先声明的名称为 amq.topic。

4．headers 交换器

headers 交换器不依赖路由键的匹配规则来路由消息，而是根据发送的消息内容中的 headers 属性进行匹配。headers 类型交换器性能差，在实际中并不被常用。

headers 交换器默认预先声明的名称为 amq.match 和 amq.headers。

5．默认交换器

默认交换器是一个没有名称（空字符串）的 direct 交换器，由 broker 预先声明。默认交换器有一个特殊的属性，这使得它对于简单的应用程序非常有用：每一个被创建的队列都会被一个与队列名相同的路由键绑定。

例如，当你声明一个名为“search-indexing-online”的队列时，broker 将使用“search-indexing-online”作为路由键（在这种情况下也称为绑定键）将其绑定到默认交换器，因此，发布到默认交换器的带有路由键“search-indexing-online”的消息将被路由到队列“search-indexing-online”。

18.3　RabbitMQ 的下载与安装

18.3.1　安装 Erlang/OTP 软件库

RabbitMQ 使用 Erlang 语言编写，因此需要先安装 Erlang/OTP 软件库（读者可自行下载）。在后续安装 RabbitMQ 时需要对应的 Erlang 版本。

若在 Windows 系统下安装，则下载后的文件形式为：otp_win64_24.3.2 .exe，双击自行安装即可。

18.3.2　安装 RabbitMQ

接下来下载并安装 RabbitMQ（读者可自行下载）。Windows 版本的 RabbitMQ 下载后的文件形式为：rabbitmq-server-3.9.14.exe，双击自行安装即可。

在 Erlang 和 RabbitMQ 同时安装完成后，RabbitMQ 节点会作为 Windows 的服务自启动。

18.3.3　添加可视化插件

打开命令提示符窗口，进入 RabbitMQ 安装目录下的 sbin 子目录，执行下面的命令添加可视化插件。

```
rabbitmq-plugins enable rabbitmq_management
```

在添加可视化插件后，就可以使用图形化的管理界面了。

18.3.4　管理界面

在 Windows 系统下通过安装程序安装完 RabbitMQ 后，RabbitMQ 节点默认会以 Windows 服务的方式启动，所以无须再通过命令行方式启动 RabbitMQ 服务器。命令行启动服务器的命令如下所示：

```
rabbitmq-server start
```

RabbitMQ 服务器默认监听的端口号是 15672，打开浏览器，访问 localhost:15672，可以看到如图 18-8 所示的登录页面。

图 18-8　RabbitMQ 管理程序的登录界面

用户名和密码都是 guest，登录后可以看到如图 18-9 所示的管理界面。

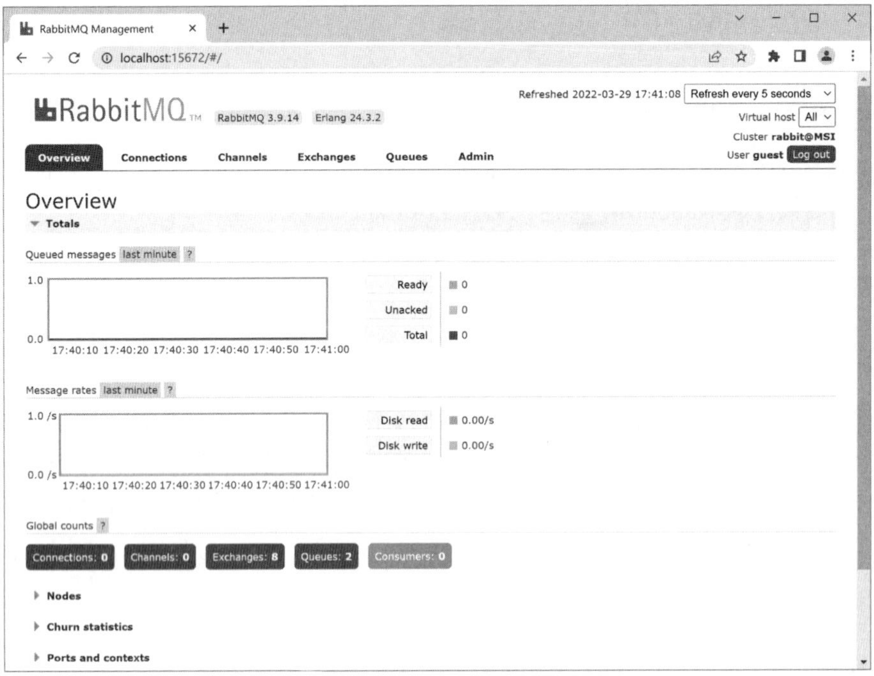

图 18-9　RabbitMQ 的管理界面

在管理界面中，可以查看连接和信道，查看和新建交换器、队列，以及设置管理员等。

18.4　RabbitMQ 客户端 API 介绍

要使用 RabbitMQ Java 客户端 API，在 Spring Boot 项目中，引入下面的依赖即可。

```
<dependency>
    <groupId>org.springframework.boot</groupId>
    <artifactId>spring-boot-starter-amqp</artifactId>
</dependency>
```

如果通过 Spring Initializr 向导创建，则可以选择 Messaging 模块下 Spring for RabbitMQ 依赖引入。

主要的几个类和接口是：ConnectionFactory、Connection、Channel、Comsumer 等，它们都位于 com.rabbitmq.client 包下。AMQP 协议层面的操作通过 Channel 接口实现。Connection 用于开启信道，一个连接可以建立多个信道，信道是非线程安全的，应为每个线程都单独创建信道，信道和连接可以单独关闭。与 RabbitMQ 相关的开发工作基本上是围绕 Connection 和信道展开的。

18.4.1　连接 RabbitMQ 服务器

下面的代码通过指定参数（服务器 IP、虚拟主机、端口、用户名、密码）连接到 RabbitMQ 服务器。

```
// 创建连接工厂
ConnectionFactory factory = new ConnectionFactory();
// 配置连接工厂
factory.setHost("localhost");
factory.setPort(15672);
factory.setVirtualHost("/");
factory.setUsername("guest");
factory.setPassword("guest");
// 从工厂获取连接
Connection conn=factory.newConnection();
```

在默认本机配置的情况下，上述代码可以简化为：

```
// 创建连接工厂
ConnectionFactory factory = new ConnectionFactory();
// 配置连接工厂
factory.setHost("localhost");
// 从工厂获取连接
Connection conn=factory.newConnection();
```

18.4.2　创建信道

创建信道很简单，调用 Connection 接口的 createChannel()方法即可，如下所示：

```
Channel channel = connection.createChannel()
```

18.4.3　声明交换器

声明交换器是调用 Channel 接口的 exchangeDeclare()方法来完成的，该方法有多个重载形式，如下所示。

- AMQP.Exchange.DeclareOk exchangeDeclare(String exchange, String type) throws IOException
  声明一个非自动删除的、非持久化的交换器，不带额外参数。
- AMQP.Exchange.DeclareOk exchangeDeclare(String exchange, String type, boolean durable) throws IOException
  声明一个非自动删除的交换器，不带额外参数。
- AMQP.Exchange.DeclareOk exchangeDeclare(String exchange, String type, boolean durable, boolean autoDelete, Map<String,Object> arguments) throws IOException
- AMQP.Exchange.DeclareOk exchangeDeclare(String exchange, String type, boolean durable, boolean autoDelete, boolean internal, Map<String,Object> arguments)

throws IOException

我们只需要关注最后一个参数最多的方法即可，其他方法都是通过参数的默认值调用的。各个参数的含义如下所示。

- exchange
  交换器的名字。
- type
  交换器的类型，如 direct、topic、fanout 等。
- durable
  设置是否持久化。如果为 true，则为持久化，交换器将在服务器重启后继续运行。
- autodelete
  设置是否自动删除。如果为 true，则当交换器不再被使用时，会被自动删除。交换器被自动删除的前提是至少有一个队列或者交换器与这个交换器绑定，之后所有与这个交换器绑定的队列或者交换器都与它解绑。不要错误地理解为：当与这个交换器连接的客户端断开时，RabbitMQ 会自动删除该交换器。
- internal
  设置交换器是不是内置的。如果为 true，则表示交换器是内置的，客户端无法直接发送消息到这个交换器，只能通过交换器路由到交换器这种方式。
- arguments
  交换器的其他属性。

下面的代码声明了一个 topic 类型的交换器。

```
channel.exchangeDeclare("topic_logs", "topic");
```

如果使用默认的 direct 交换器，那么可以不用声明交换器。

18.4.4 声明队列

声明队列是调用 Channel 接口的 queueDeclare()方法来完成的，该方法有两个重载形式，如下所示。

- AMQP.Queue.DeclareOk queueDeclare() throws IOException
- AMQP.Queue.DeclareOk queueDeclare(String queue, boolean durable, boolean exclusive, boolean autoDelete, Map<String,Object> arguments) throws IOException

无参的 queueDeclare()方法声明一个由服务器命名的独占的、自动删除的、非持久化的队列。新队列的名称保存在 AMQP.Queue.DeclareOk 对象的“queue”字段中，可调用 DeclareOk 对象的 getQueue()方法得到创建的队列的名称。

带参数的 queueDeclare()方法的各个参数的含义如下所示。

- queue
  队列的名称。
- durable
  设置是否持久化。如果为 true，则声明的是持久化队列，该队列将在服务器重新启动后继续存在。

- ✧ exclusive
  设置是不是独占的。如果为 true，则声明的是独占队列。要注意的是，独占队列仅对首次声明它的连接可见，并在连接断开时自动删除，即使该队列是持久化的。同一个连接下的不同信道可以同时访问该连接声明的独占队列，而其他连接不允许建立同名的独占队列。这种队列适用于一个客户端同时发送和读取消息的应用场景。
- ✧ autodelete
  设置是否自动删除。如果为 true，则队列不再被使用时会被自动删除。队列被自动删除的前提是：至少有一个消费者连接到这个队列，之后所有与这个队列连接的消费者都断开。当生产者创建这个队列，但没有消费者连接到这个队列时，不会自动删除这个队列。
- ✧ arguments
  设置队列的其他一些参数，如 x-message-ttl、x-expires、x-max-length、x-max-priority 等。

下面的代码声明了一个名为“hello”的非持久化的、非独占的、非自动删除的队列。

```
channel.queueDeclare("hello", false, false, false, null);
```

18.4.5　绑定队列

如果使用默认的 direct 交换器，则可以不用绑定队列。

绑定队列是调用 Channel 接口的 queueBind()方法来完成的，该方法有两个重载形式，如下所示。

- ➢ AMQP.Queue.BindOk queueBind(String queue, String exchange, String routingKey) throws IOException
- ➢ AMQP.Queue.BindOk queueBind(String queue, String exchange, String routingKey, Map<String,Object> arguments) throws IOException

方法中的各个参数含义如下所示。

- ✧ queue
  队列的名称。
- ✧ exchange
  交换器的名称。
- ✧ routingKey
  用于绑定队列和交换器的路由键。
- ✧ arguments
  绑定的一些参数。

如果要将队列与交换器解绑，则可以调用 Channel 接口的 queueUnBind()方法，该方法也有两个重载形式，如下所示：

- ➢ AMQP.Queue.UnbindOk queueUnbind(String queue, String exchange, String routingKey) throws IOException

- AMQP.Queue.UnbindOk queueUnbind(String queue, String exchange, String routingKey, Map<String,Object> arguments) throws IOException

各个参数的含义参看 queueBind()方法。

下面的代码使用路由键“info”将队列“direct01”与交换器“direct_logs”进行绑定。

```
chan.queueBind("direct01", "direct_logs", "info");
```

18.4.6 发布消息

发布消息是调用 Channel 接口的 basicPublish()方法来完成的，该方法有三个重载形式，如下所示：

- void basicPublish(String exchange, String routingKey, AMQP.BasicProperties props, byte[] body) throws IOException
- void basicPublish(String exchange, String routingKey, boolean mandatory, AMQP.BasicProperties props, byte[] body) throws IOException
- void basicPublish(String exchange, String routingKey, boolean mandatory, boolean immediate, AMQP.BasicProperties props, byte[] body) throws IOException

方法中各个参数的含义如下所示。

- exchange
  要将消息发布到的交换器的名称。如果设置为空字符串，则消息会被发布到默认的交换器中。
- routingKey
  路由键。交换器根据路由键将消息路由到对应的队列中。
- mandatory
  如果该参数为 true，那么当交换器无法根据自身的类型和路由键找到一个符合条件的队列时，RabbitMQ 就会调用 Basic.Return 命令将消息返回给生产者。如果该参数为 false，那么在出现上述情形时，消息将被直接丢弃。生产者要获取没有被正确路由到队列的消息，需要调用 Channel 接口的 addReturnListener()方法添加一个监听器或回调对象来实现。
- immediate
  从 RabbitMQ 3.0 版本开始已不再支持该参数。
- props
  消息的基本属性集。AMQP 预定义了一组与消息相关的 14 个属性，常用的有以下 4 个属性。
  - deliveryMode
    将消息标记为持久的（值为 2）或暂时的（任何其他值）。
  - contentType
    用于描述编码的 MIME 类型。例如，对于经常使用的 JSON 编码，将此属性设置为：application/JSON。

◆ replyTo
通常用于命名回调队列。

◆ correlationId
用于将 RPC 响应与请求关联起来。

✧ body
消息体，实际的消息内容。

下面的代码使用路由键“hello”将消息“Hello World!”发布到默认的交换器中。

```
channel.basicPublish("", "hello", null, "Hello World!".getBytes());
```

18.4.7 消费消息

消费消息是调用 Channel 接口的 basicConsume ()方法来完成的，该方法的重载形式很多，这里我们将其分为两组分别进行介绍。第一组方法形式如下所示。

➢ String basicConsume(String queue, Consumer callback) throws IOException
使用显式的确认和服务器生成的消费者标签启动一个非本地的、非独占的消费者。

➢ String basicConsume(String queue, boolean autoAck, Consumer callback) throws IOException
使用服务器生成的消费者标签启动一个非本地的、非独占的消费者。

➢ String basicConsume(String queue, boolean autoAck, String consumerTag, Consumer callback) throws IOException
启动一个非本地的、非独占的消费者。

➢ String basicConsume(String queue, boolean autoAck, Map<String,Object> arguments, Consumer callback) throws IOException
使用服务器生成的消费者标签和指定的参数启动一个非本地的、非独占的消费者。

➢ String basicConsume(String queue, boolean autoAck, String consumerTag, boolean noLocal, boolean exclusive, Map<String,Object> arguments, Consumer callback) throws IOException
启动一个消费者。调用消费者的 Consumer.handleConsumeOk(java.lang.String)方法。

方法参数的含义如下所示。

✧ queue
队列的名称。

✧ autoAck
设置是否自动确认。如果为 true，那么消息一旦被发送出去，服务器就会自动确认消息，然后从内存（或磁盘）中删除消息，而不管消费者是否真正获取到这些消息。如果为 false，那么服务器会等待消费者显式地回复确认信号后才从内存（或磁盘）中删除消息。

- ✧ consumerTag
  消费者标签，用来区分多个消费者，在同一个信道中的消费者也需要通过唯一的消费者标签来区分。
- ✧ noLocal
  如果设置为 true，则表示在此信道的连接上发布的消息不能传递给同一个连接的消费者。目前版本的 RabbitMQ 服务器不支持这个标志。
- ✧ exclusive
  如果为 true，则是独占的消费者。
- ✧ arguments
  设置消费者的其他参数。
- ✧ callback
  消费者对象的接口。需要传递实现 Consumer 接口的对象，在接口的方法中处理 RabbitMQ 推送过来的消息。可使用 DefaultConsumer 类来简化接口的实现。

这些方法返回的都是与新消费者关联的消费者标签，不带 consumerTag 参数的方法返回的是服务器生成的消费者标签。

下面的代码使用自动确认和服务器生成的消费者标签启动一个非本地的、非独占的消费者。

```
channel.basicConsume("hello", true, new DefaultConsumer(channel) {
   @Override
   public void handleDelivery(String consumerTag,
                        Envelope envelope,
                        AMQP.BasicProperties properties,
                        byte[] body) throws IOException {
      String message = new String(body, "UTF-8");
      System.out.println(" [x] Received '" + message + "'");
   }
});
```

第二组方法的形式如下所示。

- ➢ String basicConsume(String queue, DeliverCallback deliverCallback, CancelCallback cancelCallback) throws IOException
- ➢ String basicConsume(String queue, boolean autoAck, DeliverCallback deliverCallback, CancelCallback cancelCallback) throws IOException
- ➢ String basicConsume(String queue, boolean autoAck, String consumerTag, DeliverCallback deliverCallback, CancelCallback cancelCallback) throws IOException
- ➢ String basicConsume(String queue, boolean autoAck, Map<String,Object> arguments, DeliverCallback deliverCallback, CancelCallback cancelCallback) throws IOException
- ➢ String basicConsume(String queue, boolean autoAck, String consumerTag, boolean noLocal, boolean exclusive, Map<String,Object> arguments, DeliverCallback deliverCallback, CancelCallback cancelCallback) throws IOException

这一组方法的参数与上一组方法的同名参数含义相同，不同的是，这一组方法采用了 DeliverCallback 和 CancelCallback 回调接口来分别处理消息的传递和取消。这两个接口是函数式接口，因而可以使用 Lambda 表达式，简化了对消息的处理。

DeliverCallback 接口中的方法如下所示。

➢ void handle(String consumerTag, Delivery message) throws IOException

CancelCallback 接口中的方法如下所示。

➢ void handle(String consumerTag) throws IOException

下面的代码使用回调接口实现了与上述代码相同的功能，可以看到，使用回调接口代码更为简化。

```
    DeliverCallback deliverCallback = (consumerTag, delivery) -> {
        String message = new String(delivery.getBody(), "UTF-8");
        System.out.println(" [x] Received '" + message + "'");
    };
    channel.basicConsume(QUEUE_NAME, true, deliverCallback, consumerTag ->
{ });
```

18.4.8　消息确认与拒绝

为了保证消息从队列可靠地到达消费者，RabbitMQ 提供了消息确认机制（message acknowledgment）。消费者在订阅队列时，可以指定 autoAck 参数，如果为 false，那么服务器会等待消费者显式地回复确认信号后才从内存（或磁盘）中删除消息，这可以保证消费者有足够的时间处理消息（任务），且不会因为消费者出现状况（信道关闭、连接关闭、TCP 连接丢失或者进程崩溃）而导致消息丢失的问题。

将 autoAck 参数设置为 flase 后，需要调用 Channel 接口的 basicAck()方法进行手动确认，该方法的签名如下所示。

➢ void basicAck(long deliveryTag, boolean multiple) throws IOException

确认一条或多条收到的消息。

该方法的参数含义如下所示。

✧ deliveryTag

  消息的标签，是一个 64 位的长整数。

✧ multiple

  如果为 true，则表示确认 deliveryTag 标记的消息及之前的所有消息；如果为 false，则只确认 deliveryTag 标记的消息。

下面的代码演示了如何进行消息确认。

```
    DeliverCallback deliverCallback = (consumerTag, delivery) -> {
        String message = new String(delivery.getBody(), "UTF-8");
        System.out.println(" [x] Received '" + message + "'");
        channel.basicAck(delivery.getEnvelope().getDeliveryTag(), true);
    };
    channel.basicConsume(QUEUE_NAME, false, deliverCallback, consumerTag ->
{ });
```

可以从 RabbitMQ 的 Web 管理平台上查看队列中“Ready”状态和“Unacked”状态的消息数，这两种状态的消息数分别表示等待投递给消费者的消息数和已经投递给消费者但还没有收到确认信号的消息数。如图 18-10 所示。

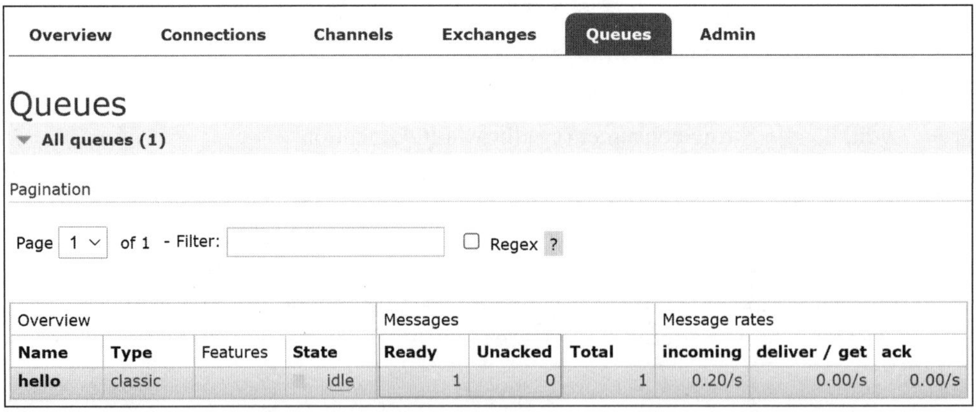

Overview　Connections　Channels　Exchanges　Queues　Admin

Queues

▼ All queues (1)

Pagination

Page 1 of 1 - Filter: ☐ Regex ?

Overview				Messages			Message rates		
Name	**Type**	Features	**State**	**Ready**	**Unacked**	**Total**	**incoming**	**deliver / get**	**ack**
hello	classic		idle	1	0	1	0.20/s	0.00/s	0.00/s

图 18-10　在 RabbitMQ 的管理平台上查看队列

要注意的是，将 autoAck 参数设置为 flase 后，服务器只有在收到确认信号后才会删除消息（默认有 30 分钟的强制超时值）；如果服务器未收到确认信号，而消费者连接断开，则消息会被转给其他消费者。因此，不要忘了进行消息确认，否则会导致消息堆积，使得业务被重复处理。

将 autoAck 参数设置为 true，可以提升队列的处理效率。可以根据实际业务场景，决定是采用自动确认还是手动确认信号。

如果消费者在接收到消息后，想拒绝当前的消息，则可以调用 Channel 接口的 basicReject()和 basicNack()这两个方法，这两个方法的签名如下所示。

➢ void basicReject(long deliveryTag, boolean requeue) throws IOException

  拒绝一条消息。

➢ void basicNack(long deliveryTag, boolean multiple, boolean requeue) throws IOException

  拒绝收到的一条或多条消息。

方法中的参数含义如下所示。

✧ deliveryTag

  消息的标签，是一个 64 位的长整数。

✧ multiple

  如果为 true，则表示拒绝 deliveryTag 标记的消息及之前的所有消息；如果为 false，则只拒绝 deliveryTag 标记的消息。

✧ requeue

  如果为 true，则消息会被重新放入队列，以便可以发送给下一个订阅的消费者。如果为 false，则消息从队列中被删除；如果为队列添加了死信交换器（Dead-Letter-Exchange，DLX），那么被拒绝的消息会变成死信而被发送到 DLX 中。

18.4.9 关闭连接

信道与连接都是一种资源，在使用完毕后，都要关闭。信道与连接的关闭调用各自的 close()方法即可，在程序中可以使用 Java 7 新增的 try-with-resources 语句来自动关闭信道和连接。但要注意，在关闭连接时信道也会自动关闭，但显式地关闭信道是一个好的习惯。

18.5 六种应用模式

RabbitMQ 官方文档给出了六种应用模式：Simple、工作队列、发布/订阅、路由、主题、RPC 下面我们分别进行介绍。

18.5.1 Simple

Simple 是一个简单的应用模式，生产者将消息发布到队列，消费者从队列中获取消息，消息被消费后将自动删除。在这个模式中，只有一个生产者、一个消费者和一个队列，如图 18-11 所示。

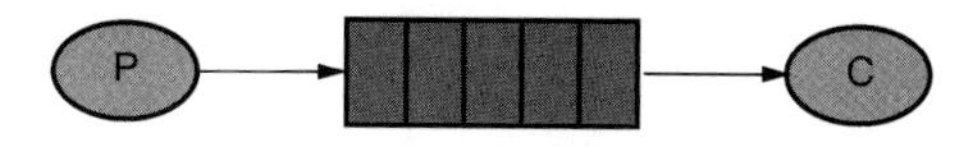

图 18-11 Simple 模式

Simple 模式的应用场景包括点对点通信和群聊，只需要让通信两端既是生产者，又是消费者，并订阅同一个队列即可。

生产者的代码如例 18-1 所示。

例 18-1 Send.java

```
package com.sun.ch18.amqp.simple;

import com.rabbitmq.client.Channel;
import com.rabbitmq.client.Connection;
import com.rabbitmq.client.ConnectionFactory;

import java.io.IOException;
import java.util.concurrent.TimeoutException;

public class Send {
    private final static String QUEUE_NAME = "hello";
    public static void main(String[] args) {
        // 创建连接工厂
        ConnectionFactory factory = new ConnectionFactory();
        // 配置连接工厂
        factory.setHost("localhost");
        // 从工厂获取连接
        try (Connection connection = factory.newConnection();
```

```
             Channel channel = connection.createChannel()) {
            // 声明一个非持久化的、非独占的、非自动删除的队列
            channel.queueDeclare(QUEUE_NAME, false, false, false, null);
            String message = "Hello World!";
            // 发布消息
            channel.basicPublish("", QUEUE_NAME, null,
message.getBytes());
            System.out.println(" [x] Sent '" + message + "'");
        } catch (IOException | TimeoutException e) {
            e.printStackTrace();
        }
    }
}
```

消费者的代码如例 18-2 所示。

例 18-2 Recv.java

```
package com.sun.ch18.amqp.simple;

import com.rabbitmq.client.Channel;
import com.rabbitmq.client.Connection;
import com.rabbitmq.client.ConnectionFactory;
import com.rabbitmq.client.DeliverCallback;

public class Recv {
    private final static String QUEUE_NAME = "hello";
    public static void main(String[] argv) throws Exception {
        ConnectionFactory factory = new ConnectionFactory();
        factory.setHost("localhost");
        Connection connection = factory.newConnection();
        Channel channel = connection.createChannel();

        channel.queueDeclare(QUEUE_NAME, false, false, false, null);
        System.out.println(" [*] Waiting for messages. To exit press
CTRL+C");
        DeliverCallback deliverCallback = (consumerTag, delivery) -> {
            String message = new String(delivery.getBody(), "UTF-8");
            System.out.println(" [x] Received '" + message + "'");
        };
        channel.basicConsume(QUEUE_NAME, true, deliverCallback,
consumerTag -> { });
    }
}
```

18.5.2 工作队列

在工作队列模式中，将创建一个用于在多个工作者之间分配耗时的任务的工作队列。工作队列（又名任务队列）背后的主要思想是避免立即执行资源密集型任务，而是把任

务安排在以后完成。将任务封装为消息，并将其发送到队列，在后台运行的辅助进程将弹出这些任务并执行。当运行多个工作者时，任务将在它们之间共享。

图 18-12 展示了工作队列模式。

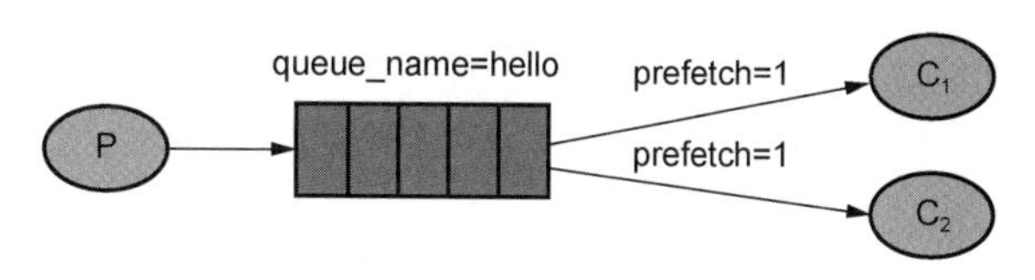

图 18-12　工作队列模式

工作队列模式的应用场景包括：红包、项目中的资源调度（由空闲的工作者争抢到资源任务并进行处理）。

生产者的代码如例 18-3 所示。

例 18-3　NewTask.java

```
package com.sun.ch18.amqp.workqueue;

import com.rabbitmq.client.Channel;
import com.rabbitmq.client.Connection;
import com.rabbitmq.client.ConnectionFactory;
import com.rabbitmq.client.MessageProperties;

public class NewTask {
   private static final String TASK_QUEUE_NAME = "task_queue";

   public static void main(String[] argv) throws Exception {
      ConnectionFactory factory = new ConnectionFactory();
      factory.setHost("localhost");
      try (Connection connection = factory.newConnection();
           Channel channel = connection.createChannel()) {
         // 声明一个持久化的、非独占的、非自动删除的队列
         channel.queueDeclare(TASK_QUEUE_NAME, true, false, false,
null);

         for(int i = 0; i < 10; i ++) {
            String message = "hello " + i;
            // MessageProperties.PERSISTENT_TEXT_PLAIN 将消息标记为持久
化的
            channel.basicPublish("", TASK_QUEUE_NAME,
                  MessageProperties.PERSISTENT_TEXT_PLAIN,
                  message.getBytes("UTF-8"));
            System.out.println(" [x] Sent '" + message + "'");
         }
      }
   }
}
```

消费者的代码如例 18-4 所示。

例 18-4　Worker.java

```
package com.sun.ch18.amqp.workqueue;

import com.rabbitmq.client.Channel;
import com.rabbitmq.client.Connection;
import com.rabbitmq.client.ConnectionFactory;
import com.rabbitmq.client.DeliverCallback;

public class Worker {
    private static final String TASK_QUEUE_NAME = "task_queue";

    public static void main(String[] argv) throws Exception {
        ConnectionFactory factory = new ConnectionFactory();
        factory.setHost("localhost");
        final Connection connection = factory.newConnection();
        final Channel channel = connection.createChannel();

        channel.queueDeclare(TASK_QUEUE_NAME, true, false, false, null);
        System.out.println(" [*] Waiting for messages. To exit press
CTRL+C");

        // 服务质量保证
        // 告知服务器，不要一次给一个工作者发送多条消息
        // 在工作者确认前一条消息前，不要向它发送新消息，而是发送给一个空闲的工作者
        channel.basicQos(1);

        DeliverCallback deliverCallback = (consumerTag, delivery) -> {
            String message = new String(delivery.getBody(), "UTF-8");

            System.out.println(" [x] Received '" + message + "'");
            try {
                // 模拟耗时操作
                Thread.sleep(1000);
            } catch (InterruptedException e) {
                e.printStackTrace();
            } finally {
                System.out.println(" [x] Done");
                channel.basicAck(delivery.getEnvelope().getDeliveryTag(),
false);
            }
        };
        channel.basicConsume(TASK_QUEUE_NAME, false, deliverCallback,
consumerTag -> { });
    }
}
```

在测试时，可以先启动消费者，即先运行 Worker 类。在 IDEA 中，默认无法开启同一个执行类的多个进程，如果换到命令提示符窗口下执行，则又需要配置 RabbitMQ 的

Java 客户端库，这会比较麻烦。我们可以按照下面的步骤打开“允许多实例”开关。

1. 在 Worker 类上单击鼠标右键，从弹出的菜单中选择【More Run/Debug】→【Modify Run Configuration…】，如图 18-13 所示。

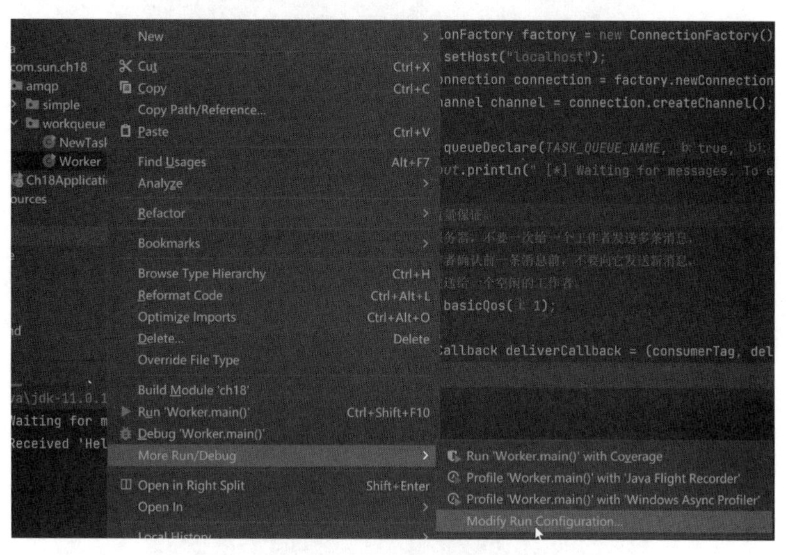

图 18-13　修改运行配置

2. 在出现的“Create Run Configurations:'Worker'”对话框窗口中单击“Modify options”链接，如图 18-14 所示。

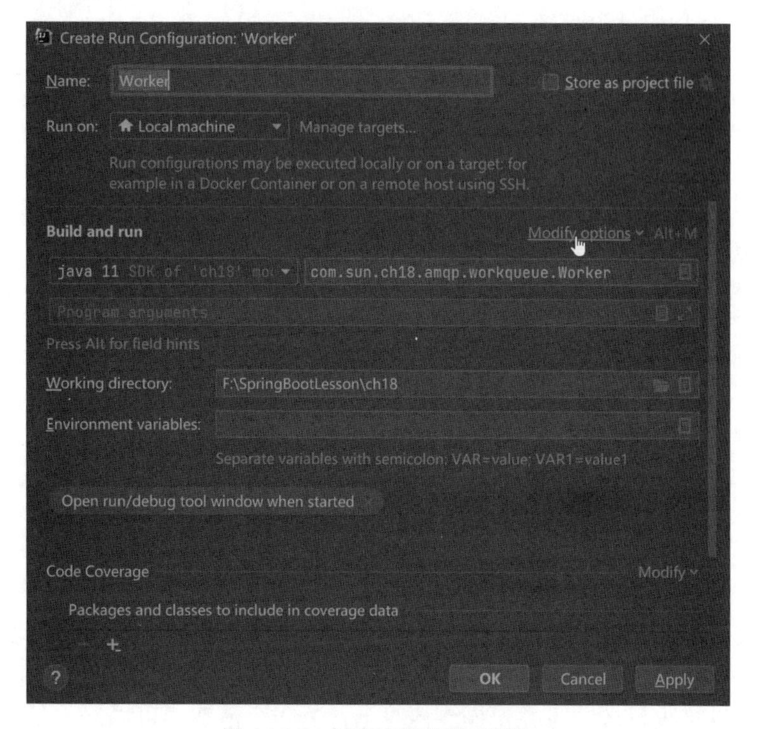

图 18-14　创建运行配置对话框

3. 在弹出的菜单中选中“Allow multiple instances”菜单项，如图 18-15 所示。

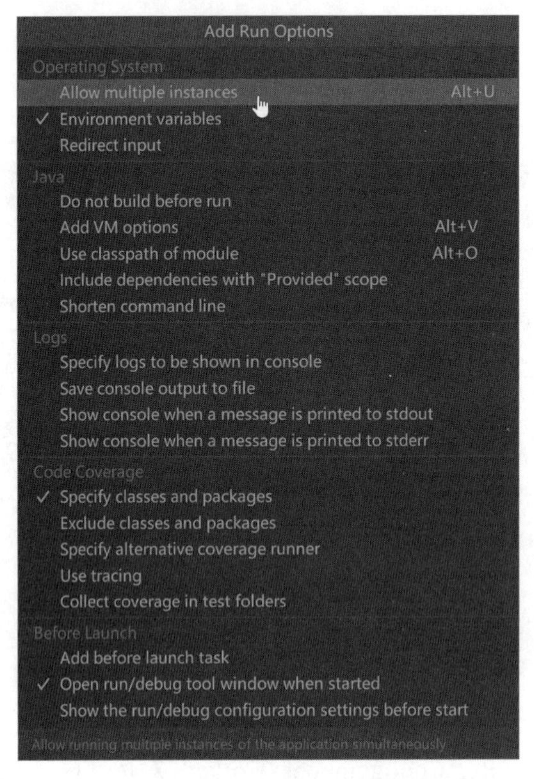

图 18-15　添加运行选项

单击“OK”按钮结束配置。

之后读者可以先运行多个 Worker 实例，再运行 NewTask 进行测试。

18.5.3　发布/订阅

工作队列模式是每个任务都只交付给一个工作者，而发布/订阅模式则是向多个消费者传递一条消息。

发布/订阅模式使用的交换器类型是 fanout。图 18-16 展示了发布/订阅模式。

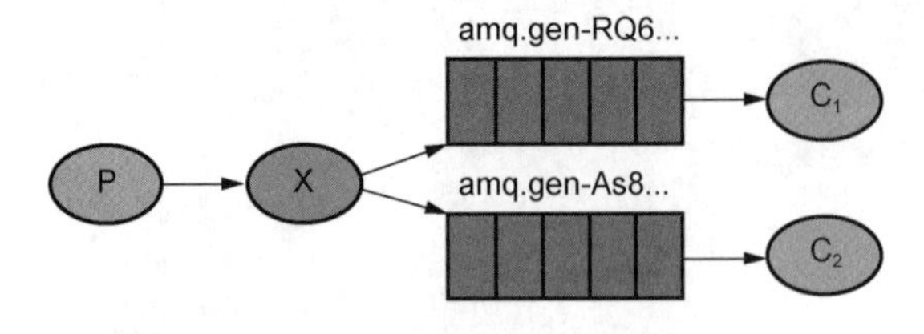

图 18-16　发布/订阅模式

发布/订阅模式的应用场景包括：群聊天、广告等。

在这个案例中，构建一个简单的日志系统，生产者发出日志消息，消费者接收并打印消息。在这个日志系统中，每个运行的消费者实例都将获得日志消息，通过这种方式，一个消费者可以接收日志消息并定向到磁盘上，另一个消费者可以接收日志消息并在屏幕上打印输出。实际上，生产者发布的日志消息将被广播到所有的消费者。

生产者的代码如例 18-5 所示。

例 18-5　EmitLog.java

```
package com.sun.ch18.amqp.pubsub;

import com.rabbitmq.client.Channel;
import com.rabbitmq.client.Connection;
import com.rabbitmq.client.ConnectionFactory;

public class EmitLog {
    private static final String EXCHANGE_NAME = "logs";

    public static void main(String[] argv) throws Exception {
        ConnectionFactory factory = new ConnectionFactory();
        factory.setHost("localhost");
        try (Connection connection = factory.newConnection();
             Channel channel = connection.createChannel()) {
            // 声明一个 fanout 类型的非自动删除的、非持久化的交换器
            channel.exchangeDeclare(EXCHANGE_NAME, "fanout");

            String message = "info: Hello World!";
            // fanout 交换器将消息路由到绑定到它的所有队列，并且忽略路由键
            // 因此方法中不需要指定路由键
            channel.basicPublish(EXCHANGE_NAME, "",
                    null, message.getBytes("UTF-8"));
            System.out.println(" [x] Sent '" + message + "'");
        }
    }
}
```

消费者的代码如例 18-6 所示。

例 18-6　ReceiveLogs.java

```
package com.sun.ch18.amqp.pubsub;

import com.rabbitmq.client.Channel;
import com.rabbitmq.client.Connection;
import com.rabbitmq.client.ConnectionFactory;
import com.rabbitmq.client.DeliverCallback;

public class ReceiveLogs {
    private static final String EXCHANGE_NAME = "logs";

    public static void main(String[] argv) throws Exception {
        ConnectionFactory factory = new ConnectionFactory();
        factory.setHost("localhost");
        Connection connection = factory.newConnection();
        Channel channel = connection.createChannel();

        channel.exchangeDeclare(EXCHANGE_NAME, "fanout");
        // 创建一个非持久的、独占的、自动删除的队列，并自动生成一个队列名称
```

```
            // 在使用广播路由时，通常会使用临时队列
            String queueName = channel.queueDeclare().getQueue();
            // 将队列与 fanout 交换器绑定
            channel.queueBind(queueName, EXCHANGE_NAME, "");

            System.out.println(" [*] Waiting for messages. To exit press
CTRL+C");

            DeliverCallback deliverCallback = (consumerTag, delivery) -> {
               String message = new String(delivery.getBody(), "UTF-8");
               System.out.println(" [x] Received '" + message + "'");
            };
            channel.basicConsume(queueName, true, deliverCallback,
consumerTag -> { });
        }
    }
```

读者可以先运行 ReceiveLogs 的几个实例，再运行 EmitLog，可以看到所有消费者都收到了消息。

18.5.4 路由

上一个案例是将日志消息广播给所有的接收者，下面仍以日志系统为例，在路由模式下，根据日志级别将日志消息发送给不同的接收者。

在这个案例中，使用的是 direct 类型的交换器，将路由键与绑定键完全匹配的消息发送到对应的队列。

图 18-17 展示了路由模式。

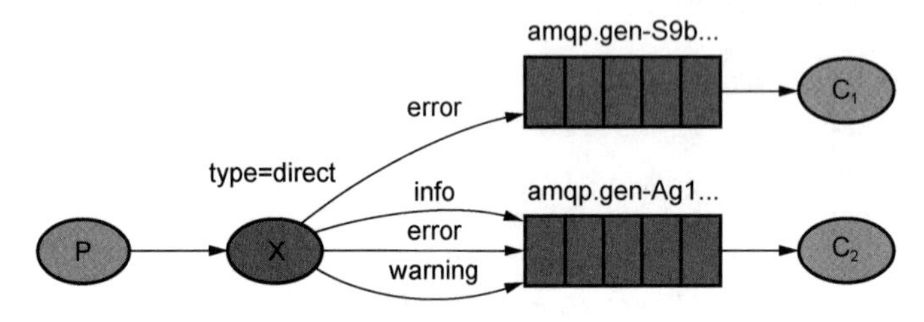

图 18-17 路由模式

生产者的代码如例 18-7 所示。

例 18-7 EmitLogDirect.java

```
package com.sun.ch18.amqp.routing;

import com.rabbitmq.client.Channel;
import com.rabbitmq.client.Connection;
import com.rabbitmq.client.ConnectionFactory;

public class EmitLogDirect {
   private static final String EXCHANGE_NAME = "direct_logs";
```

```
    public static void main(String[] argv) throws Exception {
        ConnectionFactory factory = new ConnectionFactory();
        factory.setHost("localhost");
        try (Connection connection = factory.newConnection();
             Channel channel = connection.createChannel()) {
            // 声明一个非自动删除的、非持久化的 direct 类型的交换器
            channel.exchangeDeclare(EXCHANGE_NAME, "direct");

            String severity = getSeverity(argv);
            String message = getMessage(argv);

            channel.basicPublish(EXCHANGE_NAME, severity,
                    null, message.getBytes("UTF-8"));
            System.out.println(" [x] Sent '" + severity + "':'" + message
+ "'");
        }
    }

    private static String getSeverity(String[] strings) {
        if (strings.length < 1)
            return "info";
        return strings[0];
    }

    private static String getMessage(String[] strings) {
        if (strings.length < 2)
            return "Hello World!";
        return joinStrings(strings, " ", 1);
    }

    private static String joinStrings(String[] strings, String delimiter,
int startIndex) {
        int length = strings.length;
        if (length == 0) return "";
        if (length <= startIndex) return "";
        StringBuilder words = new StringBuilder(strings[startIndex]);
        for (int i = startIndex + 1; i < length; i++) {
            words.append(delimiter).append(strings[i]);
        }
        return words.toString();
    }
}
```

提醒读者一下，可以在运行配置中添加程序参数。

消费者的代码如例 18-8 所示。

例 18-8　ReceiveLogsDirect.java

```
package com.sun.ch18.amqp.routing;
```

```
import com.rabbitmq.client.Channel;
import com.rabbitmq.client.Connection;
import com.rabbitmq.client.ConnectionFactory;
import com.rabbitmq.client.DeliverCallback;

public class ReceiveLogsDirect {
   private static final String EXCHANGE_NAME = "direct_logs";

   public static void main(String[] argv) throws Exception {
      ConnectionFactory factory = new ConnectionFactory();
      factory.setHost("localhost");
      Connection connection = factory.newConnection();
      Channel channel = connection.createChannel();

      channel.exchangeDeclare(EXCHANGE_NAME, "direct");
      String queueName = channel.queueDeclare().getQueue();

      if (argv.length < 1) {
         System.err.println("Usage: ReceiveLogsDirect [info] [warning]
[error]");
         System.exit(1);
      }

      for (String severity : argv) {
         channel.queueBind(queueName, EXCHANGE_NAME, severity);
      }
      System.out.println(" [*] Waiting for messages. To exit press
CTRL+C");

      DeliverCallback deliverCallback = (consumerTag, delivery) -> {
         String message = new String(delivery.getBody(), "UTF-8");
         System.out.println(" [x] Received '" +
               delivery.getEnvelope().getRoutingKey() + "':'" +
message + "'");
      };
      channel.basicConsume(queueName, true, deliverCallback,
consumerTag -> { });
   }
}
```

提醒读者一下，在运行消费者实例前，需要在运行配置中添加程序参数。

18.5.5 主题

主题模式使用 topic 交换器，由于 topic 交换器使用的路由键是由点号（.）分隔的单词列表，且可以使用两个通配符（*和#），因此在需要根据多个条件进行路由时，topic 交换器能提供更多的灵活性。

下面继续改进日志系统。现在我们不仅想根据日志级别订阅日志，还想根据发出日志的设备来订阅日志，日志的路由键由两个单词组成：<facility>.<severity>。

生产者的代码如例 18-9 所示。

例 18-9　EmitLogTopic.java

```
package com.sun.ch18.amqp.topic;

import com.rabbitmq.client.Channel;
import com.rabbitmq.client.Connection;
import com.rabbitmq.client.ConnectionFactory;

public class EmitLogTopic {
    private static final String EXCHANGE_NAME = "topic_logs";

    public static void main(String[] argv) throws Exception {
        ConnectionFactory factory = new ConnectionFactory();
        factory.setHost("localhost");
        try (Connection connection = factory.newConnection();
             Channel channel = connection.createChannel()) {
            // 声明一个 topic 交换器
            channel.exchangeDeclare(EXCHANGE_NAME, "topic");

            String routingKey = getRouting(argv);
            String message = getMessage(argv);

            channel.basicPublish(EXCHANGE_NAME, routingKey, null,
message.getBytes("UTF-8"));
            System.out.println(" [x] Sent '" + routingKey + "':'" + message
+ "'");
        }
    }
    private static String getRouting(String[] strings) {
        if (strings.length < 1)
            return "anonymous.info";
        return strings[0];
    }

    private static String getMessage(String[] strings) {
        if (strings.length < 2)
            return "Hello World!";
        return joinStrings(strings, " ", 1);
    }

    private static String joinStrings(String[] strings, String delimiter,
int startIndex) {
        int length = strings.length;
        if (length == 0) return "";
        if (length < startIndex) return "";
```

```
        StringBuilder words = new StringBuilder(strings[startIndex]);
        for (int i = startIndex + 1; i < length; i++) {
            words.append(delimiter).append(strings[i]);
        }
        return words.toString();
    }
}
```

消费者的代码如例 18-10 所示。

例 18-10 ReceiveLogsTopic.java

```
package com.sun.ch18.amqp.topic;

import com.rabbitmq.client.Channel;
import com.rabbitmq.client.Connection;
import com.rabbitmq.client.ConnectionFactory;
import com.rabbitmq.client.DeliverCallback;

public class ReceiveLogsTopic {
    private static final String EXCHANGE_NAME = "topic_logs";

    public static void main(String[] argv) throws Exception {
        ConnectionFactory factory = new ConnectionFactory();
        factory.setHost("localhost");
        Connection connection = factory.newConnection();
        Channel channel = connection.createChannel();

        channel.exchangeDeclare(EXCHANGE_NAME, "topic");
        String queueName = channel.queueDeclare().getQueue();

        if (argv.length < 1) {
            System.err.println("Usage: ReceiveLogsTopic 
[binding_key]...");
            System.exit(1);
        }

        for (String bindingKey : argv) {
            channel.queueBind(queueName, EXCHANGE_NAME, bindingKey);
        }

        System.out.println(" [*] Waiting for messages. To exit press 
CTRL+C");

        DeliverCallback deliverCallback = (consumerTag, delivery) -> {
            String message = new String(delivery.getBody(), "UTF-8");
            System.out.println(" [x] Received '" +
                    delivery.getEnvelope().getRoutingKey() + "':'" + 
message + "'");
        };
```

```
        channel.basicConsume(queueName, true, deliverCallback,
consumerTag -> { });
      }
    }
```

读者可以设置一些绑定键参数来启动 ReceiveLogsTopic，例如，kern.*、*.critical。同样，在启动 EmitLogTopic 时，可以设置路由键参数和日志消息，例如，kern.critical、A critical kernel error。

18.5.6 RPC

RPC 的全称是 Remote Procedure Call，即远程过程调用，可以简单理解为在远程计算机上运行一个函数并等待结果。

在这个案例中，我们使用 RabbitMQ 构建一个 RPC 系统：一个客户端和可伸缩的 RPC 服务器，RPC 服务器通过返回斐波那契数列的计算结果来模拟一个虚拟的 RPC 服务。

1. 客户端接口

在本例中，我们创建一个简单的客户端类，它公开一个 call()方法，该方法发送一个 RPC 请求并阻塞，直到收到 RPC 服务器的响应。代码如下所示：

```
FibonacciRpcClient fibonacciRpc = new FibonacciRpcClient();
String result = fibonacciRpc.call("4");
System.out.println( "fib(4) is " + result);
```

2. 回调队列

一般来说，在 RabbitMQ 上实现 RPC 是很容易的。客户端发送请求消息，服务器用响应消息进行响应。为了接收响应，我们需要在请求中发送一个“回调”队列地址。在本例中，我们直接使用默认的独占队列，代码如下所示：

```
callbackQueueName = channel.queueDeclare().getQueue();

BasicProperties props = new BasicProperties
                        .Builder()
                        .replyTo(callbackQueueName)
                        .build();

channel.basicPublish("", "rpc_queue", props, message.getBytes());
```

3. 关联 ID

如果为每个 RPC 请求都创建一个回调队列，这会非常低效。我们可以为每个客户端都创建一个单独的回调队列，但这也会出现一个问题，即在队列收到响应时，如何区分响应属于哪个请求。这可以通过使用 correlationId 属性来解决，我们为每个请求都设置一个唯一的值，当在回调队列中接收到消息时，查看该属性，并与之前保存的唯一值进行比较，就能确定接收到的响应是不是该请求的响应。

代码如下所示：

```
    final String corrId = UUID.randomUUID().toString();

    String replyQueueName = channel.queueDeclare().getQueue();
    AMQP.BasicProperties props = new AMQP.BasicProperties
            .Builder()
            .correlationId(corrId)
            .replyTo(replyQueueName)
            .build();

    // 发送消息（向 RPC 服务器请求远程调用）
    channel.basicPublish("", requestQueueName, props,
message.getBytes("UTF-8"));

    // 启动一个消费者，等待接收 RPC 服务器发回的响应消息
    String ctag = channel.basicConsume(replyQueueName, true, (consumerTag,
delivery) -> {
        if (delivery.getProperties().getCorrelationId().equals(corrId)) {
            ...
        }
    }, consumerTag -> {
    });
```

4. 总结

本例的 RPC 模式如图 18-18 所示。

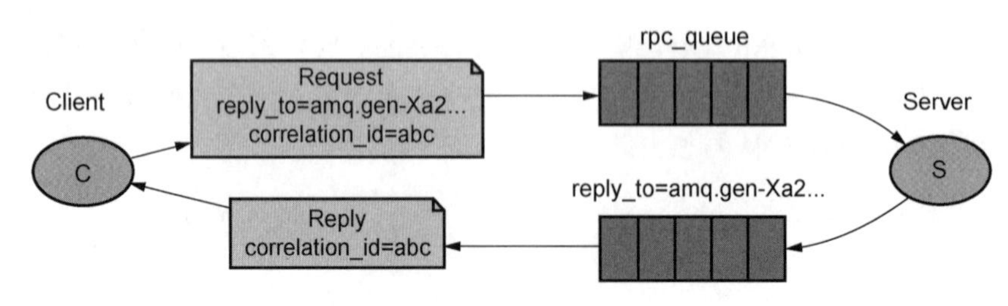

图 18-18　RPC 模式

（1）对于 RPC 请求，客户端发送带有 replyTo 和 correlationId 两个属性的消息，前者设置为专门为请求创建的匿名的独占队列，后者设置为每个请求的唯一值。

（2）请求被发送到 rpc_queue 队列。

（3）RPC 服务器等待队列上的请求。当一个请求到来时，该服务器执行工作任务（计算斐波那契数列），并使用 replyTo 字段中的队列将结果返回客户端。

（4）客户端等待应答队列上的数据。当响应消息到来时，客户端检查 correlationId 属性，如果该属性的值与请求中的值匹配，则将响应返回给应用程序。

5. 完整代码

RPC 服务器的代码如例 18-11 所示。

例 18-11　RPCServer.java

```
package com.sun.ch18.amqp.rpc;

import com.rabbitmq.client.*;

public class RPCServer {
    private static final String RPC_QUEUE_NAME = "rpc_queue";

    private static int fib(int n) {
        if (n == 0) return 0;
        if (n == 1) return 1;
        return fib(n - 1) + fib(n - 2);
    }

    public static void main(String[] argv) throws Exception {
        ConnectionFactory factory = new ConnectionFactory();
        factory.setHost("localhost");

        try (Connection connection = factory.newConnection();
             Channel channel = connection.createChannel()) {
            // 声明一个非持久化的、非独占的、非自动删除的队列
            channel.queueDeclare(RPC_QUEUE_NAME, false, false, false,
null);
            // 清除指定队列的内容
            channel.queuePurge(RPC_QUEUE_NAME);
            // 平均分配负载
            channel.basicQos(1);

            System.out.println(" [x] Awaiting RPC requests");

            Object monitor = new Object();
            DeliverCallback deliverCallback = (consumerTag, delivery) -> {
                AMQP.BasicProperties replyProps = new AMQP.BasicProperties
                        .Builder()
                        .correlationId(delivery.getProperties().getCorrela
tionId())
                        .build();

                String response = "";

                try {
                    String message = new String(delivery.getBody(),
"UTF-8");
                    // 解析 RPC 客户端发来的字符串消息
                    int n = Integer.parseInt(message);

                    System.out.println(" [.] fib(" + message + ")");
                    // 计算斐波那契数列
```

```
                        response += fib(n);
                    } catch (RuntimeException e) {
                        System.out.println(" [.] " + e.toString());
                    } finally {
                        // 向 RPC 客户端发回响应
                        channel.basicPublish("",
                                delivery.getProperties().getReplyTo(),
                                replyProps,
                                response.getBytes("UTF-8"));

channel.basicAck(delivery.getEnvelope().getDeliveryTag(), false);
                        // RabbitMq consumer worker thread notifies the RPC server
owner thread
                        synchronized (monitor) {
                            monitor.notify();
                        }
                    }
                };
                // 启动一个消费者，等待接收 RPC 客户端发来的消息（等待远程调用）
                channel.basicConsume(RPC_QUEUE_NAME, false, deliverCallback,
(consumerTag -> { }));
                // Wait and be prepared to consume the message from RPC client.
                while (true) {
                    synchronized (monitor) {
                        try {
                            monitor.wait();
                        } catch (InterruptedException e) {
                            e.printStackTrace();
                        }
                    }
                }
            }
        }
    }
```

RPC 客户端的代码如例 18-12 所示。

例 18-12　RPCClient.java

```
package com.sun.ch18.amqp.rpc;

import com.rabbitmq.client.AMQP;
import com.rabbitmq.client.Channel;
import com.rabbitmq.client.Connection;
import com.rabbitmq.client.ConnectionFactory;

import java.io.IOException;
import java.util.UUID;
import java.util.concurrent.ArrayBlockingQueue;
import java.util.concurrent.BlockingQueue;
```

```
    import java.util.concurrent.TimeoutException;

    public class RPCClient implements AutoCloseable {
        private Connection connection;
        private Channel channel;
        private String requestQueueName = "rpc_queue";

        public RPCClient() throws IOException, TimeoutException {
            ConnectionFactory factory = new ConnectionFactory();
            factory.setHost("localhost");

            connection = factory.newConnection();
            channel = connection.createChannel();
        }

        public static void main(String[] argv) {
            try (RPCClient fibonacciRpc = new RPCClient()) {
                for (int i = 0; i < 32; i++) {
                    String i_str = Integer.toString(i);
                    System.out.println(" [x] Requesting fib(" + i_str + ")");
                    String response = fibonacciRpc.call(i_str);
                    System.out.println(" [.] Got '" + response + "'");
                }
            } catch (IOException | TimeoutException | InterruptedException e)
{
                e.printStackTrace();
            }
        }

        public String call(String message) throws IOException,
InterruptedException {
            final String corrId = UUID.randomUUID().toString();

            String replyQueueName = channel.queueDeclare().getQueue();
            AMQP.BasicProperties props = new AMQP.BasicProperties
                    .Builder()
                    .correlationId(corrId)
                    .replyTo(replyQueueName)
                    .build();

            // 发送消息（向 RPC 服务器请求远程调用）
            channel.basicPublish("", requestQueueName, props,
message.getBytes("UTF-8"));

            final BlockingQueue<String> response = new
ArrayBlockingQueue<>(1);

            // 启动一个消费者，等待接收 RPC 服务器发回的响应消息
            String ctag = channel.basicConsume(replyQueueName, true,
```

```
(consumerTag, delivery) -> {
                if
(delivery.getProperties().getCorrelationId().equals(corrId)) {
                    response.offer(new String(delivery.getBody(), "UTF-8"));
                }
            }, consumerTag -> {
            });

            String result = response.take();
            channel.basicCancel(ctag);
            return result;
        }

        public void close() throws IOException {
            connection.close();
        }
    }
```

18.6 Spring Boot 对 RabbitMQ 的支持

Spring AMQP 项目将核心 Spring 概念应用于基于 AMQP 的消息传递解决方案的开发。与很多的数据访问项目类似，Spring AMQP 项目也提供了一个模板，作为发送和接收消息的高级抽象。此外，Spring AMQP 项目支持消息驱动的 POJO。

Spring AMQP 由两个模块组成：spring-amqp 和 spring-rabbit。spring-amqp 模块包含 org.springframework.amqp.core 包，在这个包中，给出了代表核心 AMQP 模型的接口与类，其目的是提供不依赖于任何特定 AMQP 代理（broker）实现或客户端库的通用抽象。spring-rabbit 模块给出了这些抽象的特定实现，即 RabbitMQ 实现。AMQP 是在协议层运行的，原则上，可以将 RabbitMQ 客户端与支持相同协议版本的任何代理一起使用。

在 org.springframework.amqp.core 包中给出了 AmqpTemplate 接口，该接口定义了一组基本的 AMQP 操作方法，包括同步发送和接收方法。在 org.springframework.amqp.rabbit.core 包中，给出了 RabbitTemplate 类，该类实现了 AmqpTemplate 接口，用于简化同步的 RabbitMQ 访问（发送和接收消息）。

18.6.1 发送消息

AmqpTemplate 接口中定义的发送消息的方法如下。

➢ void send(Message message) throws AmqpException

使用默认路由键向默认交换器发送消息。

➢ void send(String routingKey, Message message) throws AmqpException

使用指定的路由键向默认交换器发送消息。

➢ void send(String exchange, String routingKey, Message message) throws AmqpException

使用指定的路由键向指定的交换器发送消息。

18.6.2　接收消息

有两种方式接收消息，一种方式是使用轮询方法调用，一次轮询一条消息；另一种方式是使用@RabbitListener 注解注册一个监听器，以异步方式接收消息。

AmqpTemplate 接口中定义了接收消息的方法 receive()，在默认情况下，如果没有可用的消息，则立即返回 null，不会阻塞。在调用 receive()方法时，可以设置一个超时值（以毫秒为单位）以指定等待消息的最长时间；小于零的值意味着无限期阻塞（或者至少直到与代理的连接丢失）。

receive()方法有多个重载形式，如下所示。

- Message receive() throws AmqpException
- Message receive(String queueName) throws AmqpException
- Message receive(long timeoutMillis) throws AmqpException
- Message receive(String queueName, long timeoutMillis) throws AmqpException

在 AmqpTemplate 接口中还定义了 convertAndSend(Object)和 receiveAndConvert()方法，允许发送和接收 POJO 对象。

18.6.3　使用 Spring AMQP 实现六种应用模式

这一节，我们使用 Spring Boot 对 RabbitMQ 的支持来实现 18.5 节所介绍的六种应用模式，如果读者还没有建立项目，则可以新建一个 ch18 项目，在 Messaging 模块下引入 Spring for RabbitMQ 依赖。

接下来在配置文件 application.properties 中配置 RabbitMQ 的连接信息，代码如例 18-13 所示。

例 18-13　application.properties

```
spring.rabbitmq.host=localhost
spring.rabbitmq.port=5672
spring.rabbitmq.username=guest
spring.rabbitmq.password=guest
```

要注意的是，当我们使用浏览器访问 RabbitMQ 服务器时，使用的端口号是 15672，但在 Spring Boot 程序中连接 RabbitMQ 服务器时，是通过 Java 消息服务（Java Message Service，JMS）和 AMQP 进行发送和接收消息的，所以连接的端口号是 5672。

接下来，我们开始实现六种应用模式，代码均在 com.sun.ch18.sb 包下。

1. Simple

前面提到过，spring-amqp 模块给出了代表核心 AMQP 模型的接口与类，如 Exchange 接口、Queue 类等，在 Spring Boot 程序中，可以通过配置类的方式来创建交换器和队列实例，并通过@Bean 注解将它们纳入 Spring 容器管理中。

由于本例的 Simple 模式使用的是默认的 direct 交换器，因此只需要在配置类中创建一个队列就可以了。

在 com.sun.ch18.sb 包下新建 config 子包，在该子包下新建 SimpleRabbitConfig 类，代码如例 18-14 所示。

例 18-14　SimpleRabbitConfig.java

```
package com.sun.ch18.sb.config;

import org.springframework.amqp.core.Queue;
import org.springframework.context.annotation.Bean;
import org.springframework.context.annotation.Configuration;

@Configuration
public class SimpleRabbitConfig {
    private final static String QUEUE_NAME = "hello";

    @Bean
    public Queue helloQueue() {
        // 非持久化的、非独占的、非自动删除的队列
        return new Queue(QUEUE_NAME, false);
    }
}
```

在 com.sun.ch18.sb 包下新建 simple 子包，在该子包下新建 Sender 和 Recv 类。Sender 类的代码如例 18-15 所示。

例 18-15　Sender.java

```
package com.sun.ch18.sb.simple;

import org.springframework.amqp.core.AmqpTemplate;
import org.springframework.beans.factory.annotation.Autowired;
import org.springframework.stereotype.Component;

@Component
public class Sender {
    @Autowired
    private AmqpTemplate rabbitTemplate;

    public void send(String message) {
        rabbitTemplate.convertAndSend("hello", message);
        System.out.println(" [x] Sent '" + message + "'");
    }
}
```

Recv 类采用异步方式接收消息，代码如例 18-16 所示。

例 18-16　Recv.java

```
package com.sun.ch18.sb.simple;

import org.springframework.amqp.rabbit.annotation.RabbitHandler;
import org.springframework.amqp.rabbit.annotation.RabbitListener;
```

```
import org.springframework.stereotype.Component;

@Component
@RabbitListener(queues = "hello")
public class Recv {
    @RabbitHandler
    public void process(String message) {
        System.out.println(" [x] Received '" + message + "'");
    }
}
```

在使用@RabbitListener 注解标注的类中，通过使用@RabbitHandler 注解将一个方法标注为 Rabbit 消息监听器的目标。

最后可以编写一个测试类 RabbitMQTest，测试消息的发送和接收，代码如例 18-17 所示。

例 18-17　RabbitMQTest.java

```
package com.sun.ch18;

import com.sun.ch18.sb.simple.Sender;
import org.junit.jupiter.api.Test;
import org.springframework.beans.factory.annotation.Autowired;
import org.springframework.boot.test.context.SpringBootTest;

@SpringBootTest
public class RabbitMQTest {
    @Autowired
    private Sender sender;
    @Test
    public void simpleTest() {
        sender.send("Hello World!");
    }
}
```

可以看到，使用 Spring Boot 对 RabbitMQ 的支持来编写消息发送和接收代码是非常简单的。

2. 工作队列

在工作队列模式中，为了更有效地利用空闲的工作者（消费者），需要设置服务质量保证，让代理在一个请求中向工作者发送一条消息。

从 Spring AMQP 2.0 版本开始，默认的 prefetch 值是 250，这将使消费者在大多数常见场景中保持忙碌状态，从而提高吞吐量，但这对于本例不适合。

设置 prefetch 的值有两种方式，第一种方式是在 Spring Boot 的配置文件 application.properties 中进行设置，如下所示：

```
spring.rabbitmq.listener.simple.prefetch=1
```

第二种方式是配置一个名为 rabbitListenerContainerFactory 的 Bean，使用 SimpleRabbitListenerContainerFactory 来进行设置。

在 com.sun.ch18.sb.config 包下新建 WorkQueueRabbitConfig 类，配置名为 rabbitListenerContainerFactory 的 Bean，同时也配置队列，代码如例 18-18 所示。

例 18-18　WorkQueueRabbitConfig.java

```
    package com.sun.ch18.sb.config;

    import org.springframework.amqp.core.Queue;
    import org.springframework.amqp.rabbit.config.SimpleRabbitListener
ContainerFactory;
    import org.springframework.amqp.rabbit.connection.ConnectionFactory;
    import org.springframework.context.annotation.Bean;
    import org.springframework.context.annotation.Configuration;

    @Configuration
    public class WorkQueueRabbitConfig {
       private static final String TASK_QUEUE_NAME = "task_queue";

       @Bean
       public SimpleRabbitListenerContainerFactory
rabbitListenerContainerFactory(
             ConnectionFactory connectionFactory) {
          SimpleRabbitListenerContainerFactory factory =
                new SimpleRabbitListenerContainerFactory();
          factory.setConnectionFactory(connectionFactory);
          factory.setPrefetchCount(1);
          return factory;
       }

       @Bean
       public Queue taskQueue() {
          // 持久化的、非独占的、非自动删除的队列
          return new Queue(TASK_QUEUE_NAME);
       }
    }
```

在 com.sun.ch18.sb 包下新建 workqueue 子包，在该子包下新建 NewTask 和 Worker 类。NewTask 类的代码如例 18-19 所示。

例 18-19　NewTask.java

```
    package com.sun.ch18.sb.workqueue;

    import org.springframework.amqp.core.AmqpTemplate;
    import org.springframework.amqp.core.MessageDeliveryMode;
    import org.springframework.beans.factory.annotation.Autowired;
    import org.springframework.stereotype.Component;
```

```
@Component
public class NewTask {
    @Autowired
    private AmqpTemplate rabbitTemplate;

    public void send(String message) {
        rabbitTemplate.convertAndSend("task_queue", message, msg -> {
            // 将消息标记为持久的
            msg.getMessageProperties().setDeliveryMode
(MessageDeliveryMode.PERSISTENT);
            return msg;
        });
        System.out.println(" [x] Sent '" + message + "'");
    }
}
```

Worker 类的代码如例 18-20 所示。

例 18-20 Worker.java

```
package com.sun.ch18.sb.workqueue;

import com.rabbitmq.client.Channel;
import org.springframework.amqp.core.Message;
import org.springframework.amqp.rabbit.annotation.RabbitListener;
import org.springframework.amqp.support.AmqpHeaders;
import org.springframework.messaging.handler.annotation.Header;
import org.springframework.stereotype.Component;

import java.io.IOException;

@Component
public class Worker {
    // @RabbitListenerh 注解可直接用于方法，被标注的方法可以带有 Channel 类型的参
数
    // concurrency = "3"，将启动三个消费者（多线程方式），
    // concurrency 的值还可以是"m-n"形式的字符串，
    // m 表示最少的消费者数量，n 表示最大的消费者数量
    // ackMode = "MANUAL"，设置手动确认消息
    @RabbitListener(queues = "task_queue", concurrency = "3", ackMode =
"MANUAL")
    public void process(Message message,
                        @Header(AmqpHeaders.DELIVERY_TAG) long deliveryTag,
                        Channel channel) throws IOException {
        String msg = new String(message.getBody());
        System.out.println(" [x] Received '" + msg + "'");
        try {
            // 模拟耗时操作
            Thread.sleep(500);
        } catch (InterruptedException e) {
```

```
            e.printStackTrace();
        } finally {
            System.out.println(" [x] Done");
            channel.basicAck(deliveryTag, false);
            // 如果不使用@Header 注解将 AmqpHeaders.DELIVERY_TAG 绑定到
deliveryTag 参数，
            // 也可以使用message.getMessageProperties().getDeliveryTag()来
得到消息的标签
            //channel.basicAck(message.getMessageProperties().
getDeliveryTag(), false);
        }
    }
}
```

最后，在 RabbitMQTest 类中编写测试方法，测试工作队列模式，代码如下所示。

```
@Autowired
private NewTask newTask;
@Test
public void workQueueTest() throws InterruptedException {
    for(int i = 0; i < 10; i ++) {
        String message = "hello " + i;
        newTask.send(message);
    }
    // 睡眠 10 秒钟，让消费者有充足的时间处理消息
    Thread.sleep(10000);
}
```

3. 发布/订阅

发布/订阅模式使用的交换器类型是 fanout，我们先在配置类中创建一个 fanout 类型的交换器。

在 com.sun.ch18.sb.config 包下新建 PubSubRabbitConfig 类，代码如例 18-21 所示。

例 18-21　PubSubRabbitConfig.java

```
package com.sun.ch18.sb.config;

import org.springframework.amqp.core.Exchange;
import org.springframework.amqp.core.FanoutExchange;
import org.springframework.context.annotation.Bean;
import org.springframework.context.annotation.Configuration;

@Configuration
public class PubSubRabbitConfig {
    private static final String EXCHANGE_NAME = "logs";

    @Bean
    public Exchange fanoutExchange() {
        // fanout 类型的非持久化的、非自动删除的交换器
```

```
        return new FanoutExchange(EXCHANGE_NAME, false, false);
    }
}
```

不用创建队列，使用临时队列即可。

在 com.sun.ch18.sb 包下新建 pubsub 子包，在该子包下新建 EmitLog 和 ReceiveLogs 类。EmitLog 类的代码如例 18-22 所示。

例 18-22　EmitLog.java

```
package com.sun.ch18.sb.pubsub;

import org.springframework.amqp.core.AmqpTemplate;
import org.springframework.beans.factory.annotation.Autowired;
import org.springframework.stereotype.Component;

@Component
public class EmitLog {
    private static final String EXCHANGE_NAME = "logs";
    @Autowired
    private AmqpTemplate rabbitTemplate;
    public void send(String message) {
        rabbitTemplate.convertAndSend(EXCHANGE_NAME, "", message);
        System.out.println(" [x] Sent '" + message + "'");
    }
}
```

ReceiveLogs 类的代码如例 18-23 所示。

例 18-23　ReceiveLogs.java

```
package com.sun.ch18.sb.pubsub;

import org.springframework.amqp.rabbit.annotation.Exchange;
import org.springframework.amqp.rabbit.annotation.Queue;
import org.springframework.amqp.rabbit.annotation.QueueBinding;
import org.springframework.amqp.rabbit.annotation.RabbitListener;
import org.springframework.stereotype.Component;

@Component
public class ReceiveLogs {
    private static final String EXCHANGE_NAME = "logs";

    @RabbitListener(bindings = {
            // 将临时队列绑定到 fanout 交换器
            @QueueBinding(
                //  创建一个非持久的、独占的、自动删除的队列，并自动生成一个队列名称。
                value = @Queue(durable = "false", exclusive = "true",
autoDelete = "true"),
                exchange = @Exchange(value = EXCHANGE_NAME, type = "fanout",
durable = "false"))})
```

```
    public void process1(String message) {
        System.out.printf(" [%s] Received '%s'%n",
                Thread.currentThread().getName(), message);
    }

    @RabbitListener(bindings = {
            @QueueBinding(
                value = @Queue(durable = "false", exclusive = "true",
autoDelete = "true"),
                exchange = @Exchange(value = EXCHANGE_NAME, type = "fanout",
durable = "false"))})
    public void process2(String message) {
        System.out.printf(" [%s] Received '%s'%n",
                Thread.currentThread().getName(), message);
    }
}
```

代码中使用两次@RabbitListener 注解是为了生成两个临时队列，将其都绑定到 fanout 交换器以便更好地观察发布/订阅模式的效果。

最后，在 RabbitMQTest 类中编写测试方法，测试发布/订阅模式，代码如下所示。

```
@Autowired
private EmitLog emitLog;
@Test
public void pubSubTest() {
    emitLog.send("Hello World!");
}
```

4. 路由

在路由模式中，使用的是 direct 类型的交换器，将路由键与绑定键完全匹配的消息发送到对应的队列。

我们先在配置类中创建一个 direct 类型的交换器。在 com.sun.ch18.sb.config 包下新建 RoutingRabbitConfig 类，代码如例 18-24 所示。

例 18-24　RoutingRabbitConfig.java

```
package com.sun.ch18.sb.config;

import org.springframework.amqp.core.DirectExchange;
import org.springframework.amqp.core.Exchange;
import org.springframework.context.annotation.Bean;
import org.springframework.context.annotation.Configuration;

@Configuration
public class RoutingRabbitConfig {
    private static final String EXCHANGE_NAME = "direct_logs";

    @Bean
    public Exchange directExchange() {
```

```
        // direct 类型的非持久化的、非自动删除的交换器
        return new DirectExchange(EXCHANGE_NAME, false, false);
    }
}
```

不用创建队列，使用临时队列即可。

在 com.sun.ch18.sb 包下新建 routing 子包，在该子包下新建 EmitLogDirect 和 ReceiveLogsDirect 类。EmitLogDirect 类的代码如例 18-25 所示。

例 18-25　EmitLogDirect.java

```
package com.sun.ch18.sb.routing;

import org.springframework.amqp.core.AmqpTemplate;
import org.springframework.beans.factory.annotation.Autowired;
import org.springframework.stereotype.Component;

@Component
public class EmitLogDirect {
    private static final String EXCHANGE_NAME = "direct_logs";

    @Autowired
    private AmqpTemplate rabbitTemplate;
    public void send(String severity, String message) {
        rabbitTemplate.convertAndSend(EXCHANGE_NAME, severity, message);
        System.out.println(" [x] Sent '" + severity + "':'" + message + "'");
    }
}
```

ReceiveLogsDirect 类的代码如例 18-26 所示。

例 18-26　ReceiveLogsDirect.java

```
package com.sun.ch18.sb.routing;

import org.springframework.amqp.core.Message;
import org.springframework.amqp.rabbit.annotation.Exchange;
import org.springframework.amqp.rabbit.annotation.Queue;
import org.springframework.amqp.rabbit.annotation.QueueBinding;
import org.springframework.amqp.rabbit.annotation.RabbitListener;
import org.springframework.stereotype.Component;

@Component
public class ReceiveLogsDirect {
    private static final String EXCHANGE_NAME = "direct_logs";

    @RabbitListener(bindings = {
            // 将临时队列绑定到 direct 交换器
            @QueueBinding(
                // 创建一个非持久的、独占的、自动删除的队列，并自动生成一个队列名称
                value = @Queue(durable = "false", exclusive = "true",
```

```
autoDelete = "true"),
                    // 默认是 direct 交换器
                    exchange = @Exchange(value = EXCHANGE_NAME, durable =
"false"),
                    // 用于绑定的路由键
                    key = "info")})
        public void process1(Message message) {
            String msg = new String(message.getBody());
            System.out.println(" [x] Received '" +
                    message.getMessageProperties().getReceivedRoutingKey() +
"':'" + msg + "'");
        }

        @RabbitListener(bindings = {
                @QueueBinding(
                    value = @Queue(durable = "false", exclusive = "true",
autoDelete = "true"),
                    exchange = @Exchange(value = EXCHANGE_NAME, durable =
"false"),
                    key = "error")})
        public void process2(Message message) {
            String msg = new String(message.getBody());
            System.out.println(" [x] Received '" +
                    message.getMessageProperties().getReceivedRoutingKey() +
"':'" + msg + "'");
        }
    }
```

使用不同的路由键将两个队列绑定到 direct 交换器。

最后，在 RabbitMQTest 类中编写测试方法，测试路由模式，代码如下所示。

```
@Autowired
private EmitLogDirect emitLogDirect;
@Test
public void routingTest() {
    emitLogDirect.send("info", "Hello World!");
    emitLogDirect.send("error", "A fatal error has occurred!");
}
```

5. 主题

主题模式使用 topic 交换器，路由键是由点号（.）分隔的单词列表，可以使用两个特殊的通配符（*和#）。

在 18.5.5 节的主题模式案例中，声明的队列是服务器命名的队列。在这里，我们修改一下，在配置类中创建自己命名的队列，并将它们与 topic 交换器进行绑定，而不再使用@RabbitListener 注解的 bindings 元素进行绑定。

在 com.sun.ch18.sb.config 包下新建 TopicRabbitConfig 类，代码如例 18-27 所示。

例 18-27　TopicRabbitConfig.java

```
package com.sun.ch18.sb.config;

import org.springframework.amqp.core.*;
import org.springframework.context.annotation.Bean;
import org.springframework.stereotype.Component;

@Component
public class TopicRabbitConfig {
    private static final String EXCHANGE_NAME = "topic_logs";
    private static final String QUEUE_NAME_A = "queue_a";
    private static final String QUEUE_NAME_B = "queue_b";

    @Bean
    public Queue queueA() {
        // 非持久化的、独占的、自动删除的队列
        return new Queue(QUEUE_NAME_A, false, true, true);
    }

    @Bean
    public Queue queueB() {
        // 非持久化的、独占的、自动删除的队列
        return new Queue(QUEUE_NAME_B, false, true, true);
    }

    @Bean
    public TopicExchange topicExchange() {
        // topic 类型的非持久化的、非自动删除的交换器
        return new TopicExchange(EXCHANGE_NAME, false, false);
    }

    @Bean
    public Binding topicBinding1() {
        return new Binding(QUEUE_NAME_A,
                Binding.DestinationType.QUEUE,
                EXCHANGE_NAME,
                "kern.*",
                null);
    }

    @Bean
    public Binding topicBinding2() {
        return new Binding(QUEUE_NAME_B,
                Binding.DestinationType.QUEUE,
                EXCHANGE_NAME,
                "*.critical",
                null);
    }
}
```

在 com.sun.ch18.sb 包下新建 topic 子包，在该子包下新建 EmitLogTopic 和 ReceiveLogsTopic 类。EmitLogDirect 类的代码如例 18-28 所示。

例 18-28　EmitLogDirect.java

```
package com.sun.ch18.sb.topic;

import org.springframework.amqp.core.AmqpTemplate;
import org.springframework.beans.factory.annotation.Autowired;
import org.springframework.stereotype.Component;

@Component
public class EmitLogTopic {
   private static final String EXCHANGE_NAME = "topic_logs";
   @Autowired
   private AmqpTemplate rabbitTemplate;

   public void send(String routingKey, String message) {
      rabbitTemplate.convertAndSend(EXCHANGE_NAME, routingKey,
message);
      System.out.println(" [x] Sent '" + routingKey + "':'" + message +
"'");
   }
}
```

ReceiveLogsToppic 类的代码如例 18-29 所示。

例 18-29　ReceiveLogsToppic.java

```
package com.sun.ch18.sb.topic;

import org.springframework.amqp.core.Message;
import org.springframework.amqp.rabbit.annotation.RabbitListener;
import org.springframework.stereotype.Component;

@Component
public class ReceiveLogsTopic {
   private static final String QUEUE_NAME_A = "queue_a";
   private static final String QUEUE_NAME_B = "queue_b";

   @RabbitListener(queues = QUEUE_NAME_A)
   public void process1(Message message) {
      String msg = new String(message.getBody());
      System.out.println(" [x] Received '" +
            message.getMessageProperties().getReceivedRoutingKey() +
"':'" + msg + "'");
   }

   @RabbitListener(queues = QUEUE_NAME_B)
   public void process2(Message message) {
      String msg = new String(message.getBody());
```

```
        System.out.println(" [x] Received '" +
                message.getMessageProperties().getReceivedRoutingKey() +
"':'" + msg + "'");
    }
}
```

最后，在 RabbitMQTest 类中编写测试方法，测试主题模式，代码如下所示。

```
@Autowired
private EmitLogTopic emitLogTopic;
@Test
public void topicTest() throws InterruptedException {
    emitLogTopic.send("kern.error","A kernel error");
    emitLogTopic.send("cron.critical","A cron error");
    Thread.sleep(2000);
}
```

6. RPC

在 RPC 模式中需要两个队列，一个是客户端发送 RPC 请求使用的队列，另一个是服务器返回响应使用的回调队列，我们在配置类中创建这两个队列。

在 com.sun.ch18.sb.config 包下新建 RPCRabbitConfig 类，代码如例 18-30 所示。

例 18-30　RPCRabbitConfig.java

```
package com.sun.ch18.sb.config;

import org.springframework.amqp.core.Queue;
import org.springframework.context.annotation.Bean;
import org.springframework.context.annotation.Configuration;

@Configuration
public class RPCRabbitConfig {
    private static final String RPC_QUEUE_NAME = "rpc_queue";
    private static final String REPLY_QUEUE_NAME = "reply_queue";

    @Bean
    public Queue rpcQueue() {
        // 非持久化的、非独占的、非自动删除的队列
        return new Queue(RPC_QUEUE_NAME, false, false, false);
    }

    public Queue replyQueue() {
        // 非持久化的、独占的、自动删除的队列
        return new Queue(RPC_QUEUE_NAME, false, true, true);
    }
}
```

本例使用默认的交换器，因此就不用配置了。

在 com.sun.ch18.sb 包下新建 rpc 子包，在该子包下新建 RPCServer 和 RPCClient 类。

RPCServer 类的代码如例 18-31 所示。

例 18-31 RPCServer.java

```
package com.sun.ch18.sb.rpc;

import com.rabbitmq.client.Channel;
import org.springframework.amqp.core.AmqpTemplate;
import org.springframework.amqp.core.Message;
import org.springframework.amqp.rabbit.annotation.RabbitListener;
import org.springframework.beans.factory.annotation.Autowired;
import org.springframework.stereotype.Component;

import java.io.IOException;

@Component
public class RPCServer {
    private static final String RPC_QUEUE_NAME = "rpc_queue";
    @Autowired
    private AmqpTemplate amqpTemplate;

    private int fib(int n) {
        if (n == 0) return 0;
        if (n == 1) return 1;
        return fib(n - 1) + fib(n - 2);
    }

    @RabbitListener(queues = RPC_QUEUE_NAME, ackMode = "MANUAL")
    public void process(Message message, Channel channel) throws
IOException {
        // 清除指定队列的内容
        channel.queuePurge(RPC_QUEUE_NAME);
        String response = "";
        try {
            String msg = new String(message.getBody());
            int n = Integer.parseInt(msg);
            //System.out.println(" [.] fib(" + msg + ")");
            response += fib(n);
        } catch (RuntimeException e) {
            System.out.println(" [.] " + e.toString());
        } finally {
            String correlationId = message.getMessageProperties().
getCorrelationId();
            // 向 RPC 客户端发回响应
            amqpTemplate.convertAndSend(
                    message.getMessageProperties().getReplyTo(),
                    response, msg -> {
                        msg.getMessageProperties().setCorrelationId
(correlationId);
                        return msg;
```

```
                    });
                channel.basicAck(message.getMessageProperties().
getDeliveryTag(), false);
            }
        }
    }
```

RPCClient 类的代码如例 18-32 所示。

例 18-32　RPCClient.java

```
    package com.sun.ch18.sb.rpc;

    import org.springframework.amqp.core.AmqpTemplate;
    import org.springframework.amqp.core.Message;
    import org.springframework.amqp.core.MessageBuilder;
    import org.springframework.beans.factory.annotation.Autowired;
    import org.springframework.stereotype.Component;

    ...

    @Component
    public class RPCClient {
        private static final String RPC_QUEUE_NAME = "rpc_queue";
        private static final String REPLY_QUEUE_NAME = "reply_queue";

        @Autowired
        private AmqpTemplate amqpTemplate;

        public String call(String msg) throws UnsupportedEncodingException,
InterruptedException {
            final String corrId = UUID.randomUUID().toString();
            Message message =
                    MessageBuilder.withBody(msg.getBytes(StandardCharsets.
UTF_8)).build();
            message.getMessageProperties().setReplyTo(REPLY_QUEUE_NAME);
            message.getMessageProperties().setCorrelationId(corrId);
            Message result = amqpTemplate.sendAndReceive("", RPC_QUEUE_NAME,
message);
            final BlockingQueue<String> response = new
ArrayBlockingQueue<>(1);
            if(result.getMessageProperties().getCorrelationId().
equals(corrId)) {
                response.offer(new String(result.getBody(), "UTF-8"));
            }
            return response.take();
        }
    }
```

最后，在 RabbitMQTest 类中编写测试方法，测试 RPC 模式，代码如下所示。

```
@Autowired
private RPCClient rpcClient;
@Test
public void rpcTest() {
    for (int i = 0; i < 32; i++) {
        String i_str = Integer.toString(i);
        System.out.println(" [x] Requesting fib(" + i_str + ")");
        String response = null;
        try {
            response = rpcClient.call(i_str);
        } catch (UnsupportedEncodingException | InterruptedException e) {
            e.printStackTrace();
        }
        System.out.println(" [.] Got '" + response + "'");
    }
}
```

至此，使用 Spring AMOP 实现的六种应用模式就全部介绍完毕了，读者可以和 18.5 节对照着学习。

18.7 延迟消息队列

购买商品需要提交订单，在大多数场景下，订单支付都有时间限制，如果到了时间还没有支付，那么该订单就会被取消。这可以通过延迟消息来实现，将订单作为消息延迟发布，例如 15 分钟才发布，即将订单消息发布到延迟消息队列，延迟队列监听器在 15 分钟后收到消息，判断订单是否已经支付，如果没有支付，则取消订单。

早期的 RabbitMQ 实现延迟消息是通过混合使用 TTL 和死信交换器来实现的，当前较新版本的 RabbitMQ 提供了一个延迟消息插件，可以很方便地实现延迟消息。

18.7.1 安装延迟消息插件

读者可自行下载延迟消息插件。

在延迟消息插件下载页面找到 rabbitmq_delayed_message_exchange 进行下载，下载的文件是一个后缀名为.ez 的文件，将该文件放到 RabbitMQ 安装目录的 plugins 子目录下，然后在命令提示符窗口中进入 sbin 子目录，执行下面的命令安装延迟消息插件。

```
rabbitmq-plugins enable rabbitmq_delayed_message_exchange
```

可以通过 rabbitmq-plugins list 命令来查看所有已安装的插件。

18.7.2 订单支付超时处理案例

我们先编写一个订单类 Order，在 com.sun.ch18.sb 包下新建 pojo 子包，在该子包下新建 Order 类，代码如例 18-33 所示。

例 18-33　Order.java

```
package com.sun.ch18.sb.pojo;

import java.io.Serializable;

public class Order implements Serializable {
    private static final long serialVersionUID = 2283687342970765132L;
    private Integer id; // 订单 ID
    private String name; // 订单名称
    private Boolean paid; // 支付状态

    // 省略 getter()和 setter()方法，以及 toString()方法
}
```

接下来新建一个配置类，配置延迟消息交换器和队列。在 com.sun.ch18.sb.config 子包下新建 DelayedRabbitConfig 类，代码如例 18-34 所示。

例 18-34　DelayedRabbitConfig.java

```
package com.sun.ch18.sb.config;

import org.springframework.amqp.core.Binding;
import org.springframework.amqp.core.BindingBuilder;
import org.springframework.amqp.core.DirectExchange;
import org.springframework.amqp.core.Queue;
import org.springframework.context.annotation.Bean;
import org.springframework.context.annotation.Configuration;

import java.util.HashMap;
import java.util.Map;

@Configuration
public class DelayedRabbitConfig {
    private static final String DELAY_EXCHANGE_NAME = "delay_exchange";
    private static final String DELAY_QUEUE_NAME = "delay_queue";

    @Bean
    public Queue delayQueue() {
        // 持久化的、非独占的、非自动删除的队列
        return new Queue(DELAY_QUEUE_NAME, true);
    }
    // 定义 direct 类型的延迟交换器
    @Bean
    DirectExchange delayExchange(){
        Map<String, Object> args = new HashMap<String, Object>();
        args.put("x-delayed-type", "direct");
        DirectExchange directExchange =
              new DirectExchange(DELAY_EXCHANGE_NAME, true, false, args);
        directExchange.setDelayed(true);
```

```
            return directExchange;
        }

        // 绑定延迟队列与交换器
        @Bean
        public Binding delayBind() {
            return BindingBuilder.bind(
                    delayQueue()).to(delayExchange()).with(DELAY_QUEUE_
NAME);
        }
    }
```

在 com.sun.ch18.sb 包下新建 delay 子包，在该子包下新建 OrderSender 类和 PayTimeOutConsumer 类，OrderSender 发送延迟订单消息，PayTimeOutConsumer 对支付超时的订单进行处理。

OrderSender 类的代码如例 18-35 所示。

例 18-35　OrderSender.java

```
package com.sun.ch18.sb.delay;

import com.sun.ch18.sb.pojo.Order;
import org.springframework.amqp.core.AmqpTemplate;
import org.springframework.amqp.core.MessageDeliveryMode;
import org.springframework.beans.factory.annotation.Autowired;
import org.springframework.stereotype.Component;

import java.util.Date;

@Component
public class OrderSender {
    private static final String DELAY_EXCHANGE_NAME = "delay_exchange";
    private static final String DELAY_QUEUE_NAME = "delay_queue";

    @Autowired
    private AmqpTemplate rabbitTemplate;
    public void send(Order order) {
        rabbitTemplate.convertAndSend(
                DELAY_EXCHANGE_NAME, DELAY_QUEUE_NAME, order, message -> {
            message.getMessageProperties()
                    .setDeliveryMode(MessageDeliveryMode.PERSISTENT);
            // 指定消息延迟的时长为 3 秒，以毫秒为单位
            message.getMessageProperties().setDelay(3000);
            return message;
        });
        System.out.println("当前时间是: " + new Date());
        System.out.println(" [x] Sent '" + order + "'");
    }
}
```

PayTimeOutConsumer 类的代码如例 18-36 所示。

例 18-36　PayTimeOutConsumer.java

```
package com.sun.ch18.sb.delay;

import com.rabbitmq.client.Channel;
import com.sun.ch18.sb.pojo.Order;
import org.springframework.amqp.core.Message;
import org.springframework.amqp.rabbit.annotation.RabbitListener;
import org.springframework.stereotype.Component;

import java.io.IOException;
import java.util.Date;

@Component
public class PayTimeOutConsumer {
    private static final String DELAY_QUEUE_NAME = "delay_queue";
    @RabbitListener(queues = DELAY_QUEUE_NAME, ackMode = "MANUAL")
    public void process(Order order, Message message, Channel channel)
throws IOException {
        System.out.println("[consumer] 当前时间是: " + new Date());
        if(!order.getPaid()) {
            try {
                System.out.printf("订单[%d]支付超时%n", order.getId());
                System.out.println("开始取消订单......");
                channel.basicAck(message.getMessageProperties().
getDeliveryTag(), false);
                System.out.println("订单取消完毕");
            } catch (Exception e) {
                System.out.println("超时订单取消失败: " + e.getMessage());
                channel.basicReject(message.getMessageProperties().
getDeliveryTag(), false);
            }
        }
    }
}
```

最后，在 RabbitMQTest 类中编写测试方法，测试超时订单消息的接收与取消，代码如下所示。

```
@Autowired
private OrderSender orderSender;
@Test
public void delayedMessageTest() throws InterruptedException {
    Order order = new Order();
    order.setId(888);
    order.setName("《Java 无难事》订单");
    order.setPaid(false);
```

```
        orderSender.send(order);
        Thread.sleep(5000);
    }
```

运行测试方法后，在控制台窗口中查看相差的秒数，可以看到订单消息是在发送 3 秒后被接收并处理的。

18.8 小结

本章介绍了 AMOP 协议与 RabbitMQ 中间件，在开发中可以直接使用 RabbitMQ 的 Java 客户端 API，也可以使用 Spring Boot 为 AMOP 和 RabbitMQ 提供的增强 API，以简化消息系统的开发。当然，作为一个消息中间件，无论是 RabbitMQ 的 Java 客户端 API，还是 Spring AMQP，内容都不仅限于本章介绍的这些知识，在实际项目开发中，还要根据具体的应用场景进一步学习。

第19章 集成 Elasticsearch，提供搜索服务

Elasticsearch 是一个基于 Lucene 的搜索服务器，它提供了一个分布式多用户能力的全文搜索引擎，基于RESTful Web接口。Elasticsearch是用Java语言开发的，并作为Apache许可条款下的开放源码发布，是一种流行的企业级搜索引擎。Elasticsearch 用于云计算中，能够实时搜索，具有稳定、可靠、安装快速和使用方便的特点。

19.1 Elasticsearch 的下载与安装

这一节，我们将安装 Elasticsearch 搜索服务器，以及 Elasticsearch 集群的 Web 前端。

19.1.1 安装 Elasticsearch

可以去 Elasticsearch 的官网下载 Elasticsearch，在写作本书时，Elasticsearch 的最新版本是 8.1.1，从 8.0 版本开始，Elasticsearch 就加强了安全性，目前的 Spring Boot 版本（2.6.x）还不支持 Elasticsearch 8.x 版本，因此需要下载 Elasticsearch 8.0 以下的版本，本书使用的是 Elasticsearch 7.16.3 版本。

我们下载的是 Windows 版本的 Elasticsearch，在下载完毕后，进入安装目录的 bin 子目录，执行 elasticsearch.bat 文件，在启动成功后打开浏览器，访问 http://localhost:9200/，如果看到如下所示的 JSON 脚本，就代表启动成功了。

```
{
  "name" : "MSI",
  "cluster_name" : "elasticsearch",
  "cluster_uuid" : "4XfxSj70TeuItMZEv-CIUQ",
  "version" : {
    "number" : "7.16.3",
    "build_flavor" : "default",
```

```
    "build_type" : "zip",
    "build_hash" : "4e6e4eab2297e949ec994e688dad46290d018022",
    "build_date" : "2022-01-06T23:43:02.825887787Z",
    "build_snapshot" : false,
    "lucene_version" : "8.10.1",
    "minimum_wire_compatibility_version" : "6.8.0",
    "minimum_index_compatibility_version" : "6.0.0-beta1"
  },
  "tagline" : "You Know, for Search"
}
```

19.1.2 安装 Web 前端 elasticsearch-head

如果只安装了 Elasticsearch，则只能通过接口去查询数据，这不是很方便，为此我们安装一个 Elasticsearch 集群的 Web 前端，这样可以通过图形化的方式去查询数据。

读者可自行下载 Web 前端 elasticsearch-head。我们选择以前端程序的方式运行 elasticsearch-head，安装步骤如下所示：

```
git clone git://github.com/mobz/elasticsearch-head.git #下载前端程序
cd elasticsearch-head
npm install  # 安装依赖库
npm run start # 运行服务器
```

执行完上述命令后，可以打开浏览器访问 http://localhost:9100。

要注意的是，这上述步骤中，需要读者的计算机上有 Git 工具、Node.js 环境和 npm 工具（Node.js 已经集成了 npm，只要安装了 Node.js，也就一并安装好 npm 了）。

可通过下面的命令查看是否正确安装 Git、Node.js 和 npm

```
git --version
node -v
npm -v
```

19.1.3 配置允许跨域

由于前端程序 elasticsearch-head 运行在独立的内置服务器上，当访问 Elasticsearch 时存在跨域问题，所以需要在 Elasticsearch 的配置文件中配置允许跨域。Elasticsearch 位于安装目录的 config 子目录下，文件名为 elasticsearch.yml，编辑该文件，在文件末尾添加下面的允许跨域配置命令。

```
http.cors.enabled: true
http.cors.allow-origin: "*"
```

分别启动 Elasticsearch 和 elasticsearch-head 前端程序，打开浏览器，访问 http://localhost:9100，可以看到如图 19-1 所示的界面。

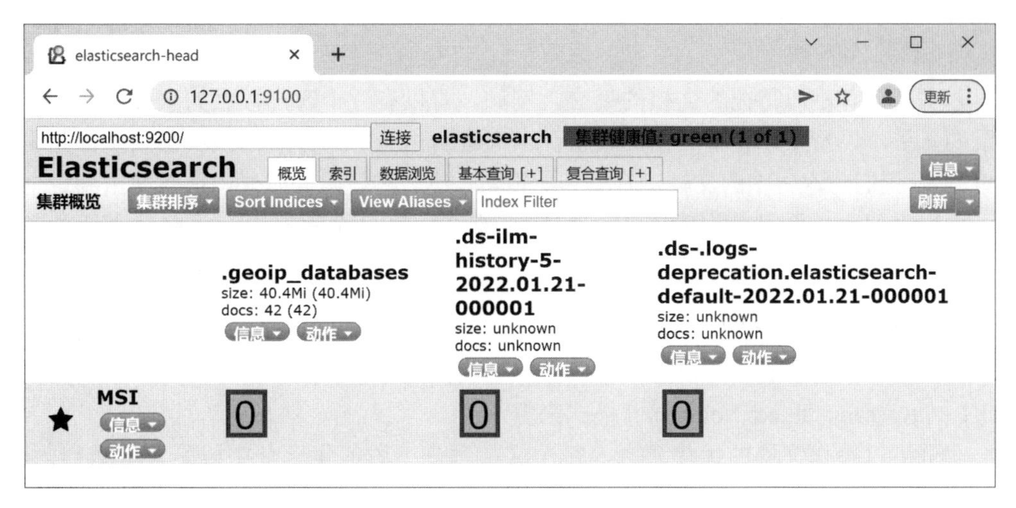

图 19-1　elasticsearch-head 前端程序

19.2　Elasticsearch 的基本概念

掌握 Elasticsearch 的基本概念，有助于更好地学习和掌握 Elasticsearch。

1. 集群（cluster）

一个集群由一个或多个节点组织在一起，这些节点共同持有整个的数据，并一起提供索引和搜索功能。一个集群有一个唯一的名称标识，默认的名称是“elasticsearch”。集群的名称是很重要的，因为一个节点只能通过指定某个集群的名称，来加入这个集群。在开发与测试时可以直接使用默认值，而在产品环境中显式地设置名称是一个好的习惯。

2. 节点（node）

一个节点是一个 Elasticsearch 的运行实例，作为集群的一部分。节点存储数据，并参与集群的索引、搜索和分析功能。与集群类似，节点也是通过名称来标识的，在默认情况下，节点名称是在启动时随机分配给节点的通用的唯一标识符（UUID）。如果不希望使用默认值，则可以定义所需的所有节点名称。节点名称对于集群管理来说很重要，因为在这个管理过程中，需要确定网络中的哪些服务器对应于 Elasticsearch 集群中的哪些节点。

一个节点可以通过配置集群名称的方式来加入指定的集群。在默认情况下，每个节点都会被安排加入一个名为“elasticsearch”的集群中，这意味着，如果在网络中启动了若干个节点，并假定它们能够彼此发现，那么它们将会自动形成并加入一个名为“elasticsearch”的集群中。

在单个集群中，可以有任意多个节点。如果在当前网络中没有任何 Elasticsearch 节点运行，这时启动一个节点，会默认创建并加入一个名为“elasticsearch”的新的单节点集群。

注意：在一台服务器上可以运行多个 Elasticsearch 实例，节点并不等同于服务器。

3. 索引（index）

索引是拥有相似特征的文档的集合，例如，可以有一个客户数据的索引，一个产品目录的索引，以及一个订单数据的索引。一个索引由一个名称来标识（必须全部是小写字母），当我们对索引中的文档进行索引、搜索、更新和删除的时候，都要使用到这个名称。索引类似于关系型数据库中 Database 的概念。在一个集群中，可以定义任意多的索引。

4. 文档（document）

文档是可被索引的基础信息单元，当一个文档被存储时，也会被编入索引。文档以 JSON（Javascript Object Notation）格式来表示。

索引可以看作文档的优化集合，每个文档都是字段的集合，字段是包含数据的键-值对。

文档类似于关系型数据库中 Record 的概念。实际上一个文档除了用户定义的数据外，还包括_index、_type 和_id 字段。

5. 分片（shards）

实际上，Elasticsearch 索引只是一个或多个物理分片的逻辑分组，其中每个分片都是一个自包含的索引。通过将索引中的文档分布在多个分片中，并将这些分片分布在多个节点上，来确保 Elasticsearch 的冗余，这既可以防止硬件故障，又可以在节点添加到集群时增加查询容量。随着集群的增长（或收缩），Elasticsearch 会自动迁移分片以重新平衡集群。

分片的数量只能在索引创建前指定，在索引创建后不能更改。

6. 副本（replicas）

有两种类型的分片：主分片和副本分片，索引中的每个文档都属于一个主分片，副本分片是主分片的拷贝。副本分片提供了数据的冗余拷贝，以防止硬件故障，并增加了服务读请求（如搜索或检索文档）的容量。

索引中主分片的数量在创建索引时是固定的，但副本分片的数量可以随时更改，且不会中断索引或查询操作。

副本分片的作用：一是提高了系统的容错性，当某个节点某个分片损坏或丢失时可以从副本中恢复；二是提高了 Elasticsearch 的查询效率，Elasticsearch 会自动对搜索请求进行负载均衡。

19.3 Spring Boot 对 Elasticsearch 的支持

Spring Boot 通过 Spring Data Elasticsearch 项目将 Spring 的核心概念应用到使用 Elasticsearch 搜索引擎的解决方案开发中，该项目提供了模板和存储库，具体如下。

- 模板

模板作为存储、搜索、排序文档和构建聚合的高级抽象，在 Spring Data Elasticsearch 4.0 之前使用的是 ElasticsearchTemplate 类，而该类在 4.0 版本中被废弃了，取而代之的是 ElasticsearchRestTemplate 类。

- 存储库

允许用户通过定义具有自定义方法名称的接口来表达查询。Spring Data Elasticsearch 中给出了一个 ElasticsearchRepository 接口，该接口继承自 PagingAndSortingRepository 接口，也就是说，访问索引数据可以如同使用 JPA 访问数据库一样便利。

19.3.1 映射注解

可以使用注解将对象映射到文档。

1. @Document 注解

@Document 注解应用于类级别，可标识要持久化到 Elasticsearch 的域对象。该注解主要的元素如下所示。

- indexName
  在存储实体的索引的名称时该元素是必需的，其值可以是 SpEL 模板表达式，例如，log-#{T(java.time.LocalDate).now().toString()}"。
- createIndex
  配置是否在存储库启动时创建索引，默认值为 true。
- versionType
  版本管理配置，默认值为 Document.VersionType.EXTERNAL。

2. @Setting 注解

@Setting 注解应用于类级别上，可设置索引的详细信息。该注解的主要元素如下所示。

- indexStoreType
  索引的存储类型，默认值是“fs”。
- replicas
  索引的副本数量，默认值是 1。
- settingPath
  配置文件的路径。可以使用 JSON 文件对 Elasticsearch 进行一些配置，然后在这里给出文件路径。
- shards
  索引的分片数量，默认值是 1。

3. @Id 注解

@Id 注解应用于字段级别，标记用于标识目的的字段，是由 Spring Data Commons 项目给出的。

4. @Transient 注解

在默认情况下存储或检索文档时，实体的所有字段都映射到文档，可以使用 @Transient注解来排除某个字段。@Transient注解是由Spring Data Commons项目给出的。

5. @Field 注解

@Field 注解应用于字段级别并定义字段的属性。该注解主要的元素如下所示。

- name
  在文档中存储字段的名称。如果没有指定该元素，则使用 Java 字段名称。
- type
  字段类型。该元素的值是 FieldType 枚举值，如 FieldType.Text、FieldType.Keyword、FieldType.Long、FieldType.Integer、FieldType.Date、FieldType.Binary 等。该元素的默认值是 FieldType.Auto。
- format
  一个或多个内置日期格式。默认值为 DateFormat.date_optional_time（yyyy-MM-dd'T'HH:mm:ss.SSSZ）和 DateFormat.epoch_millis（自纪元以来的毫秒数）。
- pattern
  一个或多个自定义日期格式。
- store
  原始字段值是否应该存储在 Elasticsearch 中的标志，默认值是 false。
- analyzer
  建立索引时使用的分词器的名称。
- searchAnalyzer
  在默认情况下，建立索引和搜索使用的是同一个分词器，可以通过该元素来设置搜索时用的分词器。

6. @ValueConverter 注解

@ValueConverter 注解用于实体的属性上，定义一个值转换器，该转换器可以将实体属性转换为 Elasticsearch 可以理解并返回的类型。与注册的 Spring Converter 不同，@ValueConverter 注解只转换被标注的属性，而不是给定类型的所有属性。

19.3.2 ElasticsearchRestTemplate

Spring Data Elasticsearch 使用多个接口来定义针对 Elasticsearch 索引调用的操作，如下所示。

- IndexOperations
  定义了索引级别上的操作，比如创建或删除索引。
- DocumentOperations
  定义了基于实体 ID 存储、更新和检索实体的操作。
- SearchOperations
  定义了使用查询搜索多个实体的操作。
- ElasticsearchOperations
  继承自 DocumentOperations 和 SearchOperations 接口。

假设有如下的实体类：

```
@Data
@ToString
public class Book {
    private Long id; // 主键
    private String title; // 书名
    private String author; // 作者
    private String bookConcern; // 出版社
    private Date publishDate;  // 出版日期
    private Float price; // 价格
}
```

要将实体保存到某个索引中，代码如下所示：

```
@Autowired
private DocumentOperations documentOperations;

@Test
public void saveBook() throws ParseException {
    Book book = new Book();
    book.setId(1L);
    book.setTitle("Vue.js 3.0 从入门到实战");
    book.setBookConcern("中国水利水电出版社");
    book.setAuthor("孙鑫");
    book.setPrice(98.80f);
    SimpleDateFormat sdf= new SimpleDateFormat("yyyy-MM-dd");
    book.setPublishDate(sdf.parse("2021-05-01"));
    documentOperations.save(article, IndexCoordinates.of("book"));
}
```

如果在实体类 Book 上使用了@Document 注解，代码如下所示：

```
@Document(indexName = "book")
public class Book {
  ...
}
```

那么在保存实体时，无须给出 IndexCoordinates 参数，代码如下所示：

```
documentOperations.save(book);
```

另一种建立索引并保存对象的方式为：

```
Book book = new Book();
...
IndexQuery indexQuery = new IndexQueryBuilder()
        .withId(book.getId().toString())
        .withObject(book)
        .build();
documentOperations.index(indexQuery, IndexCoordinates.of("book"));
```

若根据 ID 值来查找索引的对象，则可以使用下面的代码：

```
    @Test
    public void findById() {
        Long id = 1L;
        Book book = documentOperations
                .get(id.toString(), Book.class,
IndexCoordinates.of("book"));
        System.out.println(book);
    }
```

当使用 DocumentOperations 接口的方法检索文档时，只返回找到的实体；当使用 SearchOperations 接口的方法检索文档时，还可以返回实体的附加信息。为了返回实体的附加信息，每个实体都被包装在一个 SearchHit 对象中，该对象包含与该实体相关的附加信息。这些 SearchHit 对象本身在一个 SearchHits 集合对象中返回，该对象还包含关于整个搜索的信息，比如 maxScore 或请求的聚合。

在 SearchOperations 接口中几乎所有方法都接受一个 Query 参数，该参数定义了要执行的搜索查询。Query 是一个接口，Spring Data Elasticsearch 为该接口给出了三种实现：CriteriaQuery、StringQuery 和 NativeSearchQuery。

1. CriteriaQuery

基于 CriteriaQuery 的查询允许创建查询来搜索数据，而不需要了解 Elasticsearch 查询的语法或基础知识，同时允许用户通过简单地连接和组合 Criteria 对象来构建查询，这些对象指定搜索文档必须满足的条件。

我们看以下几个案例。

（1）查找指定价格的图书

```
    @Autowired
    private SearchOperations searchOperations ;
    @Test
    public void findByThePrice() {
        Criteria criteria = new Criteria("price").is(98.8);
        Query query = new CriteriaQuery(criteria);
        SearchHits<Book> searchHits = searchOperations
                .search(query, Book.class, IndexCoordinates.of("book"));
        searchHits.forEach(System.out::println);
    }
```

（2）查找价格范围内的图书

```
    @Test
    public void findByPriceRange() {
        Criteria criteria = new
Criteria("price").greaterThan(50.0).lessThan(200.0);
        Query query = new CriteriaQuery(criteria);
        SearchHits<Book> searchHits = searchOperations
                .search(query, Book.class, IndexCoordinates.of("book"));
        List<SearchHit<Book>> shList = searchHits.toList();
```

```
    for(SearchHit<Book> searchHit: shList) {
        System.out.println(searchHit.getContent());
    }
}
```

（3）通过 and()方法连接多个条件

```
@Test
public void findByTitleAndAuthor() {
    Criteria criteria = new Criteria("title").is("Vue.js 3.0 从入门到实战")
            .and("author").is("孙鑫");
    Query query = new CriteriaQuery(criteria);
    SearchHits<Book> searchHits = searchOperations
            .search(query, Book.class, IndexCoordinates.of("book"));
    List<SearchHit<Book>> shList = searchHits.toList();
    for(SearchHit<Book> searchHit: shList) {
        System.out.println(searchHit.getContent());
    }
}
```

and()方法创建一个新的 Criteria，并将其连接到第一个 Criteria。

（4）嵌套子查询

```
@Test
public void findSomeBooksByAuthor() {
    Criteria criteria = new Criteria("author").is("孙鑫")
            .subCriteria(
                    new Criteria().or("title").contains("vue")
                            .or("title").contains("VC")
            );
    Query query = new CriteriaQuery(criteria);
    SearchHits<Book> searchHits = searchOperations
            .search(query, Book.class, IndexCoordinates.of("book"));
    List<SearchHit<Book>> shList = searchHits.toList();
    for(SearchHit<Book> searchHit: shList) {
        System.out.println(searchHit.getContent());
    }
}
```

上述代码实现了查找作者是“孙鑫”且图书标题包含“vue”或者“VC”的所有图书。

在实际应用中，我们通常使用 ElasticsearchRestTemplate 模板类，该类实现了 ElasticsearchOperations 接口。在 Spring Data Elasticsearch 4.0 之前使用的是 ElasticsearchTemplate，而在 4.0 版本中，该类已被废弃。

2. StringQuery

StringQuery 类接受一个 Elasticsearch JSON 查询字符串作为参数。例如，下面的代码展示了搜索作者为“孙鑫”的所有图书的查询。

```
@Test
public void findAllBooksByAuthor() {
    Query query = new StringQuery(
          "{ \"match\": { \"author\": { \"query\": \"孙鑫\" } } } ");
    SearchHits<Book> searchHits = searchOperations
          .search(query, Book.class, IndexCoordinates.of("book"));
    List<SearchHit<Book>> shList = searchHits.toList();
    for(SearchHit<Book> searchHit: shList) {
       System.out.println(searchHit.getContent());
    }
}
```

如果读者熟悉 Elasticsearch 本身的搜索查询语法，且正好有 Elasticsearch 查询可以使用，那么使用 StringQuery 会比较合适。否则，不建议使用 StringQuery 类。

3. NativeSearchQuery

当查询比较复杂或者无法使用 Criteria API 来表达查询时（例如在构建查询和使用聚合时），那么可以使用 NativeSearchQuery 类，该类允许使用来自 Elasticsearch 库的所有不同的 QueryBuilder 实现，因此其被命名为“native”。

下面的代码展示了如何搜索具有指定名字的人员，以及使用 terms()方法对字段进行分组来计算这些人员名字出现的次数。

```
NativeSearchQuery query = new NativeSearchQueryBuilder()
        .withAggregations(terms("lastnames").field("lastname").size(10))
        .withQuery(QueryBuilders.matchQuery("firstname", firstName))
        .build();

SearchHits<Person> searchHits = operations.search(query, Person.class);
```

19.3.3 ElasticsearchRepository

当使用 Spring Data Elasticsearch 存储库时，支持自动创建索引和编写映射。

@Document 注解有一个参数 createIndex，如果将这个参数设置为 true（默认值就为 true），则 Spring Data Elasticsearch 在应用程序启动时开启存储库支持，以检查是否存在由@Document 注解定义的索引。如果索引不存在，则创建索引，并且从实体的注解派生的映射将被写入新创建的索引。要创建的索引的详细信息可以通过使用@Setting 注解来设置。

ElasticsearchRepository 接口继承自 PagingAndSortingRepository 接口，其根接口 Repository 是一个标记接口，约定了根据方法名自动生成查询的方式（参看 12.4.1 节），因此 ElasticsearchRepository 接口自然就获得了根据方法名进行查询的功能。

如果从方法名派生的查询不能满足需求，则还可以使用@Query 注解定制查询，例如：

```
interface BookRepository extends ElasticsearchRepository<Book, String> {
    @Query("{\"match\": {\"title\": {\"query\": \"?0\"}}}")
```

```
    Page<Book> findByTitle(String title,Pageable pageable);
}
```

要注意，@Query 注解参数的字符串必须是有效的 Elasticsearch JSON 查询。

存储库方法的返回类型可以是以下类型，用于返回多个元素。

- List<T>
- Stream<T>
- SearchHits<T>
- List<SearchHit<T>>
- Stream<SearchHit<T>>
- SearchPage<T>

下面按照以下步骤，编写一个实例，使用 Spring Data Elasticsearch 存储库实现文档索引的创建、查询、更改和删除。

Step1：准备项目

新建一个 Spring Boot 项目，项目名称为 ch19，引入 Lombok 依赖和 Spring Web 依赖，在 NoSQL 模块中引入 Spring Data ElasticSearch (Access+Driver)依赖。

Step2：编写实体类

在 com.sun.ch19 包下新建 persistence.entity 子包，在 entity 子包下新建 Book 类，代码如例 19-1 所示。

例 19-1　Book.java

```
package com.sun.ch19.persistence.entity;

import lombok.Data;
import lombok.ToString;
import org.springframework.data.annotation.Id;
import org.springframework.data.elasticsearch.annotations.Document;

import java.util.Date;

@Data
@ToString
@Document(indexName = "book")
public class Book {
   @Id
   private String id;
   private String title;
   private String author;
   private String bookConcern;
   private Date publishDate;
   private Float price;
}
```

要注意，id 属性的类型必须是 String，也可以不添加@Id 注解。

Step3：编写持久层接口

在 persistence 包下新建 repository 子包，在该子包下新建 BookRepository 接口，该接口从 ElasticsearchRepository 继承，并添加两个自定义查询方法，代码如例 19-2 所示。

例 19-2　BookRepository.java

```
package com.sun.ch19.persistence.repository;

import com.sun.ch19.persistence.entity.Book;
import org.springframework.data.domain.Page;
import org.springframework.data.domain.Pageable;
import org.springframework.data.elasticsearch.annotations.Query;
import
org.springframework.data.elasticsearch.repository.ElasticsearchRepository;

import java.util.List;

public interface BookRepository extends ElasticsearchRepository<Book,
String> {
      /**
       * 通过图书标题关键字模糊查询图书
       * @param title
       * @return
       */
      List<Book> findByTitleLike(String title);

      /**
       * 使用@Query 注解自定义分页查询
       * @param title
       * @return
       */
      @Query("{\"match\": {\"title\": {\"query\": \"?0\"}}}")
      Page<Book> findByTitleCustom(String title, Pageable pageable);
}
```

Step4：编写控制器

在 com.sun.ch19 包下新建 controller 子包，在该子包下新建 BookController 类，代码如例 19-3 所示。

例 19-3　BookController.java

```
package com.sun.ch19.controller;

...

@RestController
```

```
@RequestMapping("/book")
public class BookController {
    @Autowired
    private BookRepository bookRepository;

    @PostMapping
    public String saveBook(@RequestBody Book book) {
        Book resultBook = bookRepository.save(book);
        return resultBook.toString();
    }

    @PostMapping("/batch")
    public String saveBookBatch(@RequestBody List<Book> books) {
        bookRepository.saveAll(books);
        return "success";
    }

    @GetMapping("/{id}")
    public String getBookById(@PathVariable String id){
        Optional<Book> bookOptional = bookRepository.findById(id);
        if(bookOptional.isPresent())
            return bookOptional.get().toString();
        else
            return "参数错误";

    }

    @PutMapping
    public String updateBook(@RequestBody Book book) {
        Book resultBook = bookRepository.save(book);
        return resultBook.toString();
    }

    @DeleteMapping("/{id}")
    public String deleteBook(@PathVariable String id) {
        bookRepository.deleteById(id);
        return "删除成功";
    }

    @GetMapping("/search")
    public Object searchByTitle(String keyword){
        List<Book> students = bookRepository.findByTitleLike(keyword);
        return students;
    }

    @GetMapping("/search/custom")
    public Object searchByTitleCustom(@RequestParam String keyword){
```

```
        Pageable pageable = PageRequest.of(0, 5);
        Page<Book> page = bookRepository.findByTitleCustom(keyword,
pageable);
        return page;
    }
}
```

Step5：使用 Postman 进行测试

启动应用程序，使用 Postman 进行测试。提交图书信息，可以使用形如下面的数据：

```
{
   "title": "Vue.js 从入门到实战",
   "author": "孙鑫",
   "bookConcern": "水利水电出版社",
   "publishDate": "2020-04-01",
   "price": 89.80
}
```

如果批量提交，可以使用形如下面的数据：

```
[
   {
      "title": "Vue.js 3.0 从入门到实战",
      "author": "孙鑫",
      "bookConcern": "中国水利水电出版社",
      "publishDate": "2021-05-01",
      "price": 98.80
   },
   {
      "title": "Spring Boot 无难事",
      "author": "孙鑫",
      "bookConcern": "电子工业出版社",
      "publishDate": "2022-05-01",
      "price": 128.00
   }
]
```

图书在建立索引时会自动生成类似“RunnRH8BihSXwKdKDl3j”这样的字符串 ID 值，因此在根据 ID 值查询图书时需要构建如下形式的 URL：

http://localhost:8080/book/R-nnRH8BihSXwKdKDl3j

当测试图书更新时需要加上 ID 值，构建形如下面的数据：

```
{
   "id": "RunnRH8BihSXwKdKDl3j",
   "title": "Vue.js 从入门到实战",
   "author": "孙鑫",
   "bookConcern": "中国水利水电出版社",
```

```
    "publishDate": "2020-05-01",
    "price": 68.80
}
```

根据关键字查询图书分别是如下两个 URL：

http://localhost:8080/book/search?keyword=vue

http://localhost:8080/book/search/custom?keyword=spring

我们是根据 ID 来删除图书信息的，因此测试删除功能要构建如下形式的 URL：

http://localhost:8080/book/R-nnRH8BihSXwKdKDl3j

19.4 小结

本章简要介绍了流行的全文搜索引擎 Elasticsearch，并介绍了 Spring Boot 对 Elasticsearch 的支持。

第 5 篇　项目实战篇

电子商城项目实战

本章将以前后端分离的方式开发图书电子商城的后端程序，后端程序分为分类模块、图书模块、评论模块和用户模块。数据访问使用 MyBatis 框架，接口采用 RESTful 风格设计，安全策略采用 Spring Security 来实现。项目并不复杂，但基本功能都有，可以帮助读者更好地掌握 Spring Boot 的开发。

20.1　数据库设计

本章项目的数据库表有图书表、图书分类表、评论表和用户表，表结构如例 20-1 所示。

例 20-1　bookstore.sql

```
CREATE DATABASE IF NOT EXISTS `sb_bookstore` DEFAULT CHARACTER SET utf8mb4
COLLATE utf8mb4_0900_ai_ci;

USE `sb_bookstore`;

/* `category` 表的结构 */
DROP TABLE IF EXISTS `category`;
CREATE TABLE `category` (
  `id` smallint(6) NOT NULL AUTO_INCREMENT,
  `name` varchar(50) NOT NULL,
  `root` tinyint(1) DEFAULT NULL,
  `parent_id` smallint(6) DEFAULT NULL,
  PRIMARY KEY (`id`),
  KEY `CATEGORY_PARENT_ID` (`parent_id`),
  CONSTRAINT `CATEGORY_PARENT_ID` FOREIGN KEY (`parent_id`) REFERENCES
`category` (`id`)
) ENGINE=InnoDB;
```

```
/* `books` 表的结构 */
DROP TABLE IF EXISTS `books`;
CREATE TABLE `books` (
  `id` int(11) NOT NULL AUTO_INCREMENT,
  `title` varchar(50) NOT NULL,
  `author` varchar(50) NOT NULL,
  `book_concern` varchar(100)  NOT NULL COMMENT '出版社',
  `publish_date` date NOT NULL COMMENT '出版日期',
  `price` float(6,2) NOT NULL,
  `discount` float(3,2) DEFAULT NULL,
  `inventory` int(11) NOT NULL COMMENT '库存',
  `brief` varchar(500) DEFAULT NULL COMMENT '简介',
  `detail` text COMMENT '详情',
  `category_id` smallint(6) DEFAULT NULL COMMENT '图书分类，外键',
  `is_new` tinyint(1) DEFAULT NULL COMMENT '是否新书',
  `is_hot` tinyint(1) DEFAULT NULL COMMENT '是否热门书',
  `is_special_offer` tinyint(1) DEFAULT NULL COMMENT '是否特价',
  `img` varchar(250) DEFAULT NULL COMMENT '图书小图片',
  `img_big` varchar(250) DEFAULT NULL COMMENT '图书大图片',
  `slogan` varchar(300) DEFAULT NULL COMMENT '图书宣传语',
  PRIMARY KEY (`id`),
  KEY `FK_CATEGORY_ID` (`category_id`),
  KEY `INDEX_TITLE` (`title`),
  CONSTRAINT `FK_CATEGORY_ID` FOREIGN KEY (`category_id`) REFERENCES
`category` (`id`)
) ENGINE=InnoDB;


/* `comment`表的结构 */
DROP TABLE IF EXISTS `comment`;

CREATE TABLE `comment` (
  `id` int(11) NOT NULL AUTO_INCREMENT,
  `content` varchar(1000) NOT NULL,
  `comment_date` datetime NOT NULL,
  `book_id` int(11) DEFAULT NULL,
  `username` varchar(50) NOT NULL,
  PRIMARY KEY (`id`),
  KEY `FK_BOOK_ID` (`book_id`),
  CONSTRAINT `FK_BOOK_ID` FOREIGN KEY (`book_id`) REFERENCES `books`
(`id`)
) ENGINE=InnoDB;


/* `users`表的结构 */
```

```
DROP TABLE IF EXISTS `users`;
CREATE TABLE `users` (
  `id` int(11) NOT NULL AUTO_INCREMENT,
  `username` varchar(50) NOT NULL,
  `password` varchar(512) NOT NULL,
  `mobile` varchar(20) NOT NULL,
  `enabled`    tinyint(1) not null default '1',
  `locked`     tinyint(1) not null default '0',
  `roles`      varchar(500),
  PRIMARY KEY (`id`),
  UNIQUE KEY `INDEX_USERNAME` (`username`),
  UNIQUE KEY `INDEX_MOBILE` (`mobile`)
) ENGINE=InnoDB;
```

该 SQL 脚本文件位于本书源代码目录的 SQLScript 子目录下，此外，也为读者准备了一些样本数据，文件名为 bookstore_data.sql。

20.2 创建项目

新建一个 Spring Boot 项目，项目名为 ch20，在 Developer Tools 模块下引入 Spring Boot DevTools 和 Lombok 依赖；在 Web 模块下引入 Spring Web 依赖；在 Security 目录下引入 Spring Security 依赖；在 SQL 模块下引入 MyBatis Framework 和 MySQL Driver 依赖。

读者可以先在 POM 文件中将 Spring Security 依赖注释起来，等后面实现用户模块时再应用该依赖，或者参照第 15 章做如下的安全配置。

```
package com.sun.ch20.config;

...

@EnableWebSecurity
public class WebSecurityConfig extends WebSecurityConfigurerAdapter {
    protected void configure(HttpSecurity http) throws Exception {
        http.authorizeRequests()
                .anyRequest().permitAll()
                .and()
                .csrf().disable();
    }
}
```

20.3 项目结构

本项目的项目结构如图 20-1 所示。

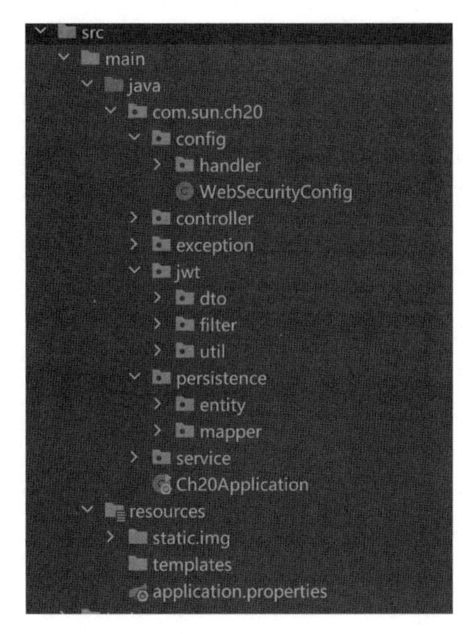

图 20-1　项目结构

20.4　项目配置

编辑 application.properties 文件，配置内容如例 20-2 所示。

例 20-2　application.properties

```
# 关闭启动时的 Banner
spring.main.banner-mode=off

# 配置 MySQL 的 JDBC 驱动类
spring.datasource.driver-class-name=com.mysql.cj.jdbc.Driver
# 配置 MySQL 的连接 URL
spring.datasource.url=jdbc:mysql://localhost:3306/sb_bookstore?useSSL=
false&serverTimezone=UTC
# 数据库用户名
spring.datasource.username=root
# 数据库用户密码
spring.datasource.password=12345678

# 在默认情况下，执行所有 SQL 操作都不会打印日志。在开发阶段，为了便于排查错误可以配置
日志输出
# com.sun.mybatis.persistence.mapper 是包含映射器接口的包名
logging.level.com.sun.mybatis.persistence.mapper=DEBUG

# 启用下画线与驼峰式命名规则的映射（例如，book_concern => bookConcern）
mybatis.configuration.map-underscore-to-camel-case=true
```

项目中还有一些配置项，我们一步步来，在需要的时候再添加。

20.5 分类模块

图书分类模块的前端页面展示效果如图 20-2 所示。

图 20-2 图书分类

分类查询有一个不可避免的问题，就是后代分类的递归查询问题。在前端显示分类列表的时候，通常都是以树状或者层次的形式显示的，所有根分类排在顶层，其次是二级分类、三级分类等。试想一下，若要一级一级地进行分类查询将是多么烦琐的事情，当然我们也不能直接查询出所有分类，然后再根据分类之间的父子关系去嵌套，这样实现也很麻烦。数据库分类表一般都采用自连接的形式，主外键在一张表中，因此需要设计一种查询方式：在只查询根分类的同时，所有根分类的后代分类也能被查询出来，返回给前端的是根分类的列表。

下面按照以下步骤开始实现分类模块。

Step1：编写实体类

在 com.sun.ch20 包下新建 persistence.entity 子包，在 entity 子包下新建实体类 Category，代码如例 20-3 所示。

例 20-3 Category.java

```
package com.sun.ch20.persistence.entity;

...

@Data
@ToString
@NoArgsConstructor
public class Category {
    private Integer id;              // 分类 ID
    private String name;             // 分类名字
    private Boolean root;            // 是否根分类
    private Integer parentId;        // 父分类 ID
    private List<Category> children; // 子分类列表
}
```

Step2：编写映射器

在 com.sun.ch20.persistence 包下新建 mapper 子包，在该子包下新建 CategoryMapper 接口，代码如例 20-4 所示。

例 20-4　CategoryMapper.java

```
package com.sun.ch20.persistence.mapper;

...

@Mapper
public interface CategoryMapper {
    /**
     * 找到所有根分类及其后代分类
     * @return 根分类的列表
     */
    @Results(id="categoryMap", value = {
            @Result(id = true, property = "id", column="id"),
            @Result(property = "parentId", column="parent_id"),
            @Result(property = "children", column="id",
                    many = @Many(select = "findChildrenByParentId",
fetchType = FetchType.EAGER))
    })
    @Select("select * from category where root = 1")
    List<Category> findAll();

    /**
     * 查找某个分类的所有子分类
     * @param parentId 父分类的 ID
     * @return 子分类列表
     */
    @ResultMap("categoryMap")
    @Select("select * from category where parent_id = #{parentId}")
    List<Category> findChildrenByParentId(int parentId);

    /**
     * 根据 ID 查找某个分类
     * @param id 分类 ID
     * @return
     */
    @Results({
            @Result(id = true, property = "id", column="id"),
            @Result(property = "parentId", column="parent_id")
    })
    @Select("select id, name, root,  parent_id from category where id =
#{id}")
    Category findById(int id);
}
```

Step3：编写服务层

在 com.sun.ch20 包下新建 service 子包，在该子包下新建 CategoryService，代码如例 20-5 所示。

例 20-5 CategoryService.java

```
package com.sun.ch20.service;

...

@Service
public class CategoryService {
    @Autowired
    private CategoryMapper categoryMapper;

    public List<Category> getAllCategories() {
        return categoryMapper.findAll();
    }

    public List<Category> getChildrenByParent(int parentId){
        return categoryMapper.findChildrenByParentId(parentId);
    }

    public Category getCategoryById(int id) {
        return categoryMapper.findById(id);
    }
}
```

由于本项目中的分类模块没有更复杂的功能，所以服务层的代码具有重复工作的嫌疑，但这是一个良好的代码设计架构所需要的，对于后期扩展会很方便。

Step4：编写控制器

在 com.sun.ch20 包下新建 controller 子包，在该子包下新建 CategoryController 类，代码如例 20-6 所示。

例 20-6 CategoryController.java

```
package com.sun.ch20.controller;

...

@RestController
@RequestMapping("/category")
public class CategoryController {
    @Autowired
    private CategoryService categoryService;
```

```
        @GetMapping
        public ResponseEntity<BaseResult> getAllCategories(){
            List<Category> categories = categoryService.getAllCategories();
            DataResult<List<Category>> result = new DataResult<>();
            result.setCode(HttpStatus.OK.value());
            result.setMsg("成功");
            result.setData(categories);
            return ResponseEntity.ok(result);
        }

        @GetMapping("/{id}")
        public ResponseEntity<BaseResult> getCategoryById(@PathVariable int
id){
            Category category = categoryService.getCategoryById(id);
            if(category != null) {
                DataResult<Category> result = new DataResult<>();
                result.setCode(HttpStatus.OK.value());
                result.setMsg("成功");
                result.setData(category);
                return ResponseEntity.ok(result);
            } else {
                BaseResult result = new
BaseResult(HttpStatus.BAD_REQUEST.value(), "参数不合法");
                return
ResponseEntity.status(HttpStatus.BAD_REQUEST).body(result);
            }
        }

        @GetMapping("/parent/{id}")
        public ResponseEntity<BaseResult> getChildrenByParent(@PathVariable
int id){
            List<Category> categories =
categoryService.getChildrenByParent(id);
            if(categories.size() > 0) {
                DataResult<List<Category>> result = new DataResult<>();
                result.setCode(HttpStatus.OK.value());
                result.setMsg("成功");
                result.setData(categories);
                return ResponseEntity.ok(result);
            } else {
                BaseResult result = new
BaseResult(HttpStatus.BAD_REQUEST.value(), "参数不合法");
                return
ResponseEntity.status(HttpStatus.BAD_REQUEST).body(result);
            }
        }
    }
```

上述代码涉及的知识点在前面章节中均有讲述，这里就不再赘述了。

Step5：测试分类模块

本项目是一个商城的后端程序，并没有页面，因此测试接口可以选择 Postman 工具，读者可以用 GET 请求访问以下 URL 进行测试：

http://localhost:8080/category

http://localhost:8080/category/1

http://localhost:8080/category/parent/1

20.6 图书模块与评论模块

图书需要提取热门图书、新书、查询图书等信息。电子商城的商品数量很多，不适合一次性全部查询，因此在查询多本图书时需要采用分页查询，主要有查询某个分类下的所有图书，以及通过关键字查询图书。

前端页面的展示效果如图 20-3～图 20-7 所示。

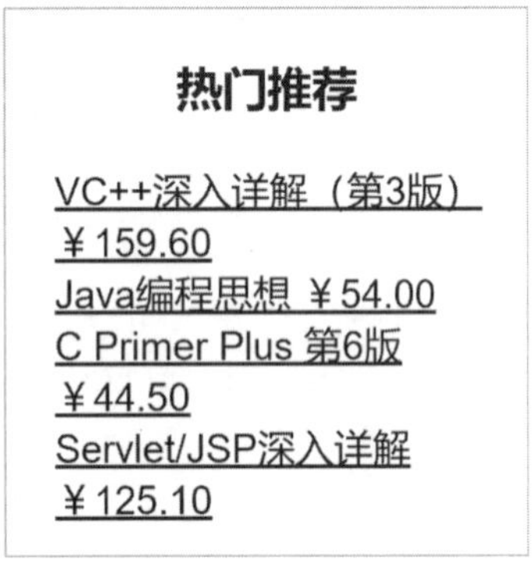

热门推荐
VC++深入详解（第3版） ￥159.60
Java编程思想 ￥54.00
C Primer Plus 第6版 ￥44.50
Servlet/JSP深入详解 ￥125.10

图 20-3　热门推荐

新书上市
VC++深入详解（第3版）
￥159.60 ￥168.00
Java编程思想
￥54.00 ￥108.00
C Primer Plus 第6版
￥44.50 ￥89.00
Servlet/JSP深入详解
￥125.10 ￥139.00
深入浅出MFC（第2版）
￥40.00 ￥80.00

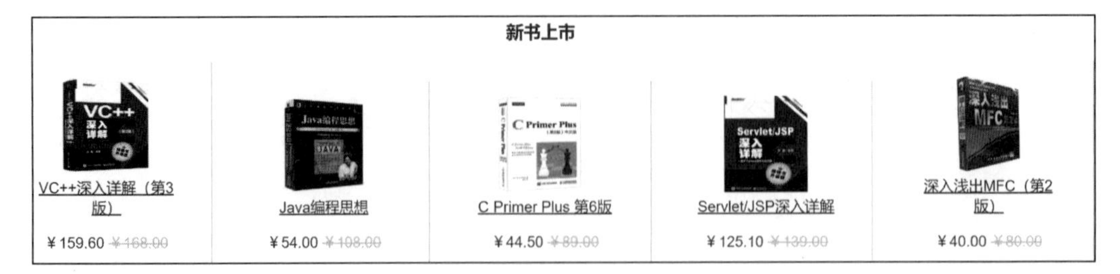

图 20-4　新书上市

图 20-5　图书分类

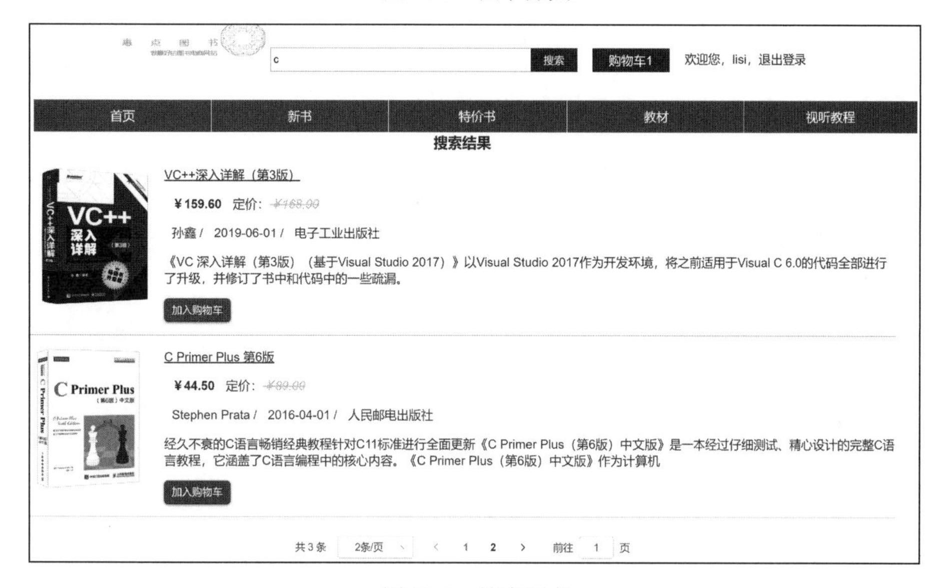

图 20-6　搜索图书

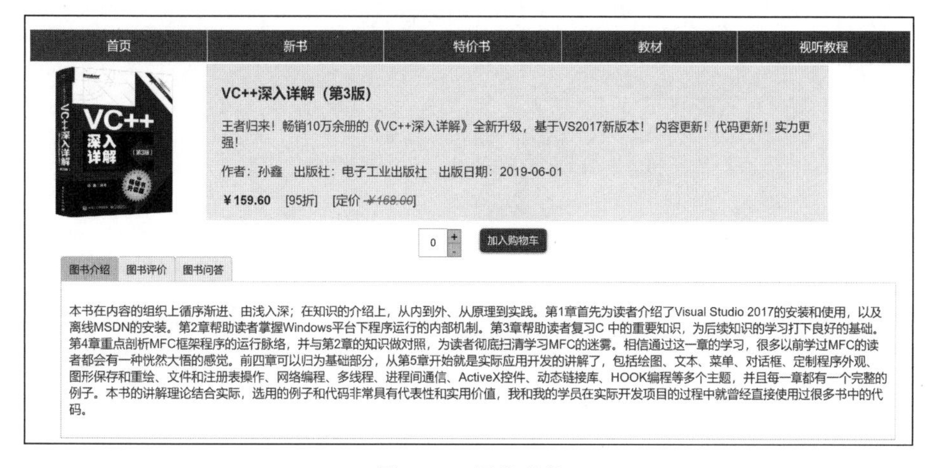

图 20-7　图书详情

本项目中的评论模块基本上只有演示作用且功能很简单，因此将其和图书模块放在一起讲解。前端页面展示效果如图 20-8 所示。

图 20-8 图书评论

下面按照以下步骤实现图书模块和评论模块。

Step1：配置 MyBatis 分页插件

编辑 POM 文件，添加以下依赖项：

```
<dependency>
    <groupId>com.github.pagehelper</groupId>
    <artifactId>pagehelper-spring-boot-starter</artifactId>
    <version>1.4.1</version>
</dependency>
```

这里要提醒读者的是，当选用最新的 Spring Boot 版本时，MyBatis 版本和分页插件版本也最好都选用最新的，否则可能会出现一些问题。

编辑 application.properties 文件，为分页插件添加如下配置：

```
pagehelper.helperDialect=mysql
# 当启用合理化时，如果 pageNum < 1，则会查询第一页。如果 pageName > pages，则会查询最后一页
pagehelper.reasonable=true
pagehelper.supportMethodsArguments=true
pagehelper.params=count=countSql
```

Step2：编写实体类

图书的信息量很大，但是在很多场景中并不需要图书的完整信息，比如图书列表、首页图书展示等。单本图书的所有信息展示频率其实并不高，为了节省传输量，在设计实体类的时候，可以设计一个包含基本信息的 Book，再设计一个子类 BookDetail，包含图书的所有信息，根据不同的场景，选择返回不同的图书对象。

在 com.sun.ch20.persistence.entity 包下新建 Book 类，代码如例 20-7 所示。

例 20-7　Book.java

```
package com.sun.ch20.persistence.entity;

...

@Data
@ToString
@EqualsAndHashCode
@NoArgsConstructor
public class Book {
    private Integer id;                // 图书 ID
    private String title;              // 图书标题
    private String author;             // 图书作者
    private Float price;               // 图书价格
    private Float discount;            // 图书折扣
    private String bookConcern;        // 出版社
    private String imgUrl;             // 图书封面小图 URL
    private String imgBigUrl;          // 图书封面大图 URL
    private LocalDate publishDate;     // 出版日期
    private String brief;              // 图书简介
    private Integer inventory;         // 图书库存
}
```

在 com.sun.ch20.persistence.entity 包下新建 BookDetail 类，从 Book 类继承，代码如例 20-8 所示。

例 20-8　BookDetail.java

```
package com.sun.ch20.persistence.entity;

...

@Data
@ToString
@EqualsAndHashCode
@NoArgsConstructor
public class BookDetail extends Book {
    private String detail;              // 图书详细介绍
    private Boolean newness;            // 是否新书
    private Boolean hot;                // 是否热门图书
    private Boolean specialOffer;       // 是否特价
    private String slogan;              // 图书宣传语
    private Category category;          // 图书所属分类
}
```

在实际项目中，读者可以根据场景需要调整两个类的字段。

在 com.sun.ch20.persistence.entity 包下新建 Comment 类，代码如例 20-9 所示。

例 20-9 Comment.java

```
package com.sun.ch20.persistence.entity;

...

@Data
@ToString
@NoArgsConstructor
public class Comment {
    private Integer id;                    // 评论 ID
    private String content;                // 评论内容
    private LocalDateTime commentDate;     // 评论时间
    private Book book;                     // 所属图书
    private String username;               // 评论用户名
}
```

Step3：编写映射器

在 com.sun.ch20.persistence.mapper 包下新建 BookMapper 接口，代码如例 20-10 所示。

例 20-10 BookMapper.java

```
package com.sun.ch20.persistence.mapper;

...

@Mapper
public interface BookMapper {
    /**
     * 获取热门图书
     * @return 热门图书列表
     */
    @Results(id = "bookMap", value = {
           @Result(id = true, property = "id", column="id"),
           @Result(property = "imgUrl", column="img"),
           @Result(property = "imgBigUrl", column="img_big")
    })
    @Select("select id, title, author, price, discount, img, img_big, 
inventory from books where is_hot = 1 ")
    List<Book> findBooksByHot();

    /**
     * 获取所有新书
     * @return 新书列表
     */
    @ResultMap("bookMap")
    @Select("select id, title, author, price, discount, img, img_big, 
inventory from books where is_new = 1 ")
    List<Book> findBooksByNew();
```

```
        /**
         * 根据图书 ID 查找图书
         * @param id
         * @return 详细的图书对象
         */
        @Results(id = "bookDetailMap", value = {
               @Result(id = true, property = "id", column="id"),
               @Result(property = "imgUrl", column="img"),
               @Result(property = "imgBigUrl", column="img_big"),
               @Result(property = "newness", column="is_new"),
               @Result(property = "hot", column="is_hot"),
               @Result(property = "specialOffer",
column="is_special_offer"),
               @Result(property = "category", column="category_id", one =
@One(select = "com.sun.ch20.persistence.mapper.CategoryMapper.findById",
fetchType = FetchType.EAGER))
        })
        @Select("select * from books where id = #{id}")
        BookDetail findById(int id);

        /**
         * 分页查询某个分类下的图书
         * @param categoryId 分类 ID
         * @param pageNum 第几页
         * @param pageSize 每页大小
         * @return 图书列表
         */
        @ResultMap("bookMap")
        @Select("select id, title, author, price, discount, img, img_big,
inventory, publish_date, book_concern, brief from books where category_id =
#{categoryId} ")
        List<Book> findCategoryBooksByPage(int categoryId,
@Param("pageNum")int pageNum, @Param("pageSize")int pageSize);

        /**
         * 根据搜索关键字分页查询图书
         * @param keyword 关键字
         * @param pageNum 第几页
         * @param pageSize 每页大小
         * @return 图书列表
         */
        @ResultMap("bookMap")
        @Select("select id, title, author, price, discount, img, img_big,
inventory, publish_date, book_concern, brief from books where title like
'%${keyword}%' ")
        List<Book> findKeywordBooksByPage(String keyword,
@Param("pageNum")int pageNum, @Param("pageSize")int pageSize);
```

```
    /**
     * 获取某个分类下的所有图书
     * @param categoryId 分类 ID
     * @return 某个分类下的图书列表
     */
    /*@ResultMap("bookMap")
    @Select("select id, title, author, price, discount, img, img_big, 
inventory, publish_date, book_concern, brief from books where category_id = 
#{categoryId} ")
    List<Book> findBooksByCategory(int categoryId);*/

    /**
     * 根据关键字模糊查询所有图书
     * @param keyword 关键字
     * @return 图书列表
     */
    /*@ResultMap("bookMap")
    @Select("select id, title, author, price, discount, img, img_big, 
inventory, publish_date, book_concern, brief from books where title like 
'%${keyword}%' ")
    List<Book> findBooksByKeyword(String keyword);*/
}
```

在 com.sun.ch20.persistence.mapper 包下新建 CommentMapper 接口，代码如例 20-11 所示。

例 20-11　CommentMapper.java

```
package com.sun.ch20.persistence.mapper;

...

@Mapper
public interface CommentMapper {
    @Select("select id, content, comment_date, username from comment where 
book_id = #{bookId}")
    List<Comment> findByBookId(int bookId);
}
```

在演示项目中只是展示了某本图书的评论，且对评论也未进行分页处理，在实际项目中，应该采用分页查询。

Step4：编写服务层

评论模块的功能很单一，所以这里就不为评论模块单独编写服务层代码了，而是将其与图书模块合并到 BookService 中。

在 com.sun.ch20.service 包下新建 BookService 类，代码如例 20-12 所示。

例 20-12　BookService.java

```
    package com.sun.ch20.service;

    ...

    @Service
    public class BookService {
        @Autowired
        private BookMapper bookMapper;
        @Autowired
        private CommentMapper commentMapper;

        public Book getBookById(int id) {
            return bookMapper.findById(id);
        }

        public List<Book> getBooksByHot() {
            return bookMapper.findBooksByHot();
        }

        public List<Book> getBooksByNew() {
            return bookMapper.findBooksByNew();
        }

        public BookDetail getBook(int id) {
            return bookMapper.findById(id);
        }

        public List<Book> getCategoryBooksByPage(int categoryId, int pageNum,
int pageSize) {
            return bookMapper.findCategoryBooksByPage(categoryId, pageNum,
pageSize);
        }

        public List<Book> getKeywordBooksByPage(String keyword, int pageNum,
int pageSize) {
            return bookMapper.findKeywordBooksByPage(keyword, pageNum,
pageSize);
        }

        public List<Comment> getCommentsByBookId(int bookId) {
            return commentMapper.findByBookId(bookId);
        }
    }
```

Step5：编写控制器

在 com.sun.ch20.controller 包下新建 BookController 类，代码如例 20-13 所示。

例 20-13　BookController.java

```
package com.sun.ch20.controller;

...

@RestController
@RequestMapping("/book")
public class BookController {
    @Autowired
    private BookService bookService;

    @GetMapping("/{id}")
    public ResponseEntity<BaseResult> getBook(@PathVariable int id) {
        Book book = bookService.getBook(id);
        if(book != null) {
            List<Book> books = new ArrayList<>();
            books.add(book);
            translateBookImgUrl(books);
            DataResult<Book> result = new DataResult<>();
            result.setCode(HttpStatus.OK.value());
            result.setMsg("成功");
            result.setData(book);
            return ResponseEntity.ok(result);
        } else {
            BaseResult result = new BaseResult(HttpStatus.BAD_REQUEST.value(),
"参数不合法");
            return ResponseEntity.status(HttpStatus.
BAD_REQUEST).body(result);
        }
    }

    @GetMapping("/hot")
    public ResponseEntity<BaseResult> getHotBooks() {
        List<Book> books = bookService.getBooksByHot();
        translateBookImgUrl(books);
        DataResult<List<Book>> result = new DataResult<>();
        result.setCode(HttpStatus.OK.value());
        result.setMsg("成功");
        result.setData(books);
        return ResponseEntity.ok(result);
    }

    @GetMapping("/new")
    public ResponseEntity<BaseResult> getNewBooks() {
```

```
            List<Book> books = bookService.getBooksByNew();
            translateBookImgUrl(books);
            DataResult<List<Book>> result = new DataResult<>();
            result.setCode(HttpStatus.OK.value());
            result.setMsg("成功");
            result.setData(books);
            return ResponseEntity.ok(result);
        }

        @GetMapping("/category/{id}")
        public ResponseEntity<BaseResult> getCategoryBooks(
                @PathVariable int id, @RequestParam int pageNum, @RequestParam
int pageSize) {
            List<Book> books = bookService.getCategoryBooksByPage(id, pageNum,
pageSize);
            return getPaginationResult(books);
        }

        @GetMapping("/search")
        public ResponseEntity<BaseResult> searchBooks(
                String wd, @RequestParam int pageNum, @RequestParam int pageSize)
{
            List<Book> books = bookService.getKeywordBooksByPage(wd, pageNum,
pageSize);
            return getPaginationResult(books);
        }

        @GetMapping("/{id}/comment")
        public ResponseEntity<BaseResult> getBookComments(@PathVariable int
id) {
            List<Comment> comments = bookService.getCommentsByBookId(id);

            DataResult result = new DataResult();
            result.setCode(HttpStatus.OK.value());
            result.setMsg("成功");
            result.setData(comments);
            return ResponseEntity.ok(result);
        }

        /**
         * 构建分页数据对象
         * @param books 图书列表
         * @return ResponseEntity 对象
         */
        private ResponseEntity<BaseResult> getPaginationResult(List<Book>
books) {
            long total = ((Page) books).getTotal();
            translateBookImgUrl(books);
            PaginationResult<List<Book>> result = new
```

```
PaginationResult<List<Book>>();
            result.setCode(HttpStatus.OK.value());
            result.setMsg("成功");
            result.setData(books);
            result.setTotal(total);
            return ResponseEntity.ok(result);
        }
        /**
         * 对图书封面小图和大图的 URL 进行转换
         * @param books 图书列表
         */
        private void translateBookImgUrl(List<Book> books){
            for(Book book : books) {
                book.setImgUrl(getServerInfo() + "/img/" + book.getImgUrl());
                book.setImgBigUrl(getServerInfo() + "/img/"  +
book.getImgBigUrl());
            }
        }

        /**
         * 得到后端程序的上下文路径
         * @return 上下文路径
         */
        private String getServerInfo(){
            ServletRequestAttributes attrs = (ServletRequestAttributes)
RequestContextHolder.getRequestAttributes();
            StringBuffer sb = new StringBuffer();
            HttpServletRequest request = attrs.getRequest();
            sb.append(request.getContextPath());
            return sb.toString();
        }

    }
```

这里需要说明的是，在数据库中图书封面只是存储了文件名（如 vc++.jpg），并不包含路径，所有图书封面的图片都存放在项目的 resources/static/img 目录下，路径是在控制器中动态构建的，添加了后端程序的上下文路径，最终构建的 URL 类似于/img/vc++.jpg。读者无须担心 URL 中没有服务器的名字和端口，因为前端程序访问后端程序，自然是知道服务器的域名和端口的。

Step5：测试图书和评论模块

打开 Postman，按照表 20-1 进行测试。

表 20-1　测试用例

测试功能	请求方法	请求 URL
热门推荐	GET	http://localhost:8080/book/hot
新书上市	GET	http://localhost:8080/book/new
分类下的图书（分页显示）	GET	http://localhost:8080/book/category/6?pageNum=1&pageSize=2
图书搜索（分页显示）	GET	http://localhost:8080/book/search?wd=c&pageNum=1&pageSize=2
图书详情	GET	http://localhost:8080/book/1
图书评论	GET	http://localhost:8080/book/1/comment

20.7 用户模块

用户模块必然牵涉到访问权限的问题，在本项目中，采用了 Spring Security 框架来辅助我们实现项目的权限控制。下面按照以下步骤实现用户模块。

Step1：编写实体类

在 com.sun.ch20.persistence.entity 包下新建 User 类，让该类实现 UserDetails 接口，代码如例 20-14 所示。

例 20-14　User.java

```
package com.sun.ch20.persistence.entity;

...

@Data
@ToString
@NoArgsConstructor
public class User implements UserDetails {
    private Long id;
    private String username;
    private String password;
    private String mobile;
    private Boolean enabled;
    private Boolean locked;
    private String roles;

    @Override
    public Collection<? extends GrantedAuthority> getAuthorities() {
        return AuthorityUtils.commaSeparatedStringToAuthorityList(roles);
    }

    @Override
    public boolean isAccountNonExpired() {
        return true;
    }
```

```
    @Override
    public boolean isAccountNonLocked() {
        return !locked;
    }

    @Override
    public boolean isCredentialsNonExpired() {
        return true;
    }

    @Override
    public boolean isEnabled() {
        return enabled;
    }
}
```

Step2：编写映射器

在 com.sun.ch20.persistence.mapper 包下新建 UserMapper 接口，代码如例 20-15 所示。

例 20-15　UserMapper.java

```
package com.sun.ch20.persistence.mapper;

import com.sun.ch20.persistence.entity.User;
import org.apache.ibatis.annotations.Insert;
import org.apache.ibatis.annotations.Mapper;
import org.apache.ibatis.annotations.Options;
import org.apache.ibatis.annotations.Select;

@Mapper
public interface UserMapper {
    @Insert("insert into users(username, password, mobile, roles)" +
            " values (#{username}, #{password}, #{mobile}, #{roles})")
    // 在插入数据后，获取自增长的主键值
    @Options(useGeneratedKeys=true, keyProperty="id")
    int saveUser(User user);

    @Select("select * from users where username = #{username}")
    User findByUsername(String username);

    @Select("select * from users where mobile = #{mobile}")
    User findByMobile(String mobile);
}
```

Step3：编写服务层

在 com.sun.ch20.service 包下新建 UserService 类，代码如例 20-16 所示。

例 20-16　UserService.java

```
package com.sun.ch20.service;

...

@Service
public class UserService implements UserDetailsService {
   @Autowired
   private UserMapper userMapper;

   @Override
   public UserDetails loadUserByUsername(String token)
         throws UsernameNotFoundException {
      User user = userMapper.findByUsername(token);
      if (user == null) {
         user = userMapper.findByMobile(token);
         if(user == null)
            throw new UsernameNotFoundException("用户不存在!");
      }
      return user;
   }

   public User register(User user) {
      userMapper.saveUser(user);
      return user;
   }
}
```

Step4：编写控制层

在 com.sun.ch20.controller 包下新建 UserController 类，代码如例 20-17 所示。

例 20-17　UserController.java

```
package com.sun.ch20.controller;

...

@RestController
@RequestMapping("/user")
public class UserController {

   private static final String DEFAULT_ROLE = "ROLE_USER";
```

```
    @Autowired
    private UserService userService;

    @PostMapping
    public ResponseEntity<BaseResult> register(@RequestBody User user) {
        user.setRoles(DEFAULT_ROLE);
        user.setPassword(new
BCryptPasswordEncoder().encode(user.getPassword()));
        userService.register(user);
        BaseResult result = new BaseResult();
        result.setCode(HttpStatus.OK.value());
        result.setMsg("注册成功");
        return ResponseEntity.ok(result);
    }
}
```

这里我们先不进行测试，统一放到下一节一起测试。

20.8 安全实现

我们这个项目是前后端分离的，因此 Spring Security 的一些默认行为就会让程序运行出现问题，其中的一个问题就是我们在 15.4 节讲述的用户登录成功或失败后应该返回 JSON 结果。另外还有一个问题，即当访问受保护资源时，对于没有获得授权的请求，Spring Security 会发送一个重定向响应，以重定向到登录页面，显然在前后端分离的项目中这并不合适，而应该返回一个告知用户“没有访问权限”的 JSON 结果。

下面我们先模拟一个受保护的资源，在 com.sun.ch20.controller 包下新建 ResourceController 类，代码如例 20-18 所示。

例 20-18 ResourceController.java

```
package com.sun.ch20.controller;

...

@RestController
@RequestMapping("/resource")
public class ResourceController {
    @GetMapping
    public ResponseEntity<BaseResult> resource() {
        DataResult<String> result = new DataResult<>();
        result.setCode(HttpStatus.OK.value());
        result.setMsg("成功");
        result.setData("受保护资源");
        return ResponseEntity.ok(result);
    }
}
```

接下来按 15.4 节讲述的知识解决用户登录成功和失败后的问题。在 com.sun.ch20 目录下新建 config.handler 子包，在 handler 子包下新建 MyAuthenticationSuccessHandler 类，实现 AuthenticationSuccessHandler 接口，代码如例 20-19 所示。

例 20-19 MyAuthenticationSuccessHandler.java

```
package com.sun.ch20.config.handler;

...

@Component
public class MyAuthenticationSuccessHandler implements
AuthenticationSuccessHandler {
    @Override
    public void onAuthenticationSuccess(HttpServletRequest request,
                                        HttpServletResponse response,
                                        Authentication authentication)
            throws IOException, ServletException {
        response.setContentType("application/json;charset=UTF-8");
        BaseResult result = new BaseResult(HttpServletResponse.SC_OK,"登
录成功" );
        response.setStatus(HttpServletResponse.SC_OK);
        PrintWriter out = response.getWriter();
        // 使用 Spring Boot 默认使用的 Jackson JSON 库中的 ObjectMapper 类将对象
转换为 JSON 字符串
        ObjectMapper mapper = new ObjectMapper();
        String json = mapper.writeValueAsString(result);
        out.write(json);
        out.close();
    }
}
```

在 com.sun.ch20.config.handler 包下新建 MyAuthenticationFailureHandler 类，实现 AuthenticationFailureHandler 接口，代码如例 20-20 所示。

例 20-20 MyAuthenticationFailureHandler.java

```
package com.sun.ch20.config.handler;

...

@Component
public class MyAuthenticationFailureHandler implements
AuthenticationFailureHandler {
    @Override
    public void onAuthenticationFailure(HttpServletRequest request,
                                        HttpServletResponse response,
                                        AuthenticationException exception)
            throws IOException, ServletException {
```

```
            response.setContentType("application/json;charset=UTF-8");
            response.setStatus(HttpServletResponse.SC_UNAUTHORIZED);
            PrintWriter out = response.getWriter();
            BaseResult result = new
BaseResult(HttpServletResponse.SC_UNAUTHORIZED,
                    "用户名或密码错误" );
            ObjectMapper mapper = new ObjectMapper();
            String json = mapper.writeValueAsString(result);
            out.write(json);
            out.close();
        }
    }
```

当未经授权的请求访问受保护资源时，Spring Security 默认会重定向到登录页面，而这个行为是由 LoginUrlAuthenticationEntryPoint 类的 commence()方法来完成的，该类实现了 AuthenticationEntryPoint 接口。我们的解决办法就是实现 AuthenticationEntryPoint 接口，给出自己的 commence()方法实现，在方法中返回 JSON 结果，然后用我们的类替换默认的 LoginUrlAuthenticationEntryPoint 类。

这里我们不再新建类了，而是将 LoginUrlAuthenticationEntryPoint 类作为 WebSecurityConfig 类内部的静态类，当然读者也可以以匿名内部类的方式给出 AuthenticationEntryPoint 接口的实现。

在 com.sun.ch20.config 包下新建 WebSecurityConfig 类，该类继承 WebSecurityConfigurerAdapter 类，代码如例 20-21 所示。

例 20-21 WebSecurityConfig.java

```
    package com.sun.ch20.config;

    import com.fasterxml.jackson.databind.ObjectMapper;
    import com.sun.ch20.controller.result.BaseResult;
    import org.springframework.beans.factory.annotation.Autowired;
    import org.springframework.context.annotation.Bean;
    import org.springframework.security.config.annotation.web.
builders.HttpSecurity;
    import org.springframework.security.config.annotation.web.
configuration.EnableWebSecurity;
    import org.springframework.security.config.annotation.web.
configuration.WebSecurityConfigurerAdapter;
    import org.springframework.security.core.AuthenticationException;
    import org.springframework.security.crypto.bcrypt.
BCryptPasswordEncoder;
    import org.springframework.security.crypto.password.PasswordEncoder;
    import org.springframework.security.web.AuthenticationEntryPoint;
    import org.springframework.security.web.authentication.
AuthenticationFailureHandler;
    import org.springframework.security.web.authentication.
AuthenticationSuccessHandler;
```

```
import javax.servlet.ServletException;
import javax.servlet.http.HttpServletRequest;
import javax.servlet.http.HttpServletResponse;
import java.io.IOException;
import java.io.PrintWriter;

@EnableWebSecurity
public class WebSecurityConfig extends WebSecurityConfigurerAdapter {
   @Autowired
   private AuthenticationSuccessHandler authenticationSuccessHandler;
   @Autowired
   private AuthenticationFailureHandler authenticationFailureHandler;

   @Override
   protected void configure(HttpSecurity http) throws Exception {
      http.authorizeRequests()
            .antMatchers("/resource/**").hasRole("USER")
            .anyRequest().permitAll()
            .and()
            .formLogin()
            .loginProcessingUrl("/login")
            .successHandler(authenticationSuccessHandler)
            .failureHandler(authenticationFailureHandler)
            .and()
            .logout()
            .and()
            .csrf().disable()
            .exceptionHandling()
            .authenticationEntryPoint(new
MyLoginUrlAuthenticationEntryPoint());
   }

   @Bean
   public PasswordEncoder passwordEncoder() {
      return new BCryptPasswordEncoder();
   }

   /**
    * 以私有静态类的方式实现 AuthenticationEntryPoint 接口
    */
   private static class MyLoginUrlAuthenticationEntryPoint implements
AuthenticationEntryPoint {
      @Override
      public void commence(HttpServletRequest request,
HttpServletResponse response, AuthenticationException authException) throws
IOException, ServletException {
         response.setContentType("application/json;charset=UTF-8");
         response.setStatus(HttpServletResponse.SC_FORBIDDEN);
         PrintWriter out = response.getWriter();
```

```
                BaseResult result = new
BaseResult(HttpServletResponse.SC_FORBIDDEN, "未登录，无权访问");
                ObjectMapper mapper = new ObjectMapper();
                String json = mapper.writeValueAsString(result);
                out.write(json);
                out.close();
            }
        }
    }
```

接下来就可以进行测试了。首先注册一个用户，需要携带 JSON 数据以 POST 方法向 http://localhost:8080/user 发起请求，如图 20-9 所示。

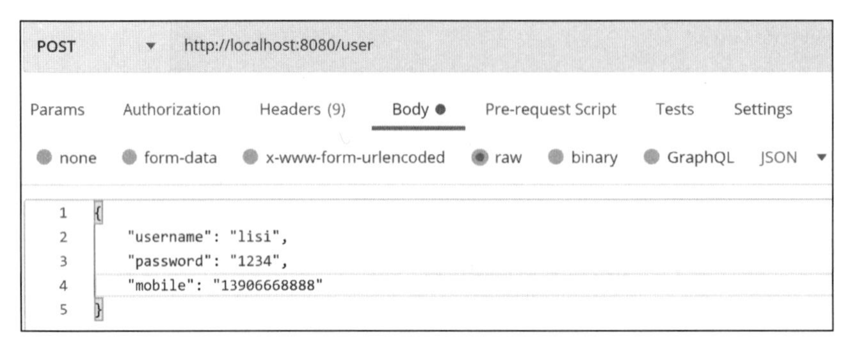

图 20-9　用户注册

然后访问 http://localhost:8080/resource，可以看到图 20-10 所示的响应结果。

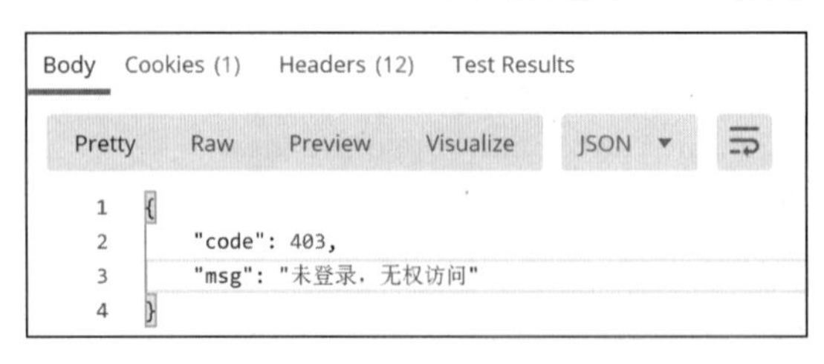

图 20-10　访问受保护资源被拒绝

现在开始登录，以 POST 方法请求 http://localhost:8080/login，同时设置表单数据，如图 20-11 所示。

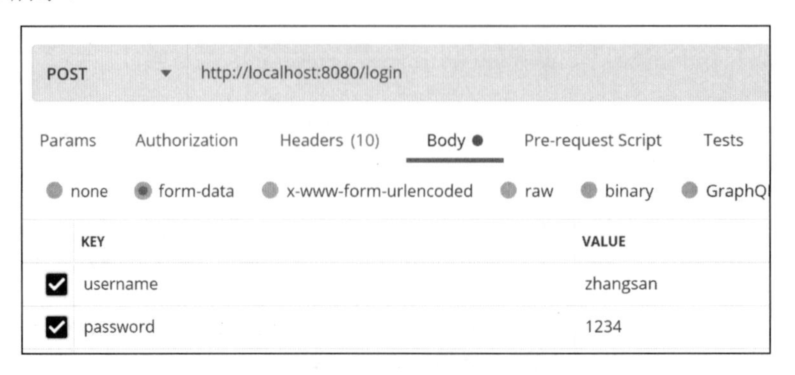

图 20-11　测试登录

在看到登录成功的消息后，再次访问 http://localhost:8080/resource，可以看到资源访问成功。

20.9　使用 JWT 实现 token 验证

在前后端分离项目中，前端程序通常被单独部署在一台服务器上，这会存在跨域访问的问题，所以传统的使用 Session 跟踪会话的方式就不可行了，因此我们按照 15.6 节介绍的知识来使用 JWT 实现 token 验证。

读者可以按照 15.6.3 节的步骤自己添加 token 验证，修改后的 MyAuthenticationSuccessHandler 类的代码如例 20-22 所示。

例 20-22　MyAuthenticationSuccessHandler.java

```
    package com.sun.ch20.config.handler;

    ...

    @Component
    public class MyAuthenticationSuccessHandler implements
AuthenticationSuccessHandler {
        @Override
        public void onAuthenticationSuccess(HttpServletRequest request,
                                     HttpServletResponse response,
                                     Authentication authentication)
                throws IOException, ServletException {
            Object principal = authentication.getPrincipal();
            if(principal instanceof UserDetails){
                UserDetails user = (UserDetails) principal;
                Collection<? extends GrantedAuthority> authorities =
                        authentication.getAuthorities();
                List<String> authoritiesList= new
ArrayList<>(authorities.size());
                authorities.forEach(authority -> {
                    authoritiesList.add(authority.getAuthority());
                });

                Date now = new Date();
                Date exp = DateUtil.offsetSecond(now, 60*60);
                PayloadDto payloadDto= PayloadDto.builder()
                        .sub(user.getUsername())
                        .iat(now.getTime())
                        .exp(exp.getTime())
                        .jti(UUID.randomUUID().toString())
                        .username(user.getUsername())
                        .authorities(authoritiesList)
                        .build();
                String token = null;
```

```
            try {
                token = JwtUtil.generateTokenByHMAC(
                        // nimbus-jose-jwt 所使用的 HMAC SHA256 算法
                        // 所需密钥长度至少要 256 位（32 字节），因此先用 md5 加密一下
                        JSONUtil.toJsonStr(payloadDto),
                        SecureUtil.md5(JwtUtil.DEFAULT_SECRET));
                response.setHeader("Authorization", token);


response.setContentType("application/json;charset=UTF-8");
                BaseResult result = new
BaseResult(HttpServletResponse.SC_OK,"登录成功" );
                response.setStatus(HttpServletResponse.SC_OK);
                PrintWriter out = response.getWriter();
                // 使用 Spring Boot 默认的 Jackson JSON 库中的 ObjectMapper 类将
对象转换为 JSON 字符串
                ObjectMapper mapper = new ObjectMapper();
                String json = mapper.writeValueAsString(result);
                out.write(json);
                out.close();
            } catch (JOSEException e) {
                e.printStackTrace();
            }
        }
    }
}
```

修改后的 WebSecurityConfig 类的 configure()方法如例 20-23 所示。

例 20-23　WebSecurityConfig.java

```
package com.sun.ch20.config;

...

@EnableWebSecurity
public class WebSecurityConfig extends WebSecurityConfigurerAdapter {
    @Autowired
    private AuthenticationSuccessHandler authenticationSuccessHandler;
    @Autowired
    private AuthenticationFailureHandler authenticationFailureHandler;

    @Override
    protected void configure(HttpSecurity http) throws Exception {
        http.authorizeRequests()
                .antMatchers("/resource/**").hasRole("USER")
                .anyRequest().permitAll()
                .and()
                .formLogin()
                .loginProcessingUrl("/login")
```

```
                .successHandler(authenticationSuccessHandler)
                .failureHandler(authenticationFailureHandler)
                .and()
                .logout()
                .and()
                .addFilterBefore(new JwtAuthenticationFilter(),
                     UsernamePasswordAuthenticationFilter.class)
                .csrf().disable()
                .exceptionHandling()
                .authenticationEntryPoint(new
MyLoginUrlAuthenticationEntryPoint());
        }

        ...
    }
```

按照 15.6.3 节的步骤实现 token 验证后，可以按照 Step7 进行测试，读者可以自行完成。

20.10　全局错误处理器

在第 9.7 节我们已经讲述过如何编写全局错误处理器，其实现方式简单又清晰，是首选的方式。不过，本节介绍另外一种实现方式，即通过全局错误处理器来处理异常与 404 错误。在默认情况下，@ExceptionHandler 注解是无法拦截 404 错误的，我们需要在 application.properties 文件中添加如下的配置信息，指定当发生 404 错误时将 NoHandlerFoundException 异常抛出，以便全局错误处理器能够捕获并处理，配置代码如下所示：

```
    # 在出现 404 错误时直接抛出异常
    spring.mvc.throw-exception-if-no-handler-found=true
    # 设置静态资源映射访问路径
    spring.mvc.static-path-pattern=/**
    spring.web.resources.static-locations=
classpath:/templates/,classpath:/static/
```

在 com.sun.ch20 目录下新建 exception 子包，在该子包下新建 GlobalExceptionHandler 类，代码如例 20-24 所示。

例 20-24　GlobalExceptionHandler.java

```
    package com.sun.ch20.exception;

    import com.sun.ch20.controller.result.BaseResult;
    import org.springframework.http.HttpStatus;
    import
org.springframework.web.bind.MissingServletRequestParameterException;
    import org.springframework.web.bind.annotation.ExceptionHandler;
    import org.springframework.web.bind.annotation.ResponseStatus;
```

```
import org.springframework.web.bind.annotation.RestControllerAdvice;
import org.springframework.web.servlet.NoHandlerFoundException;

@RestControllerAdvice
public class GlobalExceptionHandler {
    /**
     * 处理前端请求参数错误异常
     * @param e 异常对象
     * @return BaseResult 对象
     */
    @ExceptionHandler(MissingServletRequestParameterException.class)
    @ResponseStatus(HttpStatus.BAD_REQUEST)
    public BaseResult
handleAllExceptions(MissingServletRequestParameterException e) {
        BaseResult result = new BaseResult();
        result.setCode(HttpStatus.BAD_REQUEST.value());
        result.setMsg(e.getMessage());
        return result;
    }

    /**
     * 处理 404 错误
     * @param e 异常对象
     * @return BaseResult 对象
     */
    @ExceptionHandler(NoHandlerFoundException.class)
    @ResponseStatus(HttpStatus.NOT_FOUND)
    public BaseResult handleNoHandlerError(NoHandlerFoundException e) {
        BaseResult result = new BaseResult();
        result.setCode(HttpStatus.NOT_FOUND.value());
        result.setMsg("您请求的资源不存在，或者已经移动到其他位置，请确认访问的 URL");
        return result;
    }

    /**
     * 处理服务器内部错误
     * @param e 异常对象
     * @return BaseResult 对象
     */
    @ExceptionHandler(Exception.class)
    @ResponseStatus(HttpStatus.INTERNAL_SERVER_ERROR)
    public BaseResult handleInternalServerExceptions(Exception e) {
        BaseResult result = new BaseResult();
        result.setCode(HttpStatus.INTERNAL_SERVER_ERROR.value());
        result.setMsg("服务器暂时不能为您服务，请联系管理员");
        return result;
    }
}
```

这里需要提醒读者的是，全局错误处理器返回的结果携带的 HTTP 状态码是 200，要修改默认的状态代码可以使用@ResponseStatus 注解。也正是因为 HTTP 状态码已经由@ResponseStatus 注解设置了，因此就不再需要使用 ResponseEntity 来封装结果对象了。

20.11 小结

本章是一个项目实战，虽然项目并不复杂，但基本功能都有，基于本章的项目可以做很多工作，比如对前端提交的请求数据的验证、对用户名已经存在的判断、商品购物车功能的实现、后台管理程序的实现等，这些功能就交给读者进一步去完善了。

第21章 商品秒杀系统

本章将实现一个商品秒杀系统，秒杀系统的典型特点就是在集中的时间段会出现高并发的访问，于是会出现访问效率和资源竞争的问题，我们可以使用 Redis 来缓存秒杀的商品，而由于 Redis 的所有操作都是原子性的，所以可以很好地解决资源竞争的问题。由于还要将商品和订单保存到数据库中，所以在业务层面上，我们采用 Spring 的事务管理来避免出现数据不一致的情况。当用户秒杀了商品后，需要在规定的时间内进行支付，如果未进行支付就需要取消超时订单，而这个取消订单功能采用 RabbitMQ 的延迟消息队列来实现是比较合适的。

在技术选型上，数据访问使用 JPA，页面采用 Thymeleaf 模板编写。

21.1 功能描述

用户浏览秒杀商品，当商品列表页第一次加载时，会将所有秒杀商品保存到 Redis 中，当商品列表页再次加载时，就会直接从 Redis 中读取商品信息。

商品列表页面如图 21-1 所示。

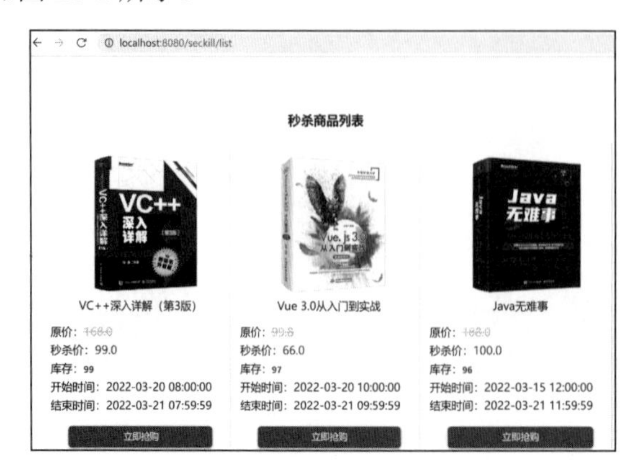

图 21-1　秒杀商品列表

为了简单起见，我们并没有实现用户系统，当用户单击“立即抢购”时，会弹出一个消息框，让用户输入手机号，系统会用手机号和商品 ID 作为联合主键来区分每个用户购买的唯一商品。消息框如图 21-2 所示。

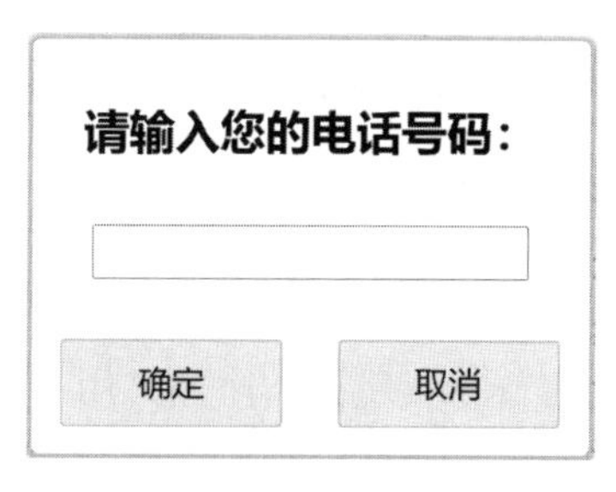

图 21-2　消息框

用户输入手机号后，系统会判断该手机用户是否已经购买过这个商品，如果没有购买，则会进入商品详情页面，以便用户抢购，如图 21-3 所示。

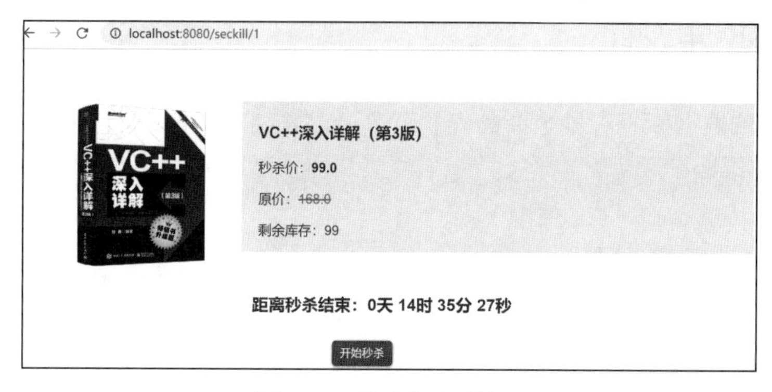

图 21-3　秒杀商品详情页

用户单击“开始秒杀”按钮，此时系统会在数据库中保存一个订单项，订单的主键由商品 ID 和用户手机号共同组成，同时递减商品库存。要判断用户是否已经购买过某个商品，也是通过查询订单表来实现的。之后系统会转到让用户支付的页面，如图 21-4 所示。

图 21-4　用户支付页面

如果用户一直没有支付，那么过期的订单是需要处理的，这就轮到 RabbitMQ 的延迟消息队列登场了。当用户秒杀商品后，会以 10 分钟作为时长发送延迟消息到延迟消息队列中，消息监听器在延迟时长到达后会接收到消息，将订单状态设置为无效，同时恢复库存。

当用户购买某个商品后未及时支付，又购买了相同商品，系统会提示用户“您已经秒杀过该商品，但还未支付”，如图 21-5 所示。

图 21-5 用户购买商品未支付提醒

其他的一些功能就是逻辑细节的实现了，比如，用户已完成商品购买，再次购买相同商品的提示；在商品秒杀结束后系统给出提示信息；为了保证 Redis 与数据库中信息的一致性，采用 Spring 的事务管理来隔离操作。关于这些细节功能，读者可在体验项目时再研究与完善。

21.2 数据库设计

本章项目的数据库表有秒杀商品表和订单表，表结构如例 21-1 所示。

例 21-1 seckill.sql

```
/* `seckill_item` 表的结构 */
DROP TABLE IF EXISTS `seckill_item`;
CREATE TABLE `seckill_item` (
  `id` int(11) NOT NULL AUTO_INCREMENT,
  `title` varchar(50) NOT NULL,
  `price` float(6,2) NOT NULL COMMENT '原价',
  `seckill_price` float(6,2) NOT NULL COMMENT '秒杀价格',
  `inventory` int(11) NOT NULL COMMENT '库存',
  `img` varchar(250) DEFAULT NULL COMMENT '商品图片',
    `start_time` datetime DEFAULT NULL COMMENT '秒杀开始时间',
    `end_time` datetime DEFAULT NULL COMMENT '秒杀结束时间',
    `create_time` datetime NOT NULL DEFAULT NOW(0) COMMENT '商品创建时间',
  PRIMARY KEY (`id`),
  KEY `INDEX_TITLE` (`title`),
  INDEX `INDEX_START_TIME`(`start_time`),
  INDEX `INDEX_END_TIME`(`end_time`)
) ENGINE=InnoDB;

/* `seckill_order` 表的结构 */
DROP TABLE IF EXISTS `seckill_order`;
CREATE TABLE `seckill_order` (
  `item_id` int(11) NOT NULL COMMENT '商品 ID',
  `mobile` varchar(20) NOT NULL COMMENT '用户手机号',
  `money` float(6,2) NULL COMMENT '支付金额',
    `create_time` datetime(3) DEFAULT NOW(3) COMMENT '订单创建时间',
    `payment_time` datetime(3) DEFAULT NULL ON UPDATE NOW(3) COMMENT '
```

```
订单支付时间',
        `state` tinyint NOT NULL DEFAULT 0 COMMENT '订单状态：-1 无效，0 未支付，1 已支付',
      PRIMARY KEY (`item_id`, `mobile`)
    ) ENGINE=InnoDB;
```

该 SQL 脚本文件位于本书源代码目录的 SQLScript 子目录下，此外，也为读者准备了一些样本数据，文件名为 seckill_data.sql。

21.3　创建项目

新建一个 Spring Boot 项目，项目名为 ch21，在 Developer Tools 模块下引入 Spring Boot DevTools 和 Lombok 依赖；在 Web 模块下引入 Spring Web 依赖；在 Template Engines 模块下引入 Thymeleaf 依赖；在 SQL 模块下引入 Spring Data JPA 和 MySQL Driver 依赖；在 NoSQL 模块下引入 Spring Data Redis (Access+Driver)依赖；在 Messaging 模块下引入 Spring for RabbitMQ 依赖。

21.4　项目结构

本项目的结构如图 21-6 所示。

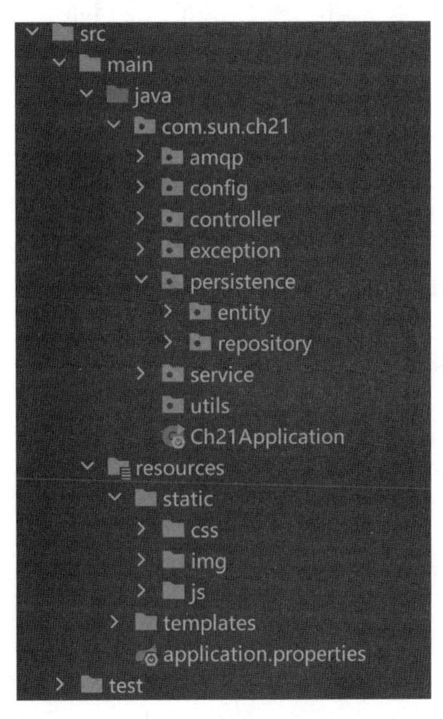

图 21-6　项目结构

21.5 项目配置

编辑 application.properties 文件，配置内容如例 21-2 所示。

例 21-2 application.properties

```
# 关闭启动时的 Banner
spring.main.banner-mode=off

# 配置 MySQL 的 JDBC 驱动类
spring.datasource.driver-class-name=com.mysql.cj.jdbc.Driver
# 配置 MySQL 的连接 URL
spring.datasource.url=jdbc:mysql://localhost:3306/sb_bookstore?useSSL=
false&serverTimezone=GMT%2b8
# 数据库用户名
spring.datasource.username=root
# 数据库用户密码
spring.datasource.password=12345678

# 将运行期生成的 SQL 语句输出到日志以供调试
spring.jpa.show-sql=true
# hibernate 配置属性，格式化 SQL 语句
spring.jpa.properties.hibernate.format_sql=true
# hibernate 配置属性，指出是什么操作生成了 SQL 语句
spring.jpa.properties.hibernate.use_sql_comments=true

spring.thymeleaf.cache=false

# Redis 连接设置
spring.redis.host=127.0.0.1
spring.redis.port=6379
# Redis 服务器连接密码（默认为空）
spring.redis.password=
spring.redis.database=0

# RabbitMQ 连接设置
spring.rabbitmq.host=localhost
spring.rabbitmq.port=5672
spring.rabbitmq.username=guest
spring.rabbitmq.password=guest
```

这里提醒一下读者，本项目中实体类使用的是 JDK 8 新增的日期和时间类型，相较传统的 java.util.Date 类，日期的格式化处理稍显麻烦，为了简便，在连接数据库时，直接指定时区为 GMT+8，即中国东 8 区，而不在程序中处理时区了。

21.6　配置 Redis 和 RabbitMQ

Redis 主要配置序列化（参看 17.8 节），让 Redis 中保存的数据可读。

在 com.sun.ch21 包下新建 config 子包，在该子包下新建 RedisConfig 类，代码如例 21-3 所示。

例 21-3　RedisConfig.java

```
package com.sun.ch21.config;

...

@Configuration
public class RedisConfig {
    public static final String ITEM_KEY = "seckill::item";
    @Bean
    public RedisTemplate<String, Object> redisTemplate(
            RedisConnectionFactory redisConnectionFactory) {
        RedisTemplate<String, Object> template = new RedisTemplate<String,
Object>();
        template.setConnectionFactory(redisConnectionFactory);
        GenericJackson2JsonRedisSerializer serializer =
                new GenericJackson2JsonRedisSerializer();
        template.setDefaultSerializer(serializer);
        return template;
    }
}
```

RabbitMQ 主要配置延迟消息队列和延迟交换器，并绑定延迟队列与交换器（参看 18.7 节）。

在 com.sun.ch21.config 包下新建 DelayedRabbitConfig 类，代码如例 21-4 所示。

例 21-4　DelayedRabbitConfig.java

```
package com.sun.ch21.config;

import org.springframework.amqp.core.Binding;
import org.springframework.amqp.core.BindingBuilder;
import org.springframework.amqp.core.DirectExchange;
import org.springframework.amqp.core.Queue;
import org.springframework.context.annotation.Bean;
import org.springframework.context.annotation.Configuration;

import java.util.HashMap;
import java.util.Map;

@Configuration
public class DelayedRabbitConfig {
```

```
    public static final String DELAY_EXCHANGE_NAME = "delay_exchange";
    public static final String DELAY_QUEUE_NAME = "delay_queue";

    @Bean
    public Queue delayQueue() {
        // 持久化的、非独占的、非自动删除的队列
        return new Queue(DELAY_QUEUE_NAME, true);
    }
    // 定义 direct 类型的延迟交换器
    @Bean
    DirectExchange delayExchange(){
        Map<String, Object> args = new HashMap<String, Object>();
        args.put("x-delayed-type", "direct");
        DirectExchange directExchange =
              new DirectExchange(DELAY_EXCHANGE_NAME, true, false, args);
        directExchange.setDelayed(true);
        return directExchange;
    }

    // 绑定延迟队列与交换机
    @Bean
    public Binding delayBind() {
        return BindingBuilder.bind(delayQueue()).to(delayExchange()).
with(DELAY_QUEUE_NAME);
    }
}
```

21.7 数据访问层

21.7.1 实体类

实体类有两个，秒杀商品实体类 SeckillItem 和商品订单实体类 SeckillOrder，不过由于 seckill_order 表是联合主键，在主键映射时创建了一个主键类 SeckillOrderPK，并通过 @IdClass 注解指明该主键类，这也是使用 JPA 访问数据库时对表的联合主键做映射的一种处理方式。

在 com.sun.ch21 包下新建 persistence.entity 子包，在 entity 子包下创建实体类。

SeckillItem 类的代码如例 21-5 所示。

例 21-5 SeckillItem.java

```
package com.sun.ch21.persistence.entity;

...

@Data
@ToString
@NoArgsConstructor
```

```
@Entity
@Table(name = "seckill_item")
public class SeckillItem implements Serializable {
    private static final long serialVersionUID = 3074398177059694330L;
    @Id
    @GeneratedValue(strategy = GenerationType.IDENTITY)
    private Integer id;                // 商品 ID
    private String title;              // 商品名称
    private Float price;               // 商品原价
    private Float seckillPrice;        // 秒杀价格
    private Integer inventory;         // 商品库存
    @Column(name = "img")
    private String imgUrl;             // 商品图片 URL
    // @JsonDeserialize 和@JsonSerialize 注解用于解决 Redis 序列化 Java 8 日期
类型的异常
    @JsonDeserialize(using = LocalDateTimeDeserializer.class)
    @JsonSerialize(using = LocalDateTimeSerializer.class)
    private LocalDateTime startTime;   //秒杀开始时间
    @JsonDeserialize(using = LocalDateTimeDeserializer.class)
    @JsonSerialize(using = LocalDateTimeSerializer.class)
    private LocalDateTime endTime;     //秒杀结束时间
    @JsonDeserialize(using = LocalDateTimeDeserializer.class)
    @JsonSerialize(using = LocalDateTimeSerializer.class)
    private LocalDateTime createTime;  // 商品创建时间
}
```

前面提到过，JDK 8 新增的日期和时间类型在序列化时的处理过程稍微有些麻烦，项目中之所以没有改成使用传统的 java.util.Date 类，也是为了给读者以后遇到需要使用新的日期和时间类型时提供一个解决方案。

另外再次提醒读者，Redis 在保存对象时会进行序列化，因此实体类需要实现 Serializable 接口。当然，我们可以养成一个良好的习惯，即在编写实体类的时候让实体类都实现 Serializable 接口。

SeckillOrder 类的代码如例 21-6 所示。

例 21-6 SeckillOrder.java

```
package com.sun.ch21.persistence.entity;

...

@Data
@ToString
@NoArgsConstructor
@Entity
@IdClass(SeckillOrderPK.class)
@Table(name = "seckill_order")
public class SeckillOrder implements Serializable {
    private static final long serialVersionUID = 1580657924475702411L;
```

```
    @Id
    @Column(name = "item_id")
    private Integer itemId;             // 商品 ID
    @Id
    @Column(name = "mobile")
    private String mobile;              // 手机号

    private Float money;                // 支付金额
    @JsonDeserialize(using = LocalDateTimeDeserializer.class)
    @JsonSerialize(using = LocalDateTimeSerializer.class)
    private LocalDateTime createTime;   // 订单创建时间
    @JsonDeserialize(using = LocalDateTimeDeserializer.class)
    @JsonSerialize(using = LocalDateTimeSerializer.class)
    private LocalDateTime paymentTime; // 订单支付时间
    private Integer state;              // 订单状态
}
```

SeckillOrderPK 类就是主键类了，代码如例 21-7 所示。

例 21-7　SeckillOrderPK.java

```
import lombok.*;

import java.io.Serializable;

@Data
@ToString
@NoArgsConstructor
@AllArgsConstructor
@EqualsAndHashCode
public class SeckillOrderPK implements Serializable {
    private static final long serialVersionUID = -6513255139439774184L;
    private Integer itemId;
    private String mobile;
}
```

21.7.2　DAO 接口

在 com.sun.ch21.persistence 包下新建 repository 子包，在该子包下创建 SeckillItemRepository 和 SeckillOrderRepository 接口，这两个接口均继承自 JpaRepository 接口。在本项目中，不需要为这两个接口添加任何额外的方法。

21.8　业务逻辑层（服务层）

在 com.sun.ch21 包下新建 SeckillSevice 类，在这个类中实现业务逻辑方法。获取所有秒杀商品信息，如果商品信息在 Redis 中不存在，则缓存到 Redis 中，代码如下所示：

```
    /**
     * 获取所有秒杀商品，如果商品信息在 Redis 中不存在，则在第一次从数据库中获取商品信息
时，将该信息保存到 Redis 中
     * @return 秒杀商品列表
     */
    public List<SeckillItem> getAllItem() {
        List<SeckillItem> items =
redisTemplate.opsForHash().values(RedisConfig.ITEM_KEY);
        if(items == null || items.size() == 0) {
            items = seckillItemRepository.findAll();
            for(SeckillItem item : items) {
                redisTemplate.opsForHash().put(RedisConfig.ITEM_KEY,
item.getId(), item);
            }
        }
        return items;
    }
```

当用户抢购商品时，要判断用户是否已经抢购过该商品，如果没有抢购过，则返回商品信息；如果已经抢购过，则要根据订单状态通过抛出异常给出相应的提示信息。该部分业务逻辑的实现代码如下所示：

```
    /**
     * 获取秒杀商品信息。判断用户订单是否已经存在，如果已经存在，则判断订单状态；如果不
存在，则返回用户选择的秒杀商品
     * @param id 商品 ID
     * @param mobile 用户手机号
     * @return 商品对象
     * @throws SeckillException
     */
    public SeckillItem getItemById(Integer id, String mobile) throws
SeckillException {
        SeckillOrderPK pk = new SeckillOrderPK(id, mobile);
        Optional<SeckillOrder> optionalOrder =
seckillOrderRepository.findById(pk);
        if(!optionalOrder.isEmpty()) {
            SeckillOrder order = optionalOrder.get();

            if(order.getState() == 1) {  // 订单已支付，重复秒杀
                throw new RepeatSeckillException();
            }
            else if(order.getState() == 0){  // 已秒杀，但还未支付
                throw new UnpaidException();
            } else {  // 订单已经失效
                throw new OrderInvalidationException();
            }
        }
```

```
        SeckillItem item = (SeckillItem)
redisTemplate.opsForHash().get(RedisConfig.ITEM_KEY, id);
        if(item == null) {
            item = seckillItemRepository.getById(id);
        }

        return item;
    }
```

为了便于区分秒杀商品时的各种异常状态，我们定义了自己的异常体系，通过抛出异常来提示 Web 层的控制器进行相应处理。这些异常的类图如图 21-7 所示。

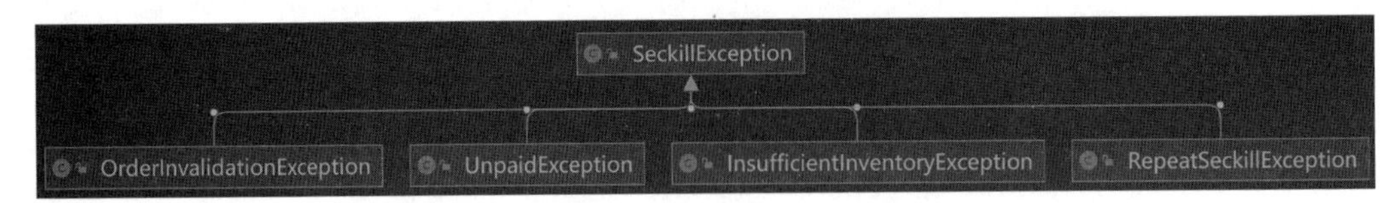

图 21-7　异常的类图

在图 21-7 中，从左往右分别表示订单无效、订单未支付、库存不足、重复抢购等异常状态。

当用户秒杀的时候，先判断库存是否充足，如果库存充足，则保存用户的订单，并递减库存，同时发送延迟订单消息，以便在用户未在规定时间支付时取消订单。这部分业务逻辑的实现代码如下所示：

```
    /**
     * 执行秒杀逻辑。
     * @param id 商品 ID
     * @param mobile 用户手机号
     * @throws InsufficientInventoryException
     */
    public void execSeckill(Integer id, String mobile) throws
InsufficientInventoryException{
        SeckillItem item = (SeckillItem)
redisTemplate.opsForHash().get(RedisConfig.ITEM_KEY, id);
        Integer inventory =  item.getInventory();
        // 如果库存不足，则抛出异常，交给 Web 层进行处理
        if(inventory <= 0) {
            throw new InsufficientInventoryException();
        }
        // 将库存递减 1
        item.setInventory(item.getInventory() - 1);
        redisTemplate.opsForHash().put(RedisConfig.ITEM_KEY, id, item);
        seckillItemRepository.save(item);

        // 保存订单
        SeckillOrder order = new SeckillOrder();
        order.setItemId(id);
        order.setMobile(mobile);
```

```
        order.setMoney(item.getSeckillPrice());
        order.setState(0);
        seckillOrderRepository.save(order);

        // 发送延迟订单处理消息
        orderSender.sendDelayMsg(new SeckillOrderPK(id, mobile));
    }
```

延迟消息的生产者与消费者是单独放在一个包中，在这里我们将它们放到com.sun.ch21.amqp 包中。消息生产者 OrderSender 类的代码如例 21-8 所示。

例 21-8　OrderSender.java

```
package com.sun.ch21.amqp;

...

import static
com.sun.ch21.config.DelayedRabbitConfig.DELAY_EXCHANGE_NAME;
import static com.sun.ch21.config.DelayedRabbitConfig.DELAY_QUEUE_NAME;

@Component
public class OrderSender {
    private Logger logger = LoggerFactory.getLogger(this.getClass());

    private static final Integer DELAY_TIME = 10 * 60 * 1000; // 延迟 10
分钟
    @Autowired
    private AmqpTemplate rabbitTemplate;

    /**
     * 发送延迟消息，客户过期未支付，取消订单
     * @param orderPK 秒杀订单主键
     */
    public void sendDelayMsg(SeckillOrderPK orderPK) {
        rabbitTemplate.convertAndSend(
                DELAY_EXCHANGE_NAME, DELAY_QUEUE_NAME, orderPK, message -> {
                    message.getMessageProperties()
                            .setDeliveryMode(MessageDeliveryMode.PERSISTENT);
                    // 指定消息延迟的时长为 10 分钟，以毫秒为单位
                    message.getMessageProperties().setDelay(DELAY_TIME);
                    return message;
                });
        logger.info("当前时间是: " + new Date());
        logger.info(" [x] Sent '" + orderPK + "'");
    }
}
```

消息消费者 OrderConsumer 类的代码如例 21-9 所示。

例 21-9　OrderConsumer.java

```
package com.sun.ch21.amqp;

...

import static com.sun.ch21.config.DelayedRabbitConfig.DELAY_QUEUE_NAME;

@Component
public class OrderConsumer {
    private Logger logger = LoggerFactory.getLogger(this.getClass());

    @Autowired
    private SeckillOrderRepository seckillOrderRepository;
    @Autowired
    private SeckillItemRepository seckillItemRepository;
    @Autowired
    private RedisTemplate redisTemplate;

    @Transactional
    @RabbitListener(queues = DELAY_QUEUE_NAME, ackMode = "MANUAL")
    public void process(SeckillOrderPK orderPK, Message message, Channel
channel) throws IOException {
        SeckillOrder order = seckillOrderRepository.getById(orderPK);
        // 如果订单未支付，则取消订单，增加商品库存
        if(order.getState() == 0) {
            logger.info("订单[%d]支付超时%n", order.getItemId());
            logger.info("开始取消订单......");

            // 将订单设置为无效订单
            order.setState(-1);
            seckillOrderRepository.save(order);
            // 恢复库存
            SeckillItem item = (SeckillItem) redisTemplate.opsForHash().get(
                    RedisConfig.ITEM_KEY, orderPK.getItemId());
            item.setInventory(item.getInventory() + 1);
            redisTemplate.opsForHash().put(RedisConfig.ITEM_KEY,
orderPK.getItemId(), item);
            seckillItemRepository.save(item);
            logger.info("订单取消完毕");
        }
        try {
            channel.basicAck(message.getMessageProperties().
getDeliveryTag(), false);
        }
        catch (Exception e) {
            channel.basicReject(message.getMessageProperties().
getDeliveryTag(), false);
        }
```

```
    }
}
```

由于用户支付涉及第三方金融机构的支付接口，所以并没有实现，当用户单击“立即支付”按钮时，我们只是简单地将用户订单状态设置为已支付，这部分业务逻辑的实现代码如下所示：

```
/**
 * 订单支付。将订单状态设置为已支付
 * @param id 商品 ID
 * @param mobile 用户手机号
 */
public void pay(Integer id, String mobile){
    SeckillOrder order = seckillOrderRepository.getById(new
SeckillOrderPK(id, mobile));
    int state = order.getState();
    if(state == 0) {  // 如果是未支付，则设置为已支付
        order.setState(1);
        seckillOrderRepository.save(order);
    } else if (state == -1) {  // 如果订单已经失效，则抛出异常。
        throw new OrderInvalidationException();
    }
}
```

完整的代码请参看 SeckillSevice 类。

21.9　表示层（Web 层）

21.9.1　控制器

控制器本身不包含任何业务逻辑，它只是负责接收用户请求，并将用户请求交给服务层进行处理，同时根据服务层返回的结果准备对应的模型数据，选择合适的页面发送响应给用户。

在 com.sun.ch21 包下新建 controller 子包，在该子包下新建 SeckillController 类，代码如例 21-10 所示。

例 21-10　SeckillController.java

```
package com.sun.ch21.controller;

...

@Controller
@RequestMapping("/seckill")
public class SeckillController {
    @Autowired
    private SeckillSevice seckillSevice;
```

```
    @GetMapping("/list")
    public String getAllItem(Model model) {
        List<SeckillItem> items = seckillSevice.getAllItem();
        translateItemImgUrl(items);
        model.addAttribute("items", items);
        return "list";
    }

    @RequestMapping("/{id}")
    public String getItem(Model model, @PathVariable Integer id, String
mobile) {
        if(id == null) {
            return "list";
        }
        try {
            SeckillItem item = seckillSevice.getItemById(id, mobile);
            List<SeckillItem> items = new ArrayList<>();
            items.add(item);
            translateItemImgUrl(items);
            model.addAttribute("item", item);
            model.addAttribute("mobile", mobile);
        } catch (RepeatSeckillException e) {
            model.addAttribute("error", "您已经秒杀过该商品！");
        } catch (UnpaidException e) {
            model.addAttribute("id", id);
            model.addAttribute("mobile", mobile);
            model.addAttribute("msg", "您已经秒杀过该商品，但还未支付！");
            return "pay";
        } catch(OrderInvalidationException e) {
            model.addAttribute("error", "由于您未支付产品，订单已经失效");
        }
        return "item";
    }

    @PostMapping("/exec")
    public String execSeckill(Model model, Integer id, String mobile) {
        try {
            seckillSevice.execSeckill(id, mobile);
            model.addAttribute("id", id);
            model.addAttribute("mobile", mobile);
            model.addAttribute("msg", "秒杀成功，请在 10 分钟内支付");

        } catch (InsufficientInventoryException e) {
            model.addAttribute("error", "商品已经售完！");
        }
        return "pay";
    }

    @GetMapping("/pay")
```

```
    @ResponseBody
    public String pay(Integer id, String mobile) {
        try {
            seckillSevice.pay(id, mobile);
            return "支付成功";
        } catch (OrderInvalidationException e) {
            return "您的订单已经失效";
        }
    }

    /**
     * 对商品图片的URL进行转换
     * @param items 商品列表
     */
    private void translateItemImgUrl(List<SeckillItem> items){
        for(SeckillItem item : items) {
            item.setImgUrl(getServerInfo() + "/img/" + item.getImgUrl());
        }
    }
    /**
     * 得到后端程序的上下文路径
     * @return 上下文路径
     */
    private String getServerInfo(){
        ServletRequestAttributes attrs = (ServletRequestAttributes)
RequestContextHolder.getRequestAttributes();
        StringBuffer sb = new StringBuffer();
        HttpServletRequest request = attrs.getRequest();
        sb.append(request.getContextPath());
        return sb.toString();
    }
}
```

21.9.2 页面

页面采用 Thymeleaf 模板编写，存放在 resources/templates 目录下，商品列表页面 list.html 的代码如例 21-11 所示。

例 21-11　list.html

```
<!DOCTYPE html>
<html lang="zh" xmlns:th="http://www.thymeleaf.org">
<head>
    <meta charset="UTF-8">
    <title>商品秒杀</title>
    <link rel="stylesheet" th:href="@{/css/seckill.css}"/>
    <link rel="stylesheet" th:href="@{/css/seckill_list.css}"/>

    <script type="text/javascript"
```

```
th:src="@{/js/seckill_list.js}"></script>
    </head>
    <body>
    <div class="items">
        <h3>秒杀商品列表</h3>
        <div class="item" th:each="item : ${items}">
            <figure>
                <img th:src="${item.imgUrl}">
                <figcaption th:text="${item.title}"></figcaption>
            </figure>
            <div class="info">
                <p>原价：<span class="price"
th:text="${item.price}"></span></p>
                <p>秒杀价：<span class="seckillPrice"
th:text="${item.seckillPrice}"></span></p>
                <p>库存：<span class="inventory"
th:text="${item.inventory}"></span></p>
                <p>开始时间：<span class="startTime"
th:text="${#temporals.format(item.startTime, 'yyyy-MM-dd
HH:mm:ss')}"></span></p>
                <p>结束时间：<span class="endTime"
th:text="${#temporals.format(item.endTime, 'yyyy-MM-dd
HH:mm:ss')}"></span></p>
            </div>
            <div class="buy">
                <a href="javascript:;" th:onclick="'confirmPhone(' + ${item.id}
+ ')'">
                    <button th:if="${#temporals.createNow() < item.endTime}">
立即抢购</button>
                    <button th:if="${#temporals.createNow() >= item.endTime}"
disabled>秒杀已经结束</button>
                </a>
            </div>
        </div>
    </div>
    <!-- 弹出消息框，提示用户输入电话 -->
    <div id="messageBox" class="messageBox" style="display: none">
        <h2>请输入您的电话号码：</h2>
        <form id="theForm" method="post" onsubmit="return beginSeckill();">
        <div class="mobile">
            <input id="mobile" type="text" name="mobile">
        </div>
        <div class="btn">
            <input class="ok" type="submit" value="确定">
            <button class="cancel" onclick="return handleCancel();">取消
</button>
            <input id="itemId" type="hidden">
        </div>
        </form>
```

```
</div>
</body>
</html>
```

这里要提醒读者的是，Thymeleaf 的表达式实用对象#dates 只支持对 java.util.Date 对象的处理，并不支持 Java 8 新增的日期和时间类型。要解决 Java 8 的日期和时间类型的处理，首先，需要在项目的 POM 文件中添加如下的依赖项：

```
<dependency>
    <groupId>org.thymeleaf.extras</groupId>
    <artifactId>thymeleaf-extras-java8time</artifactId>
    <version>3.0.4.RELEASE</version>
</dependency>
```

然后，在页面中使用#temporals 对象对 Java 8 的日期和时间类型数据进行处理，如例 21-11 代码中粗体显示部分。

商品详情页面 item.html 的代码如例 21-12 所示。

例 21-12　item.html

```
<!DOCTYPE html>
<html lang="zh" xmlns:th="http://www.thymeleaf.org">
<head>
    <meta charset="UTF-8">
    <title>秒杀商品</title>
    <link rel="stylesheet" th:href="@{/css/seckill.css}"/>
    <link rel="stylesheet" th:href="@{/css/seckill_item.css}"/>
    <script th:if="${item}" type="text/javascript" th:src="@{/js/seckill_
item.js}"></script>
</head>
<body>
<div th:if="${error}">
    <h3 th:text="${error}"></h3>
</div>
<div class="item" th:if="${item}">
    <img th:src="${item.imgUrl}" />
    <div>
        <div class="itemInfo">
            <h3 th:text="${item.title}"></h3>
            <p>
                秒杀价：<span class="seckillPrice" th:text="${item.
seckillPrice}"></span>
            </p>
            <p>
                原价：<span class="price" th:text="${item.price}"></span>
            </p>
            <p>
                剩余库存：<span class="inventory" th:text="${item.inventory}">
</span>
```

```
            </p>
        </div>
        <div class="endTime">
            <p id="countDown"></p>
        </div>
        <div class="beginSeckill">
            <form th:action="@{/seckill/exec}" method="post">
                <input type="hidden" name="id" th:value="${item.id}">
                <input type="hidden" name="mobile" th:value="${mobile}">
                <input type="submit" id="seckillBtn" class="seckillBtn"
value="开始秒杀">
            </form>
        </div>
    </div>
    <script>
        window.onload = function() {
            countDown('[[${item.startTime}]]', '[[${item.endTime}]]');
        }
    </script>
</div>
</body>
</html>
```

页面中用到的 CSS 文件位于 resources/static/css 目录下，用到的 JavaScript 文件位于 resources/static/js 目录下。

至此，商品秒杀系统就介绍完毕了。

21.10 小结

本章实现了一个简单的商品秒杀系统，主要的业务逻辑都已经实现，不过这里面还有很多细节可以完善，在实际项目中，也要根据具体情况做出相应的调整。

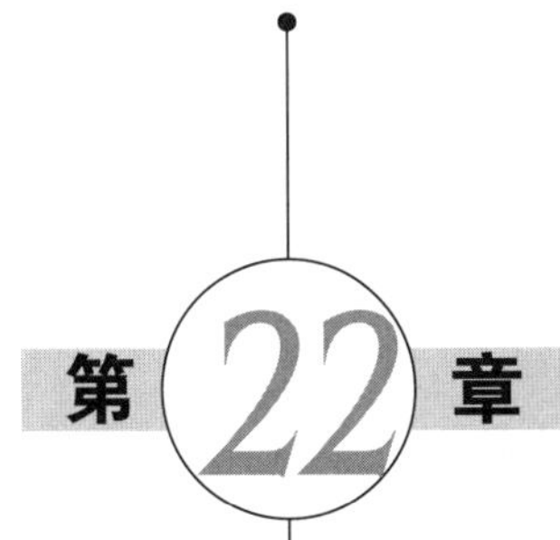

第22章 部署 Spring Boot 应用程序

项目开发完毕必然会牵涉到部署的问题，总不能在生产环境下，在 IDEA 中运行项目。Spring Boot 程序有两种运行方式，一种是打包成 JAR 包运行，另一种是打包成 WAR 文件部署到 Web 服务器或者应用服务器上运行。

本章我们以第 21 章的项目程序为例，讲解 JAR 包的打包方式，以及将程序打包成 WAR 文件并部署到 Tomcat 服务器上。

22.1 JAR 包的打包方式与执行

JAR 包的打包方式很简单，只需要在 Maven 窗口中（可通过菜单【View】→【Tool Windows】→【Maven】打开）展开 Lifecycle 节点，依次执行 clean（清除无效的文件）和 package（打包）目标即可，如图 22-1 和 22-2 所示。

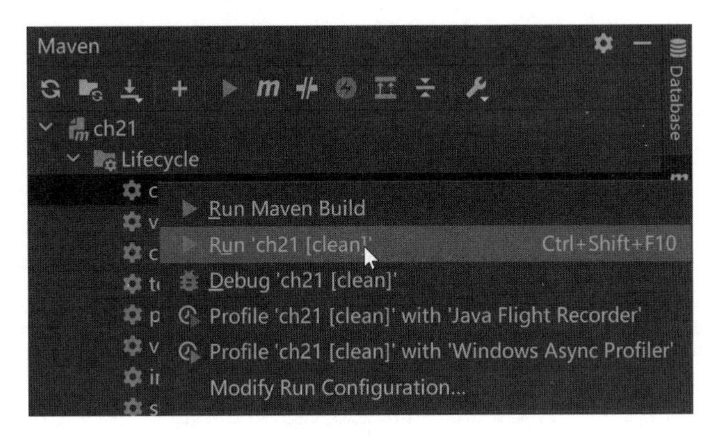

图 22-1　执行 clean 目标

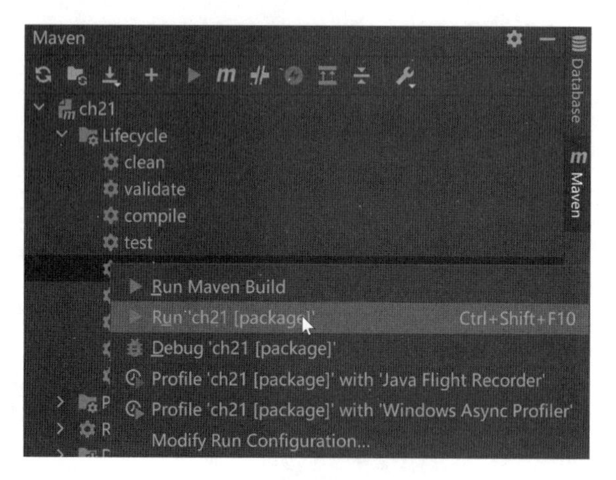

图 22-2　执行 package 目标

打包完成后，在项目的 target 子目录下会看到一个名为 ch21-0.0.1-SNAPSHOT.jar 的 JAR 文件，在命令提示符窗口下执行下面的命令来运行项目。

```
java -jar ch21-0.0.1-SNAPSHOT.jar
```

在部署时，可以根据操作系统平台的不同，将上述命令封装为.bat 文件（Windows 平台）或者通过其他工具生成可执行的 JAR 文件。

如果觉得生成的 JAR 文件名太烦琐，也可以在 POM 文件中预先设定好打包后生成的文件名。在 POM 文件中找到<build>元素，为其添加<finalName>子元素，并通过该元素来指定生成的 JAR 文件名，如下所示：

```
<build>
    <finalName>ch21</finalName>
    <plugins>
        ...
    </plugins>
<build>
```

再次打包，会生成 ch21.jar。

22.2　打包成 WAR 文件并部署到 Tomcat 服务器上

对于 WAR 文件的打包，如果不注意，部署后就无法访问。

在 POM 文件中添加<packaging>元素来指定打包生成 WAR 文件，如下所示：

```
<project ...>
    <modelVersion>4.0.0</modelVersion>
    <parent>
        <groupId>org.springframework.boot</groupId>
        <artifactId>spring-boot-starter-parent</artifactId>
        <version>2.6.4</version>
        <relativePath/> <!-- lookup parent from repository -->
```

```
    </parent>
    <groupId>com.sun</groupId>
    <artifactId>ch21</artifactId>
    <version>0.0.1-SNAPSHOT</version>
    <packaging>war</packaging>
    <name>ch21</name>
    <description>ch21</description>
    ...
</project>
```

在 POM 文件中添加 spring-boot-starter-tomcat 依赖，将其范围设置为 provided，如下所示：

```
<dependency>
    <groupId>org.springframework.boot</groupId>
    <artifactId>spring-boot-starter-tomcat</artifactId>
    <scope>provided</scope>
</dependency>
```

如果现在开始打包，那么得到的 WAR 文件将不能被成功部署。我们知道，基于 Spring MVC 的 Web 应用程序通过前端控制器 DispatcherServlet 来进行请求的调用转发，该 Servlet 需要在 web.xml 中或者通过 Java 配置代码进行声明，而打包后的 WAR 文件则没有配置该 Servlet，因此部署后无法正常运行。

Spring Boot 给出了一个 SpringBootServletInitializer 类，该类实现了 Spring 的 WebApplicationInitializer 接口，除了配置 Spring 的 DispatcherServlet 外，该类还会在 Spring 应用程序上下文中查找 Servlet、Filter 或 ServletContextInitializer 类型的 Bean，并将它们绑定到 Servlet 容器中。

下面我们让启动类继承 SpringBootServletInitializer 类，并重写 configure(SpringApplicationBuilder builder)方法，代码如下所示：

```
@SpringBootApplication
public class Ch21Application extends SpringBootServletInitializer {
    @Override
    protected SpringApplicationBuilder
configure(SpringApplicationBuilder builder) {
        // 调用 sources()方法注册一个配置类
        return builder.sources(Ch21Application.class);
    }

    public static void main(String[] args) {
        SpringApplication.run(Ch21Application.class, args);
    }
}
```

将启动类注册即可，因为启动类上有@SpringBootApplication 注解，可以扫描并发现其他的配置类与组件。

接下来就可以按照图 22-1 和图 22-2 进行打包了，打包成功后会生成 ch21.war 文件。

但接下来的部署有个问题，那就是需要将该 WAR 文件部署到与 Spring Boot 内置的 Tomcat 版本一致的 Tomcat 服务器中，否则，即使部署成功，且能正常启动 Tomcat 服务器，但在访问时也会出现 404 错误。

在 Maven 窗口中展开 Dependencies 节点，找到我们刚配置的 spring-boot-starter-tomcat 依赖项并展开，就可以看到内置的 Tomcat 版本号，如图 22-3 所示。

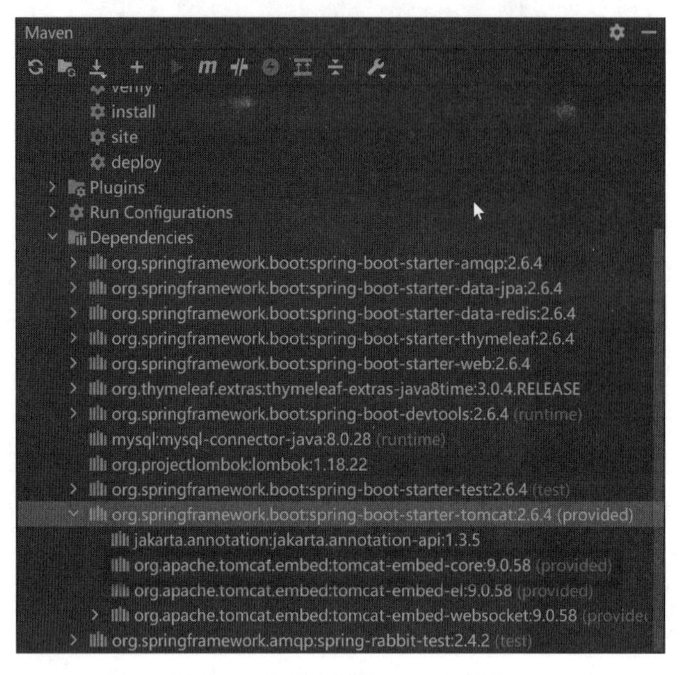

图 22-3　查看内置的 Tomcat 版本

也就是说，我们需要将 ch21.war 部署到 Tomcat 9.0.x 的版本中。将 ch21.war 文件直接放到 Tomcat 安装目录的 webapps 子目录下，启动 Tomcat，注意，访问时需要添加上下文路径/ch21：http://localhost:8080/ch21/seckill/list。

22.3　小结

本章主要介绍了 JAR 包的打包方式，以及将程序打包成 WAR 文件并部署到 Tomcat 服务器上。当然还有其他的部署方式，如采用 Docker 部署 Spring Boot 应用程序，感兴趣的读者可自行查阅相关资料。